OLVING · DIE KAROSSERIE

P. H. Olving

DIE KAROSSERIE

Reparatur von Karosserieschäden

Motorbuch Verlag Stuttgart

Einbandgestaltung: Siegfried Horn

Bildquellen: 4.15, 4.16, 7.14, 9.18, 10.31, 10.33, 10.34: E.T.A.I., Boulogne Billancourt, Frankreich
Farbtafeln: Vogel Verlag, Würzburg; übrige: Kluwer Technische Boeken BV, Deventer/NL.

Die holländische Originalausgabe ist dort erschienen unter dem Titel »De Carrosserie – Reparatie van Autoschade«.

Die Übersetzung ins Deutsche besorgte

Erwin Peters

ISBN 3-613-01073-9

3. Auflage 1987

Eine Abteilung des Buch- und Verlagshauses Paul Pietsch GmbH & Co. KG.

Satz und Druck: Druckhaus Schwaben GmbH, 7100 Heilbronn.
Bindung: Großbuchbinderei E. Riethmüller, 7000 Stuttgart.
Printed in Germany.

Inhalt

Vorwort

Im Prinzip bin ich von der zweiten Auflage des Buches ausgegangen: *Karosserie – Reparatur und Pflege,* die 1975 beim Kluwer-Verlag erschien und von den Herren R. Baudoux und M. J. van Eeckhoven verfaßt worden war. Die Entwicklungen auf dem Gebiet der Schadensbehebung und der Spritzlackierung sind inzwischen erheblich fortgeschritten. Es erschien deshalb notwendig, diese Ausgabe insgesamt auf den gegenwärtigen Stand abzustimmen.
Die Konstruktion der modernen Kraftfahrzeuge und die Fortschrittlichkeit der modernen Lackiertechnik machen es für den Karosseriefachmann nicht leichter, seine Arbeit immer wieder zur vollen Zufriedenheit durchzuführen. Ein weiterer Faktor – der eine zunehmend wichtigere Rolle spielt – ist in den Kunststoffen begründet. Auch dazu bedarf es allmählich spezieller Kenntnisse, will man erforderliche Reparaturen schnell und sachgemäß ausführen. Herr Arkenbosch aus Vaassen erklärte sich bereit, dieses Kapitel zu übernehmen.
Alles in allem ist der Karosseriefachmann gezwungen, sich ständig neu zu informieren, will er mit allen Entwicklungen schritthalten.
Andererseits braucht der Auszubildende im Karosseriebau ein Handbuch, mit dessen Hilfe er sich alle Einzelheiten des von ihm gewählten Berufes zueigen machen kann. Auch dazu soll diese Ausgabe beitragen.
An dieser Stelle möchte ich auch Herrn Goudbeek danken, der mir mit Rat und Tat zur Seite stand.

P. H. Olving

1 Einleitung

1.1 DIE BLECHBEARBEITUNG

Zwischen der Blechverarbeitung in der Industrie und der Blechbearbeitung in einer Karosseriewerkstatt gibt es einen sehr großen Unterschied, nicht nur hinsichtlich der Art der Arbeit, sondern auch in den zu bearbeitenden Materialien.

a) In der *Industrie* wird das Blech im allgemeinen keinen sonderlich großen Formveränderungen unterzogen. Die Platten sind von sehr unterschiedlicher Dicke, je nach Art der Verwendung und der verwendeten technischen Hilfsmittel. Schweiß- und Nietverbindungen kommen häufig vor, und gemeinsam mit dem Anreißen, Schlitzen, Schneiden, Biegen, Schneidbrennen, Sicken, Dehnen, Stauchen und Zusammenfügen bilden sie die Grundlage dieser im allgemeinen schweren Arbeit. Die Serienfertigung mit Hilfe hydraulischer Pressen, Stanzen, Matrizen und automatischer Schweißmethoden bietet z. B. dem Schiffsbauer mehr und mehr die Möglichkeit zur Montage vorgefertigter Teile.
Wenn Sie die fertigen Teile aus der industriellen Blechverarbeitung mit den Formblechen eines Karosseriebetriebes vergleichen, dann zeigt sich der wesentliche Unterschied zwischen diesen beiden Arten der Blechverarbeitung, die sich aber im Grunde, jedenfalls in den wesentlichen Arbeitsgängen, nicht sehr voneinander unterscheiden.
b) Im *Karosseriebetrieb* verarbeitet man Bleche, deren Dicke zwischen 0,5 und 1 mm variiert. Stahlblech, Aluminium, galvanisierte Bleche, Kupfer und Zink.
In den meisten Fällen wird das Blech erheblichen Formveränderungen unterzogen, und dazu muß die gesamte Oberfläche der Platte bearbeitet werden. Ob es sich nun um Zieharbeiten mit Matrizen handelt oder um Blechbearbeitung aus der Hand mit oder ohne mechanische Hilfsmittel, ganz allgemein betrachtet könnte man die Formgebung in fünf Hauptformen unterteilen, die durch Verbindungen und Übergänge von der einen Form zur anderen Anlaß zu vielfältigen Varianten und Kombinationen geben können.
So könnten z. B. bestimmte besondere Kurven aus den Projektionszeichnungen die Formen der vier Kegelschnitte annehmen, nämlich Kreis, Ellipse, Parabel und Hyperbel. Andere Kurven können durch die Querschnitte geometrischer Körper oder durch Abwicklungen oder Drehungen von Kreispunkten oder Linien entstehen, wie die Zykloide, die Epizykloide, die Hypozykloide, die Evolute, die Spiralen

und die Schraubenformen. Auf dem Blech können diese Wölbungen und Senkungen durch den Übergang der Hauptformen gebildet werden.

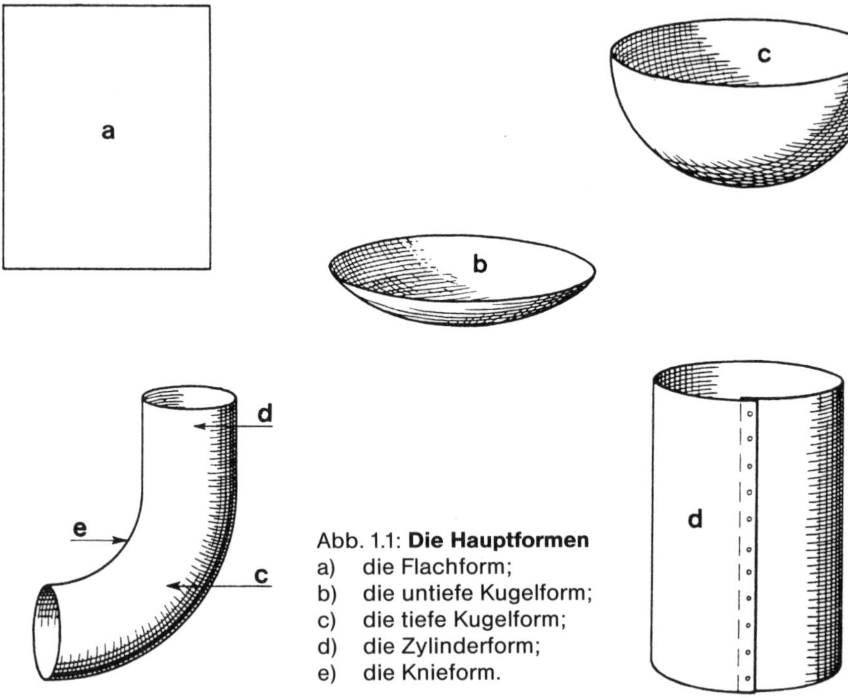

Abb. 1.1: **Die Hauptformen**
a) die Flachform;
b) die untiefe Kugelform;
c) die tiefe Kugelform;
d) die Zylinderform;
e) die Knieform.

Karosseriearbeiten lassen sich in drei Kategorien einteilen:

1. **Neuanfertigung:** der Prototyp, die Anfertigung von Schablonen zum Spritzen oder Negativmodellieren von Polyestern, Spezialkarosserien, Omnibusse, Liefer- und Lastwagen, Werbefahrzeuge, Krankentransportfahrzeuge, Feuerlöschfahrzeuge, Polizeifahrzeuge, Militärfahrzeuge usw.
Der Karosseriebauer muß zuerst einmal den Rahmen entsprechend der Projektionszeichnung entwerfen. Er macht die Austragung in natürlicher Größe, wonach er die Kurven auf den Teilen anreißt, die nach dem Zusammenschweißen den Rahmen bilden werden. Hier müssen wir nun gleich einen Unterschied machen zwischen der Karosserie auf einem Fahrgestell (Chassis) und der selbsttragenden Karosserie (mehr darüber in den Kapiteln 5 und 6). Um den Rahmen herum wird das Blech so angebracht, daß es gegeneinander anliegt. Das Befestigen der Teile am Rahmen erfolgt durch Verschrauben, durch Vernieten oder durch Verschweißen, je nachdem ob das Rahmenwerk aus Holz oder aus Stahlblech besteht. Dieses Rahmenwerk kann in der Karosserie bleiben oder zum Teil entfernt werden.

2. **Reparaturen:** Die Notwendigkeit zur Reparatur kann sich ergeben als Folge von Korrosion (Rost), Verschleiß, Unfällen oder erforderlichen Veränderungen.
Die unterschiedlichen Reparaturtechniken und die dazu benötigten Werkzeuge sowie die mechanischen Hilfsmittel werden in diesem Buch ausführlich behandelt werden.
Zweck der Reparatur ist es natürlich, die beschädigte Karosserie wieder in die ursprüngliche Form und das frühere Aussehen zu versetzen, und zwar in einer solchen Weise, daß die durchgeführte Arbeit sich nicht erkennen läßt: die Karosserie muß wieder wie neu aussehen.
Wenn die Kosten der Reparatur höher sind, als ein Ersatz durch gebrauchte oder neue Ersatzteile, dann ist sie nicht gerechtfertigt (siehe auch Kapitel 7).

Abb. 1.2: **Hier sieht man, wie in einer Automobilfabrik die verschiedenen Einzelteile einer Karosserie gleichzeitig angesetzt werden, worauf ein Punktschweißautomat sie miteinander verschweißt.**

Abb. 1.3: **Ein Schweißroboter bei der Arbeit am laufenden Band einer Pkw-Fabrik.**

3. **Montage:** Das Zusammenfügen und Montieren in der Serienfertigung erfolgt auf speziell dazu entworfenen *Montagebänken.* Dies sind verstellbare, mit Klemmen versehene Rahmen, auf denen die zuvor gepreßten Bleche aufgespannt werden, damit sie durch Punktschweißen zu einer Einheit verbunden werden können.
Viele dieser Arbeiten wurden in den letzten Jahren von »Robotern« übernommen, vor allem in der Personenwagenindustrie. Die verschiedenen Karosserieteile werden gegeneinandergedrückt, und ein automatisches Schweißgerät besorgt das Punktschweißen.
Der Karosseriearbeiter im Montagebetrieb hat die Aufgabe, alle Formfehler zu beseitigen, worauf das Flachmachen und das Auftragen von Schmierzinn folgt. Er sorgt auch für die allgemeine Fertigstellung, das Richten, Entrosten und für alle Arbeitsgänge, die dem Grundieren, Spachteln, Schleifen und Spritzen voraufgehen.

1.2 EIGENSCHAFTEN VON KAROSSERIEBLECHEN

Die Blechbearbeitung für Karosserien erlernt man vor allem dadurch, daß man die Reaktionen des Bleches beobachtet und kennenlernt. Die Bearbeitungsvorgänge sind im Grunde recht einfach. Will man aber ökonomisch zu Werke gehen, dann braucht jeder Anfänger doch eine recht lange Erfahrungs- und Anpassungszeit. Man darf die einzelnen Varianten keinesfalls miteinander verwechseln. Das Blech muß nun einmal die gewünschte Form bekommen.

Dabei dürfen wir nichts Unmögliches verlangen, und wir können das Verformen auch nicht bis ins Unendliche fortsetzen.

Zunächst und vor allem sei hier darauf hingewiesen, daß es einen großen Unterschied gibt zwischen dem Kaltpressen in Matrizen und der Formgebung von Hand mit maschinellen Hilfsmitteln. In beiden Fällen verwendet man heutzutage mehr und mehr dieselbe Art von Blech mit ungefähr denselben technologischen Eigenschaften. Wir werden diese Eigenschaften nacheinander besprechen:

1. Reines, weiches Stahlblech.
2. Bruchspannung und Streckgrenze zwischen 34 und 40 kg/mm^2, Dehnung 25 bis 50% und Kohlenstoffgehalt von 0,1 bis 0,12%. Diese Eigenschaften werden entsprechend genutzt, indem man z. B. für die Seitenflächen ein anderes Blech verwendet, als für die Türen, die weicher sein müssen.
3. Die Blechdicke variiert zwischen 0,5 und 1 mm.
4. Handelsmaße 1 m x 2 m = 2 m^2.
5. Gestrahlt, frei von Oxydschicht und Walzhaut, manchmal blankgewalzt und korrosionsgeschützt.
6. Gute Kaltverformbarkeit.
7. Geeignet zur Matrizenverarbeitung und für maschinelle Verarbeitungsverfahren.
8. Gute Biegbarkeit, Elastizität und Dauerfestigkeit. Es ist die Elastizität, die das Blech in die ursprüngliche Form zurückversetzen wird, wenn dieses einer Verformung unterzogen wurde, bei der die Elastizitätsgrenze des Materials nicht überschritten wurde. Zu einer bleibenden Verformung des Blechs kommt es, wenn eine Spannung erzeugt wird, die höher als die Elastizitätsgrenze und niedriger als die Bruchspannung liegt. Der prozentuale Kohlenstoffgehalt bestimmt die Elastizität und die Festigkeit des Blechs.
9. Gute Schweißeigenschaften. Am besten wäre es natürlich, schwedischen Puddelstahl, also Schweißstahl, zu verwenden, aber im allgemeinen nimmt man den weichen Siemens-Martin-Stahl von homogener Zusammenstellung.
10. Früher setzte man eine sehr leichte Kupferlegierung (0,02 bis 0,2%) zu, um das Blech vor elektrolytischem und korrosivem Einfressen zu schützen.
11. Die Struktur des Stahls zeigt eine Häufung mikroskopisch kleiner Körner (Metallkristallite) einer bestimmten Form. In dieser Struktur wird es unter dem Einfluß einer Wärmebehandlung zu Veränderungen kommen, die die Eigenschaften des Blechs bestimmen.

12. Die plastische Verformbarkeit des Blechs spielt beim Verformen in Matrizen eine große Rolle, ohne daß die Stärke dadurch allzusehr beeinflußt werden wird.
13. Blech, das durch Verformung und Hämmern zu hart wird, ist ungeeignet. Im übrigen wird die zugenommene Steifheit des Blechs, sofern diese bewußt genutzt wird, die Konstruktion verstärken.
14. Die Schrumpfung des Blechs unter dem Einfluß von Wärmebehandlungen muß gerade groß genug sein; das Blech muß »mitgehen«, ohne beim Aneinanderschweißen allzu große Verformungen zu zeigen. Die Schweißnaht muß überdies zu hämmern sein.
15. Man kann das Blech prüfen, indem man einen »Schrumpfpunkt« darauf anbringt. Die bekannte Saugnapferscheinung muß sich zeigen, ohne daß Kühlwasser verwendet wird.
16. Zum Ausbeulen von beschädigtem Karosserieblech verwendet man zuweilen einen Schweißbrenner. Der lokale Temperaturanstieg wird aber im Blech durch freiwerdenden Kohlenstoff zu einer allmählichen Veränderung der Kornstruktur führen (Rekristallisierung). Je höher der Kohlenstoffgehalt ist, desto größer sind die Veränderungen in der Kornstruktur. Das Freiwerden von Kohlenstoff bei hoher Temperatur hat häufig eine Bläschenbildung auf der Oberfläche des Blechs zur Folge. Bei weichem Karosserieblech erfolgt die Veränderung der Kornstruktur bei etwa 870° C. Das Dehnungsvermögen bei 800° C ist nahezu 1%.
17. Die Temperatur läßt sich anhand der dünnen Oxydschicht auf dem blanken Metall annähernd bestimmen:

220° C	hellgelbe Farbe
300° C	hellblau bis purpurfarbig
300–800° C	rot
870° C	kirschrot (Strukturänderung)
1250° C	weißglühend
1500–1600° C	Schmelzpunkt

1.3 INNERE SPANNUNGEN

Wir nehmen ein Stück Karosserieblech, das überall vollkommen glatt und gleichmäßig dick ist. Die vier Seiten stehen rechtwinklig zueinander (Abb. 1.4a).
In dieser Platte gibt es homogene innere Spannungen. Die in der Abbildung gezeichneten und gedachten inneren Kraftlinien zeigen in allen Richtungen eine gleichmäßige Verteilung. Um diese inneren Spannungen auf einfache Weise darstellen zu können, haben wir die Kraftlinien rechtwinklig zueinander gezeichnet, was in Wirklichkeit natürlich nicht der Fall ist. Zur Vermittlung eines Einblicks spielt das eine untergeordnete Rolle, denn diese Darstellung des Verlaufs könnte sich auch in allen anderen Richtungen abspielen.

Die Abb. 1.4b zeigt dieselbe Blechplatte, die aber jetzt in der Mitte eine Delle hat. Wir sehen, daß die inneren Spannungen hier nicht mehr überall gleichmäßig sind. Obwohl es ohne weiteres sein kann, daß die Platte noch immer völlig rechtwinklig ist, ist das Blech in der Mitte stärker gedehnt, als an den Außenseiten. Die Kraftlinien stehen an manchen Stellen näher beieinander, als an anderen Stellen. Daraus folgern wir, daß die inneren Spannungen an der gedehnten Stelle abgenommen haben, während sie um die Delle herum zugenommen haben; dort stehen die Kraftlinien näher beieinander.
Wenn diese »Delle« nicht zu sehr eingetieft ist, kann man die Blechplatte hin und her »schnalzen« lassen.
In der Abb. 1.4c ist ein Rand bzw. eine Seite stärker gedehnt, als die übrigen Ränder; hier ist das Blech nicht mehr gerade. Was zuvor über die »leichte Delle« gesagt wurde, trifft auch hier zu.
Im folgenden Abschnitt werden wir sehen, wie man diese beiden verformten Blechplatten wieder eben machen kann, indem man sie schlichtet; man bezeichnet dies auch als Glätten.

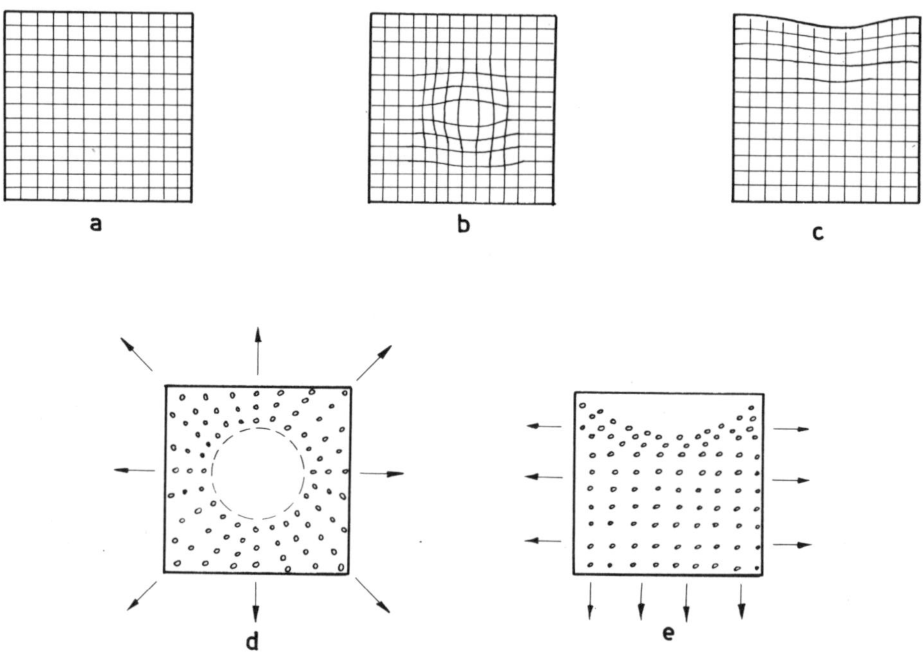

Abb. 1.4: **Kraftlinien in einem Stück Karosserieblech (a, b und c) und die Stellen und Richtungen der Hammerschläge beim Schlichten (d und e).**

1.4 ERKLÄRUNG DES SCHLICHTENS (GRUNDÜBUNGEN)

Die Stellen in der Mitte der Abb. 1.4b und am Rand der Abb. 1.4c sind gedehnt, also zu lang geworden. Wie können wir nun die beiden Platten auf die beste Weise wieder flach machen (schlichten)?
Indem wir die Blechplatte *auf der Richtplatte mit dem Schlicht- oder Polierhammer* bearbeiten, und zwar mit einer geringen Schlagstärke. Dabei wird das Blech bei jedem Schlag zwischen der Richtplatte und dem Hammer ein wenig gedehnt, da die Streckgrenze des Materials an dieser Stelle um ein Geringes überschritten wird. So kommt es zu einer bleibenden Verformung durch Dehnung. Die Dehnung ist auf der Seite der Richtplatte etwas größer als auf der Seite des Hammers.
Es versteht sich, daß wir nur auf den Teil des Blechs hämmern dürfen, der im Verhältnis zum übrigen zu kurz ist. *Die Stellen, die im Verhältnis zu ihrer Umgebung zu lang sind, dürfen niemals bearbeitet werden.*

Folgerungen:

a) Wollen wir die leichte Delle aus der Abb. 1.4b schlichten, dann müssen wir um die Delle herum hämmern, und zwar nach außen hin. Mit anderen Worten: die Teile, die zu kurz sind, müssen gedehnt werden, und demzufolge klopfen wir von der langen Stelle nach außen hin, wie in der Abb. 1.4d angedeutet. Die Platte muß dabei von Zeit zu Zeit gewendet werden.
b) Wollen wir die Verlängerung am Rand der Abb. 1.4c schlichten, dann müssen wir den übrigen Teil der Platte hämmern, und zwar so, wie in Abb. 1.4e angedeutet. Auch hierbei wird die Platte von Zeit zu Zeit gewendet.

In einem der folgenden Kapitel werden wir sehen, daß es auch möglich ist, die Blechplatte zu schrumpfen, zu stauchen oder zu verdicken (in gewissen Umfang).
Biegen, Treiben, Dehnen, Stauchen, Schneiden und Zusammenfügen von Blechen gehören zu den wichtigsten Arbeiten des Karosseriebauers.

2 Werkzeuge und Geräte

2.1 WERKZEUGE

Die Richtplatte

Man bezeichnet die Richtplatte auch als Spann- oder Planierplatte. Bei ihr handelt es sich um eine dicke Stahlplatte, die in Arbeitshöhe auf einem Sockel ruht. Sie ist vollkommen glatt geschliffen, die Oberfläche ist gehärtet. Man verwendet sie zum Schlichten, Richten, Strecken, Dehnen und notfalls auch, um auf ihr anzureißen. Nicht zu verwechseln mit der Richtbank.

Der Treibklotz

Meist macht man einen Treibklotz aus einem Hartholz-Baumstumpf, aus Hirnholz oder aus Wurzelholz; er wird in Arbeitshöhe auf einen Sockel gestellt, so daß er nicht vibrieren kann. Ein gut ausgerüsteter Karosseriebetrieb verfügt über mehrere Treibklötze mit unterschiedlichen Wölbungen. Die Wölbung in der Oberseite muß sauber und glatt sein. Zum Treiben verwendet man den Treib- und den Polierhammer, und zwar so, daß der Mittelteil der tiefen Wölbung des Bleches in der Mitte gedehnt wird und die Seitenteile ohne Faltenbildung gestaucht werden.

Die Hämmer

Zur Blechbearbeitung gibt es sehr viele unterschiedliche Hämmer, die sämtlich auf die erforderlichen Arbeiten abgestimmt sind. Je nach der Federkraft, die der

Abb. 2.1: **Hämmer**

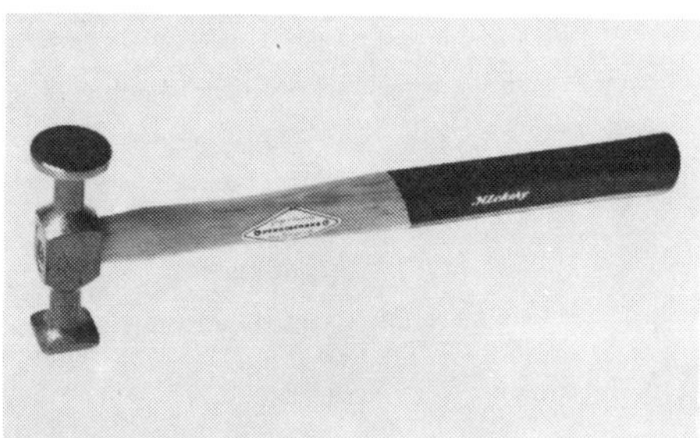

a) Schlicht- und Planierhammer mit kurzem Hals

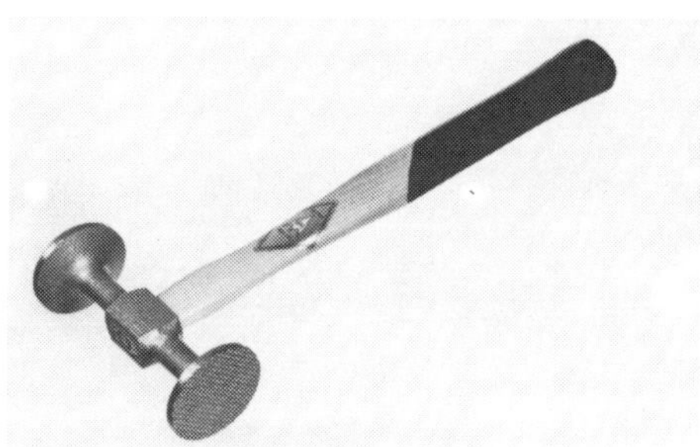

b) Schlichthammer mit Waffel- oder Schrumpfkopf

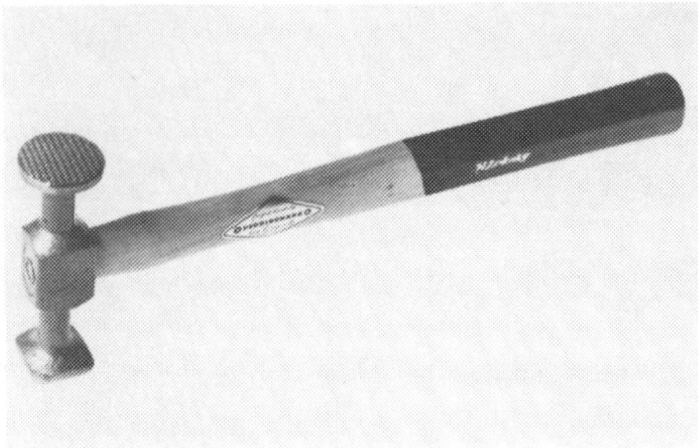

c) Planierhammer mit Waffel- oder Schrumpfkopf

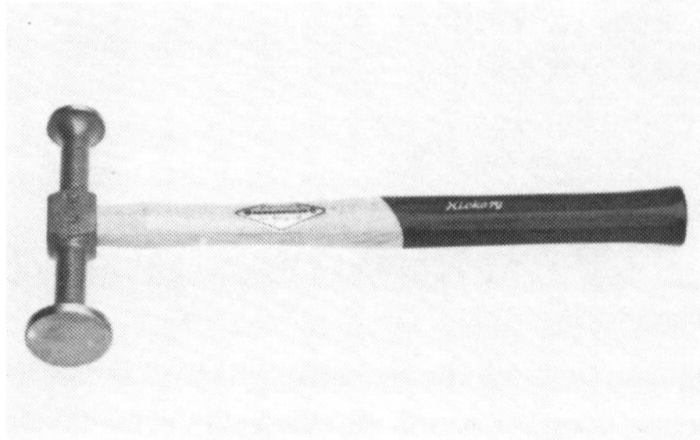

d) Schlichthammer

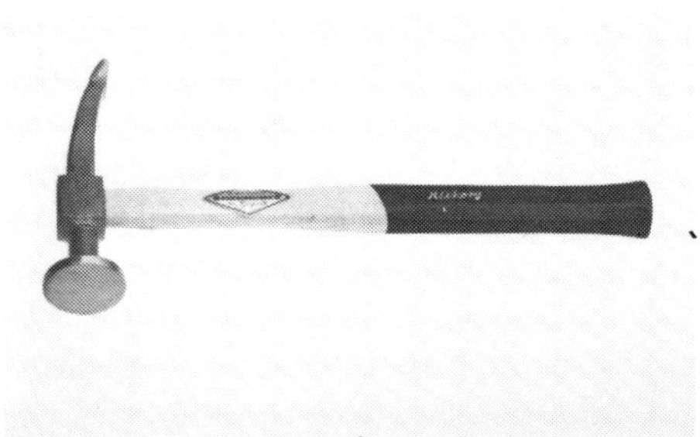

e) Schlicht-Stifthammer

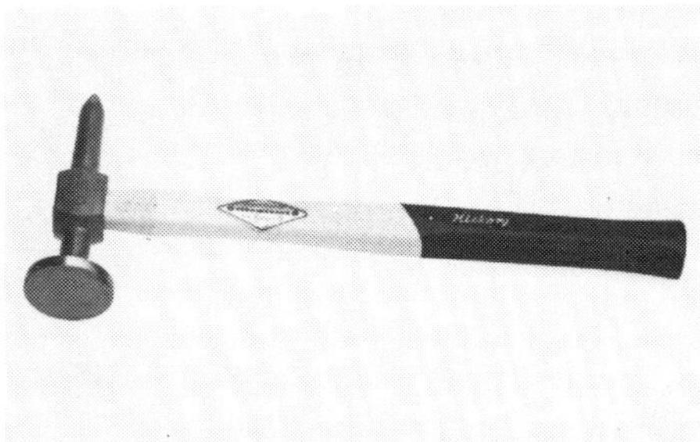

f) Schlicht- und Spitzhammer

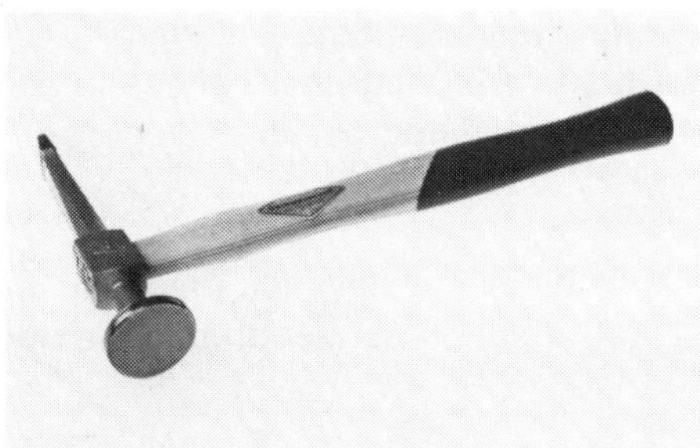

g) Schlicht- und Spitzhammer

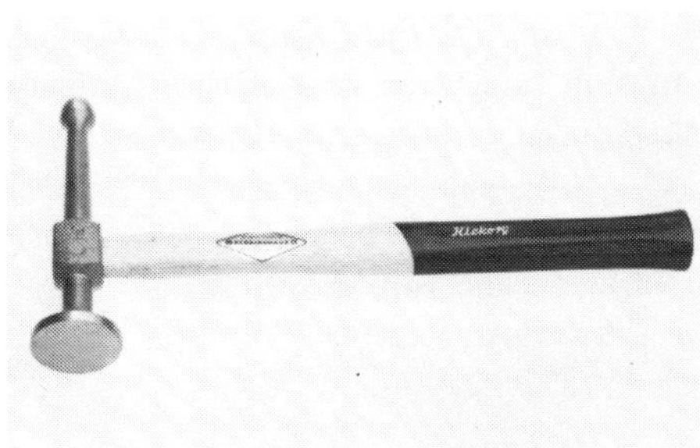

h) Schlicht- und Rundspitzhammer

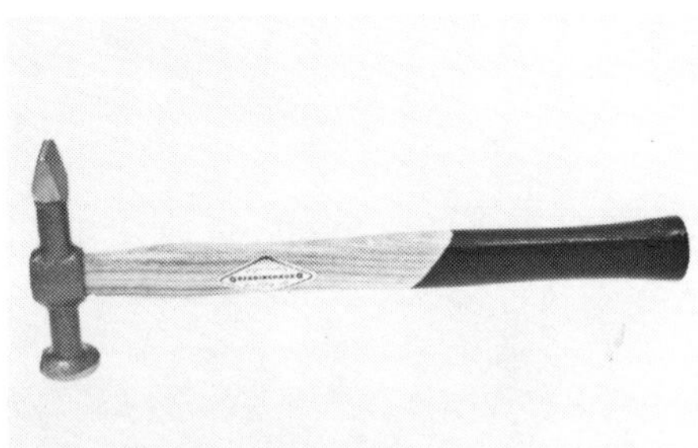

i) Schlicht- und Sickenhammer

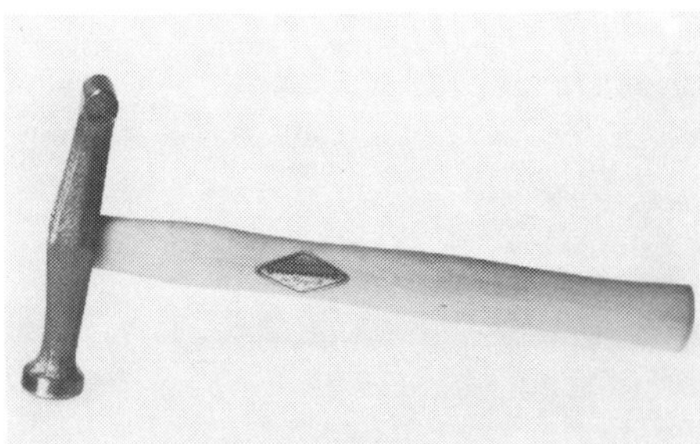

j) Treib- und Zylinderhammer

Schlag bekommen soll, kann der Stiel kürzer oder länger sein. Auch das Gewicht spielt eine wesentliche Rolle.
Der Hammer besteht aus einem speziellen Werkzeugstahl, der hart und federnd ist. Die Flächen sind geschliffen, gehärtet und poliert; dasselbe trifft auch für alle Handeisen und Vorhaltblöcke, Richtplatten und Ambosse zu. Nichtrostender Stahl verdient den Vorzug. Die ebene Seite ist im allgemeinen viereckig, die leicht gebogene Seite ist meist rund.
Ferner gibt es noch Hämmer aus Leder, Holz, Hartgummi, Kupfer, Kunststoff usw. Außerdem gibt es Hämmer, deren Köpfe gegen solche aus einem anderen Werkstoff ausgewechselt werden können.

Der Gleithammer
Mit dem Gleithammer ist es ohne weiteres möglich, leichte Beulen von außen her aus der Karosserie zu klopfen.
Der Werkzeughandel bietet verschiedene Ausführung an, aber deren Prinzip ist im Grunde immer das gleiche.

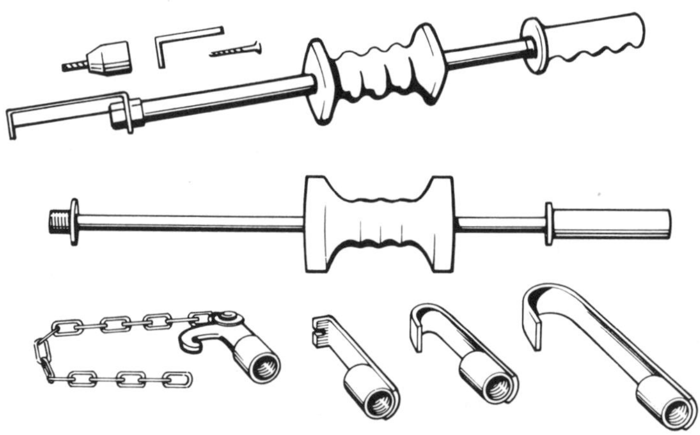

Abb. 2.2: **Der Gleithammer in einer leichten (oben) und in einer schwereren Ausführung. Wir sehen verschiedene Befestigungsmöglichkeiten.**

Je nach Ausführung schweißt man das Fußstück, Ziehbolzen oder Ringe an der verbeulten Stelle auf das Blech. Daran wird der Gleithammer befestigt. Schlägt man nun mit dem Gleitbock gegen den Kopf des Hammers, dann kann die Beule beseitigt werden. Dieser Gleithammer eignet sich vor allem für Stellen, die von innen her gar nicht oder nur schwer zugänglich sind. Siehe auch 2.17.

Handeisen

Handeisen werden während des Ausbeulens als Gegenstütze in der Hand gehalten. Es gibt sie in sehr vielen Formen, und man kann sie ebenso vielseitig verwenden.

Der Karosseriebauer muß sorgfältig abwägen, welche Rundung das benötigte Handeisen hat, denn diese muß zur vorgesehenen Arbeit passen.

Bei der Reparatur muß das Blech an der Innenseite frei von Schlamm und Sand sein, denn sonst werden diese Verunreinigungen in das Blech gehämmert, was einerseits zu einer Schwächung des Materials führt und andererseits zur Bildung eines Rostkerns.

Jede Delle oder Beule bedeutet, daß das Blech dort eine lokale Dehnung hat. Um diese wieder in die richtige Form zu bekommen, muß sie gestaucht werden, aber nicht gedehnt! Die Wahl des richtigen Handeisens mit der geeigneten Rundung spielt dabei eine große Rolle.

Richtlöffel

Dem Karosseriehandwerker steht eine große Zahl von Richtlöffeln zur Verfügung. Er verwendet sie als Hammer, Richtleiste, Ausdrücker, Wringer, Stützeisen und auch als Handeisen.

Einsteckeisen

Obwohl Einsteckeisen schwerer sind, können sie auch als Handeisen oder Hammer dienen. Im allgemeinen werden sie jedoch in einen massiven Sockel eingeschoben, und ebenso, wie bei den Handeisen, gibt es zahlreiche verschiedene Formen. Es sei hier darauf hingewiesen, daß die zylinderförmigen Rundeisen, die man zur Anfertigung runder Formen verwendet, vor allem von Anfängern oft mit einem zu kleinen Durchmesser gewählt werden. Dadurch wird es dann schwierig, mit einem Flachhammer die richtige, geringe Schlagstärke einzusetzen.

Abb. 2.3: **Handeisen, Vorhaltblöcke und Richtlöffel**

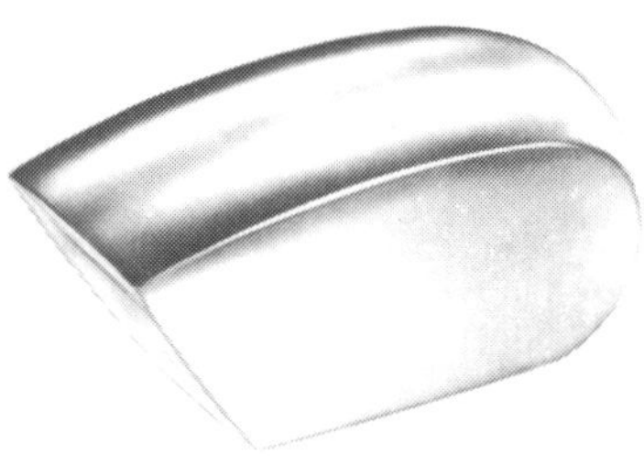

a) Handeisen-Zehenform

b) Absatzform

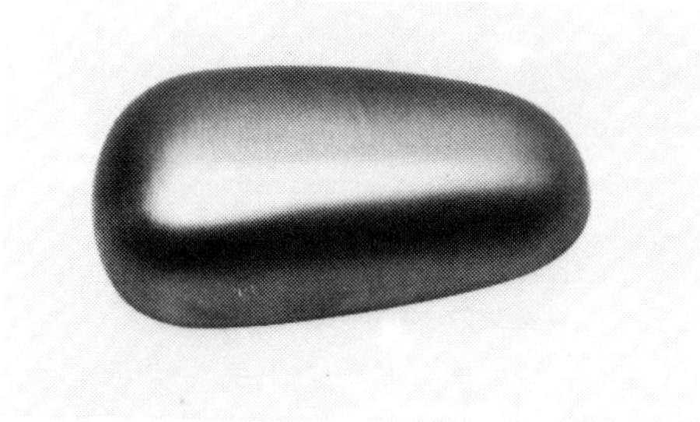

c) Rundeisen

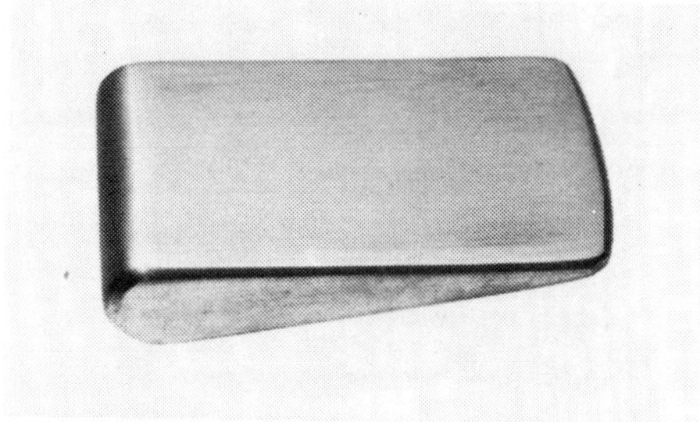

d) Meißeleisen

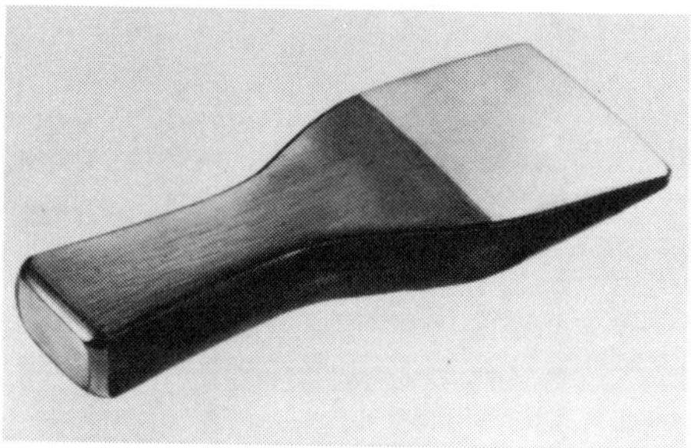

e) Meißeleisen

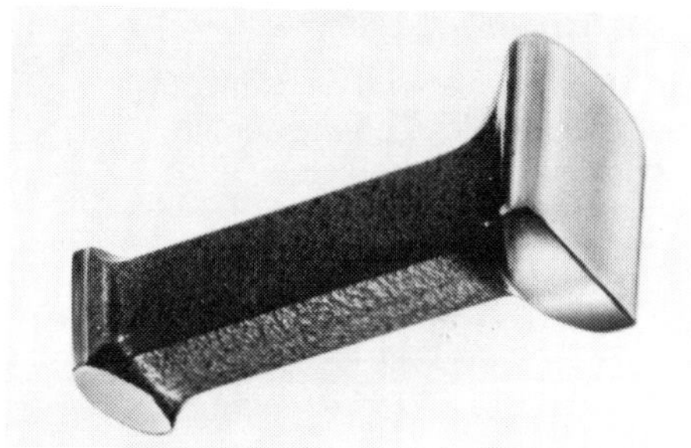

f) Planiereisen

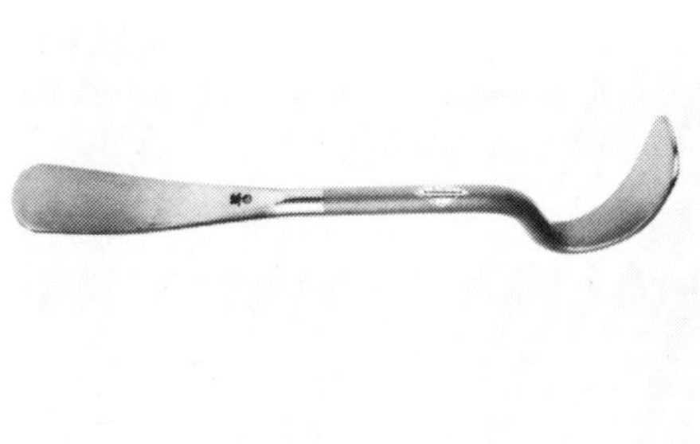

g) Richtlöffel

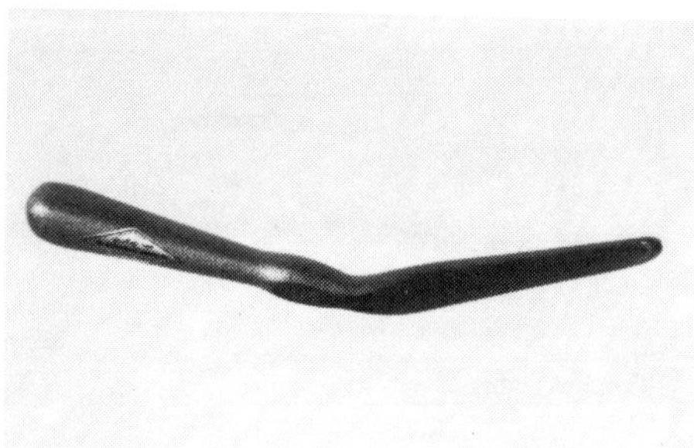

h) Richtlöffel

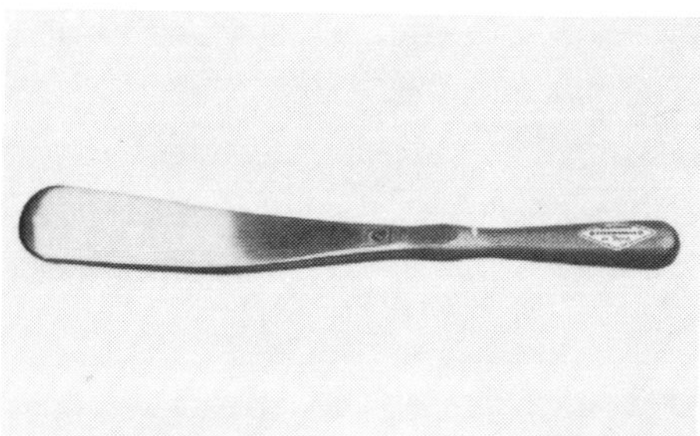

i) Richtlöffel

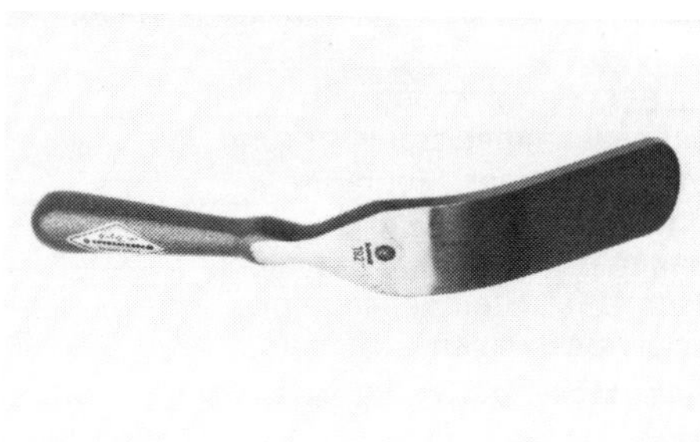

j) Richtlöffel

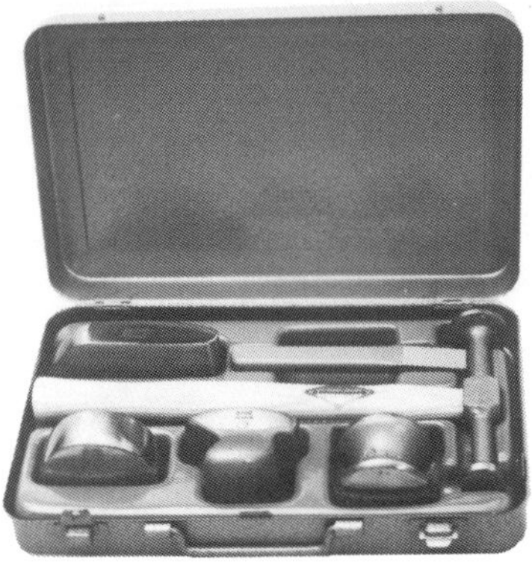

a) Ausbeulwerkzeug mit Schlichthammer, Meißel, Zeheneisen, Absatzeisen, Stempeleisen und Zylindereisen

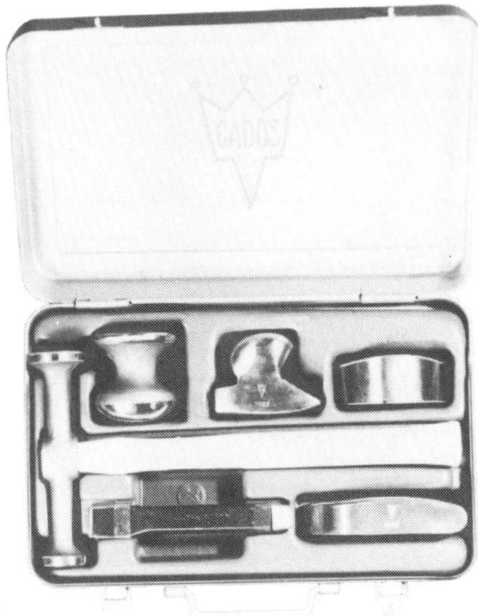

b) Ausbeulwerkzeug mit Schlichthammer, Richtlöffel, Zylindereisen, Stempeleisen und Zeheneisen

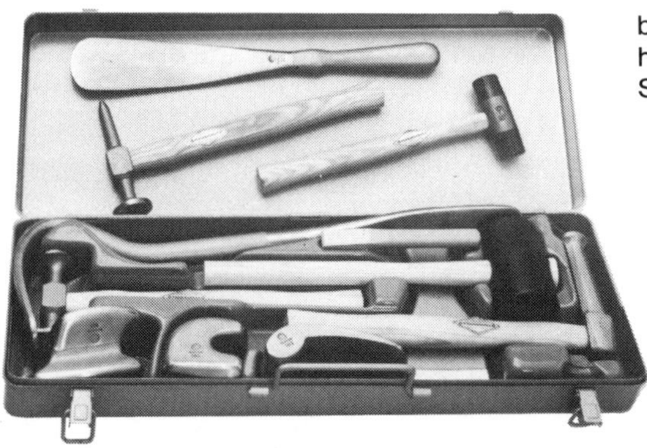

c) Ausbeulwerkzeug mit Gummihammer, Schlicht- und Planierhammer, Montagehammer, Schlicht- und Spitzhammer, Treibhammer, Meißel, Richtlöffel, Stempeleisen und zwei Absatzeisen

Abb. 2.4: **Einige Sätze von Ausbeulwerkzeugen**

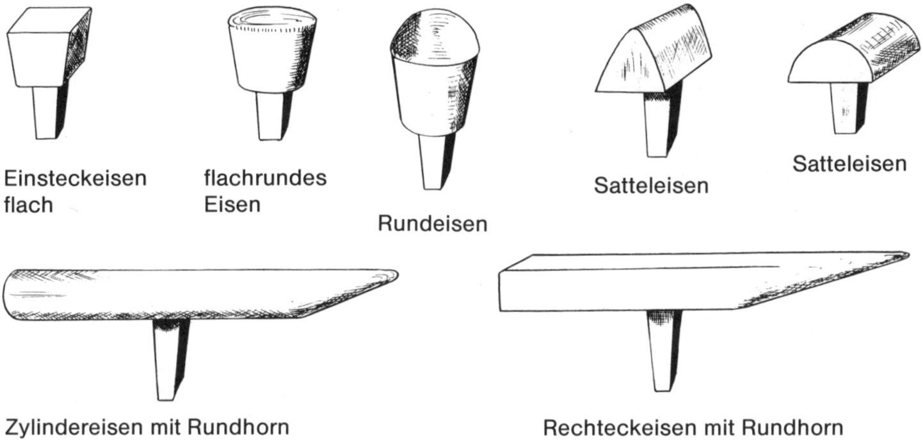

Abb. 2.5: **Einsteckeisen**

Meß- und Anreißwerkzeuge

Zum Anzeichnen (Anritzen) der Linien auf dem Arbeitsstück benötigt man: Zollstock, Schablonen, Meßwinkel, eine große und kleine Anreißplatte, Meßschieber, Anreißnadeln, Körner, Schieblehre, Tiefenmeßschieber, Stichmaß usw. Diese Hilfsmittel sind für eine gute Arbeit unentbehrlich.

Der Amboß

Der Amboß ist ein Schmiedewerkzeug, das auch als Richtplatte und als Vorhalteblock verwendet werden kann. Er kann beim Richten von Fahrgestellen, schweren Verstärkungen usw. gute Dienste leisten. Er besteht aus einem kompakten, gegossenen Stahlblock. Die Fläche und die beiden Hörner (Rund- und Vierkanthorn) sind oberflächengehärtet, geschliffen und poliert.

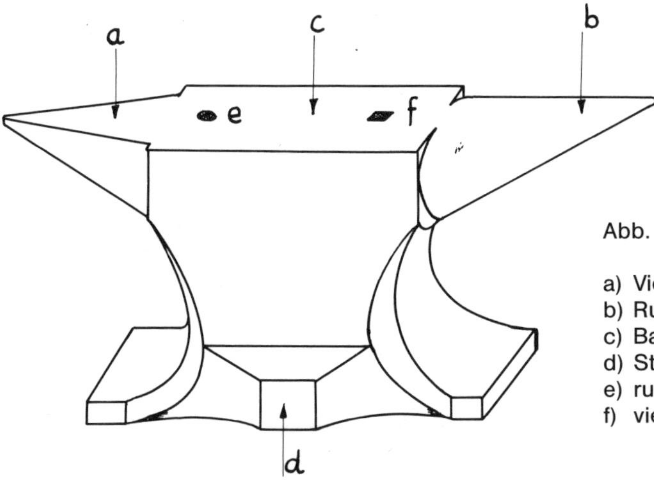

Abb. 2.6: **Der Amboß**

a) Vierkanthorn
b) Rundhorn
c) Bahn
d) Stütze
e) runde Öffnung
f) viereckige Öffnung

Die wichtigsten Arbeiten auf dem Amboß sind (siehe Abb. 2.7):

1. Durchtrennen auf Spitzeisen;
2. Durchtrennen auf Spitzeisen mit Kreuzschlaghammer;

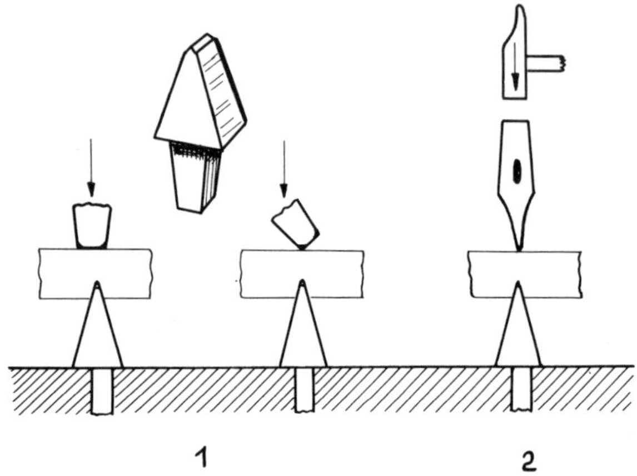

3. Abkanten;
4. Spitztreiben;
5. Anspitzen;

6. Stauchen;
7. Absetzen;
8. Strecken;
9. Runden;

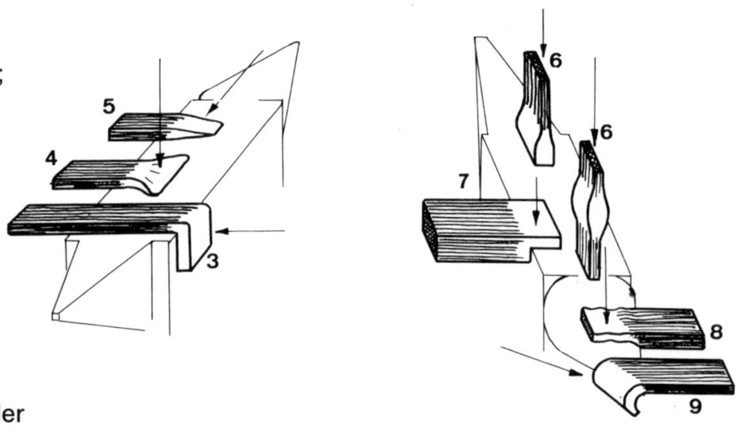

10. Biegen mit der Biegegabel;
11. Glätten mit dem Schlichthammer.

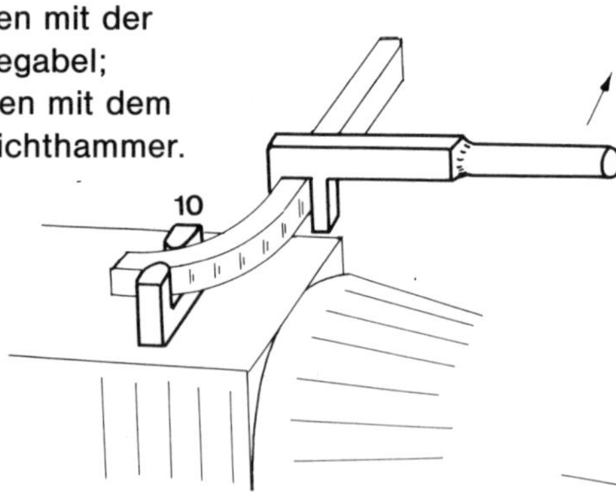

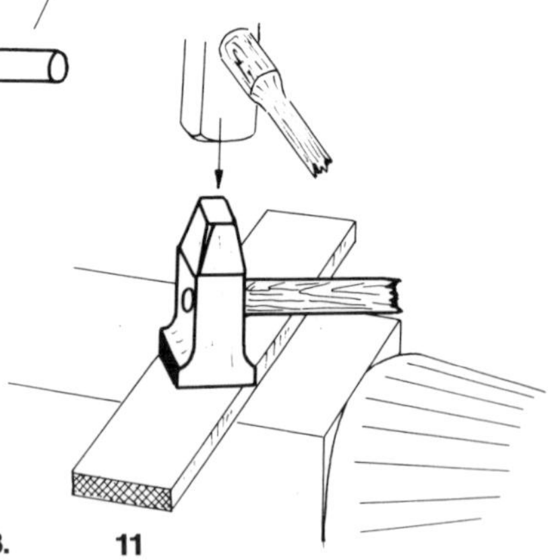

Abb. 2.7:
Die wichtigsten Arbeitsvorgänge auf dem Amboß.

Die Karosseriefeile
Eigentlich ist die Karosseriefeile nur ein Feilenhalter, in den man die verschiedenen Feilenstreifen einspannt, die für die unterschiedlichen Arbeiten erforderlich sind. Durch die Spannvorrichtung kann die Feile sowohl nach innen als auch nach außen gewölbt verstellt werden, so daß man sie der zu bearbeitenden Oberfläche anpassen kann.

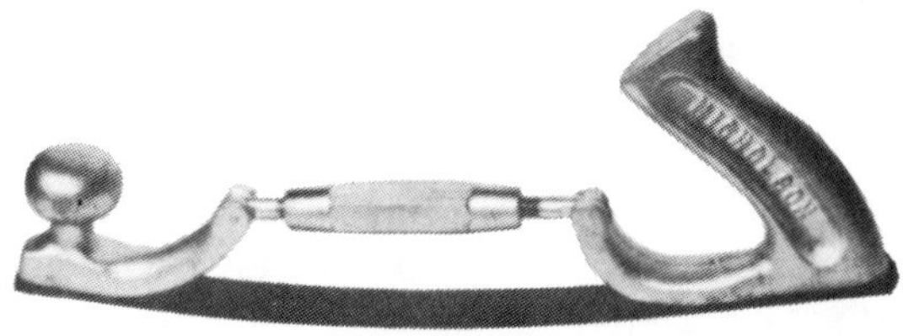

Abb. 2.8:
Die Karosseriefeile

Die Absetzzange
Die Absetzzange dient dazu, den Blechrand abzusetzen oder zu profilieren. Das Blech kann bis zu 1 mm dick sein, die Absetztiefe kann bis zu 1,2 mm betragen. Man wendet das Absetzen an, um z. B. bei sich überlappenden Blechen eine ungestörte, fluchtende Außenfläche zu erhalten. Abb. 2.18 zeigt eine pneumatische Ausführung.

Abb. 2.9:
Abgesetztes Blech

Lochzange
Natürlich müssen zwei Bleche, die zusammengefügt werden, möglichst flach gehalten sein. Um Verformungen vorzubeugen, sollte beim Schweißen möglichst wenig Hitze produziert werden.
Wenn wir das obere Blech durchbrennen, um eine Schweißverbindung zustandezubringen, dann entsteht zuviel Hitze. Außerdem bekommen wir dann dicke Knoten, so daß viel Schleifarbeit notwendig wird.
Es ist deshalb besser, das obere Blech zu lochen und in den Löchern Schweißverbindungen anzubringen.
Zum Lochen verwendet man eine Lochzange (siehe auch Abb. 2.18).

Weitere Hilfsmittel und Werkzeuge
Zur Karosseriebearbeitung braucht man ferner noch das übliche Schlosserwerkzeug: Ring- und Gabelschlüssel, Steckschlüssel, verstellbare Schlüssel, Schraubendreher, Meißel, Durchschläge, Locheisen, Körner, Bohrer, Schleifblock, Schaber, Stahlbürsten, Wachs, Paraffin, Öl, Lötmittel, Lötzinn, Spachtel, Schleifmaterial, Fräser, Blechscheren usw.

2.2 MASCHINELLE WERKZEUGE ZUR BLECHBEARBEITUNG

Preßlufthammer
Hammer und sonstige Einsätze, wie Meißel, sind austauschbar. Vor allem beim Glätten kann dieses Werkzeug wertvolle Hilfe leisten.

Glättmaschine
Bei dieser Maschine wird das Blech zwischen zwei Rollen durchgeschoben; die Kraft, mit der das Blech zwischen den Rollen geklemmt wird, ist regelbar. Die obere Rolle ist fest eingesetzt, die untere ist auswechselbar.
Wenn man das Blech zwischen den Rollen hin und her bewegt, dann erhält man ungefähr den gleichen Effekt, wie beim Strecken oder Dehnen auf der Trägerlinie. Die Glättrolle dient vor allem dem Glätten von bearbeiteten Blechen, obwohl man durch sie auch eine leichte Rundung herbeiführen kann.

Abkantbank
Mit ihr lassen sich gerade Bleche schön und gleichmäßig abkanten.

Sickenmaschine
Diese Maschine ist mit austauschbaren Profilwalzen versehen. Mit ihnen können wir leicht Vertiefungen oder Bördelungen anbringen, indem wir das Blech zwischen den Rollen hin und her bewegen. Wollte man diese Arbeit von Hand machen, würde das sehr viel Zeit kosten.

Stauchmaschine
Diese Maschine, die über ein Pedal betätigt wird, erleichtert die schwere Arbeit des Stauchens. Damit sie universell einsetzbar ist, sind die Köpfe auswechselbar. Das Prinzip beruht auf dem Zusammenpressen des Blechs zwischen zwei Stauchbacken. Diese Backen haben eine leichte, konzentrische Verzahnung, die das Blech gleitsicher hält und auf einer kleinen Fläche, von außen nach innen, zusammenpreßt.

2.3 HYDRAULISCHE WERKZEUGE

Hydraulische Ausbeul-, Spann- und Druckwerkzeuge
Hydraulische Werkzeuge sind beim Richten von Karosserieteilen unentbehrlich, ob mit einem Karosserierichtsystem kombiniert oder nicht (siehe Kap. 6).
Der Fachhandel bietet zahlreiche hydraulische Geräte an, zu denen es viele Einsatz- und Auswechselteile gibt. Die Pumpe wird von Hand oder pneumatisch betätigt.
Die Abb. 2.12 zeigt einige mögliche Anwendungen hydraulischer Werkzeuge.

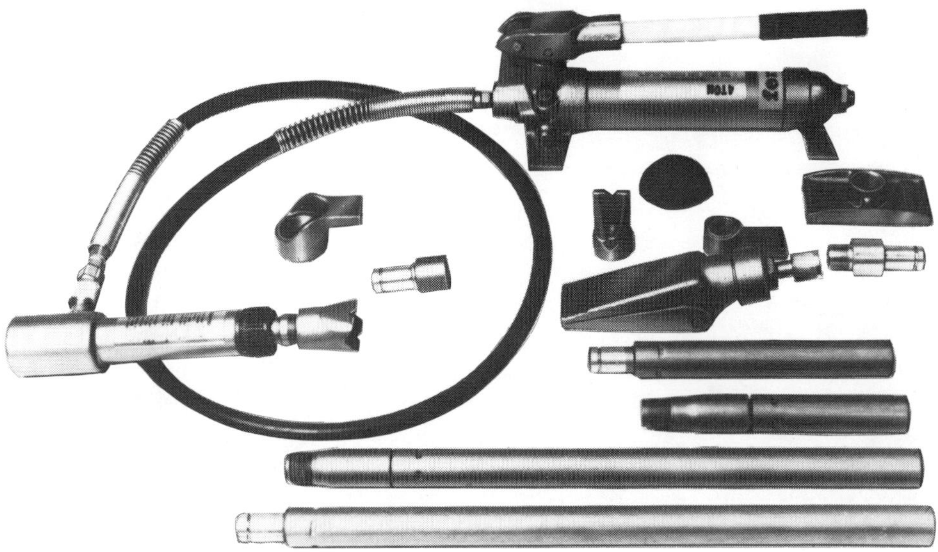

Abb. 2.10: **Ein hydraulischer Werkzeugsatz mit Einsätzen.**
Die maximale Kolbenleistung ist 40 000 N (4 800 kgf); der Hub ist 150 mm.
Die Druckleistung nach beiden Seiten hin ist maximal 5 000 N (500 kgf).

Hydraulische Zugbalken und Richtsysteme

Diese werden im Kapitel 6 beschrieben.

Mutternsprenger

Schwer lösbare oder festgerostete Muttern können mit diesem hydraulischen Gerät leicht gesprengt werden.

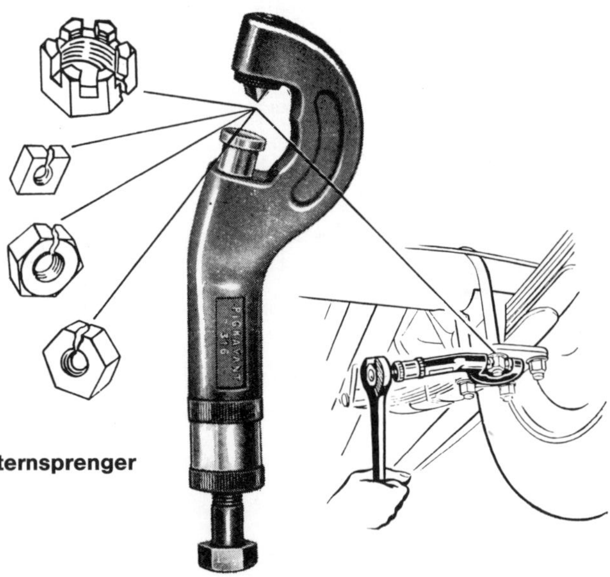

Abb. 2.11: **Mutternsprenger**

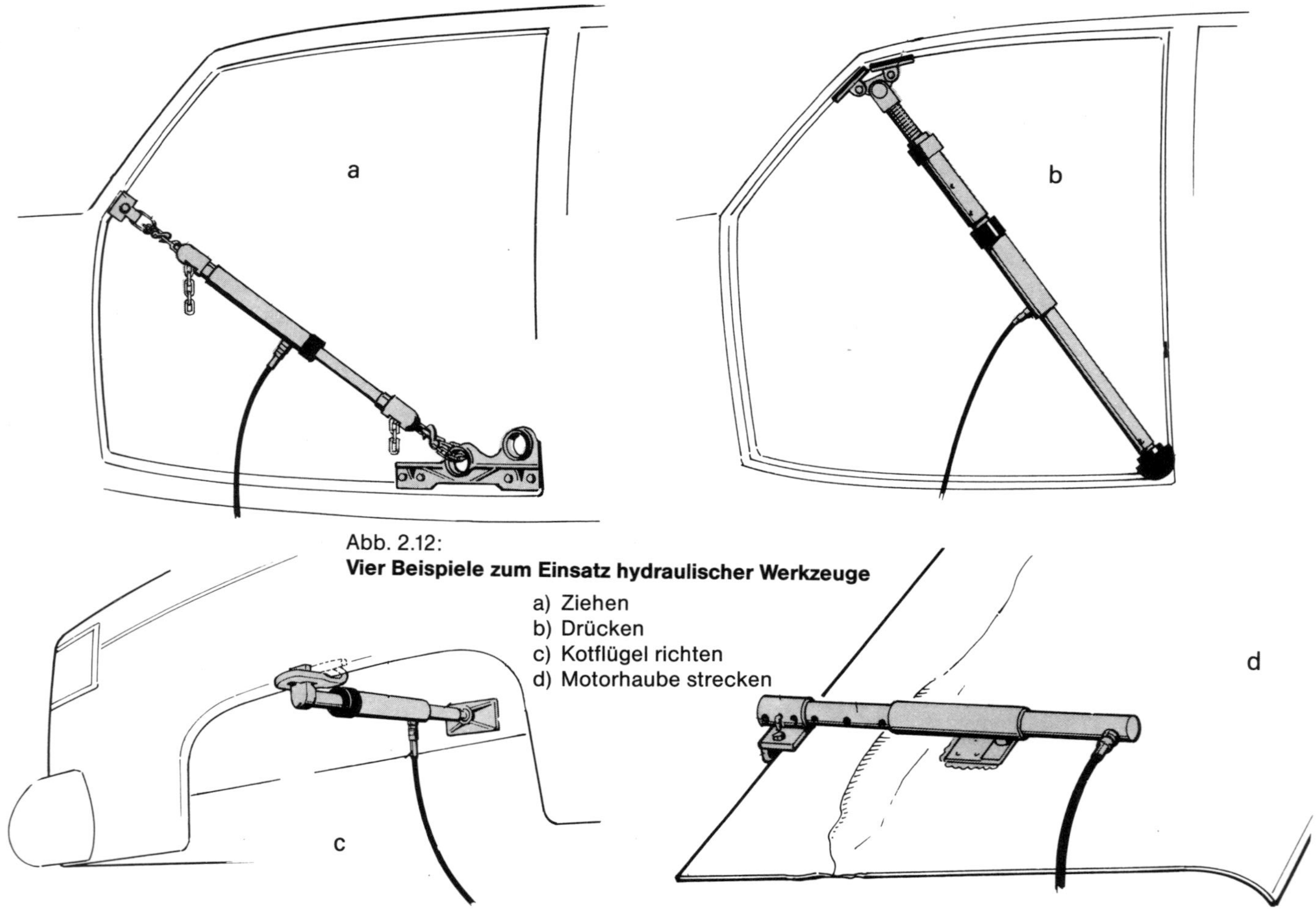

Abb. 2.12:
Vier Beispiele zum Einsatz hydraulischer Werkzeuge

a) Ziehen
b) Drücken
c) Kotflügel richten
d) Motorhaube strecken

2.4 PNEUMATISCHE UND ELEKTRISCHE WERKZEUGE

Sehr viele Werkzeuge gibt es sowohl in elektrischer als auch in pneumatischer Ausführung. Obwohl die Energie bei den Druckluftwerkzeugen einen Umweg macht (schließlich wird der Kompressor ja durch einen Elektromotor angetrieben), haben sie gegenüber den Elektrowerkzeugen doch einige Vorteile:

a) Druckluft ist eine sichere Energiequelle. Es gibt keine Spannung und keinen Strom; keine Gefahr von Kurzschluß, beschädigten Kabeln und Funkenbildung in den Motoren. Vor allem letzteres ist im Lackierbetrieb ein wesentlicher Pluspunkt.
b) Druckluftwerkzeuge sind kompakt und leicht. Ein Elektromotor ist durchschnittlich dreimal so schwer, wie ein gleichwertiger Druckluftmotor. Das spielt vor allem bei Werkzeugen, die man in der Hand hält, eine große Rolle.
c) Überlastung schadet pneumatischen Werkzeugen nicht. Die Maschine bleibt einfach stehen, während Elektrowerkzeuge leicht durchbrennen können. Dadurch sind auch die Reparatur- und Wartungskosten niedrig.
d) Im Zusammenhang mit dem unter »a« Dargelegten ist es z. B. bei einer pneumatischen Schleifmaschine ohne weiteres möglich, einen Wasseranschluß zu machen, so daß man gefahrlos naßschleifen kann.

Winkelschleifer

Er gibt auswechselbare runde, schnellaufende Trenn-, Schmirgel- oder Schruppscheiben. Je nach der erforderlichen Arbeit kann man Scheiben mit groberem oder feinerem Korn verwenden. Üblich sind Scheibendurchmesser von 178 mm bei einer Drehzahl bis etwa 8000 U/min oder 225 mm bei 6000 U/min.

Abb. 2.13: **Winkelschleifer;** man verwendet ihn vorwiegend zum Schruppen und Trennen

Schleifmaschinen

Es gibt sie in drei Grundtypen:

a) Bandschleifmaschine

Das ideale Werkzeug zum Schleifen flacher Teile. Das endlose Schleifband läuft über zwei Rollen, deren eine angetrieben wird, während die andere verstellbar ist. Durch die hohe Laufgeschwindigkeit des Schleifbandes ist die Schleifleistung sehr groß. Die Bewegung ist gradlinig.

b) Rundschleifmaschine

Die Motorachse ist über einen Exzenter mit der Schleifsohle verbunden. Das Schleifpapier macht somit immer eine kleine, kreisförmige Bewegung.

Diese Maschinen haben eine etwas größere Schleifleistung als jene mit einer geradlinigen Bewegung. Überdies hält das Schleifpapier etwas länger, da die Körnung auf allen Seiten aktiv ist. Ein Nachteil ist es, daß in der Oberfläche Schleifkratzer sichtbar sind, oft auch noch nach Beendigung aller Arbeiten.

c) Schwingschleifer

Die Schleifsohle beschreibt eine hin- und hergehende Bewegung. Die Schleifleistung ist etwas niedriger, aber dem steht der Vorteil entgegen, daß keine auffälligen Schleifkratzer zurückbleiben. Überdies sorgt die geradlinige Bewegung dafür, daß man auch entlang Rändern und in Winkeln gut schleifen kann.

Es gibt auch Schwingschleifer mit zwei Schleifsohlen, deren Bewegungen entgegengesetzt sind. Dadurch ist die Leistung größer und die Maschine arbeitet praktisch vibrationsfrei.

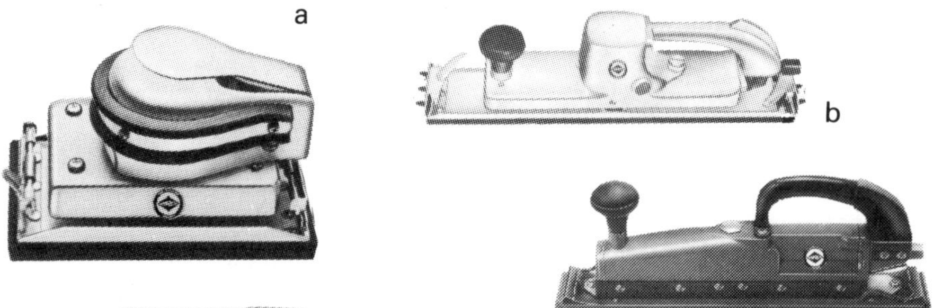

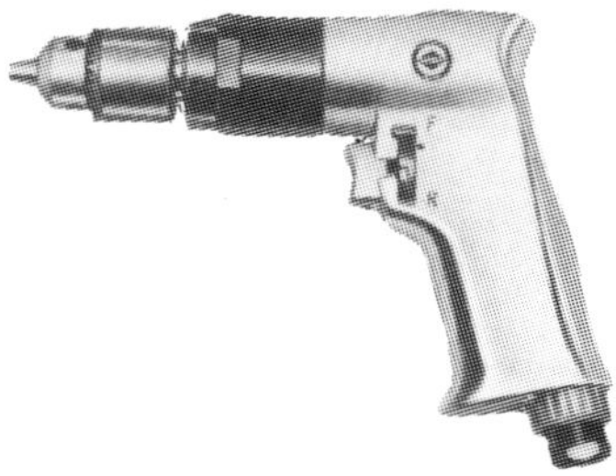

Abb. 2.14: **Zwei Beispiele von Flächenschleifmaschinen, die eine rotierende Bewegung machen (a und b), und eine mit geradliniger Schleifbewegung (c)**

Abb. 2.15: **Eine Druckluft-Bohrmaschine mit Links- und Rechtsdrehung.**

Bohrmaschine

Bohrmaschinen gibt es sowohl in elektrischer als auch in pneumatischer Ausführung. Sie dienen aber nicht nur zum Bohren und Fräsen, sondern man kann sie auch zum Schleifen und als Elektro-Schraubendreher verwenden.

Fön

Der elektrische Fön oder das Heißluftgebläse kann gute Dienste erweisen, z. B. beim:

- Entfernen von Aufklebern von Glas und Lack;

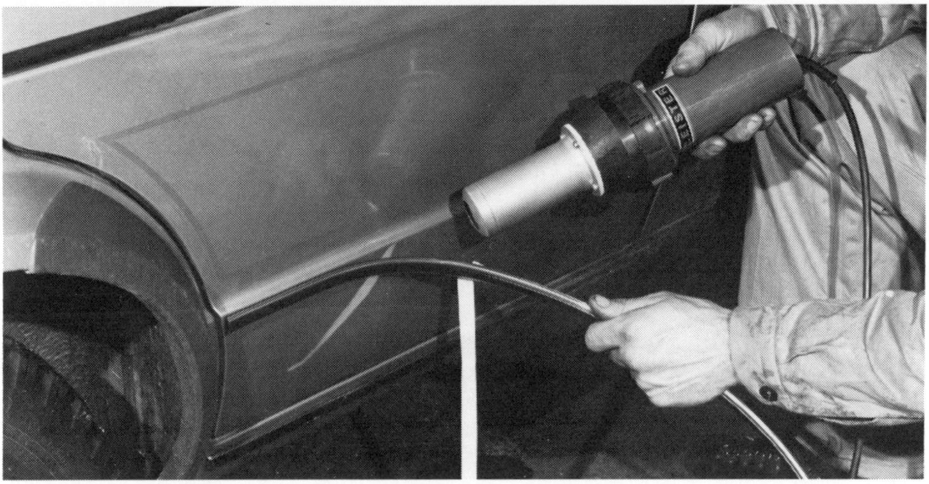

Abb. 2.16: **Elektrischer Fön oder Heißluftgebläse**

- Erwärmen von Teilen, um die Montage oder die Demontage zu erleichtern;
- Trocknen feuchter Stellen und Verkleidungen;
- Beschleunigen von Verleimungen und beim Lacktrocknen (z. B. bei einer Farbprobe), ferner beim Härten von Spachtelmasse usw.
- Spannen von PVC-Verkleidungen und beim Weichmachen von Kunststoffprofilen;
- Aktivieren von Kleber an Zierleisten u. ä.

Beulenausziehgerät

Mit Hilfe einer elektrischen Schweißpistole kann man Ziehbolzen auf die eingedrückten Stellen des Blechs schweißen. Die Beule wird dann durch das Beulenausziehgerät herausgezogen (siehe auch 2.2).

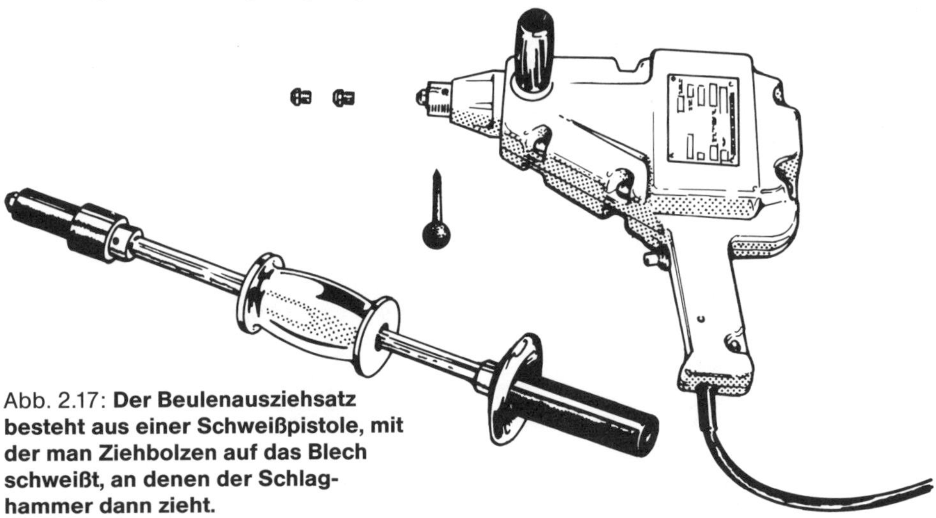

Abb. 2.17: **Der Beulenausziehsatz besteht aus einer Schweißpistole, mit der man Ziehbolzen auf das Blech schweißt, an denen der Schlaghammer dann zieht.**

Blech-Schrumpfgerät

Dieses Elektrogerät ermöglicht es, das Blech stellenweise zum Zweck des Schrumpfens zu erhitzen.

Oft wird dieses Gerät mit einem Beulenausziehgerät kombiniert.

Pneumatische Loch- und Absetzzange

Loch- und Absetzarbeiten lassen sich mit Hilfe von Druckluft erheblich vereinfachen.

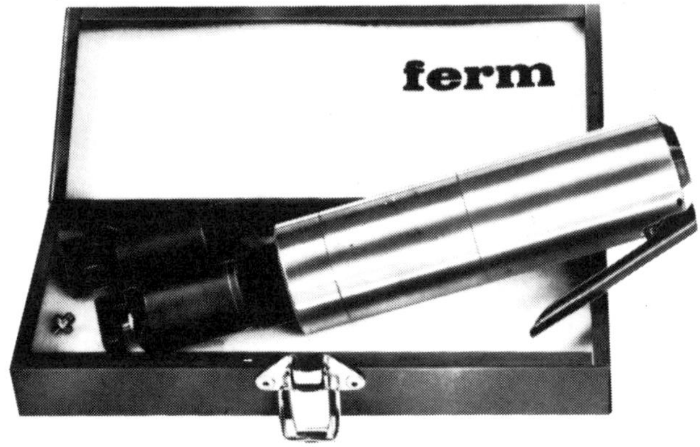

Abb. 2.18:
Pneumatische Loch- und Absetzzange

Drucklufthammer

Dieser Hammer hat verschiedene Einsätze, die der Art der Arbeit angepaßt sind. So gibt es verschiedene Arten von Meißeln, um z. B. Blechteile herauszumeißeln, Muttern durchzuschlagen oder Punktschweißstellen zu lösen. Es gibt auch Einsätze, wie Schlichthämmer oder Austreiber für Scharnierstifte.

a) Schraubendreher

b) Nadelhammer

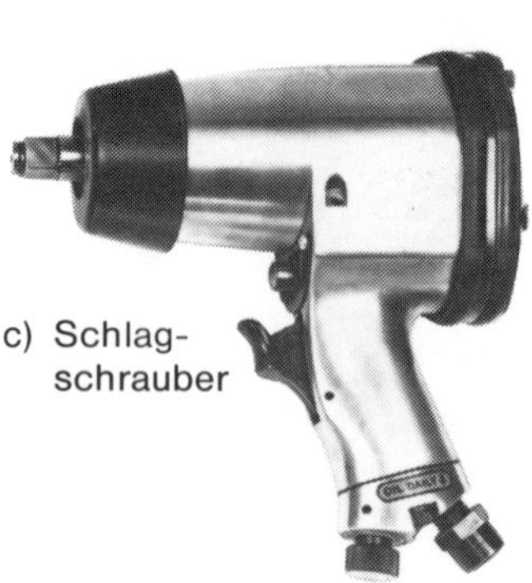

c) Schlagschrauber

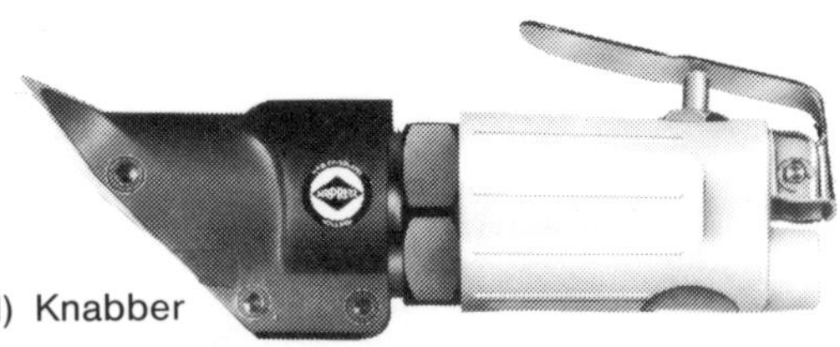

d) Knabber

Abb. 2.19:
Weitere Beispiele von Druckluftwerkzeugen

3 Die wichtigsten Arbeitsgänge

Die wichtigsten Arbeitsgänge im Karosseriehandwerk sind: Glätten, Strecken, Dehnen, Stauchen, Schrumpfen, Treiben, Biegen, Abkanten, Schneiden, Brennen, Nieten, Schweißen, Verzinnen, Weich- und Hartlöten, Schleifen, Widerstandsschweißen, Polieren und Korrosionsschützen. Diese Arbeiten werden sowohl bei der Herstellung neuer Karosserien als auch bei der Reparatur durchgeführt.

3.1 GLÄTTEN

Das Wort Glätten besagt, daß eine Stelle wieder glatt gemacht wird, aber man spricht hier auch von Schlichten oder Ausbeulen.
Im 1. Kapitel wurde im Zusammenhang mit dem Schlichten von Blechen bereits über die Spannungen innerhalb der Blechplatte gesprochen. Dabei stellten wir fest, daß die Teile des Blechs, die zu lang sind, unter keinen Umständen noch mehr gedehnt oder mit dem Hammer bearbeitet werden dürfen. Man kann dieses Blech nur dadurch dehnen, daß die nichtgedehnten Teile der Fläche gestreckt werden.
Anders ist der Fall, wenn ein Blech, das bereits eine bestimmte Form hat, eine kleine oder ziemlich tiefe Delle oder Beule zeigt. Zuerst macht man aus der »Delle«

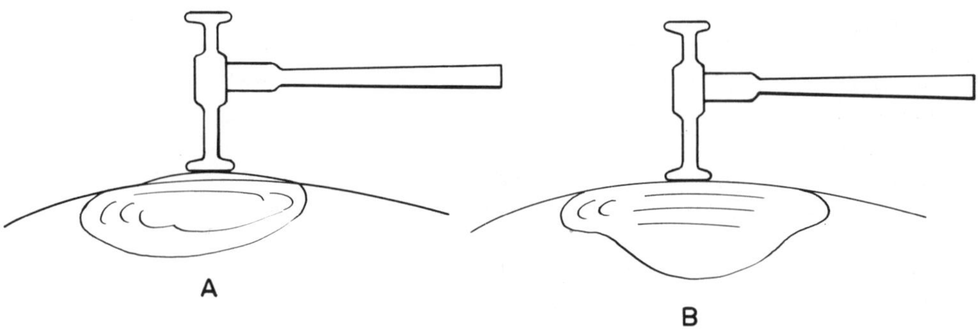

Abb. 3.1: **A. Neigung zum Stauchen, B. Strecken**

eine »Beule«, und wenn man nun diese Beule nicht dadurch entfernen will oder kann, daß man eine größere Fläche rundherum dehnen will, dann muß die Stelle, die zu lang geworden ist, *gestaucht* werden.
Verwendet man einen Vorhaltblock, der flacher als die Beule ist, und hämmert man mit einem flachen Hammer mit einem nicht-tragenden Schlag (siehe Abb. 3.1A), dann entsteht die Neigung zum Stauchen, jedoch unter folgenden Voraussetzungen:
a) die Beule muß kurz sein, sonst entsteht eine »Ringbeule«;
b) das Blech muß festsitzen und rund um die Beule herum unter starker Spannung stehen.
Ist die Beule lang und weich, dann hämmern wir die Spannung heraus, und das Blech kommt mit einem größeren Biegeradius heraus. Das Blech wird dann ein wenig flacher.
Verwenden wir einen Vorhaltblock, der runder ist, als es die Rundung des Bleches ist, dann hämmern wir mit einem tragenden Schlag, und wir strecken (siehe Abb. 3.1B) mit dem flachen Hammer.

3.2 STRECKEN

Das Strecken des Blechs kann sowohl auf einer Richtplatte oder über ein Flacheisen als auch über einem Vorhaltblock erfolgen, jedoch mit dem Unterschied, daß man in den beiden ersten Fällen einen Streckhammer und im letzteren Fall im allgemeinen einen flachen Hammer verwendet, jedenfalls wenn der Vorhaltblock runder ist, als die innere Rundung des Blechs.
Beim *Strecken auf der Richttafel* schlagen wir mit wohlgezielten Schlägen nach vorn und nach hinten, aber *niemals* seitwärts! Das richtige Ansetzen der Schläge erlernt man durch Üben. Nach der ersten Serie von Schlägen wird die folgende Serie zwischen den voraufgegangenen angesetzt. Niemals darf in zu dichten Gruppen geschlagen werden, und die Einteilung muß immer symmetrisch sein. Zeigt das Blech beim Strecken die Neigung, an den Rändern nach oben zu kommen, dann muß es umgedreht werden. Der Schlag des Streckhammers muß ganz flach auf dem Blech landen, sonst bekommt das Blech Kerben. Der Hammer darf auf dem Blech zwar einen »Abdruck«, aber keinesfalls darf er einen »Eindruck« hinterlassen.
Der Schlag muß aus lockerem Handgelenk erfolgen, nicht zu hart, sondern mit federndem und tragendem Schlag. Das Blech verträgt nun einmal eher eine sanfte und langsame Bearbeitung, als eine grobe und schnelle. Der Hammerstiel wird am Ende gehalten, und der Hammer wird nicht zu hoch gehoben. Das zu streckende Blech muß in Ellenbogenhöhe sein. Der Hammer muß gewissermaßen auf dem Blech tänzeln, wobei jeder Schlag zielbewußt geführt wird.
Schießen wir über das Ziel hinaus, indem wir zuviel strecken, dann müssen andere Stellen wieder gedehnt werden, und das könnte ohne Ende weitergehen. Wenn

man bei der Arbeit nicht aufmerksam ist und das Material nicht genau beobachtet, dann kann man dabei auch keine Erfahrungen sammeln. Die Arbeit setzt Überlegung voraus, sonst wiederholt man dieselben Fehler nur ständig.
Da das Blech beim Glätten und Strecken mit dem Streckhammer auf der Richtplatte bei jedem Hammerschlag auf der Unterseite ein wenig mehr, als auf der Oberseite, gestreckt wird, wird es allmählich die Neigung zur Wölbung zeigen. Wenn die Oberfläche nach der beschriebenen Arbeitsmethode ganz bearbeitet ist, *wird das Blech deshalb umgedreht, worauf dieselbe Bearbeitung* wiederholt wird! Nur auf diese Weise erhält man eine ebene Fläche.
Durch Verwendung eines Schlichthammers mit waffelförmigem Kopf wird die Kaltverformbarkeit des Blechs zunehmen.
Die Federkraft des Hammerschlages wird bei der Verwendung eines Hammers mit einem Polyesterstiel größer sein, als bei einem Holzstiel. Würde man einen Stiel aus Stahl verwenden, der mit dem Hammer zusammen eine Einheit bildet, dann hätte dieser überhaupt keine Federung. Man denke nur an den Schlackenhammer der Schweißausrüstung.
Auch das Gewicht von Vorhalteblock und Hammer beeinflussen die Arbeit. Vorhalteblöcke aus Stahl, Holz, Kupfer, Blei oder Leder haben jeweils einen anderen Effekt.
Es bedarf vieler Übung und Erfahrung, will man ein geschickter Blechner werden. Stahlblech, Aluminium-, Kupfer-, Zink-, Messing-, Chrom- und Nickelstahlbleche reagieren jeweils auf ganz eigene Art!

3.3 DAS FORMEN

Der Unterschied zwischen dem Formen von neuem Blech und der Reparatur bereits geformter Bleche besteht darin, daß man bei letzteren die inneren Spannungen berücksichtigen muß, die im Blech zu dem Zeitpunkt vorhanden sind, zu dem man mit der Wiederherstellung beginnt.
Wir beginnen mit der Beschreibung der Grundübungen, die am neuen Blech durchzuführen sind.

3.4 DIE UNTIEFE KUGELFORM

Verwendet man eine glatte, neue Blechplatte, dann kann man *als Grundübung* eine untiefe Kugelform auf dreierlei Weise herstellen:

1. **Auf der Richtplatte**
Man schlägt mit der leicht gebogenen Bahn des Treibhammers auf die *Innenseite;* die Kugelform entsteht dann auf der Außenseite. Das ist logisch, denn durch die leicht gewölbte Bahn des Treibhammers wird die Außenseite der Rundform auf

der Seite der Richtplatte mehr gedehnt als die Innenseite, und dies bei jedem Schlag.
Wenn die Arbeit fortschreitet, muß auch auf die Außenseite geachtet werden. Bemerkt man, daß diese den Wünschen nicht entspricht, dann arbeitet man sie auf einem Einsteckeisen mit der gleichen Rundung nach, und zwar mit der flachen Bahn des Schlichthammers.
Es kann vorkommen, daß in der runden Form flache Teile zurückbleiben. In diesem Fall bringt man hierauf eine Reihe konzentrischer Schläge in auslaufenden Kreisen an.
Während des Formens muß man vor allem immer daran denken, daß es viel schwieriger ist, zu hohe Stellen zu beseitigen, als zu niedrige.

2. **Auf dem runden Einsteckeisen**
Will man eine untiefe Kugelform auf einem Einsteckeisen schlagen, dann sollte dieses Eisen nach Möglichkeit die gleiche Rundung haben, wie man sie in das Blech treiben will. Das runde Einsteckeisen darf keinen zu kleinen Durchmesser haben, denn dann könnte ein halbtragender Schlag entstehen. Im Gegensatz zur vorbeschriebenen Arbeitsmethode (auf der Richtplatte) schlagen wir hier mit der flachen Bahn des Hammers auf die *Außenseite* des Blechs. Das hat den Vorteil, daß man die Arbeit mit den Augen überwachen kann. Während der Arbeit bewegt man das Blech mit einer Hand nach vorn und nach hinten, und anschließend dreht man das Blech und beginnt erneut. Durch Verwendung eines Hammers mit flacher Bahn wird die Außenseite mehr gedehnt werden, als die Innenseite.
Wichtig ist es, daß das Blech bei jedem Schlag gut aufliegt. Die Schläge werden regelmäßig verteilt, einerseits durch Bestimmung der Schlagstelle, andererseits durch Bewegung des Blechs. Am besten arbeitet man von innen nach außen.
Man denke bei dieser Methode vor allem daran, daß die Stellen um den Hammerschlag herum stärker beeinflußt werden, als die Stelle, auf der der Schlag landet.

3. **Mit der Glättmaschine**
Natürlich wird ein erfahrener Spengler nicht daran denken, eine untiefe Hohlform auf der Glättmaschine formen zu wollen. Dennoch ist die Arbeitsmethode als Übung für einen Auszubildenden recht nützlich.
Die Methode ist langsamer und entspricht in etwa der Arbeitsmethode über dem runden Einsteckeisen. Die Innenseite der Kugelform des Bleches muß der unteren, verstellbaren, gebogenen Rolle der Maschine, die Außenseite, also die erhabene Seite, muß der oberen flachen Rolle zugewandt sein. Man rollt das Blech linear mit systematischer Drehung. Zu flache Teile werden auf der Richtplatte mit dem Treibhammer nachgearbeitet; das kann auch mit Hilfe des Schlicht- oder Treibhammers über einem runden Handeisen erfolgen, je nach Belieben.
Die drei Methoden werden also gewissermaßen kombiniert.

3.5 DIE TIEFE KUGELFORM

Es wäre unzweckmäßig und regelwidrig, wollte man die tiefe Kugelform herstellen, indem man das Blech nur streckt. Das Blech würde dadurch in der Mitte zu dünn und auch zu hart. Deshalb wenden wir die Treibmethode im Treibblock oder im hohlen Bleiblock an. Der Schlag des Treibhammers (Holz, Kunststoff, Hartgummi oder Leder) ist natürlich nicht tragend. Für kurze und tiefe Hohlformen verwenden wir einen stählernen Treibhammer. Es kommt nunmehr darauf an, das Blech in der Mitte zu dehnen und die Ränder zu stauchen, so daß die Seitenteile zusammengedrückt, also dicker, werden.
Stauchen und drücken wir die Ränder zu sehr zusammen, dann entstehen kurze Falten und Runzeln, das Blech schiebt sich dort zusammen und legt sich doppelt, und dadurch könnte es reißen. Einsicht und Beurteilungsvermögen des Blechners, gestützt auf seine Erfahrung, sind hier unentbehrliche Voraussetzungen. Überdies empfiehlt es sich, bereits vorher eine Schablone anzufertigen, mit deren Hilfe die Rundung gemessen und verglichen werden kann.
Ein weiteres Hilfsmittel ist das Ausschneiden von Papierstreifen, die deutlich machen, an welchen Stellen man das Blech einschneiden muß, um das Überfalzen des Blechs, verursacht durch übermäßiges Stauchen, zu vermeiden. Die Ränder der Ausschnitte werden dann später wieder zusammengeschweißt, und dann wird die Schweißnaht mit dem Hammer nachgearbeitet und anschließend glattgefeilt.
Wir können die tiefe Hohlform auch von vornherein in Abschnitte unterteilen; das Zusammenfügen geschieht dann wieder durch Schweißen. Bei der Behandlung zusammengefügter Teile werden wir darauf noch ausführlicher eingehen.

3.6 DIE KNIEFORM

Eine kurze Knieform aus Karosserieblech zu machen, ohne warm zu stauchen oder zu schrumpfen, ist fast unmöglich. Mit einer dickeren Kupferplatte wäre dies natürlich wohl möglich. Einteilung mit einer Schweißnaht und die Arbeit mit Papierstreifen liegt hier nahe. Wollen wir die Anfertigung einer Knieform in reiner Handarbeit zu einem brauchbaren Ergebnis bringen, dann ist Erfahrung eine unabdingbare Voraussetzung. Nach der Behandlung des Schrumpfens mit dem Schweißbrenner werden wir einzelne Beispiele von Knieformen noch ausführlicher behandeln.

3.7 SCHRUMPFEN MIT DEM SCHWEISSBRENNER

Nach Zusammenstößen oder einer falschen Bearbeitung zeigt das Blech oftmals tiefe Dellen oder Beulen, die darauf hinweisen, daß bestimmte Stellen übermäßig gedehnt wurden. Das Blech ist verformt. Kaltes Stauchen ist zuweilen schwierig,

wenn nicht gar unmöglich. Deshalb schrumpfen wir die Stelle mit dem Schweißbrenner, und das geht folgendermaßen vor sich:
Mit dem Anfang des langen Bündels der Schweißflamme legt man einen »Schrumpfpunkt«, d. h. eine Kreisfläche von etwa 2 cm Durchmesser wird rotglühend gemacht (Abb. 3.2). Durch Abkühlung dieses Schrumpfpunktes wird das Material nun gewissermaßen zu diesem Punkt hin zusammengezogen. Man achte darauf, daß der weiße Kegel der Schweißflamme das Blech nicht berührt, sonst würde das Eisen zuviel Kohlenstoff aufnehmen und hart und spröde werden können. Zuviel Sauerstoff in der Flamme könnte das Blech oxydieren lassen.

Abb. 3.2: **Schrumpfpunkt ansetzen. Asbest oder Wärmepaste liegt griffbereit.**

Um das Material zum Zentrum der Beule hin zu treiben, nehmen wir ein Handeisen, das etwas flacher ist, als die zu bearbeitende Stelle. Mit einem leichten Hammer mit flacher Bahn hämmern wir nun schnell und konzentrisch rundum den Glühpunkt herum, und zum Schluß machen wir ein paar leichte Schläge in Richtung des Zentrums.
Hier muß gesagt werden, daß diese Methode am erfolgversprechendsten ist, *wenn das Blech unter Spannung steht.* Nach Zusammenstößen hat das Blech diese Spannung meist aufgrund der plötzlichen Dehnung.
Der Schrumpfprozeß wird durch die plötzliche Abkühlung unterstützt. Zum Kühlen verwenden wir hier keinen Schwamm, sondern *nassen Asbest* oder eine spezielle Wärmepaste. Durch kräftiges Andrücken wird die Wärme infolge von Leiten und Verdampfen gleichmäßig abgeleitet werden. Es ist natürlich auch wichtig, die Spannung rund um die Schrumpfstelle herum vorher gleichmäßig zu verteilen. Dadurch beugen wir falschen Reaktionen bei der Verformung vor.
Das Schrumpfen mit Hilfe des Schweißbrenners ist eine sehr gute Methode, die in vielen Varianten angewandt werden kann, nicht nur zum Beseitigen kleiner, tiefer und kurzer Beulen, sondern auch zum Beheben größerer kreisförmiger Einbeulungen, und dabei wendet man die sogen. »Kraterform-« oder »Ringbeulenmethode« an.
Es sei aber darauf hingewiesen, daß die Beule mehr oder weniger rund sein und einen Durchmesser von etwa 20 bis 30 cm haben muß. Kleinere Einbeulungen lassen sich nur schwer auf diese Weise beseitigen, weil es fast unmöglich ist, noch eine Ringbeule zu formen (siehe Abb. 3.3).

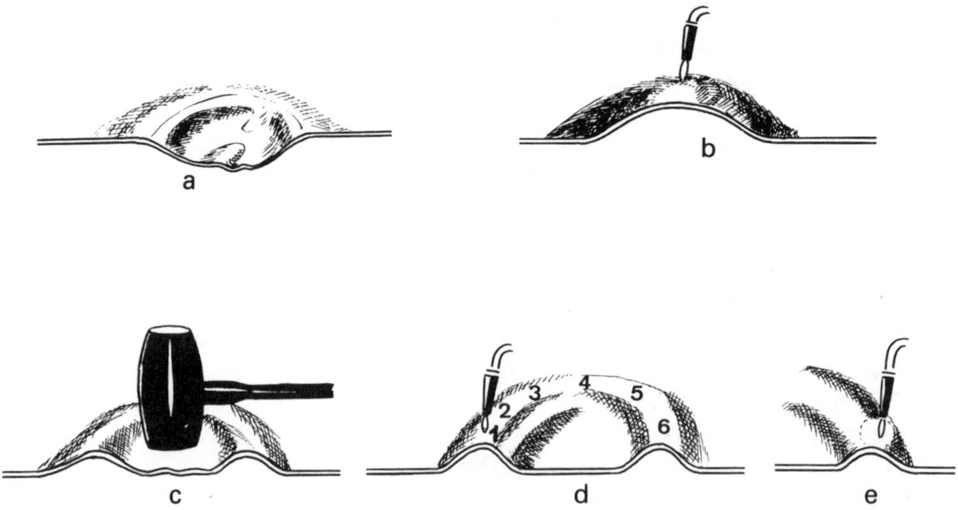

Abb. 3.3: **Kraterform- oder Ringbeulenmethode**

Gehen wir von einer kreisförmigen Vertiefung aus, wie in der Abb. 3.3a zu sehen. Das Blech ist an dieser Stelle stark gedehnt. Zunächst machen wir aus der Delle eine Beule, wie in Abb. 3.3b gezeigt. Diese Beule wird kreisförmig und glatt gemacht. Bei näherer Prüfung stellen wir jetzt fest, daß das Dach dieser Beule, also der obere Teil, infolge des Einflusses der in der anderen Richtung gebogenen Seitenwand unter einer enormen Druckspannung steht. Überdies ist diese Spannung durch die Regelmäßigkeit der Form über dem ganzen Rundkopf homogen. Wasser, Asbest oder Wärmepaste und Schwamm werden bereitgestellt. Jetzt bringen wir auf der Oberseite der Beule einen Schrumpfpunkt an. Der Holzhammer liegt griffbereit. Die Flamme des Schweißbrenners darf vor allem nicht zu groß sein, und sie wird genau senkrecht zum Blech gehalten. Kirschrot, nicht heißer! Die erhitzte Stelle sollte nicht größer als 3 cm^2 sein. Dann schlagen wir die Beule mit dem Holzhammer mit kurzen, schnellen Schlägen herunter, bis wir die Kraterform mit dem Ringberg erhalten, wie in der Abb. 3.3c wiedergegeben. Keinesfalls tiefer treiben, als bis zur Endlinie. Der Umstand, daß die Mitte nicht gleich flach ist, spielt eine untergeordnete Rolle; die kleinen Unebenheiten werden später noch beseitigt.
Nachdem das Glühen abgeklungen ist, lassen wir das Blech etwa zehn Sekunden ziehen, und dann wird der Krater mit angedrücktem nassen Asbest oder mit Wärmepaste weiter abgekühlt. Zieht sich das Blech von selbst genug zusammen, dann ist das Kühlen mit Wasser nicht einmal notwendig. Anschließend wird der Krater mit einem etwas flacheren Vorhaltblock und dem Hammer flachgeklopft.

Jetzt ist bereits mehr als die Hälfte der Beule durch Schrumpfen und Stauchen abgeflacht und beseitigt.
Es bleibt noch die Ringbeule, die ebenfalls verschwinden muß. Wir beseitigen sie auf gleiche Weise mit nebeneinander in einem Kreis liegenden und aneinander anschließenden Schrumpfpunkten, bis alle Unebenheiten völlig verschwunden sind, wie in den Abb. 3.3d und 3.3e angedeutet.

Durch fleißiges Üben läßt sich diese Methode leicht erlernen, sofern man die folgenden Regeln berücksichtigt:
1. Nicht übertreiben mit der Anzahl der Schrumpfpunkte;
2. Stellen, die noch rotglühend sind, niemals mit Wasser kühlen;
3. Die Schrumpfstellen niemals zu groß wählen;
4. Gründlich vorbereiten;
5. Schnell, aber dennoch ruhig arbeiten;
6. Systematisch Stelle um Stelle bearbeiten;
7. Jede Schrumpfstelle genug »ausleben« und abkühlen lassen.

3.8 ZUSAMMENGEFÜGTE TEILE

Jede Karosserie ist aus Einzelteilen zusammengefügt. Die Verbindung erfolgt durch Punktschweißen, Schweißen und Schrauben. Zwischen die Verbindungen kommen Kunststoff- oder Gummibänder, die ein Rappeln, Knirschen und Quietschen verhindern sollen.
Bei der Neuanfertigung von Teilen stellen wir fest, daß der Karosseriebauer auch Formen, die er nur schwerlich aus einem einzelnen Blech herstellen könnte, zusammenschweißt. Die Unterteilung erfolgt, indem die Treibtiefen der Hohlformen untersucht werden. Diese müssen durch das Zusammenschweißen vermindert werden können. Zur Verdeutlichung betrachten wir eine Halbkugel mit der Treibtiefe *D*1 und der Länge *L*1 (Abb. 3.4). Fertigen wir diese Halbkugel aus zwei aneinandergeschweißten Teilen, dann zeigt sich, daß:
$L_2 < L_1$ und $D_2 < D_1$ und demzufolge auch $\frac{L_2}{D_2} < \frac{L_1}{D_1}$

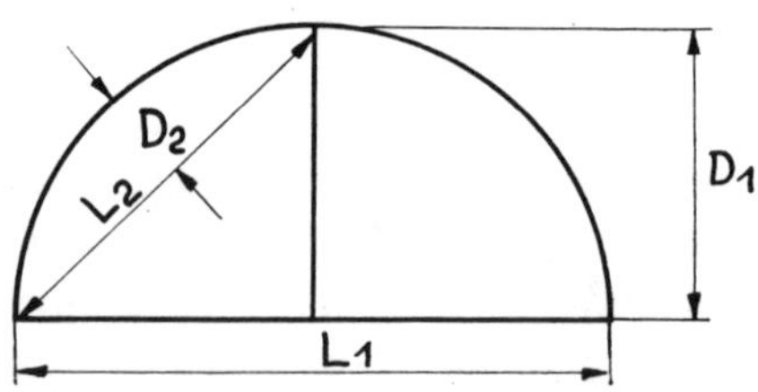

Abb. 3.4: **Halbkugel**

Das Zusammenschweißen ist vorteilhafter als tieferes Treiben.

Um nun eine vollständige Kugel herzustellen, konstruieren wir zunächst einen kugelförmigen Rahmen. Um diesen herum können wir das Blech anbringen, das aus vier oder acht gleichen Kugelabschnitten besteht. Anschließend werden die Teile zusammengeschweißt.

Aus diesem einfachen Beispiel können wir folgendes ableiten:

1. Das Aufteilen bietet Lösungsmöglichkeiten in Fällen, in denen man mit anderen Mitteln nicht zum Ziel käme.
2. Das Zusammenschweißen ist in vielen Fällen wirtschaftlicher und besser, als ein zu tiefes Treiben.
3. Der Karosseriebauer benutzt sein Schweißgerät wohl ebenso häufig, wie der Schneider seine Nähmaschine.

3.9 DIE EINTEILUNG

Wie und wo müssen wir eine Unterteilung vornehmen?

1. Wenn die Teile überall gleichermaßen rund sind, machen wir eine symmetrische Aufteilung.
2. Unterscheiden sich die Krümmungshalbmesser der Teile, dann machen wir die Unterteilung an den Berührungspunkten ineinander übergehender Kurven, wie in der Abb. 3.5 oben angedeutet.
3. Ein Dachspant teilt man am besten so ein, wie in der Abb. 3.5 unten gezeigt.

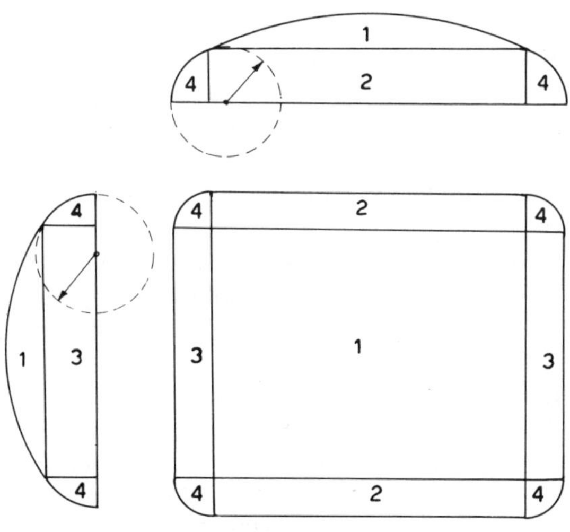

Abb. 3.5: **Aufteilung der Kugelformen**

3.10 DIE HILFSMITTEL BEIM FORMEN

Das Blech wird beim Formen über einem Rahmen angebracht, auch wenn dieser Rahmen später nicht als Verstärkung in der Karosserie zurückbleibt. Fertigt man sich vorher Schablonen an, dann erweisen diese sich bei der Herstellung neuer Teile als wertvolle Hilfsmittel zur Maßarbeit. Bei einer Reparatur kann man sich immer nach dem symmetrisch gleichen Teil auf der anderen Seite des Fahrzeuges oder nach gleichen Modellen richten.

Ein weiteres Hilfsmittel besteht im Überziehen mit Papier oder Papierstreifen. Auf diese Weise kann der Karosseriebauer annähernd die Abmessungen und auch die Form des Blechs bestimmen. Natürlich bedarf es zu dieser Arbeit einiger Erfahrung. Papier läßt sich nicht dehnen. Dadurch werden die Rundformen beim Papier zur Faltenbildung führen, und es läßt sich bereits vorher erkennen, wo das Blech gestaucht, also gekürzt, werden muß.

Eine weitere Methode, Falten im Papier zu beseitigen, besteht darin, das Papier in parallele, gerade oder gebogene Streifen zu zerschneiden. Wollen wir zu den notwendigen Erkenntnissen kommen, dann müssen wir eigentlich zwei Modelle bekleben. Beim ersten Mal bringen wir die Streifen der Länge nach an, beim zweiten Mal quer. Wir müssen verschiedene Richtungen wählen, und zwar aus dem einfachen Grund, weil es unmöglich ist, in ein und derselben Richtung zu dehnen, zu strecken und zu stauchen. Wir können nun sehen, daß die Papierstreifen beim Aufkleben an den Stellen, an denen das Blech gestaucht werden muß, näher aneinanderrücken; dort, wo das Blech gestreckt werden muß, werden sie auseinandergehen. Durch Vergleich der Zwischenräume der senkrechten und waagerechten Papierstreifen lassen sich interessante Folgerungen ableiten, und zwar:

1. Von einer Formgebung, die ausschließlich durch Dehnen des Blechs beim Treiben erfolgt, ist abzuraten, weil das Blech diese meist übermäßige Dehnung nicht verträgt und zu dünn wird. Denken wir nur an das, was im Voraufgegangenen über die tiefe Kugelform gesagt wurde. Diese wird immer durch Treiben in einem Treibblock geformt, wobei die Mitte gedehnt wird, während die Ränder gestaucht werden.
2. Das Strecken oder Stauchen eines Blechs erfolgt niemals in nur einer Richtung. Deshalb sind Folgerungen hinsichtlich der Formgebung immer so zu formulieren, daß man von verschiedenen Richtungen ausgeht, z. B. von senkrechten und waagerechten Papierstreifen, erforderlichenfalls auch noch von anderen Richtungen.
3. Eine tiefe Form wird immer durch eine Kombination von Dehnen und Stauchen hergestellt, damit übermäßiges Dehnen vermieden wird.
4. Schließlich brauchen wir eine ganze Menge Erfahrung um zu wissen, wieviel Dehnung oder Stauchen ein Blech verträgt.

Wann und weshalb wenden wir Folgendes an: Wärmebehandlung, Ansetzen von Schrumpfpunkten, Schrumpfen durch Wasserkühlung oder Aufteilung der Form?

Zur Erläuterung wollen wir zwei Fälle ausführlicher beschreiben. Zugleich nutzen wir die Gelegenheit, auf die Knieform zurückzukommen.
Die Abb. 3.6 zeigt den Eckanschluß eines Daches in Perspektive und Projektion. Wie wir sehen, enthält dieses Eckstück drei Kurven.
Die Formgebung erfolgt, wie bei der Herstellung einer tiefen Kugelform, durch Dehnen und Stauchen im Treibblock. Mittels einer Papierschablone bestimmen wir annähernd die Größe und die Form des Blechs. Dieses flache Blech wird ungefähr die Form haben, wie sie in der Abb. 3.7 wiedergegeben ist. Vor allem darf sie nicht zu klein sein, aber man sollte auch berücksichtigen, daß das Blech sich später noch dehnen wird. Wir arbeiten von der Ecke H aus, aber treiben dennoch von der Mitte aus auf die Ränder zu, und zwar so, daß der rundeste Teil auch am stärksten gedehnt wird. Vorsicht vor übermäßigem Dehnen, denn es ist viel schwieriger, ein Zuviel an Dehnung zu beheben, als umgekehrt.

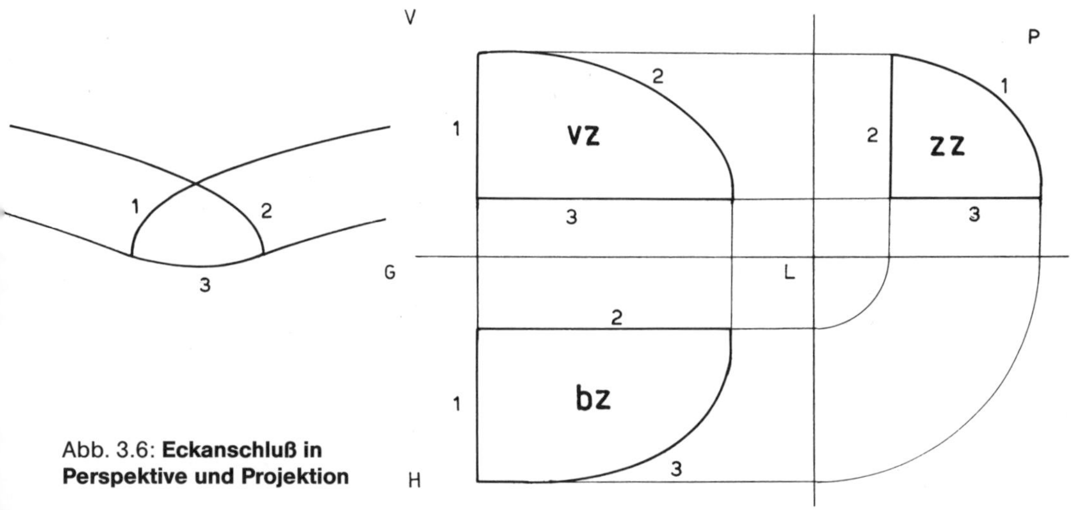

Abb. 3.6: **Eckanschluß in Perspektive und Projektion**

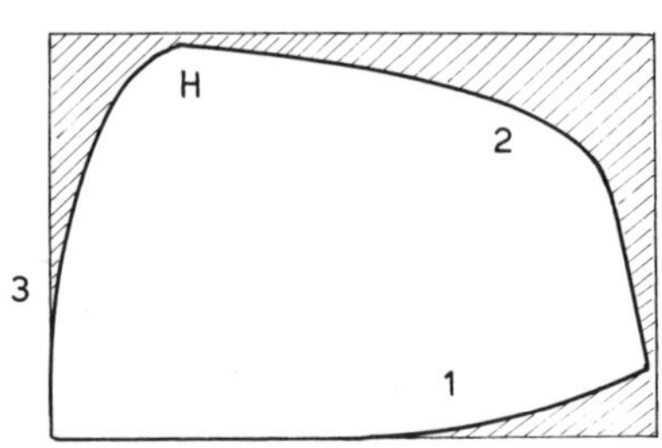

Abb. 3.7: **Größe und Form des Blechs für Abb. 3.6**

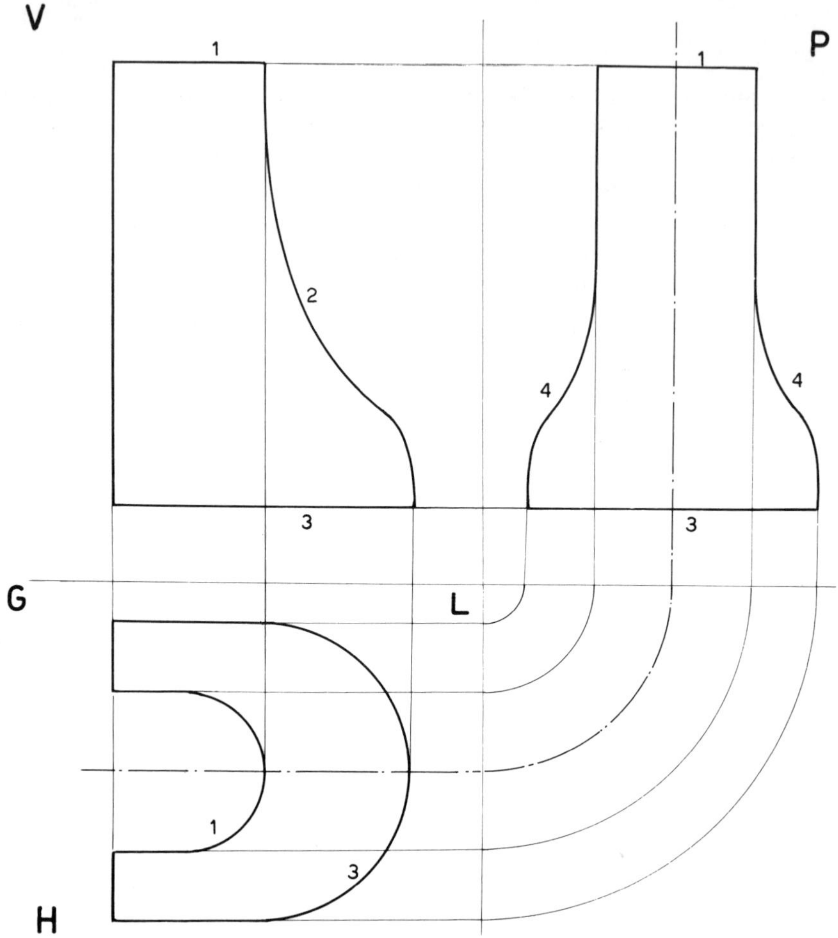

a) Projektionszeichnung;

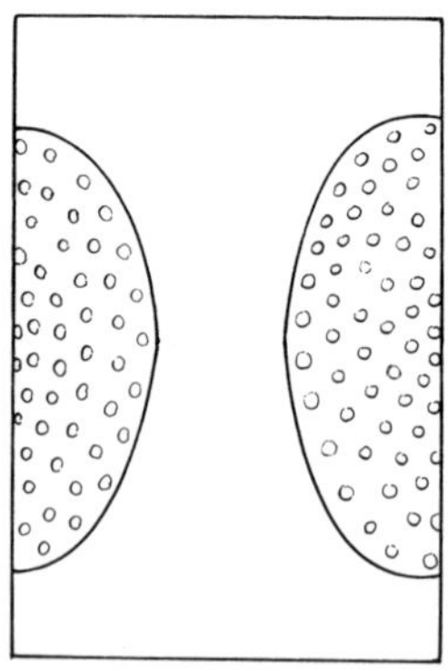

b) linke und rechte Seite kreisförmig treiben;

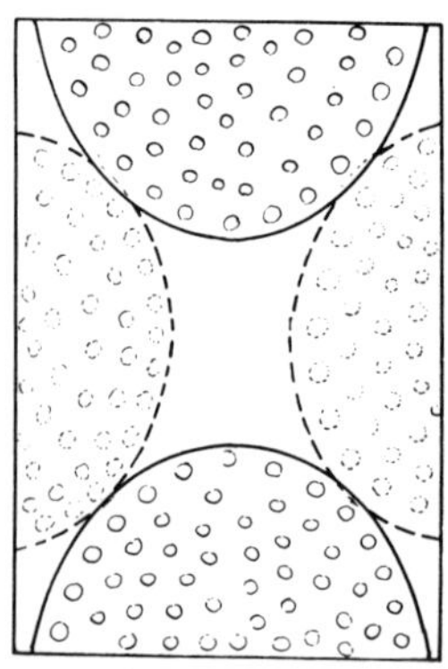

c) nach Wenden des Blechs werden Ober- und Unterseite kreisförmig getrieben

Abb. 3.8: **Offene Knieform**

Als zweites Beispiel betrachten wir die Abb. 3.8a, b und c, in der die offene Knieform dargestellt wird. Die Form besteht aus vier Kurven, von denen 2 und 4 ineinander übergehen. Wenn wir auf dieser Knieform gerade Papierstreifen in senkrechter und waagerechter Richtung kleben, dann stellen wir fest, daß das Blech in der Mitte an den Hohlkurven gestaucht werden muß, während es an der runden Seite gedehnt wird. Die Formgebung erfolgt hier also in ungefähr entgegengesetzter Weise, wie beim Eckstück für das Dach.

Wir beginnen hier mit der Bearbeitung eines rechteckigen Blechs. Zuerst wird die linke und die rechte Seite kreisförmig getrieben, wie aus Abb. 3.8b ersichtlich. *Danach wird das Blech umgedreht!* Anschließend treiben wir die Oberseiten kreisförmig, wie in der Abb. 3.8c wiedergegeben. Erst danach beginnen wir damit, die Form nachzuarbeiten und zu stauchen.

Beim Treiben sorgen wir dafür, daß an der Außenseite eine sehr starke Dehnung erfolgt. Das Stauchen des Mittelteils erfolgt durch Schrumpfpunkte und systematisches Nacharbeiten auf einem Einsteckeisen mit dem Flachhammer.

Um dieses letztere noch zu verdeutlichen, stellen wir die Frage: was würde geschehen, wenn wir *gerade in der Mitte* (siehe Punkt M) dieser Knieform einen Schrumpfpunkt anlegen müßten, wie in der Abb. 3.9 angedeutet? Die Antwort ist eine zweifache:

a) in der Querrichtung würde die Form sich öffnen;

b) in Längsrichtung würde die Form sich zusammenziehen.

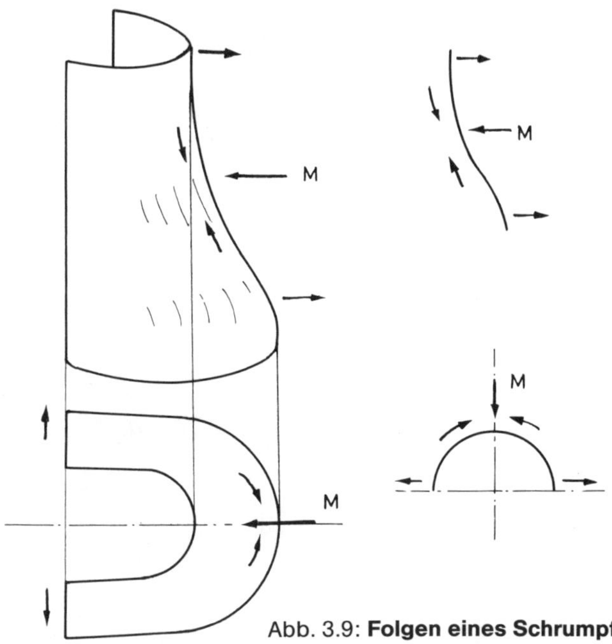

Abb. 3.9: **Folgen eines Schrumpfpunktes M**

3.11 ZUSAMMENFASSUNG

1. Eine Rundform oder ein Eckstück treiben wir in der Mitte, also in der Mitte dehnen und an den Rändern stauchen. Wir arbeiten von innen nach außen, zuerst formen und danach glätten.
2. Bei der Knieform arbeiten wir von außen nach innen. Die erforderlichen Schrumpfpunkte legen wir nach dem Treiben, Strecken, Dehnen, Stauchen und Glätten.
3. Beim Treiben müssen wir darauf achten, daß das Werkstück nicht durch unsachgemäße Schläge verformt wird.
4. Die Stellen des Blechs, die gestaucht werden müssen, dürfen niemals gehämmert werden. Jeder tragende Schlag würde das Blech dehnen und das ist hier unerwünscht!
5. Beim Glätten wird sich die Dachecke oder die Rundform wenig oder gar nicht mehr verformen.
6. Beim Glätten der Knieform muß der Flachhammer dagegen wohl eine Verformung zustandebringen. Deshalb machen wir die Rundungen beim Formen ein bißchen stärker; beim Glätten werden die Kurven wieder etwas flacher werden.
7. Nicht zuviel dehnen! Späteres Stauchen ist viel schwieriger als Nachdehnen.

4 Ausbeulen, Richten und Instandsetzen

4.1 PRINZIPIEN

Die Reparatur einer stark beschädigten Karosserie ist gerechtfertigt, wenn:

1. es sich nicht um ein ganz neues Fahrzeug handelt; sonst ist der Einbau neuer Ersatzteile zu empfehlen, zumindest wenn die Kosten gedeckt sind;
2. die Kosten der Reparatur nicht höher sind, als die des Ersatzes durch neue (oder gute gebrauchte) Ersatzteile;
3. die Reparaturkosten den Wert des Fahrzeugs nicht übersteigen.

Eine beschädigte Karosserie ist nur dann einwandfrei instandgesetzt, wenn sie nach der Reparatur genau so aussieht, wie die Originalkarosserie. Die Fugen zwischen den einzelnen Blechteilen müssen genau einer neuen Karosserie entsprechen und sie darf nichts von ihrer Stabilität eingebüßt haben.

4.2 FARBSCHICHT NICHT BESCHÄDIGEN

Wenn die Verformung nur sehr gering und das Blech nicht stark gedehnt ist, dann gelingt es meistens auch, die Reparatur ohne eine Beschädigung der Lackschicht durchzuführen.
Eine sehr alte Methode, von der wir aber stark bezweifeln, daß sie noch oft angewandt wird, ist die folgende:
Um eine gute Sicht auf eine leichte Delle zu bekommen, stellen wir eine Lichtquelle auf weißem Papier so an das Fahrzeug, daß das Licht seitlich auftrifft. Das beschädigte Seitenteil reiben wir mit einem neutralen Öl ein. Auf diese Weise hat man nicht nur eine bessere Sicht auf die Arbeit, sondern der Lack wird während des Ausbeulens auch weniger beschädigt werden. Nachdem die Innenseite des Blechs vollständig gesäubert wurde, kann das Glätten beginnen. Wir verwenden einen passenden Vorhaltblock aus Hartholz, Blei, Kupfer oder Eisen, je nach den Umständen. In manchen Fällen eignet sich auch ein ledernes Säckchen, das mit feinem Sand gefüllt ist. Um die Beule auf die Außenseite zu bringen, hämmern wir von innen; um zu strecken oder zu glätten von außen. Auch die Wahl des Hammers spielt eine große Rolle: Holz, Gummi oder Eisen? In anderen Fällen werden wir einen glatten Richtlöffel verwenden und die Beule ausreiben oder herausklopfen.

Durch den Löffel läßt das Metall sich leichter nach oben bringen, ohne daß das Blech übermäßig gedehnt wird.

4.3 GEDEHNTE FLÄCHEN

Wenn die Vertiefung nicht scharf ist und sich über eine relativ große Fläche verteilt, können wir das Ganze durch lokales Erwärmen und Schrumpfen wieder eben machen. Eine ausreichende Menge knetbaren, nassen Asbests oder ein wenig Wärmepaste sorgt sowohl für die erforderliche Kühlung als auch für eine Begrenzung der Erwärmung bis zum Schrumpfpunkt. Die Wärme wird also auf zweierlei Weise abgeleitet, nämlich durch Leiten und durch Verdampfen (siehe Abb. 4.1). Als erstes machen wir Löcher in den Asbest oder in die Paste, diese Löcher müssen groß genug sein, um die Flamme des Schweißbrenners durchzulassen.

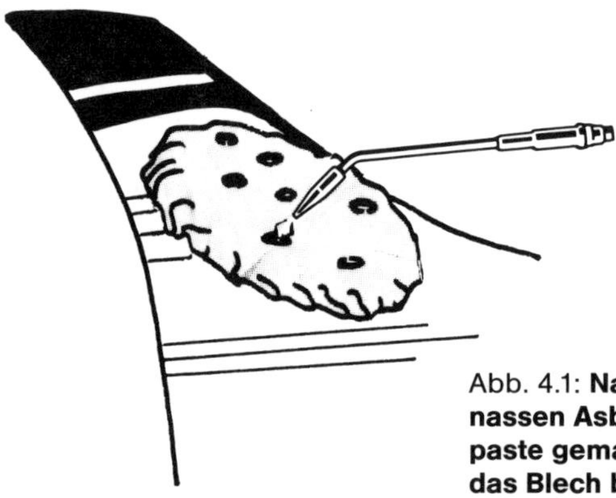

Abb. 4.1: **Nachdem wir Löcher in den nassen Asbest oder in die Wärmepaste gemacht haben, erwärmen wir das Blech bis zur Rotglut**

Systematisch und überlegt erwärmen wir nunmehr die sichtbaren Kreisflächen des Blechs, bis diese rotglühend sind, und danach lassen wir das Blech durch Abkühlen schrumpfen. Das läßt sich ein wenig beschleunigen, indem man die Paste während der Schrumpfperiode mit dem Daumen andrückt, so daß alle Luft herausgepreßt wird. Man arbeitet dabei konzentrisch von außen nach innen.

4.4 AUSBEULEN VON KOTFLÜGELN

Falls die Beschädigung sehr groß ist, empfiehlt es sich, den Kotflügel durch einen neuen zu ersetzen, jedenfalls wenn das möglich ist. Falls nicht, dann müssen wir das beschädigte Teil mit dem Holz-, Gummi- oder Aluhammer so formen, daß die ursprüngliche Form nahezu wiederhergestellt ist, ohne daß wir uns gleich übermäßig um die kleinen Beulen und Dellen kümmern, die die Oberfläche des Blechs verunzieren. Im Grunde muß die Formgebung damit beginnen, daß man die »Fluchtlinie« wiederherstellt, und dies muß möglichst genau geschehen. Dabei müssen die folgenden Punkte beachtet werden:

1. Das Anschlußblech zur Motorhaube muß dieselbe Wölbung haben, wie der anliegende Rand.
2. Der Teil des Kotflügels, der an den senkrechten Teilen verschraubt oder verschweißt ist, muß die gleiche Wölbung haben, wie die Tür.
3. Die Vorderseite des Kotflügels muß genau an den Blechen der Karosserievorderseite anliegen.
4. Die Öffnung für den Scheinwerfer muß so genau passend sein, daß der Scheinwerfer sich ohne weiteres einstellen läßt.
5. Der Außenrand der Radöffnung ist im allgemeinen gebördelt; dadurch sieht der Kotflügel einerseits besser aus, aber andererseits wird er dadurch vor allem auch verstärkt. Falls diese Versteifung eingebeult ist, müssen wir sie mit der größten Sorgfalt wieder in die ursprüngliche Form bringen, denn nach der Reparatur wird man gerade an dieser Stelle auch die geringste Verformung erkennen können.

   Markengebundene Karosserie-Reparaturbetriebe haben es oft mit den gleichen Modellen zu tun. Für sie wird sich die Anfertigung von Schablonen gewiß lohnen.

Vor allem trifft das für Kotflügel zu, zu denen die Motorhaube passen muß. Diese müssen einfach perfekt sein, andernfalls hat man später große Schwierigkeiten beim Einsetzen und Montieren der Motorhaube.

Wenn die vorbeschriebenen fünf Punkte sorgfältig berücksichtigt wurden, können wir mit dem Vorplanieren beginnen. Zweck dessen ist es, das Blech zu entspannen und in groben Zügen auf das endgültige Glätten mit Hilfe von Schrumpfpunkten vorzubereiten. Das Legen von Schrumpfpunkten wird wegen der Dehnung des Blechs unvermeidlich sein. Der Aufprall beim Unfall und das Vorplanieren werden im Blech zweifellos große Spannungen verursacht haben.

Ferner müssen wir darauf bedacht sein, daß doppelte Falze bei der Reparatur nicht plattgeschlagen werden dürfen (siehe Abb. 4.2). Schlagen wir Falze glatt, dann wird das Blech verkürzt und kann niemals mehr glatt gemacht werden. An dieser Stelle wird das Blech nämlich doppelt so dick sein. Wir können das, was zuviel ist, in diesem Fall zwar immer noch abfeilen, natürlich nach dem Aufschweißen, aber dann wird auch der Widerstand wieder stark zurückgehen. Vergessen Sie nicht, daß das Blech in den meisten Fällen nur 0,7 bis 0,9 mm dick ist.

Abb. 4.2: **Doppelfalz**

4.5 SCHLICHTEN UND SETZEN VON SCHRUMPFPUNKTEN

Nach der Formgebung beginnt das Schlichten, bei dem kleine Unebenheiten, Beulen und Dellen (Abb. 4.3) mit Vorhaltblock und Holzhammer beseitigt werden. Es ist notwendig, das Blech sowohl auf der Innenseite als auch auf der Außenseite zu schlichten, auch wenn die Arbeit nicht von Hand durchgeführt werden kann.

Abb. 4.3: **Schlichten mit dem Holzhammer**

Bei der Arbeit auf der Innenseite spricht man von »Ausschlichten«, während man die Außenseite »abschlichtet«. Würde man nur abschlichten, dann würde die Platte des Kotflügels dazu neigen, nach außen zu kommen (siehe Abb. 4.4). Wir sehen in dieser Abbildung:

a) einen Kotflügel, nur an der Außenseite in der Rundung abgeschlichtet;
b) das Entgegengesetzte, nur innen ausgeschlichtet;
c) auf beiden Seiten richtig geschlichtet.

Sollte es an bestimmten Stellen erforderlich sein, so kann man immer noch Schrumpfpunkte ansetzen. Streicht man mit der flachen Hand über das Blech, dann entdeckt man leicht die Stellen, an denen zuviel Dehnung ist; die Wölbung ist dort stärker und runder. Zu diesem Abtasten sollte man immer die Hand verwenden, die am empfindlichsten ist, also die, die nicht den Hammer führt. Ein Baumwollhandschuh erweist hierbei gute Dienste; er ist weich und gleitet leicht. Wollen wir uns davon überzeugen, ob das Blech wirklich eben ist, dann drücken

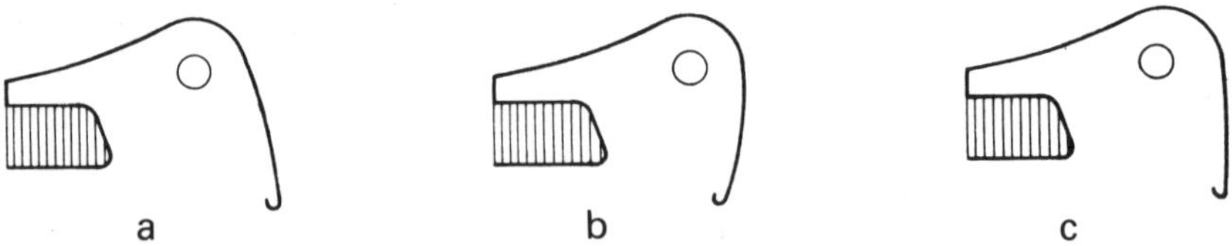

Abb. 4.4: **Neigungen eines Kotflügels beim Schlichten**

wir kräftig mit dem Daumen darauf. Zuweilen hört man dann ein »Klick-klack«, wie es der Deckel einer Konservendose machen kann. Entdeckt man so eine Stelle, dann muß in deren Mitte ein Schrumpfpunkt angesetzt werden. Das Schrumpfen durch die Abkühlung dieses Punktes wirkt wie ein Saugnapf.
Bei Teilen, die stärker gerundet sind, ist es natürlich nicht möglich, das Blech mit dem Daumen einzudrücken, aber an solchen Stellen können wir die Dehnung auch so leicht erkennen.

Mit dem Flammenkegel des Schweißbrenners bringen wir schnell eine Fläche von etwa 3 cm^2 zum Rotglühen. Dann schlagen wir mit dem Holzhammer kräftig um den Schrumpfpunkt herum konzentrisch auf die Mitte zu. Auf der Innenseite stützen wir das Blech durch einen Vorhaltblock, der die gleiche Form hat, wie das Blech. Mit ein paar Schlägen auf den Glühpunkt beenden wir die Arbeit. Anschließend lassen wir das Blech schrumpfen und ziehen, bis es abgekühlt ist. Falls erforderlich, setzen wir die Arbeit nahe der ersten Stelle fort.
Eine einzige Schrumpfstelle ist im allgemeinen nicht ausreichend, selbst bei einer geringfügigen Unebenheit. Mehr als zwei oder drei Schrumpfpunkte sollte man hier aber im allgemeinen nicht ansetzen. Nach dem Abkühlen schlichten wir die Stelle mit einem flachen, stählernen Schlichthammer.

Wenn wir so vorgehen, können wir die Reaktionen des Blechs viel leichter verfolgen, als z. B. beim Ansetzen von acht oder zehn Schrumpfpunkten gleichzeitig, was aber dann wieder nicht ausschließt, daß wir in Fällen, in denen wir im Blech vorhandene und unterstützende Spannungen berücksichtigen wollen, kombinierte Arbeitsmethoden anwenden.

Es versteht sich auch hier von selbst, daß die beschriebenen Arbeitsmethoden viel leichter auf einem gerundeten Blech angewandt werden können, als auf einer flachen Blechtafel. Ehe der Anfänger sich an flache Bleche wagt, wird er sich in der Bearbeitung alter Kotflügel üben müssen. Erst wenn er diese Arbeit einwandfrei ausführen kann, wird man ihm die Reparatur von Türflächen anvertrauen.

Manche Bleche eignen sich nicht so gut zur Bearbeitung mit Schrumpfpunkten; man spürt, daß sie weniger gut ziehen. In diesem Fall wenden wir die Kühlung mit Schwamm und Wasser an, oder wir nehmen nassen, knetbaren Asbest, der kräftig angedrückt wird. Wir können auch eine spezielle Wärmepaste verwenden. Nach dem Glätten mit dem Holzhammer kühlen wir den Schrumpfpunkt plötzlich ab, was ein starkes Schrumpfen zur Folge haben wird. Dieser Prozeß ist natürlich nicht in allen Fällen empfehlenswert. Nur mit gründlicher Erfahrung wird man entscheiden können, ob trocken oder naß und mit nassem Asbest oder mit Schwamm und Wasser gearbeitet werden muß.
Eine weitere, seltener angewandte, Methode, das Blech anzudrücken und zu treiben, ist die Verwendung eines Gegenhalters aus Blei, den man selbst leicht in einer Form aus Stahlblech (80 x 120 x 20 mm) gießen kann. Nachdem das Blei aus der Form herausgenommen wurde, geben wir ihm die Form der gewünschten Wölbung. Die Verwendung eines solchen Gegenhalters führt zu bemerkenswerten

Resultaten. Dieses unentbehrliche Werkzeug kann beim Planieren von Türen, Dächern, flachen Teilen usw. gute Dienste leisten.
Während des Planierens kann man die Zierleisten, Rippen und Bördel, die auf dem instandzusetzenden Werkstück vorkommen, sinnvoll nutzen. Es ist möglich, eine leichte Rundung in einem Kotflügel mit Blechverstärkung, wie bei manchen Modellen üblich, zu entfernen (Abb. 4.5).

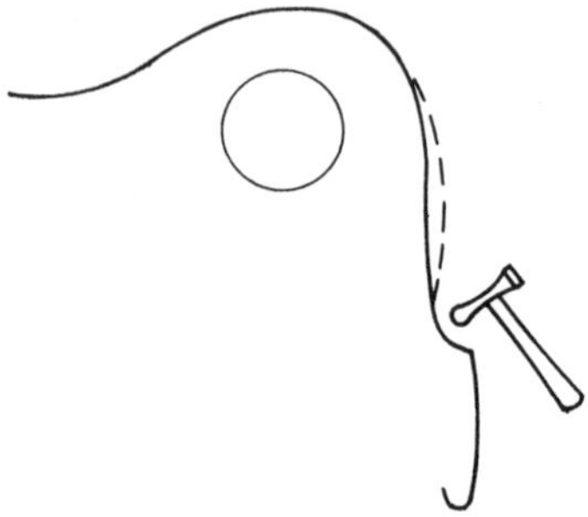

Abb. 4.5: **Gegenläufige Blechverstärkung**

Wenn die Beule nicht zu hoch ist, kann es gelingen, diese wegzudrücken, indem man das Blech dorthin treibt oder zieht; dieselbe Methode wendet man ebenfalls mit Erfolg am Radkasten an.

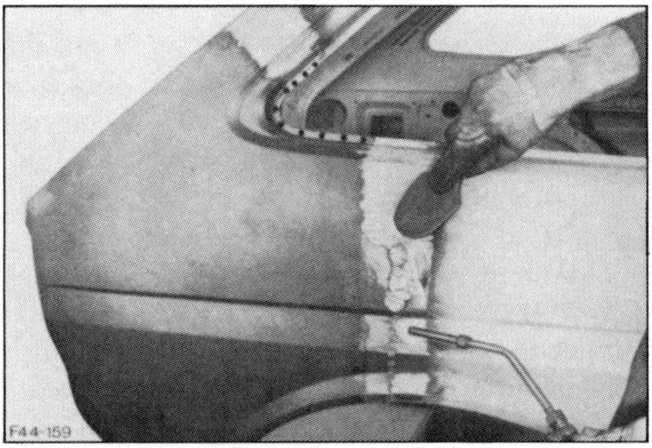

Abb. 4.6: **Verzinnen von Verbindungsnähten**

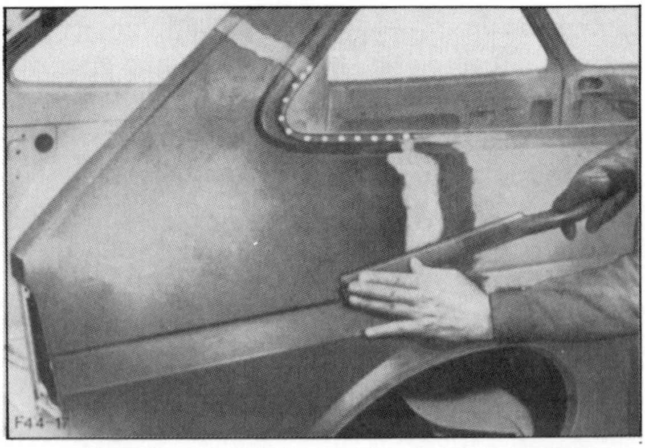

Abb. 4.7: **Verzinnte Nahtstellen werden bearbeitet**

Die Öffnungen für die Scheinwerfer müssen ebenfalls zu einer einwandfreien Form nachgearbeitet werden. Während des Ausbeulens muß mehrfach probiert werden, ob der Umriß des Scheinwerfers genau paßt.
Die Nähte müssen mit Zinnlot bearbeitet werden (Abb. 4.6). Das ist notwendig, um eine glatte Fläche zu erhalten.
Das Verzinnen darf nicht übertrieben werden. Lötzinn oder Spachtel sind nicht dazu da, Fehler in der Bearbeitung zu vertuschen. Bei alten Fahrzeugen geschieht das allerdings oft, um die Kosten niedrig zu halten.
Nach dem Ausbeulen muß der Kotflügel sorgfältig geschliffen werden.

4.6 EINBEULUNGEN

Das Planieren und Ebnen konkav geformter Karosserieteile gehört zu den schwierigsten Arbeiten der Karosseriereparatur. Wir denken hier vor allem an die nur wenig nach innen gebogenen Teile durchlaufender Kotflügel, wie sie es bei manchen Automodellen gibt. Die Kotflügel bestehen fast immer aus nur einem einzigen Blech, das sich bis zur Motorhaube erstreckt.
Die nach innen gebogenen Teile haben meist nur eine geringe Wölbung (in der Abb. 4.8 ist die Darstellung zur Verdeutlichung ein wenig übertrieben gezeichnet). Früher machte man häufig eine Abgrenzung mit einer oben und in der Mitte des Kotflügels befindlichen Naht. Dies sei aber nur am Rande erwähnt, denn von einem wesentlichen Unterschied in der Reparatur ist kaum die Rede.
Wenden wir uns dem Fall zu, der in der Abb. 4.8 dargestellt ist.
Darin ist:
a) der normale Kotflügel;
b) der verformte Kotflügel;
c) die erste Bearbeitung: den nach innen gewölbten Teil vollständig glätten;
d) die zweite Bearbeitung: das Strecken des gewölbten Blechabschnitts, um dadurch die gewünschte Wölbung zu erhalten.

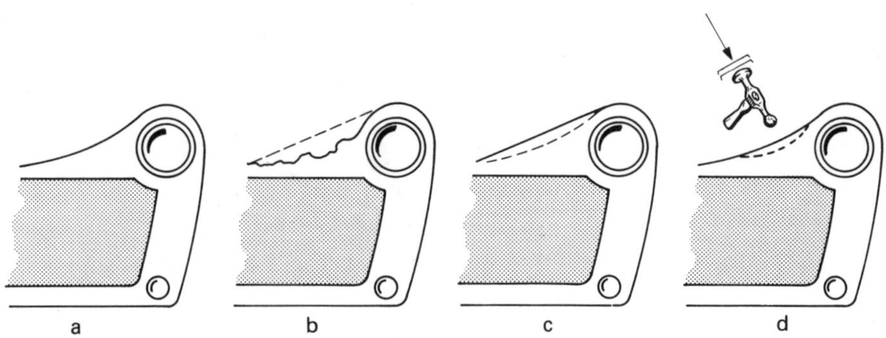

Abb. 4.8: **Bearbeitung nach innen gewölbter Karosserieteile**

Trotz der scheinbaren Widersprüchlichkeit wird diese Arbeitsmethode doch zum bestmöglichen Resultat führen. Es sei hier noch einmal wiederholt, daß diese Methode nicht leicht durchzuführen ist. Man sieht oft genug Fahrzeuge, deren nach innen gewölbte Karosserieteile zu tief oder nicht tief genug liegen; zuweilen hat man die gewünschte Konkavwölbung auch nur durch eine dicke Schicht aus Spachtel oder Polyester vorgetäuscht. Hiervor sei gewarnt.
Die Schwierigkeit, die richtige Innenwölbung eines Blechstücks zu realisieren, hat meist etwas mit dem Umstand zu tun, daß der Karosseriehandwerker oft gezwungen ist, mit den nach außen gerundeten Teilen seiner Handeisen oder Hämmer zu arbeiten. Wir wissen schließlich, daß schon der geringste Hammerschlag auf diese Weise zu einer erheblichen Dehnung des Blechs führt, weil es sich unter Spannung befindet. Diese Spannung wird durch die harte Verformung verursacht, der das Blech bereits in den Matrizen der Tiefziehpresse der Autofabrik ausgesetzt war. Es ist viel einfacher, wenn wir von einem flachen Teil ausgehen können, das wir durch leichtes Klopfen treiben können, wie in der Abb. 4.8d angedeutet. Während dieser Bearbeitung muß hin und wieder geprüft werden, ob man nicht schon zu tief getrieben hat, so daß ein »Sack« entsteht, der sich als erheblicher Schönheitsfehler erweisen könnte. Diese Arbeitsmethode ist nicht nur theoretisch richtig; sie ist auch das Ergebnis jahrelanger Erfahrungen und Experimente, sowie der Konsequenzen schlecht durchgeführter Reparaturen.

4.7 TÜREN

Die Flächen, die durch die Beschädigung oder den Zusammenstoß keiner nennenswerten Dehnung unterzogen wurden, lassen sich leicht wieder in den früheren Zustand versetzen, indem die steiferen oder verstärkten Teile wieder gerichtet werden, wobei die elastischen Teile sich im allgemeinen von selbst anpassen.
Die Abb. 4.9 zeigt ein Türblech mit einer Andeutung des elastischen Teils (1) und des steifen Teils (2). Wenn sich eine Beschädigung oder Verformung an den Teilen 1 und 2 ergibt, dann müssen wir den steifen Abschnitt bearbeiten, während wir auf den elastischen einen Druck ausüben. Auf diese Weise kommt es zu einer Wechselwirkung, indem beide Teile einander unterstützen werden, um schließlich die gewünschte Haltung zu bekommen.

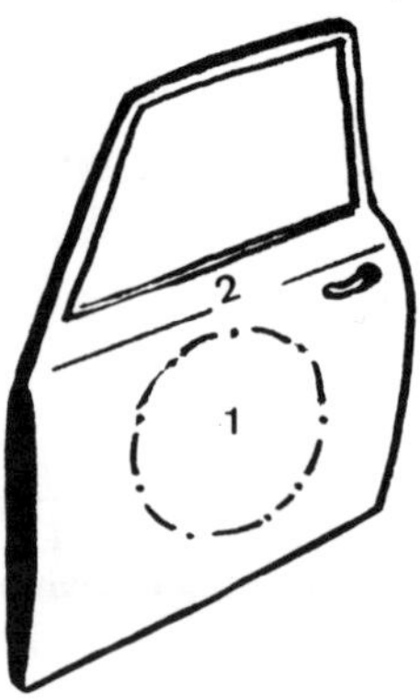

Abb. 4.9: **Türfläche**

Es ist daher auch verständlich, daß wir »einander stützende Teile« einer Karosserie möglichst wenigen Bearbeitungsprozeduren unterziehen werden. So gesehen, ist es logisch, daß ein steifer Teil im Blech immer einen großen Einfluß auf die ihn umgebenden elastischen Teile ausüben wird.
Bei der Serienfertigung wird das Blech immer in den gußeisernen Matrizen großer hydraulischer Pressen geformt. Das Blech wird in diesen Matrizen kaltgeformt. Es bekommt seine Form durch Drücken, Biegen, Ziehen, Stauchen und Treiben, wodurch es an vielen Stellen erheblich verhärtet. Das so geformte Werkstück behält seine Form anschließend bei, weil die flachen und leicht gebogenen Teile durch den Einfluß der steiferen Bestandteile unter Druck stehen.
Bei der Blechbearbeitung muß man sämtliche charakteristischen Eigenschaften des Blechs genau kennen, sowohl die des warmbearbeiteten und des kaltgeformten als auch des unbearbeiteten Blechs. Durch einen Zusammenstoß können an manchen Stellen übergroße Spannungen hervorgerufen werden. Dadurch kann sich auch die Notwendigkeit ergeben, daß unbeschädigte Teile oder Blechabschnitte ebenfalls einer Bearbeitung unterzogen werden müssen, damit das Ganze wieder gerade wird oder die abnormale Spannung aus der Karosserie beseitigt wird! Eine gute Reparaturtechnik und viel Erfahrung, verbunden mit einer geschulten Beobachtungsgabe, sind dabei die Trümpfe des geschulten Karosseriebauers.
Die Abb. 4.10 zeigt einen Kotflügel, der ohne übermäßige Dehnung eingebeult wurde.

A zeigt die unbeschädigte Form;
B zeigt die Einbeulung;
C zeigt, wie wir die ursprüngliche Form ohne nennenswerte Bearbeitungen wiederherstellen können.

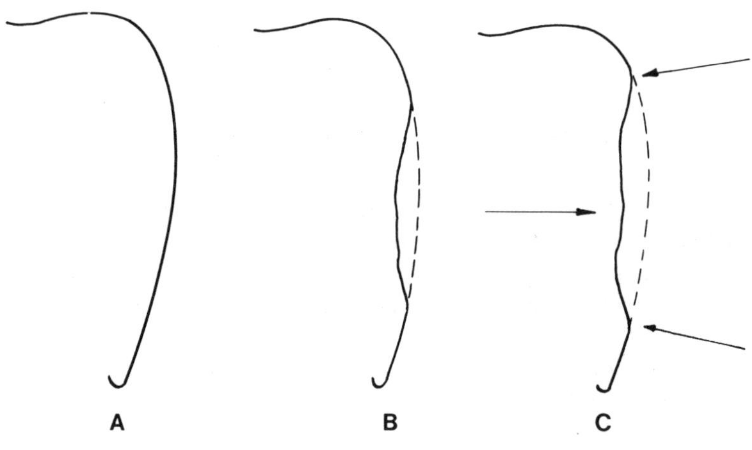

A B C

Abb. 4.10: **Eingebeulter Kotflügel**

Ein leichter Druck von innen nach außen genügt. Gleichzeitig benutzen wir im oberen Rundteil eine Planierlatte, auf die wir mit dem Hammer klopfen. Dadurch wird das Material verschoben, wodurch der Kotflügel wieder in die ursprüngliche Form zurückkehren und so bleiben wird.
Ganz anders verhält es sich aber bei einer stark gedehnten, stellenweisen Einbeulung (siehe Abb. 4.11). Hier müssen wir warm stauchen, zusammen mit weiteren Bearbeitungen der Umgebung.
Nachdem die Tür ausgebaut und die Verkleidung gelöst ist, entfernen wir mit einem Spachtel den schalldämpfenden Kitt, der auf der Innenseite angebracht ist, indem wir diesen mit der langen Flamme des Schweißbrenners mäßig erwärmen und zum Schmelzen bringen. Danach versuchen wir, die ursprüngliche Form mit Hilfe eines Holzhammers so gut wie möglich wiederherzustellen.
Wenn das Blech keine allzuscharfen Knicke hat, können wir auch versuchen, die Beule mit dem Fuß herauszudrücken.

Abb. 4.11: **Beule, die eine starke, lokale Dehnung verursachte**

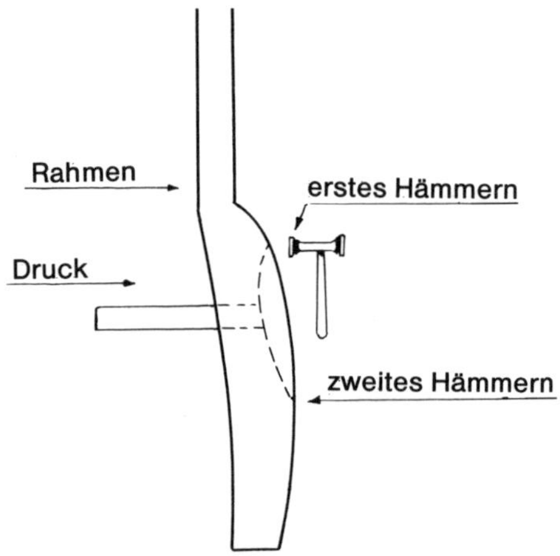

Abb. 4.12: **Methode zur Behebung einer starken Einbeulung**

Eine weitere Möglichkeit ist in der Abb. 4.12 gezeigt. Von innen her drücken wir mit einem Holzklotz, und gleichzeitig hämmern wir mit dem Polierhammer um die Beule herum. Es kann sein, daß das Blech auf diese Weise nach außen gedrückt wird und seine ursprüngliche Stellung wieder einnimmt. Die Arbeit wird dann mit dem Nachglätten der Falten beendet.
Eine leichte Beschädigung kann zuweilen, außer der betreffenden Stelle selbst, auch den umgebenden Blechabschnitt beeinflussen, und dies sogar mehr, als es auf den ersten Blick erscheint. Deshalb muß man auch die Umgebung der Beschädigung gründlich untersuchen. Nicht selten entdeckt man dabei kleine Falten oder Verformungen.

Eindringlich sei davor gewarnt, die Fläche einem schweren Hammerschlag auszusetzen, damit eine Dehnung vermieden wird, es sei denn, daß das Blech völlig faltig und runzlig aussieht.
Die Türbleche sind meist auf Rahmen punktgeschweißt. Wir müssen daher im allgemeinen relativ viele Schrumpfpunkte ansetzen, um die übermäßige Dehnung zu beheben. Da das Blech entlang der vier Seiten blockiert ist, kann es durch Hämmern nur in eine einzige Richtung getrieben werden (Abb. 4.13).

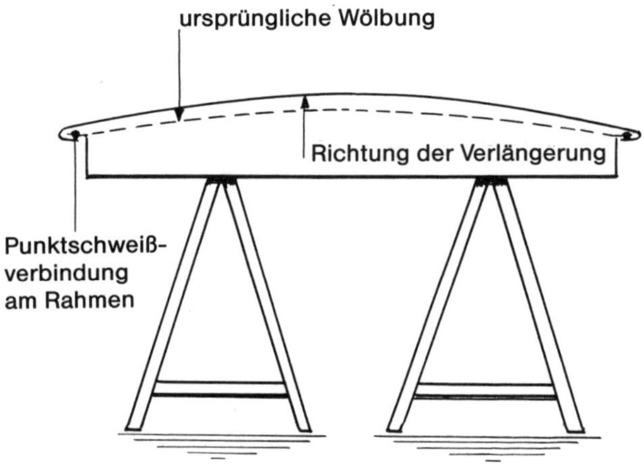

Abb. 4.13: **Das Blech kann beim Verlängern nur in einer Richtung wandern**

Bei einem heftigen Aufprall kann es geschehen, daß der Türrahmen zur Mitte hin verbogen wurde. In diesem Fall können wir mit Hilfe hydraulischer Werkzeuge »unter Spannung« ausbeulen; siehe Abb. 4.14. Darauf kommen wir noch zurück.

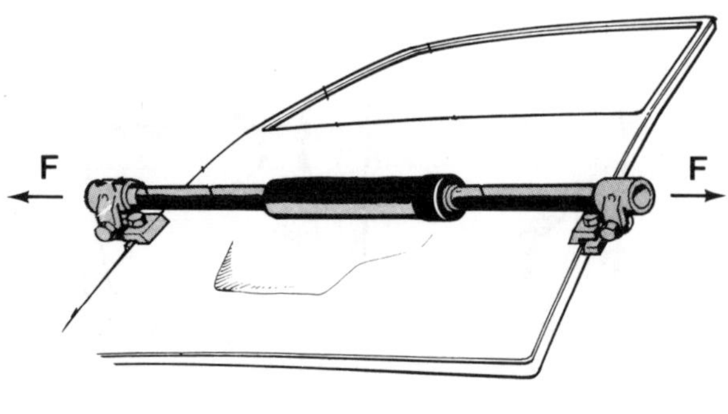

Abb. 4.14: **Ausbeulen unter Spannung**

Manche Autohersteller liefern »lose« Türbleche als Ersatzteile. Je nach dem gelieferten Türblech müssen wir das alte Blech entweder ganz vom Rahmen ablösen oder wir müssen es losmeisseln oder absägen, siehe Abb. 4.15.

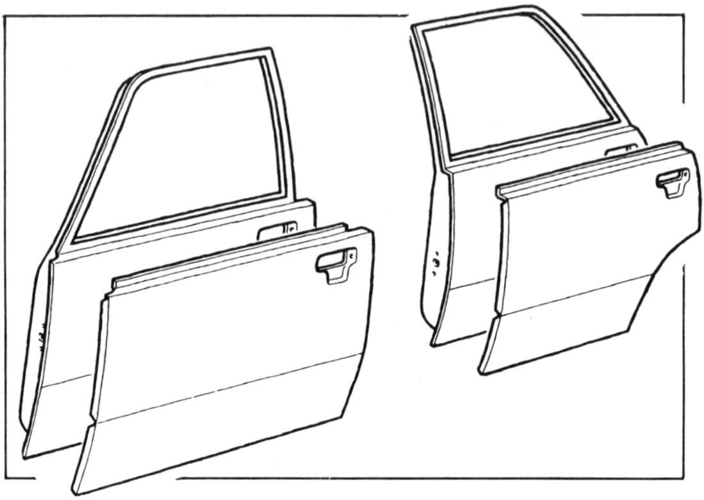

Abb. 4.15: **Tür mit auswechselbarem Blech**

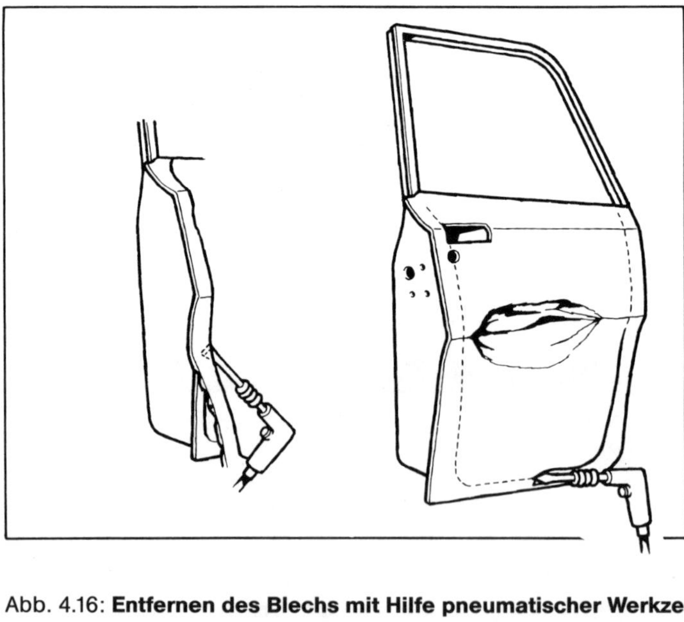

Abb. 4.16: **Entfernen des Blechs mit Hilfe pneumatischer Werkzeuge**

Beim Ablösen der äußeren Verbindungen empfiehlt es sich, den ganzen Türrand mit dem Schweißbrenner rotglühend zu machen. In der Fabrik wurden diese Punkt- oder Rollschweißverbindungen schließlich mechanisch angebracht, und sie sind hart und spröde geworden. Erhitzte Platten lassen sich leichter verarbeiten.

Es versteht sich, daß der Rahmen nicht verformt sein darf; das neue Türblech würde nicht passen. Wir können das überprüfen, indem wir den Rahmen in die Scharniere einhängen. Wenn er richtig paßt und auf allen Seiten gleich viel Spiel hat, dann dürfte er einwandfrei sein. Dennoch müssen wir eine leichte »Schräge« von 6 bis 8 mm berücksichtigen, in der Abb. 4.17 durch Pfeil angedeutet, denn das Gewicht der Teile (Glas, Tür- und Fenstermechanismus, Blockiereinrichtung, Schloß, Innenverkleidung usw.) wird die Tür dann wieder auf die richtige Stelle bringen. Wenn dieses Gewicht nicht berücksichtigt würde, dann könnte die Tür nach der Fertigmontage zuviel durchhängen.

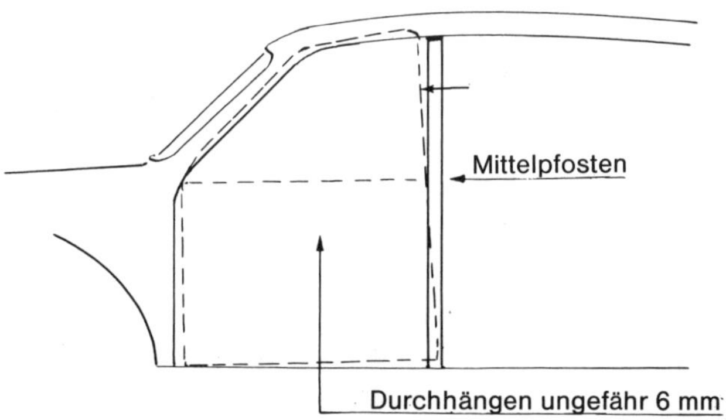

Abb. 4.17: **Tür in die Karosserie einpassen**

Das Türblech wird mit Hilfe eines Punktschweißgerätes oder durch Hartlöten wieder auf dem Rahmen befestigt.

Beim Aufschweißen des Türblechs muß ein Gehilfe die Umgebung der Schweißstellen immer wieder mit Schwamm und Wasser abkühlen. Schließlich wird die Tür, fix und fertig montiert und abgedichtet, wieder eingehängt, woraufhin die endgültige Einstellung der Scharniere erfolgen kann.

4.8 DER KAROSSERIERAHMEN

Auch der Rahmen kann durch einen Zusammenstoß verformt werden, und diese Verformung kann so geringfügig sein, daß ein Laie sie kaum bemerken würde. Bei einer leichten Verformung kann es sogar vorkommen, daß der Karosseriebauer sie erst beim Einbau der Türen bemerkt. Wenn der Wagen vorn einen Stoß bekommen hat, stellen wir dann fest, daß sich die Kontur der Windschutzscheibe zur Dachstrebe verändert hat (Abb. 4.18). Dadurch wird an der Oberseite der Tür über den Abstand A–B ein anderer Zwischenraum entstehen, als an der Unterseite. Mit Hilfe des hydraulischen Karosserie-Richtgeräts gelingt es dann auf recht einfache Weise, diese Seite wieder zu richten.

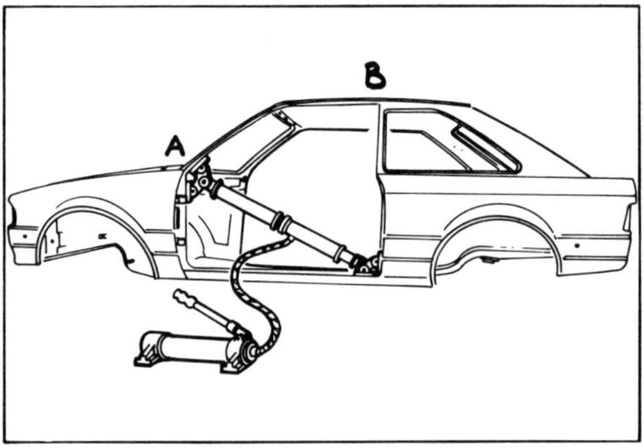

Abb. 4.18: **Abstand A–B**

Hydraulische Werkzeuge sind fast unentbehrliche Hilfsmittel, die ohne jede Mühe bedient werden können. Der durch sie ausgeübte Druck beträgt mehrere Zehntausend Newton. Es ist daher auch leicht zu verstehen, daß ein Karosserieblech von 0,8 mm Dicke sich damit leicht dehnen läßt und daß wir die Elastizitätsgrenze des Materials viel schneller überschreiten, als wir uns das vorstellen können. Hier ist also größte Vorsicht geboten! Lieber einmal mehr messen und prüfen, als zuviel Druck ausüben! Man sollte immer in drei oder vier Etappen arbeiten. (Auch die Federkraft des Materials ist zu berücksichtigen.)

Ein weiterer Punkt, den wir nicht übersehen dürfen, ist die Tatsache, daß die Einzelteile der Karosserie durch Punktschweißung miteinander verbunden sind! Bei unsachgemäßer Handhabung des Karosserie-Richtgerätes lösen sich die Punktschweißverbindungen.

Das hätte dann später das fatale, wohlbekannte Quietschen und Knirschen zur Folge, ganz zu schweigen von der daraus resultierenden Verminderung der Stabilität.

4.9 DAS DACHBLECH

Das Ausbeulen eines Autodaches gehört zu den schwierigsten Arbeiten. Dennoch gibt es dafür eine Technik, um die Arbeit erheblich zu erleichtern.

1. Fall: Das Dach hat einen Schlag abbekommen, z. B. durch einen daraufgefallenen Gegenstand.
Wenn die Beschädigung in den Rundungen steckt, dann ist die Reparatur problemlos. Das Ausbeulen erfolgt auf gleiche Weise, wie bei einem Kotflügel.
Ist die Einbeulung nicht tief, und wollen wir uns das Ablösen der Innenverkleidung ersparen, dann können wir die Einbeulung auffüllen, z. B. mit Lötzinn. Vorsicht, daß die Innenverkleidung dabei keine Brandflecken bekommt!

2. Fall: Der Wagen hat sich überschlagen! Das Dach ist eingedrückt und über fast die ganze Oberfläche verformt.
Wenn der Rahmen verformt ist, müssen wir natürlich damit beginnen, ihn mit Hilfe des Karosserie-Richtgerätes wieder in seine ursprüngliche Form zu bringen. Nehmen wir einmal an, daß dies bereits geschehen sei, und daß wir jetzt nur noch das Dach selbst ausbeulen müssen. Je nachdem, ob das Dach nun mehr oder weniger gewölbt ist (die Form hängt natürlich vom Fahrzeugtyp ab), wird diese Arbeit auch mehr oder weniger schwierig sein (siehe Abb. 4.19).

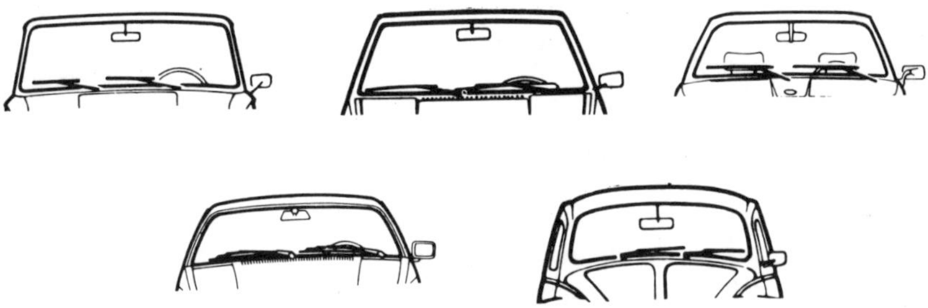

Abb. 4.19: **Verschiedene Formen von Dachblechen. Oben die flacheren, unten die gewölbteren Typen.**

Man beginnt damit, die Form mit Hilfe eines Holzhammers und des Karosserie-Richtgerätes wiederherzustellen. Diese Arbeiten werden vor allem auf die Mitte des Dachbleches konzentriert sein. Unter Mitte des Dachbleches verstehen wir hier die Fläche zwischen dem Übergang von der einen Wölbung zur gegenüberliegenden, und zwar in beiden Richtungen.
Danach verwenden wir den Stahlhammer mit flacher Bahn und breitem Kopf; das Blech wird weiter verlängert. Ist das Dach stark gewölbt, wie im Beispiel der Abb. 4.20, dann kann nicht viel schiefgehen.

Die Verlängerung des Bleches wird infolge der Rundung nicht so sehr auffallen oder vielleicht völlig unbemerkt bleiben.
Bei flacheren Dächern müssen wir, *ehe wir den ersten Schrumpfpunkt im Mittelteil ansetzen,* die Ecken mit dem Schlichthammer und einem passenden Handeisen aufarbeiten. Wir müssen die überflüssige Dehnung des Mittelteils über den ganzen Umriß des Daches zu den Ecken ziehen oder treiben, indem wir gemäß Abb. 4.20 einen Zylinderhammer verwenden.

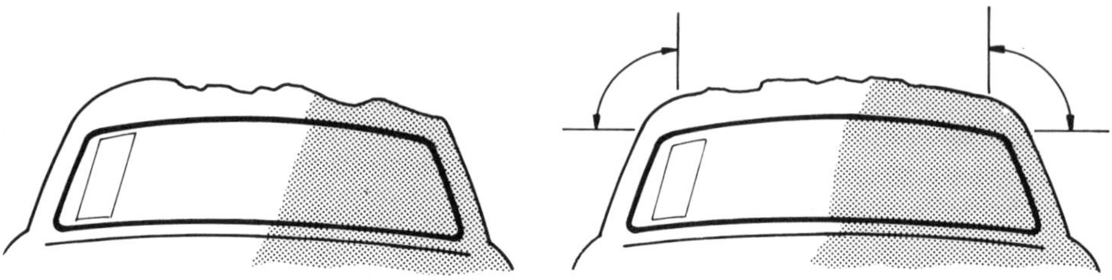

Abb. 4.20: **Links sehen wir das beschädigte Dach. Wir beginnen mit den Eckrundungen**

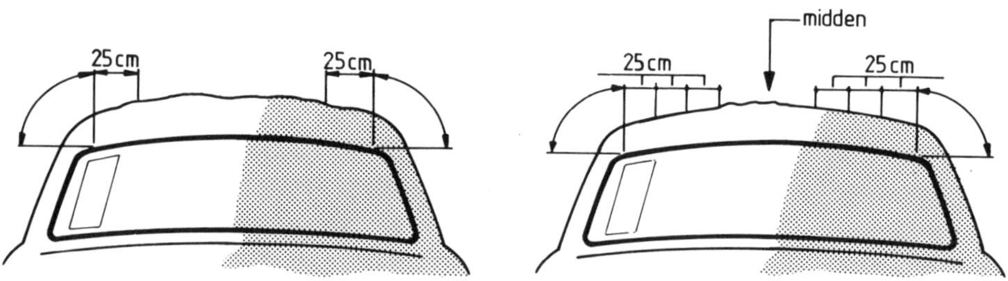

Abb. 4.21: **Dann arbeiten wir, Streifen um Streifen, auf die Mitte zu.**

Zur Mitte hin dürfen wir nicht weitermachen als bis über die Rundungen hin. Anschließend arbeiten wir den Umriß des Dachbleches über die Rundungen mit Karosseriefeile und Schleifscheibe vollständig ab.
Im Gegensatz zu dem, was über die Kotflügel gesagt wurde, kommt es hier darauf an, das Blech soviel wie möglich entlang der Innenseite zu glätten und das Handeisen dabei nicht allzusehr anzudrücken, immer mit dem Ziel, das Zentrum des Mittelteils mehr zu spannen. Es versteht sich dabei von selbst, daß das zentrale Mittelteil des Dachbleches schon, ehe die Rundungen völlig fertiggestellt werden, mit dem Holzhammer planiert wurde, damit die Spannung abnimmt, die durch die vielen kleinen Knicke verursacht wurde, zu denen es beim Unfall kam.
Nachdem die vier Ecken und der Umriß der Rundungen bearbeitet sind, nehmen wir uns anschließend einen Streifen von etwa 25 cm Breite vor, wobei wir von der Rundung aus zur Mitte hin arbeiten, jeweils entlang des ganzen Umfangs und mit gleichem Fortgang entlang den vier Seiten (siehe Abb. 4.21).

a) Nach Fertigstellung der vier Seiten arbeiten wir mit Streifen von ungefähr 25 cm Breite auf die Mitte zu.
b) Wir schließen im Zentrum mit einzelnen Schrumpfpunkten ab, sofern das erforderlich ist, oder wir verwenden hier einen Vorhaltblock aus Blei.

Nach dem Ausbeulen arbeiten wir jeweils jeden Streifen mit Feile und Schleifscheibe vollständig ab. Von Zeit zu Zeit korrigieren wir eventuell und messen nach, ob irgendwo Fehler aufgetreten sind. Falls erforderlich, setzen wir in der Mitte ein paar Schrumpfpunkte an, aber nicht zu viele. Diese arbeiten wir dann schnell mit dem Holzhammer nach. Zur Reduzierung der letzten Spannung verwenden wir einen Vorhaltblock aus Blei und einen Glätthammer mit waffelförmigem Kopf, der mit scharfen Rillen versehen ist; die Schläge müssen leicht und kurz sein. Die scharfen Einkerbungen dieses Spezialhammers werden das Blech zusammenziehen (siehe Abb. 4.22).

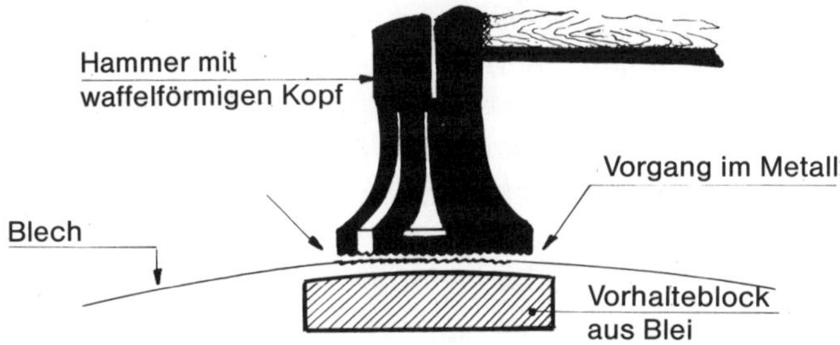

Abb. 4.22: **Blech reduzieren**

Wir beenden die Bearbeitung des Mittelteils mit einer neuen Schleifscheibe, damit das Metall nicht übermäßig erwärmt wird, was sonst zu einer natürlich unerwünschten Dehnung führen würde.

Das Begradigen und Nacharbeiten der Regenrinnen erfordert besondere Sorgfalt. Das Dachblech großer amerikanischer Pkw ist z. B. so breit, daß wir die Unterseite der Dachmitte kaum durch die Türöffnungen hindurch erreichen können. In diesem Fall schneiden wir aus der Dachrundung ein »Fensterchen« heraus (siehe Abb. 4.23). Dieses Fensterchen wird später nach dem Planieren des Mittelteils wieder zugeschweißt.

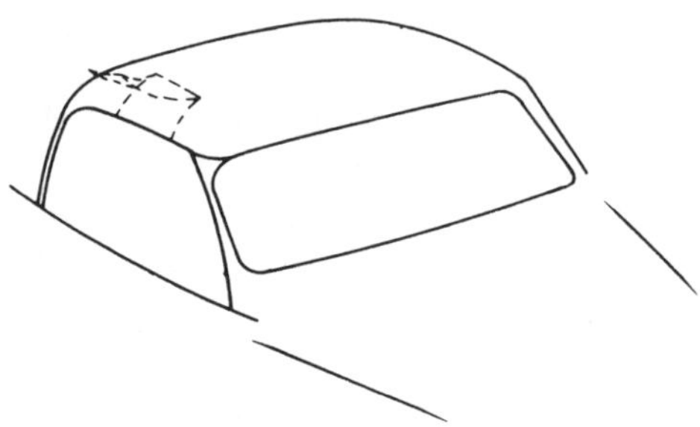

Abb. 4.23: **„Fensterchen“**

Dabei müssen wir die Flamme des Schweißbrenners nach außen richten, damit die Mitte des Daches sich möglichst wenig dehnt. Und natürlich muß die Reparatur einem wirklich ernsthaften Schaden gelten, damit das Herausschneiden dieses »Fensterchens« gerechtfertigt ist.

In anderen Fällen kommt man bei einem Riß im Blech zuweilen billiger weg, wenn man ein neues Teil einsetzt. Schweißarbeiten können auf diese Weise gut durchgeführt und abgearbeitet werden, so daß man später keine Spur davon mehr erkennen kann. Der eingerissene oder zerstörte Teil des Blechs muß dann kalt mit einem scharfen Meißel und einem brauchbaren Vorhaltblock herausgeschlagen oder, sofern möglich, mit Hilfe einer Stichsäge herausgesägt werden. Die Ränder der so entstandenen Öffnung sind sauber glattzufeilen (siehe Abb. 4.24 links).

Es versteht sich von selbst, daß wir das neu einzusetzende Stück nach Möglichkeit aus demselben Material und in gleicher Dicke wählen. Es muß genau in die Öffnung passen, d. h. es muß auf allen Seiten genau anliegen. Natürlich ist es schwierig, das einzusetzende Stück beim Anschweißen genau auf der Stelle zu halten. Das läßt sich erleichtern, indem man ein paar kurze Stückchen Schweißdraht auf das Blech heftet, die dann als Handgriff dienen. Zunächst heftet man das Blech mit ein paar Punkten im Abstand von 30 bis 45 mm an, wozu eine kleine Schweißflamme verwendet wird (siehe Abb. 4.24 rechts).

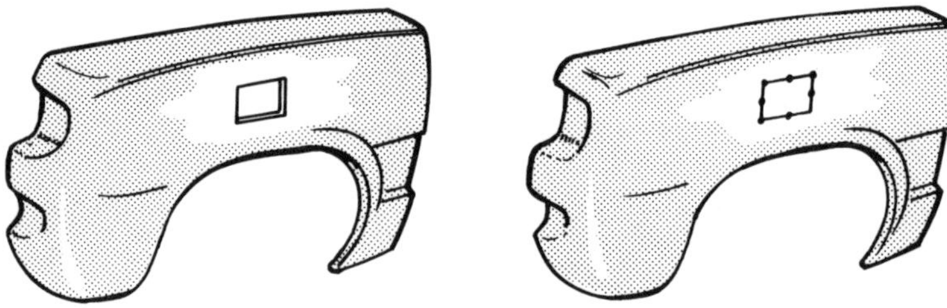

Abb. 4.24: **Blankscheuern und Teil aussägen. Danach wird das maßgerechte Blechstück angeheftet.**

Nachdem die anliegenden Teile des Blechs zunächst mit Hammer und Handeisen nachgearbeitet wurden, umschließen wir als zusätzliche Vorsorge die ganze Umgebung der Schweißstelle mit kräftig angedrücktem nassen Asbest oder mit Wärmepaste.

Notfalls hämmern wir die Schweißnaht nach und feilen die Unebenheiten weg. Danach mit Lötzinn ausschwemmen und glattmachen. Die Schweißnaht muß regelmäßig und durchgehend sein, damit das Füllmaterial auch auf der Rückseite gleichmäßig und homogen erkennbar ist. Das Wegfeilen darf keinesfalls übertrieben werden, sondern muß auf das unbedingt Notwendige beschränkt bleiben.

Hier seien noch einige andere Methoden beschrieben, die man mit Erfolg bei Autodächern oder anderen großflächigen Karosserieteilen anwenden kann.

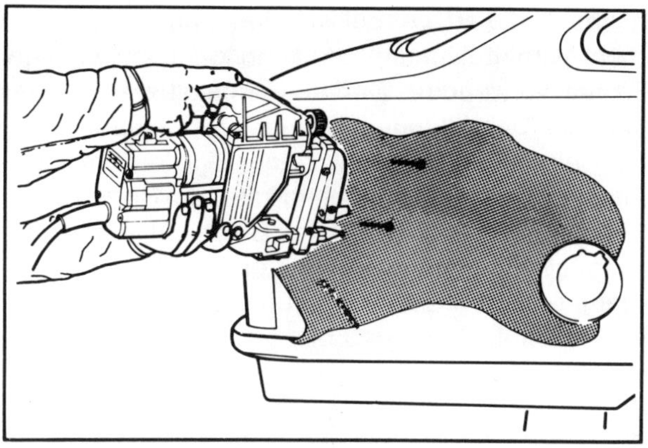

Abb. 4.25 a: **Hier schweißen wir die Stifte mit einer normalen Punktschweißzange mit einem speziellen Zusatzstück an**

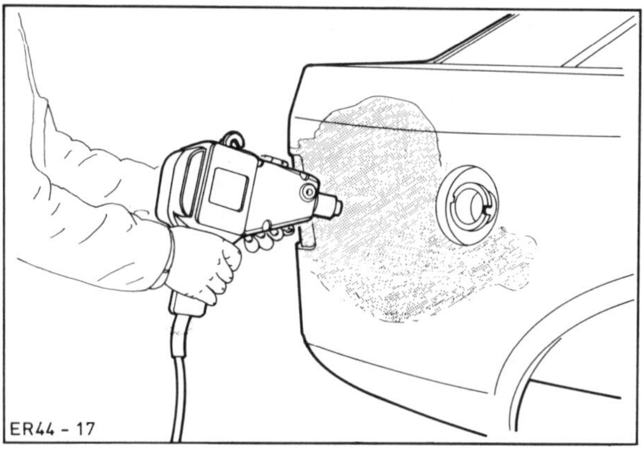

Abb. 4.25 b: **Hier sehen Sie eine Punktschweißpistole, mit der die Stifte auf das Blech geschweißt werden**

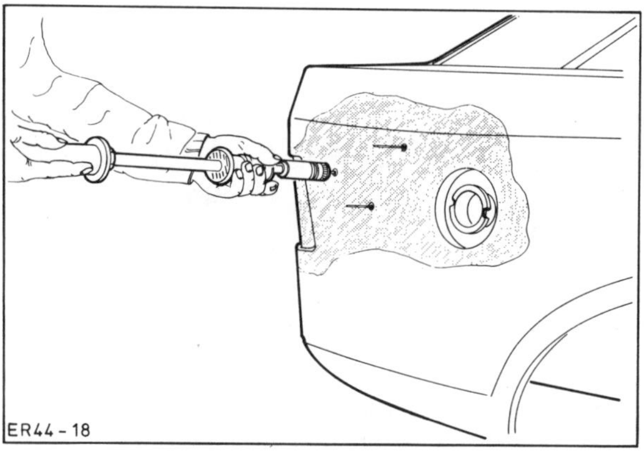

Abb. 4.25 c: **Der Gleithammer ist hier mit einem Klemmkopf ausgerüstet**

Wenn eine nur schwer zugängliche Stelle ausgebeult werden muß, die man von der Innenseite her nicht mit einem Vorhaltblock stützen kann, dann läßt sich der *Gleithammer* als Ausbeulwerkzeug verwenden. Der auswechselbare Fuß des Gleithammers wird z. B. stabil auf die Einbeulung aufgelötet. Der verschiebbare, zylinderförmige Mittelteil dient nun als Hammer, und mit seiner Hilfe kann man das Blech auf sich zuziehen. Die Befestigung des Gleithammerfußes am Blech erfolgt auch häufig durch Stifte oder Ringe. Diese werden auf das Blech aufgeschweißt, oft mit Hilfe einer speziell dazu mitgelieferten Schweißpistole.
Der Fuß des Gleithammers ist dann entsprechend ausgeführt: bei den Stiften als Spannkopf (wie das Futter einer Bohrmaschine) und bei den Ringen als Haken. Anschließend können wir das Blech mit dem Schlichthammer glätten, wobei der Gleithammer als Stütze dient.

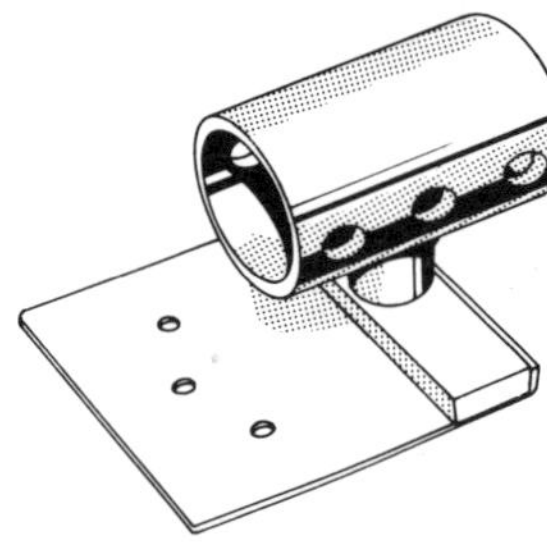

Abb. 4.26: **Fußstück von hydraulischem Werkzeug, das auf das Blech aufgelötet wird**

Abb. 4.27: **Dieses Fußstück ist mit einer Klemmvorrichtung versehen**

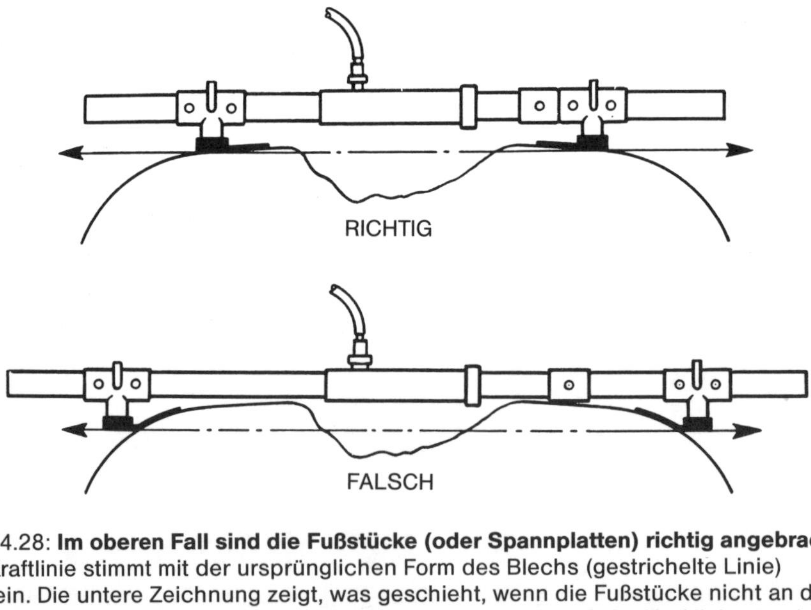

Abb. 4.28: **Im oberen Fall sind die Fußstücke (oder Spannplatten) richtig angebracht.** Die Kraftlinie stimmt mit der ursprünglichen Form des Blechs (gestrichelte Linie) überein. Die untere Zeichnung zeigt, was geschieht, wenn die Fußstücke nicht an der richtigen Stelle angebracht werden. Das Blech will sich gemäß der Kraftlinie strecken, und das führt zu einer vollständigen Verformung.

Wenn der Gleithammerfuß aufgelötet wurde, können wir das meiste Lötzinn bei der weiteren Verarbeitung wieder entfernen; der Rest dient dann als Füllmaterial. Bei anderer Gelegenheit können wir die Fußteile eines speziellen Ausbeulgerätes auf das Blech löten. Die Abb. 4.26 gibt so ein Fußstück wieder. Achten Sie aber darauf, daß das Lötzinn beim Auflöten durch die Löcher nachgefüllt werden muß.

Abb. 4.29 a: **Das Werkzeug ist auf der verbeulten Tür montiert.**

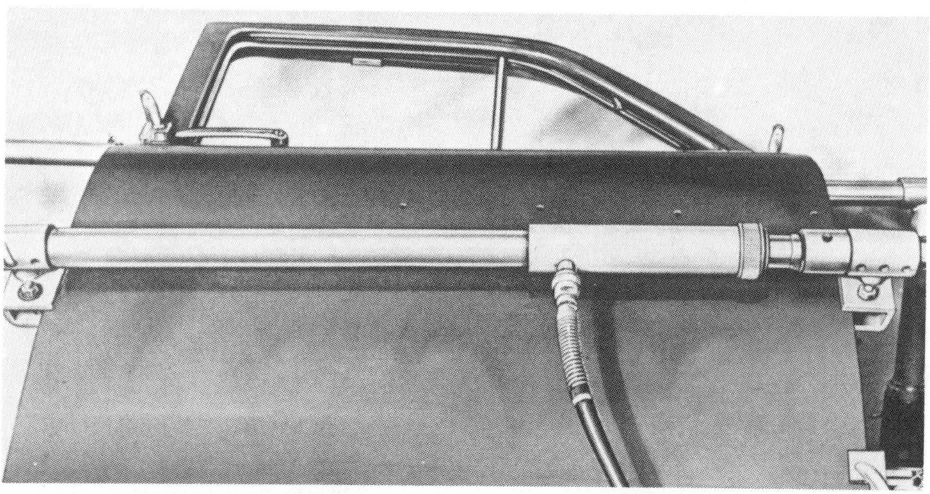

Abb. 4.29 b: **Dies ist das Resultat der Zugkräfte, die wir auf die Blechfläche ausgeübt haben. Die beiden Ränder sind in die richtige Stellung gezogen und das Blech hat seine ursprüngliche Form wieder angenommen. Die noch verbliebenen kleineren Beulen werden in der üblichen Weise begradigt.**

Das Lötzinn fungiert dann in den Löchern des Fußstückes wie ein Niet. Anstelle der Fußstücke des Karosserie-Richtgerätes, die man auflöten muß, kann man auch Klemmen verwenden, die man aufspannt. Man achte auf die Klemmverzah-

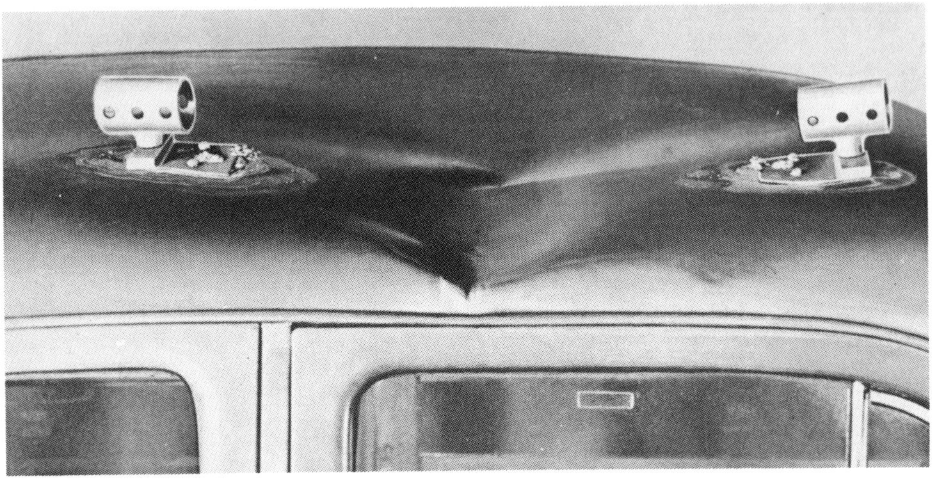

Abb. 4.30 a: **Diese Einbeulung hat einen besonders tiefen Knick in der Seite des Autodaches verursacht. Die Spannkraft muß dabei in der Nähe des steifen Abschnitts des Dachbleches wirken.**

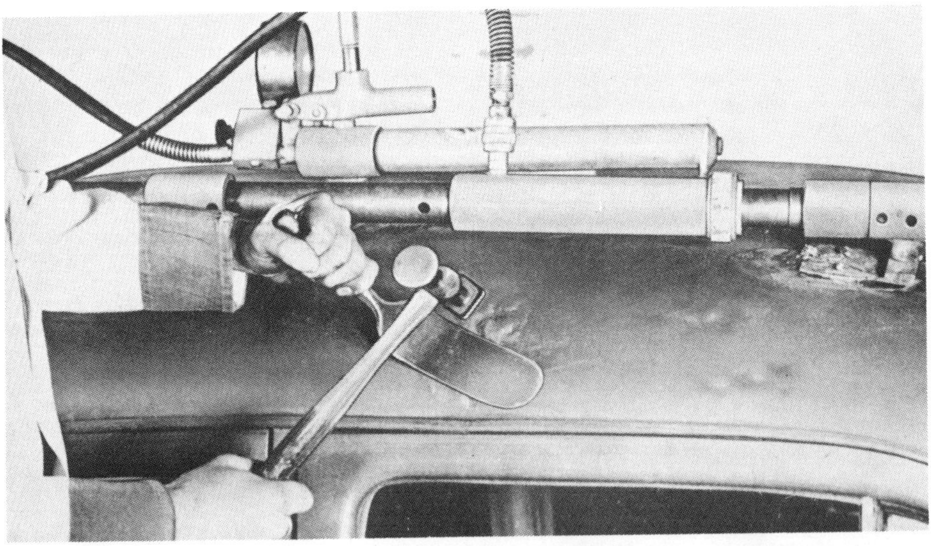

Abb. 4.30 b: **Die Spannkräfte haben die schlimmste Beschädigung behoben. Da die Beule sehr tief war, arbeiten wir mit Hammer und Richtlöffel nach. Durch das Richtgerät üben wir weiterhin eine Kraft auf das Blech aus, um so die Spannungen aufzuheben und die Knicke auseinanderzuziehen.**

nung, wie in der Abb. 4.27 zu erkennen. Diese Klemmen eignen sich gut für Kofferraumdeckel, Motorhauben oder Türbleche.
Die Abb. 4.28 zeigt, wie und wo wir die Fußstücke ansetzen müssen. Die Achse der Ausbeulrichtung, die durch die Fußstücke verläuft, muß mit der Oberseite des Bleches eine Linie bilden, *sonst ist es unmöglich, das Blech nach oben zu ziehen!* Diese Methode kann nur dann zum Erfolg führen, wenn das Blech durch die Einbeulung nicht übermäßig gedehnt wurde!
Es handelt sich hier um ein Ausbeulen unter Spannung. Die Abb. 4.29 und 4.30 zeigen weitere zwei Beispiele.

4.10 VERZINNEN

Das Aufschwemmen von Zinnlot kann an allen Karosserieteilen erfolgen, die nicht mit dem Hammer bearbeitet werden oder die nur nach einer umständlichen Demontage anderer Teile zugänglich sind. Überdies ist das Verzinnen ein hervorragendes Mittel zur Korrektur und zum Auffüllen kleiner Unebenheiten oder von Nahtstellen. Diese sichtbaren Unterschiede werden auf folgende Weise mit Lötzinn überdeckt.
Die zu verzinnende Blechfläche wird gründlich geschmirgelt. Nachdem sie völlig blank und von allen Verunreinigungen und Fett befreit ist, reinigen wir das Blech mit Lötwasser. Man kann auch Lötpulver, S 39 oder Lötpaste verwenden. Nunmehr wird das Blech leicht erwärmt, und wir reiben das Lötpulver mit einem Leinenlappen auf, bis das Blech silbern glänzt. Dann beginnen wir, die aufzufüllende Stelle mit dem Zinnstab zu bestreichen, wie aus der Abb. 4.31 ersichtlich. Dabei arbeiten wir immer mit der langen, weichen Flamme des Schweißbrenners, oder was noch besser ist: mit einem Gasbrenner oder einer Benzinlötlampe. Nachdem genug Lötzinn aufgeschwemmt ist – besser etwas zuviel als zuwenig – halten wir es in knetbarem Zustand und verteilen es gleichmäßig mit einem Lötspachtel; dieser Spachtel sollte möglichst aus paraffingetränktem Palmholz bestehen (Abb. 4.32). Palmholz brennt nicht leicht und Paraffinöl verhindert das Ankleben. Wir lassen das Lötzinn hart werden und verarbeiten es weiter mit einer breitgezahnten Karosseriefeile und dem Schaber. Vergessen Sie nicht, die verzinnte Stelle gründlich mit sauberem Wasser (möglichst warm) abzuspülen, damit alle Lötmittel entfernt werden. Die Lötschicht muß breit genug angelegt sein, sonst bekommen wir solche Schwierigkeiten, wie sie in der Abb. 4.33 gezeigt sind.
Das für die Karosserie verwendete Lötzinn ist eine Legierung aus Blei und Zinn. Blei schmilzt bei einer Temperatur von 327° C und Zinn bei 232° C. Innerhalb dieser Grenzen variiert das Lötzinn zwischen leichtflüssig und zähflüssig. Bei der Karosseriereparatur verwendet man zwei Sorten von Legierungen. Die eine Sorte besteht aus 60% Blei und 40% Zinn. Je mehr Zinn, desto niedriger ist die Schmelztemperatur, so daß diese Sorte bei 238° C schmilzt. Die andere Sorte besteht aus 70% Blei und 30% Zinn, und sie bleibt zwischen 265° C und 181° C plastisch, so daß

Abb. 4.31: **Auftragen von Lötzinn**

Abb. 4.32: **Aufschwemmen und Bearbeiten mit dem Spachtel**

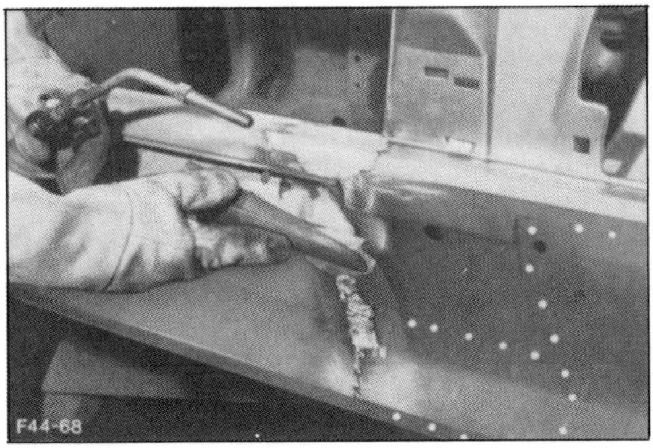

man sie leicht in jede gewünschte Form bringen kann. Je höher der Zinngehalt, desto leichter verbindet sich das Lötzinn mit dem Blech. Deshalb verwendet man die erste Sorte als Basis zum Anheften und die zweite zum Auffüllen.
Wie schon gesagt, muß das Anheften durch eine entsprechende Vorbereitung erleichtert werden, und deshalb verwendet man ein *Flußmittel.* Darauf werden wir im Kapitel 7 noch ausführlicher eingehen. Einstweilen beschränken wir uns auf Lötwasser, eine wässrige Lösung von Zinkchlorid und Salmiak. Beim Vorwärmen, das immer auf einem sauberen, blanken Blech geschehen muß, können wir die Temperatur des Blechs ungefähr nach der Anlauffarbe schätzen. Wir erinnern uns aus dem 1. Kapitel, daß die Oxydschicht auf blankem Blech bei hellgelber Färbung eine Temperatur von 220°C hat. Da bei Hellblau bis Purpur eine Temperatur von ca. 300°C erreicht wird, wissen wir, daß beim Vorerwärmen alles in Ordnung ist, wenn das Anlaufen in hellgelber bis brauner Farbe erfolgt. Keinesfalls darf die Farbe Blau sein!
Nach der Vorerwärmung bestreichen wir die Blechfläche, die wir verzinnen wollen, mit Flußmittel. Erleichtert wird das Verzinnen, wenn wir Lötzinn mit 60% Blei und

40% Zinn verwenden. der Erfolg des Lötens hängt wesentlich von der Vorbereitung ab.

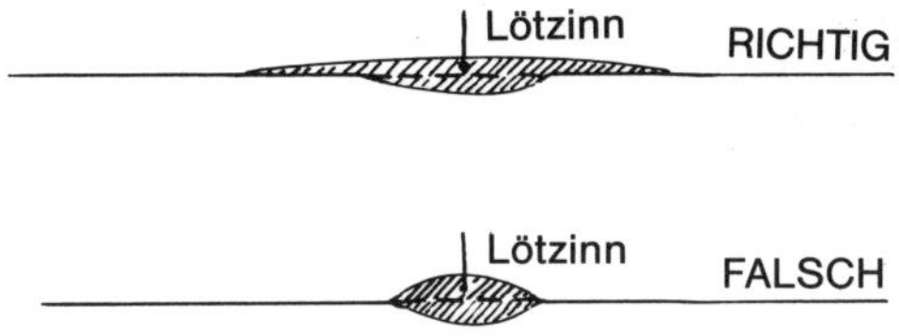

Abb. 4.33:
Die Form des aufgetragenen Lötzinns

Abb. 4.34:
Spachtel zum Breitdrücken des Lötzinns

Eine zweite Möglichkeit ist das Auftragen von Flußmittel und einer Vorbereitungsschicht, indem man ein Jutetuch verwendet, mit dem das Lötzinn glänzend ausgestrichen wird.
Zum Aufschwemmen der zweiten Schicht verwenden wir einen Spachtel aus Eichen- oder Buchenholz, getränkt in Maschinenöl, aber Palmholz und Paraffin vedienen den Vorzug.
Last not least darf nicht vergessen werden, nach dem Löten mit sauberem, lauwarmem Wasser abzuspülen!

5 Das Auswechseln von Karosserieblechen

5.1 EINLEITUNG

Wenn ein Blechschaden behoben werden soll, so kann dies bedeuten, daß das Blech ausgebeult oder daß es teilweise ersetzt oder ganz ausgewechselt wird. Die Entscheidung richtet sich sowohl nach dem Ausmaß der Beschädigung als auch danach, ob die benötigten Ersatzteile noch erhältlich sind. Hier muß gesagt werden, daß die moderne selbsttragende Karosserie infolge eines Blechschadens auch leicht mehr oder weniger verformt sein kann. Es ist daher in vielen Fällen notwendig, die Karosserie auszumessen. Darauf werden wir im 6. Kapitel noch näher eingehen.

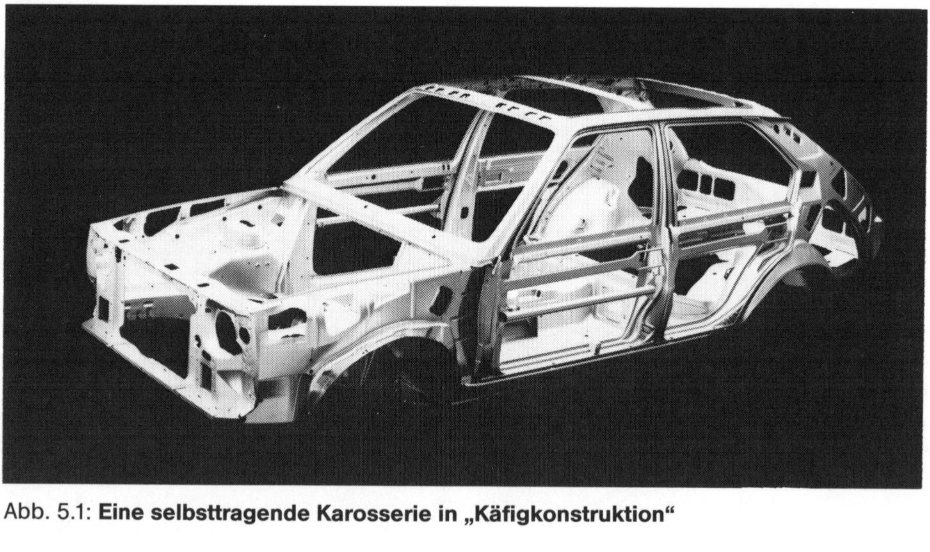

Abb. 5.1: **Eine selbsttragende Karosserie in „Käfigkonstruktion“**

In diesem Kapitel wollen wir uns mit den Arbeiten beschäftigen, die bei den alltäglichen Reparaturen vorkommen, soweit es das Auswechseln von Karosserieblechen betrifft.

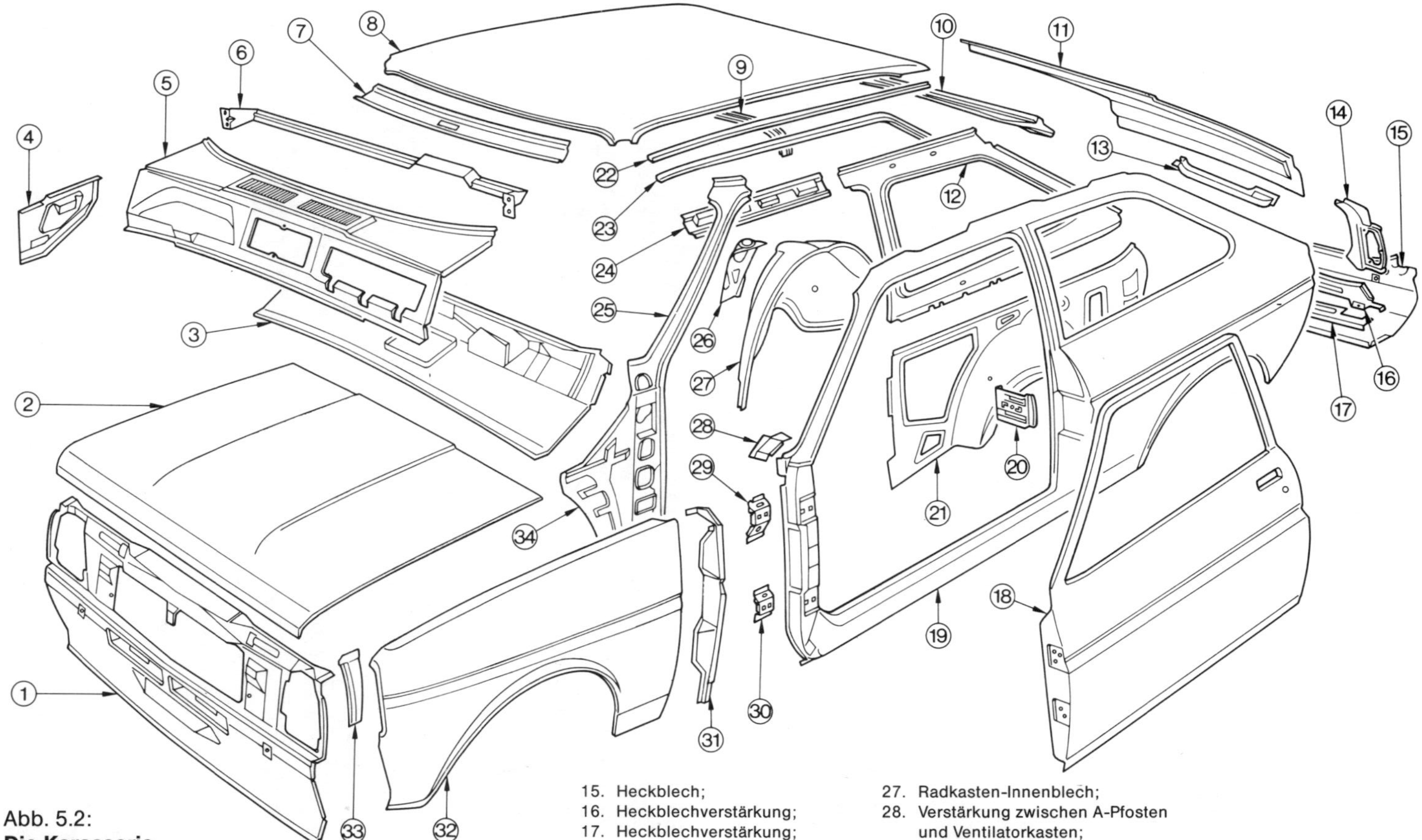

Abb. 5.2:
Die Karosserie

1. Frontblech;
2. Motorhaube;
3. Oberteil Ventilatorkasten;
4. Abdeckblech, Radkasten – Ventilatorkasten;
5. Lüftungsblech;
6. untere Verstärkung Armaturenträger;
7. Dachverstärkung;
8. Dach;
9. Dachbogen;
10. Heckfensterleiste oben;
11. Heckklappe;
12. Seitenwand-Innenblech, oben;
13. Wasserablaufrohr;
14. Rücklichtgehäuse;
15. Heckblech;
16. Heckblechverstärkung;
17. Heckblechverstärkung;
18. Tür;
19. Seitenwand, vollständig;
20. Verstärkung für Türfalle;
21. Seitenwand-Innenblech unten;
22. Regenrinne;
23. Regenrinne;
24. Dachrahmenverstärkung;
25. Innenblech A-Pfosten;
26. Stoßdämpferstütze;
27. Radkasten-Innenblech;
28. Verstärkung zwischen A-Pfosten und Ventilatorkasten;
29. Verstärkung oberes Türscharnier;
30. Verstärkung unteres Türscharnier;
31. Verstärkung für Kotflügel;
32. Kotflügel;
33. Verstärkung für Scheinwerferöffnung;
34. Seitenblech Ventilatorkasten.

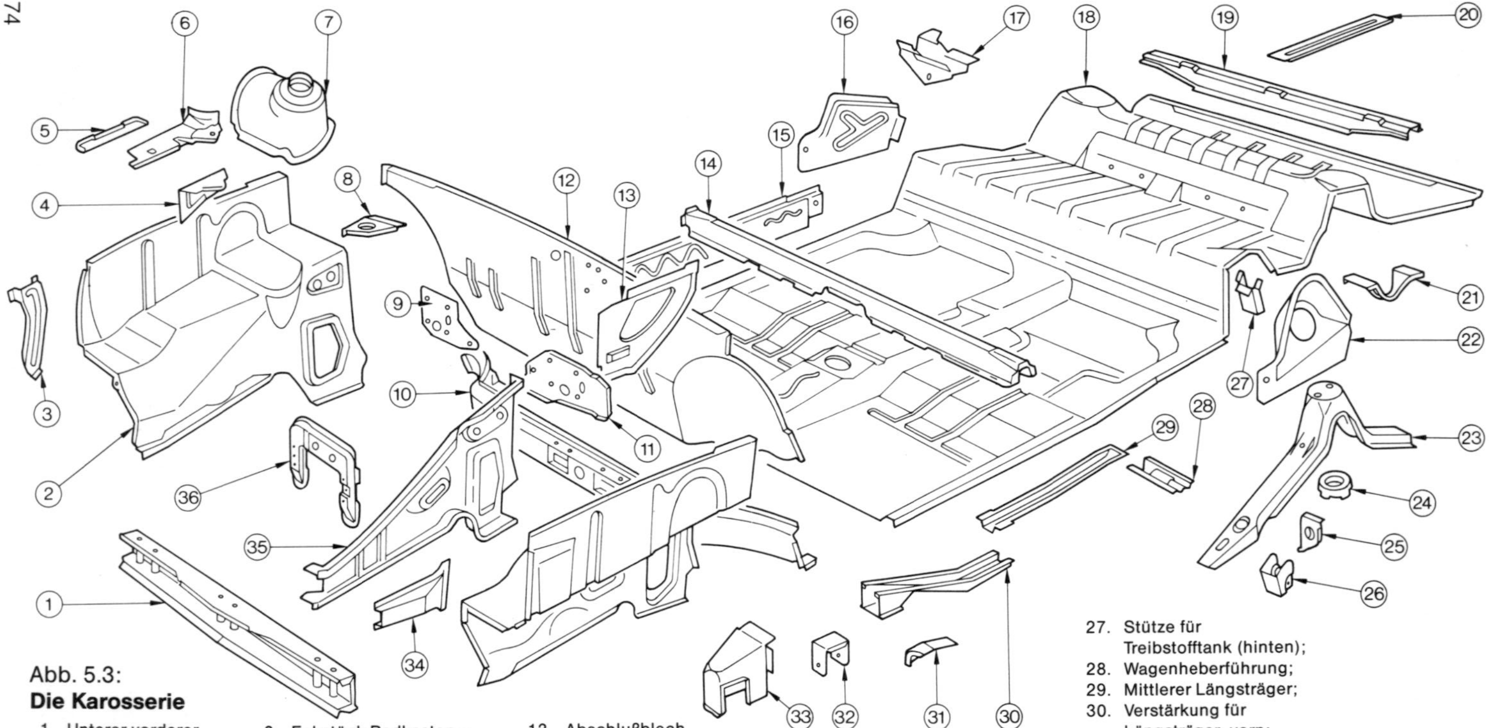

Abb. 5.3:
Die Karosserie

1. Unterer vorderer Querträger;
2. Radkasten;
3. Motorhaubenstütze;
4. Verstärkung Motorhaubenstütze;
5. Batteriehalter;
6. Motorstütze;
7. Gehäuse – Federbefestigung;
8. Eckstück Radkasten – Spritzwand;
9. Verstärkung Hauptbremszylinder (rechts vom Lenkrad);
10. Querträger Spritzwand;
11. Verstärkung Hauptbremszylinder (links vom Lenkrad);
12. Spritzwand;
13. Abschlußblech Ventilatorkasten;
14. Querträger Vordersitze;
15. Türschweller;
16. Verlängerung Türschweller;
17. Stütze für Panhardstab;
18. Bodenblech;
19. Querträger Bodenblech;
20. Verstärkung Heckblech;
21. Schleppöse;
22. Verlängerung Türschweller;
23. Aufhängung Hinterfeder;
24. Verstärkung Hinterfederstütze;
25. Verstärkung Hinterfederstütze (hinten);
26. Stütze für Längsträger;
27. Stütze für Treibstofftank (hinten);
28. Wagenheberführung;
29. Mittlerer Längsträger;
30. Verstärkung für Längsträger, vorn;
31. Verlängerung Radkasten;
32. Verstärkung Querträgerstütze (außen);
33. Querträgerstütze;
34. Verstärkung für Längsträger;
35. Innerer vorderer Längsträger;
36. Lenkgehäusestütze.

Wir beginnen mit etwas allgemeineren Richtlinien, denen einige Beispiele aus der Praxis folgen.
Hier erscheint es zunächst einmal sinnvoll und notwendig, sämtliche Bestandteile einer Karosserie aufzuzählen. Die Abbildungen 5.2 und 5.3 zeigen die Teile mit ihren Bezeichnungen.

5.2 DIE KASTENFORM

Häufig haben eingebaute Holme, Quer- und Längsträger eine Kastenform. Bei Verwindungen oder Rissen müssen wir nach Möglichkeit kaltrichten. Werden Teile warmgerichtet, dann müssen die erhitzten Stellen über eine Länge von ungefähr 20 cm mit einem »Futter« verstärkt werden.
Wenn ein kastenförmiger Holm zu stark beschädigt ist, dann sägt man ein Stück heraus.
Anschließend wird ein neues Stück eingeschweißt, und hier müssen wir eine Verstärkung anbringen, wie in der Abb. 5.4 gezeigt.

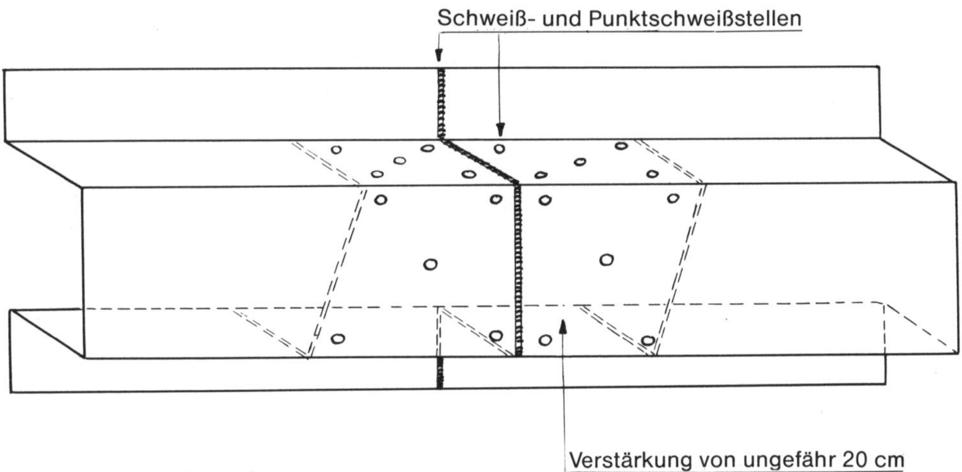

Abb. 5.4: **Verstärkung**

Die Wände der Holme, die zusammengeschweißt werden, sind zu durchbohren, worauf diese Löcher nach dem Anbringen der Verstärkungen wieder zugeschweißt werden. Auf diese Weise wird die Verbindung noch stärker. Nach Möglichkeit sollte man hier elektrisch schweißen, weil der Schweißbrenner eine zu starke lokale Erwärmung (und demzufolge Verformung) verursachen würde. In manchen Fällen kann das Futter auch mit Nieten befestigt werden, z. B. wenn es sich um eine offene Kastenform handelt.

Die Holme und eingebauten Querträger und Verstärkungen bilden bei den selbsttragenden Karosserien die bekannten offenen und geschlossenen Kastenformen. Bei Verformungen oder Verbiegungen müssen diese Kastenprofile *meist,* wenn nicht *immer, geöffnet werden!* Das ist leicht zu verstehen. Durch das Einklemmen würden sie nach der Reparatur zu lang sein und niemals mehr die richtige Form annehmen können!
Nehmen wir einmal an, daß eine geschlossene rechteckige Kastenform so durchgebogen wäre; wie in der Abb. 5.5 dargestellt. Die Vorderseite wurde eingebeult und die Rückseite gedehnt, während die Ober- und Unterseiten zwar ebenfalls gedehnt wurden, aber an der Vorderseite weniger als an der Rückseite.

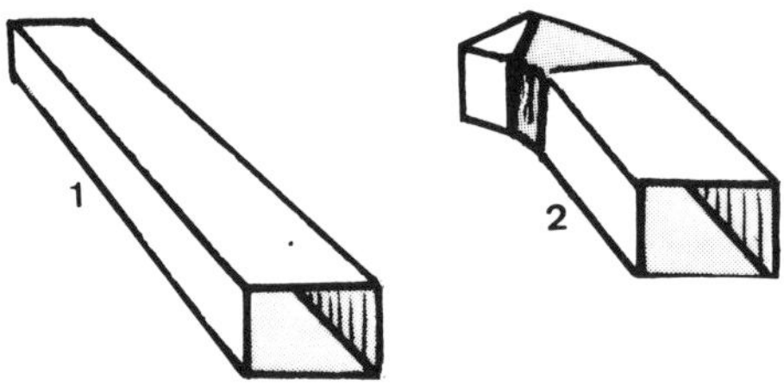

Abb. 5.5: **Geschlossene, rechteckige Kastenform (1). Beim Verbiegen wird die Dehnung V-förmig (2).**

Wir erkennen nun deutlich, daß die Dehnung des Ober- und des Unterblechs V-förmig aussieht, wobei die Spitze des V an der Vorderseite liegt. Selbst wenn man dieses V wieder in umgekehrtem Sinn eindrücken könnte, dann bliebe das Ganze dennoch gedehnt. Die einzig richtige Methode lautet daher: herausnehmen, öffnen, instandsetzen und wieder einsetzen. Dabei darf das Öffnen nicht in den Eckrändern geschehen, weil wir diese nach dem späteren Zusammenschweißen an den Schweißnähten nicht mehr nacharbeiten könnten. Darauf werden wir noch ausführlicher eingehen.

5.3 ALLGEMEINE RICHTLINIEN

Gehen wir zunächst einmal davon aus, daß das Ausbeulen den Vorzug vor dem Ersetzen durch Neuteile verdient, sofern die Art der Beschädigung dies zuläßt. Nach dem Entfernen der Türverkleidung o. ä. finden wir immer Öffnungen, die uns dabei besonders behilflich sein können.
Bei Teilen, die keine wesentliche Stützfunktion erfüllen, können wir zu einem teilweisen Ersetzen übergehen, z. B. bei einem Seitenblech mit großer Fläche. Die Abb. 5.6 zeigt hierzu ein Beispiel.

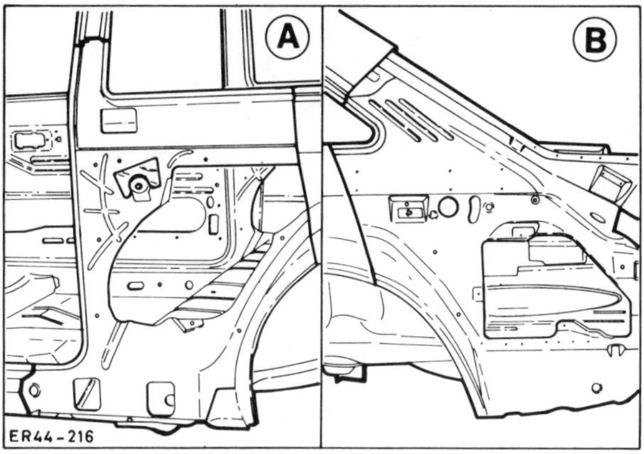

Abb. 5.6:
Zwei Beispiele eines teilweise abgetrennten Seitenbleches.
A) Seitenblech vorn;
B) Seitenblech hinten.

Bei größeren Beschädigungen wird es notwendig sein, ganze Teile durch neue zu ersetzen. Das ist ebenfalls erforderlich, wenn unter dem beschädigten Teil tragende Teile oder Verstärkungsprofile liegen oder wenn das beschädigte Teil doppelwandig ist. Die Abb. 5.7 zeigt eine Karosserie, bei der ein ganzes Seitenblech entfernt wurde.

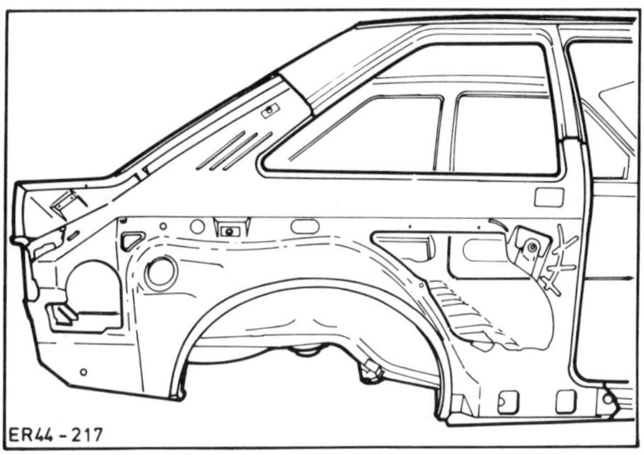

Abb. 5.7: **Seitenblech entfernt**

5.4 ALLGEMEINE ARBEITEN

Beschädigtes Teil ausbauen

Ein beschädigtes Teil kann durch Sägen, Meisseln oder Schleifen abgetrennt werden. Dabei ist besonders darauf zu achten, daß darunterliegende Teile nicht beschädigt werden.

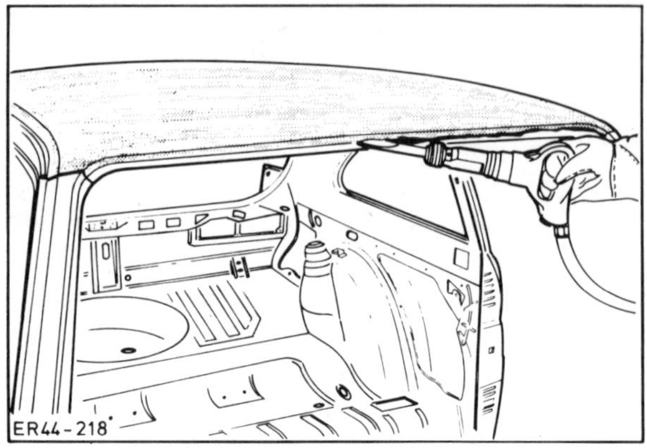

Abb. 5.8: **Hier sehen wir, wie das Dachblech mit dem Druckluftmeißel gelöst wird**

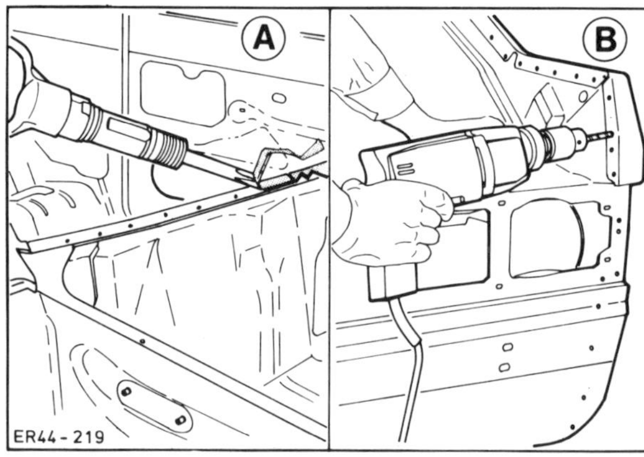

Abb. 5.9: **Blechreste entfernen.**
A) mit dem Meißel;
B) ausbohren.

Häufig bleiben dann Blechreste zurück, vor allem wenn die Teile punktgeschweißt waren. Diese Reste können mit dem Meißel abgetrennt werden.
Eine andere Methode besteht darin, die Punktschweißungen auszubohren oder auszufräsen.
Die verbliebenen Schweißpunkte schleifen wir ab. Um wieder punktschweißen zu können, muß der Rand auf beiden Seiten blankgeschliffen oder -geschmirgelt werden; nur so ist ein gutes Haften der Punktschweißverbindung garantiert.
Mit Hilfe von Hammer und Handeisen werden die Ränder wieder gerade und glatt gemacht.

Vorbearbeiten neuer Ersatzteile
Die Ränder des neuen Ersatzteils müssen beiderseits gründlich blankgeschliffen werden, auch dies wieder, damit die Schweißverbindung gut haftet. Das können wir mit einem Einhandschleifer oder mit einem Schwingschleifer machen, aber wir können die Ränder auch zuerst mit der Flamme erhitzen, um sie anschließend mit der Stahlbürste zu bearbeiten.

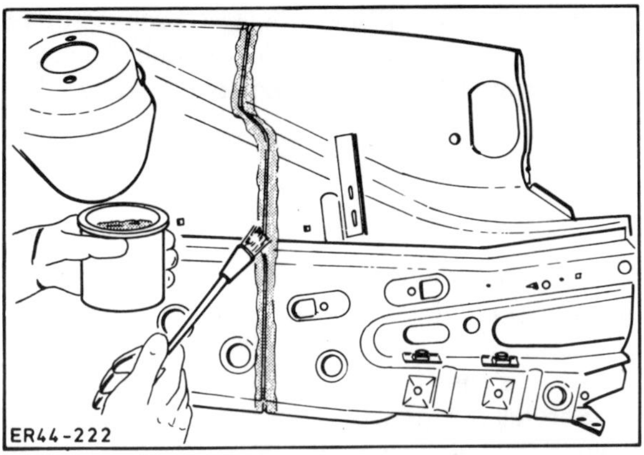

Abb. 5.10: **Blankgeschliffene Ränder werden gegen Rost geschützt**

Es versteht sich wohl von selbst, daß die Ränder gründlich abgeklebt werden müssen, wenn das Ersatzteil zunächst auf der Unterseite gespritzt werden soll. Um der Rostbildung auf den Verbindungsrändern vorzubeugen, müssen diese mit einer schweißbeständigen Zinkfarbe oder einem Antikorrosionslack gestrichen werden.

Montage des neuen Ersatzteils

Wie schon vorher ausgeführt, setzen wir den Schnittrand der Karosserie mit einer Absetzzange ab. Das neue Blech überlappt das Karosserieblech dann ein wenig. Nun wird das neue Blech mit Klemmen festgemacht. Die Nähte werden möglichst gleichmäßig verteilt, wobei wir immer darauf achten, daß das Blech gut anliegt. Zur Befestigung verwenden wir nach Möglichkeit ein Punktschweißgerät. Dieses ist mit allerlei verschiedenen Elektrodenarmen ausgerüstet, so daß viele Stellen zugänglich sind.

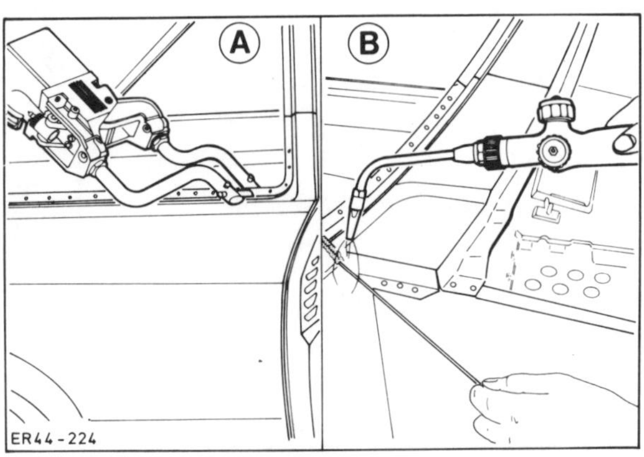

Abb. 5.11: **Zwei Befestigungsmethoden.**
A) Punktschweißen
B) Hartlöten

Falls Punktschweißen nicht möglich ist, können wir eine andere Schweißmethode anwenden oder hartlöten. Dabei wird allerdings mehr Hitze frei, so daß immer die Gefahr besteht, daß Verformungen auftreten oder die Farbschicht zwischen den Blechen verbrennt. Beim Schweißen sollte immer ein Feuerlöscher in Griffweite sein.

Fertigstellen

Schweiß- und Lötverbindungen werden mit einer Schleifscheibe flachgeschliffen. Die Nähte sollten aber möglichst wenig bearbeitet werden, damit die Stabilität erhalten bleibt.

Der nächste Schritt besteht aus dem Verzinnen der Nahtstellen. Dazu müssen wir die betreffenden Teile mit größter Sorgfalt reinigen. Lack und Schmutzreste werden abgeschliffen; Unebenheiten und Punktschweißnähte bearbeiten wir mit der Stahlbürste. Anschließend werden die Oberflächen mit Lötpaste eingerieben. Beim Löten bewegen wir den Brenner von außen nach innen, um einem Einsinken

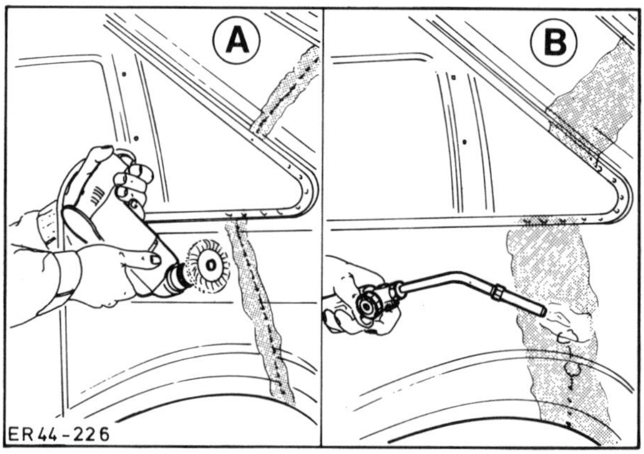

Abb. 5.12:
A) Verbindungsnaht mit runder Stahlbürste reinigen;
B) Verzinnen mit dem Gasbrenner.

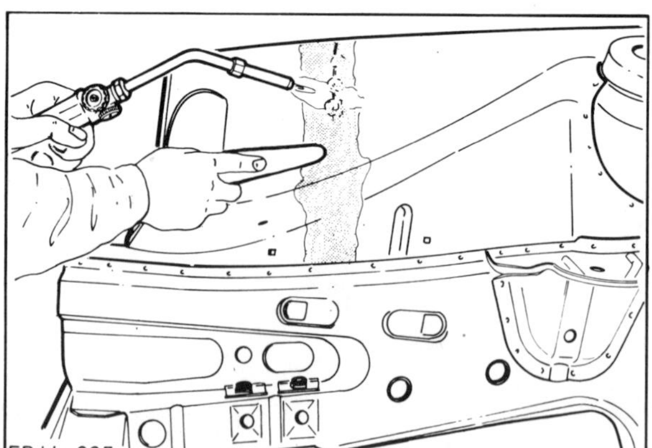

Abb. 5.13: **Mit Hilfe eines Spachtels wird die Naht mit Zinn ausgefüllt**

der Zinnschicht vorzubeugen. Die Reste der Lötpaste werden mit einem Lappen entfernt. Beim Aufschwemmen des Zinns ist darauf zu achten, daß dieses gut streichbar bleibt und daß keine Luftblasen entstehen. Dadurch kann es nämlich nach dem Spritzen zu Kratern im Lack kommen. Das Verzinnen bietet viele Möglichkeiten, wie Auffüllen von Unebenheiten und Anbringen von Rändern und Umrahmungen.
Die verzinnten Nahtstellen können auf verschiedene Weise verarbeitet werden. Schleifen, schmirgeln, feilen und fräsen, je nach der Stelle und der Oberfläche. Man achte immer darauf, daß kein Ansatz entsteht.
Nahtstellen und Punktschweißverbindungen müssen abgedichtet werden. Dazu bringen wir zuerst einen Untergrund an. Dichtmittel gibt es in vielerlei Arten, vom Abdichtband bis zum Kitt. Prüfen Sie nach dem Abdichten immer, ob die Stelle auch wasserdicht ist (Wassertest).
Schließlich müssen wir die neuen Teile und Schweißränder mit einem Rostschutzmittel behandeln. Das kann mit dem Pinsel oder der Spritzpistole geschehen.

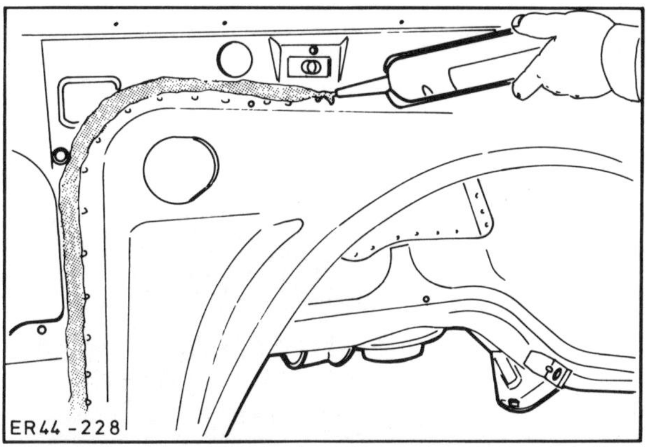

Abb. 5.14: **Abkitten einer Verbindungsnaht**

Abb. 5.15: **Rostschutzmittel auftragen**

5.5 BEISPIELE VON ARBEITSMETHODEN

Beim Ersetzen von Karosserieteilen muß die Form des zu ersetzenden Teiles immer berücksichtigt werden. Das alles richtet sich nach dem Sortiment an Blechen, das der betreffende Autohersteller liefert.
Jede Karosseriereparatur wird trotzdem wieder ein wenig anders vor sich gehen, wie die voraufgegangene, selbst wenn dabei das gleiche Ersatzteil ausgewechselt wurde. Es ist aus diesem Grunde nicht möglich, sämtliche möglichen Reparaturen im einzelnen zu behandeln. Damit Sie wenigstens einen Leitfaden haben, werden hier die häufigsten Karosseriereparaturen beschrieben.

Auswechseln eines vorderen Kotflügels

Je nach dem Automodell bauen wir zunächst einige Teile aus, die im Weg sind: Lampen, Blinkleuchten, Kühlergrill, Stoßstange usw. Ferner wird das Auto stabil auf Blöcke gesetzte und das Rad abgezogen.
Die Abb. 5.16 zeigt einen Kotflügel. Eine gestrichelte Linie zeigt an, wo der alte Kotflügel abgelöst wird.

Abb. 5.16: **Hier sehen wir den Kotflügel, der entfernt werden muß**

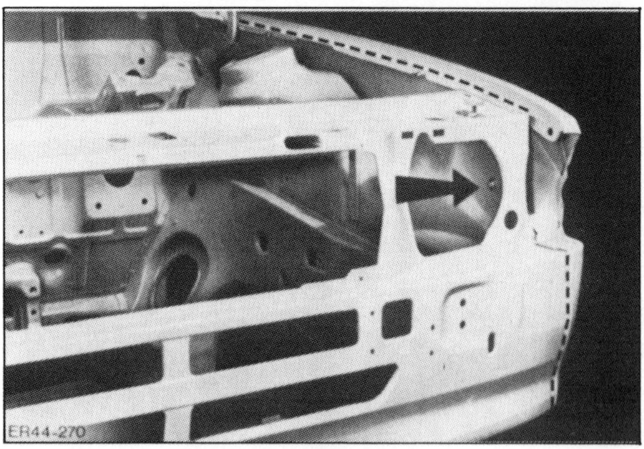

Abb. 5.17: **Die Trennlinie ist angezeigt. Der Pfeil deutet auf die Schraube**

Bei diesem Auto war es ein leichtes, den Grill, den Scheinwerfer und die Blinkleuchte auszubauen. Es ist darauf zu achten, ob der Kotflügel auch noch verschraubt ist; in unserem Beispiel ist eine solche Schraube vorhanden. Sie verbindet den Kotflügel mit dem Radkasten. Wir zeigen die Linie an, entlang deren wir den Kotflügel ausbauen. Die Abb. 5.17 zeigt die gegebene Situation.
Entlang der angedeuteten Linien kann der Kotflügel jetzt abgemeißelt werden. Dies geschieht am einfachsten mit Hilfe eines pneumatischen Hammers.
Natürlich können wir auch die Punktschweißverbindungen losmeißeln oder diese, wie in der Abb. 5.19 gezeigt, herausfräsen. Es gibt solche Fräsen, die in das Futter der Bohrmaschine eingespannt werden.
Der weitere Verlauf der Arbeiten ist in den Abbildungen 5.20 und 5.21 wiedergegeben.
Wir fahren damit fort, die Punktschweißränder des Frontblechs, des Radkastens und des Vorderstrebens aufzuschmirgeln. Eventuelle Unebenheiten werden mit Hammer und Handeisen gerichtet. Die Ränder, an denen wir punktschweißen, werden beiderseits blankgeschmirgelt, denn die Punktschweißelektrode muß ja Masse bekommen.

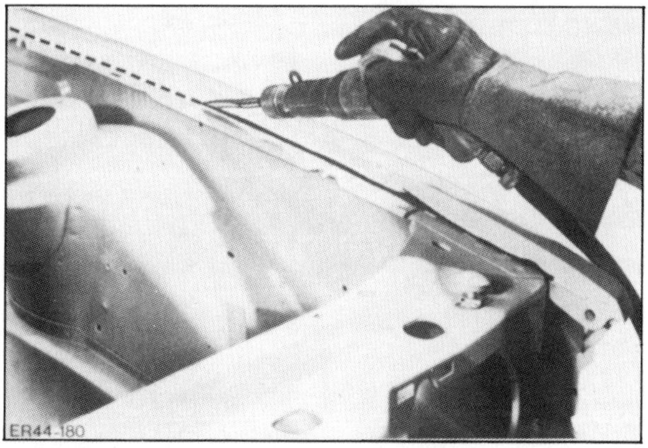

Abb. 5.18: **Entlang der Trennlinie losmeißeln**

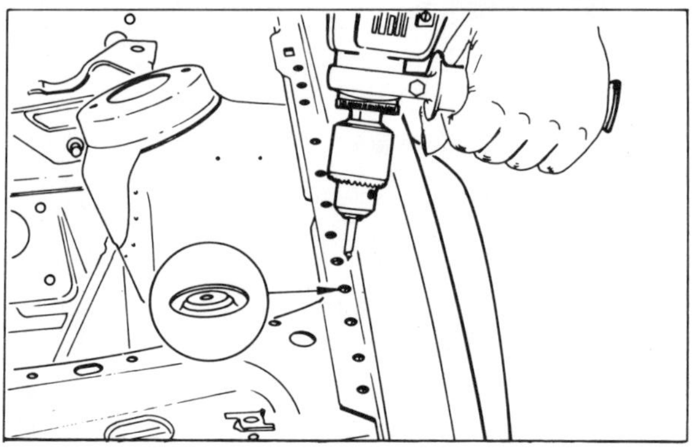

Abb. 5.19: **Punktschweißverbindungen ausfräsen**

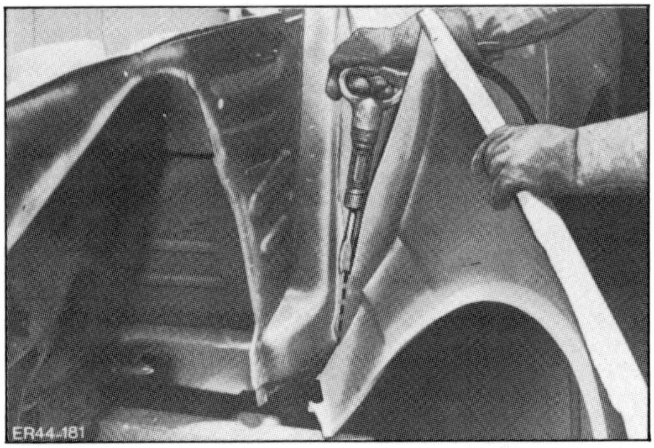

Abb. 5.20: **Kotflügel an der Verbindung zum Türpfosten abtrennen**

Abb. 5.21: **Blechreste von den Punktschweißrändern entfernen. Wenn wir die Punktschweißungen ausfräsen, trifft diese Arbeitsweise nicht zu.**

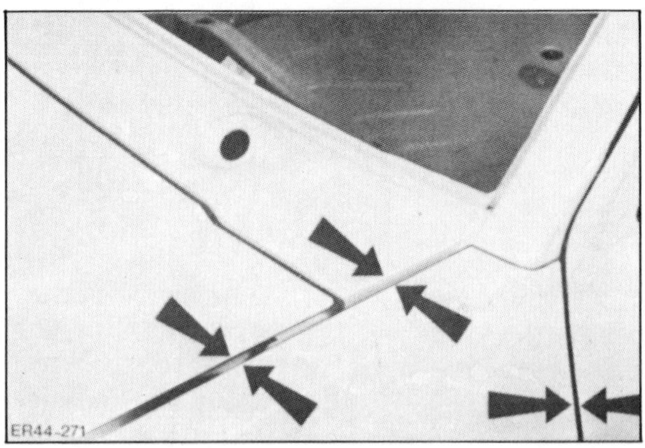

Abb. 5.22: **Die richtigen Abstände**

Beim neuen Kotflügel müssen zuerst die Verbindungsränder zum Punktschweißen von der Grundierung befreit werden. Nachdem diese völlig blank sind, wird hier ein schweißbeständiger, korrosionswehrender Lack aufgetragen.
Auch die blanken Ränder der Karosserie werden so lackiert. Dann wird der neue Kotflügel in die richtige Position gebracht und mit Klemmzangen festgehalten.
Im Falle dieses Beispiels setzen wir nun zuerst wieder die Befestigungsschraube ein, die in der Abb. 5.17 zu sehen ist.
Nachdem der Kotflügel richtig sitzt, wird er am Radkasten, am Frontblech und am Trittbrettkasten befestigt. Jetzt muß der Kotflügel noch am vorderen Türrahmen befestigt werden. Dazu bauen wir zunächst die Tür aus.
Danach wird die Kotflügelnaht abgedichtet. Wenn die Schweißstellen abgeschmirgelt sind, wird Kitt mit einer Kittspritze über die Naht gezogen. Dann wird der Lack aufgetragen.
Natürlich muß der Kotflügel auch auf der Innenseite vor Korrosion geschützt werden. Dazu müssen zunächst alle Anschlüsse vom Innern des Kotflügels her abgekittet werden. Danach wird das Ganze mit einem Antikorrosionsmittel gespritzt.

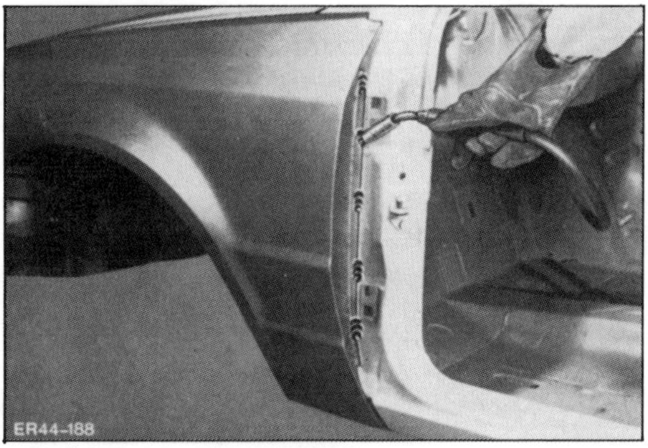

Abb. 5.23: **Der Kotflügel wird durch Hartlöten am Türrahmen befestigt oder, wie hier gezeigt, mit dem CO_2-Gerät.**

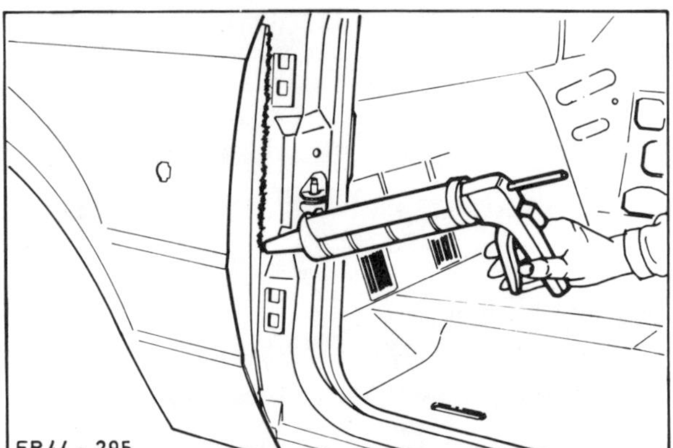

Abb. 5.24: **Kotflügel am Türrahmen abdichten**

Türschweller (teilweise) ersetzen

Die Abb. 5.25 zeigt den Teil, der entfernt werden muß. Je nach Art der Beschädigung ersetzen wir natürlich ein möglichst kleines Stück.
An den beiden (senkrechten) Linien sägen wir den Schweller durch. Danach können wir die Unterseite des Kasten losmeisseln.
Anschließend werden alle Blechreste von den Punktschweißrändern entfernt, und dann werden diese Ränder gerichtet und blankgeschmirgelt.
Damit es zu einer Überlappung mit dem neuen Teil kommt, werden die Schnittränder des Schwellers mit der Absetzzange bearbeitet.
Jetzt messen wir das fehlende Stück aus, wobei wir natürlich auch die Überlappung berücksichtigen (20–24 mm).
Das neue, nach Maß gemachte Einsatzstück muß nunmehr auf beiden Seiten des Punktschweißrandes von der Grundierung befreit werden. Danach streichen wir diesen Rand mit schweißbeständigem Antikorrosionslack an. Das neue Teil wird eingesetzt und zunächst mit Klemmzangen festgehalten. Mit dem Punktschweißgerät wird nun der obere Rand am Türschweller befestigt. Die senkrechten Nähte werden mit CO_2 schutzgasgeschweißt.

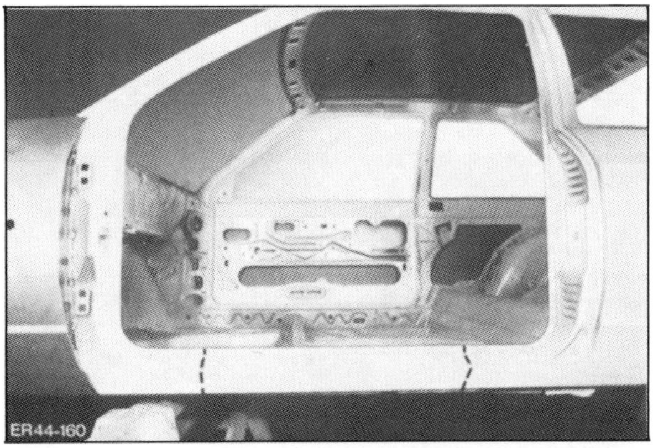

Abb. 5.25: **Der zu entfernende Abschnitt ist markiert**

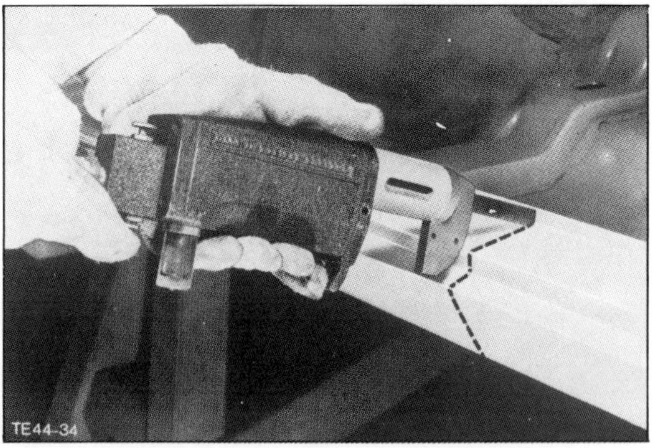

Abb. 5.26: **Hier wird mit einer Druckluft-Stichsäge gearbeitet**

Die Schweißnähte werden gescheuert und verzinnt. Danach werden die Nahtstellen bearbeitet. Jetzt müssen wir im Schweller noch ein Antikorrosionsmittel anbringen.

Abb. 5.27: **Die Unterseite wird angemeißelt**

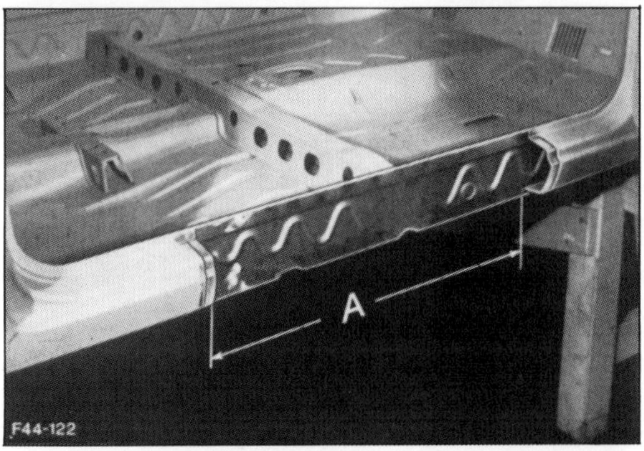

Abb. 5.28: **Das Maß (A) des fehlenden Teils, der noch um die Überlappungen verlängert werden muß**

Abb. 5.29: **Der obere Rand ist punktgeschweißt. Die senkrechten Nähte werden hier mit CO_2 geschweißt**

Dazu ist meist ein Stopfen vorhanden, z. B. im Türschweller oder im Radkasten. Dabei ist darauf zu achten, daß die Wasserabflußlöcher nicht verstopft werden.

Seitenblech (teilweise) ersetzen

Die Abb. 5.30 zeigt ein Seitenblech, das hier teilweise ersetzt werden muß. Je nach Art der Beschädigung reißen wir den zu ersetzenden Abschnitt an. Hier sei noch darauf hingewiesen, daß unter dem Blech auch Kabel liegen können, die nicht beschädigt werden dürfen. Durch Sägen, Schleifen oder Schweißen kann es hier leicht zu folgenschweren Schäden kommen. Also vorsichtig vorgehen.

Entlang der Linien schneiden wir das Blech mit der Trennscheibe am Mittelpfosten, Trittbrettkasten, Seitenfenster und Radkasten durch.

Dann werden alle Blechreste von den Punktschweißrändern entfernt, und diese Ränder werden mit Hammer und Handeisen nachgearbeitet, ehe sie blankgeschmirgelt werden. Jetzt müssen die Schneidränder am Mittelpfosten, am Türschweller und am Seitenfenster/Radkasten mit der Absetzzange abgesetzt werden. Anschließend wird ausgemessen, und die Maße werden auf das neue Blech übertragen.

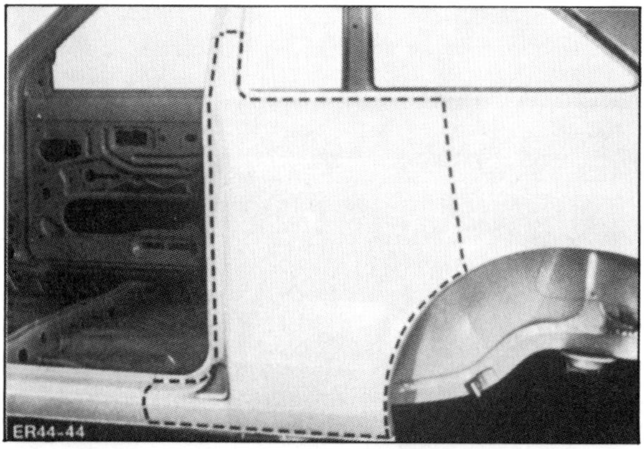

Abb. 5.30: **Die Schnittlinien sind markiert**

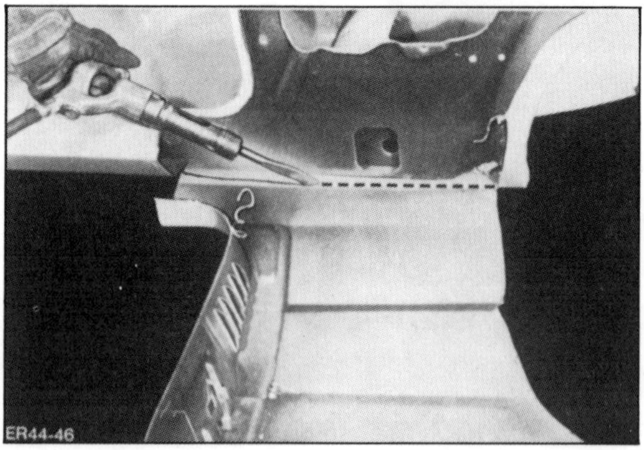

Abb. 5.31: **Der untere Rand wird mit dem Druckluft-hammer abgemeißelt**

Nicht vergessen, daß noch genug Material zum Überlappen vorhanden sein muß! Nach dem Abschneiden des neuen Bleches wird dieses genau auf Maß gefertigt. Wir schleifen die Grundierung von beiden Seiten der Punktschweißränder ab. Selbstverständlich kann es vorkommen, daß nicht alle Stellen mit der Punktschweißzange zu erreichen sind. Diese Teile können wir dann lochpunktschweißen, d. h. wir stanzen mit der Lochzange ein Loch in das neue Blech und legen darin später eine Lochschweißung an.
Die blanken Ränder reiben wir mit einem schweißbeständigen Antikorrosionskitt ein. Das Blech wird mit Klemmzangen befestigt, wobei darauf zu achten ist, daß es in der richtigen Fluchtlinie liegt und daß die Trennfugen gleich groß sind.
Die Ränder am Mittelpfosten und am Seitenfenster werden punktgeschweißt. Auch können wir das Punktschweißgerät bei der Verbindung am Radkasten verwenden. Unter Mithilfe von CO_2 verschweißen wir das Blech am Türschweller, am Mittelpfosten und am Fenster/Radkasten.
Die Schweißnähte werden abgeschliffen und dann verzinnt. Danach bearbeiten wir die verzinnten Nähte. Jetzt muß das neue Teil noch abgekittet und mit einem Antikorrosionsmittel gespritzt werden.

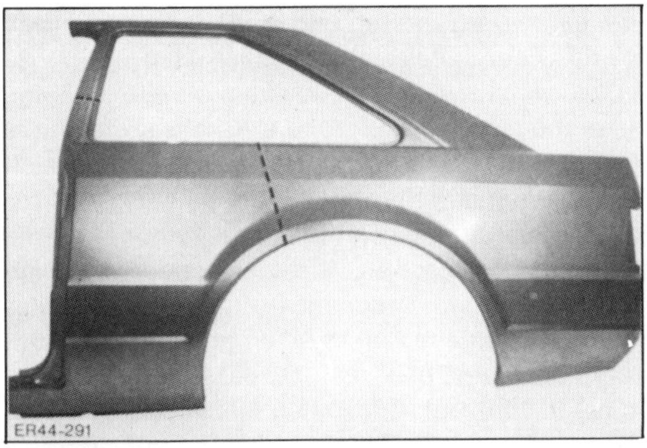

Abb. 5.32: **Das Maß wird auf das neue Blech übertragen**

Abb. 5.33: **Das Blech ist aufgeschweißt**

6 Messen und Richten

6.1 EINLEITUNG

Die Zeit, in der das Chassis noch das Rückgrat der Karosserie darstellte, ist schon lange vorüber. Nur in Ausnahmefällen begegnet uns noch so ein Auto, jedenfalls bei den Personenwagen. Bei einer solchen Konstruktion aus Fahrgestell mit aufgesetzter Karosserie spielt der Aufbau zum Funktionieren des Autos deutlich eine untergeordnete Rolle. Alle wichtigen Teile sind auf dem Fahrgestell oder daran befestigt; wir denken hierbei u. a. an die Radaufhängung, die Lenkung, den Motor und das Getriebe. Ein Karroserieschaden brauchte sich bei so einem Automobil nicht unbedingt nachteilig auf die Fahreigenschaften und die Betriebssicherheit auszuwirken. Jedenfalls solange das Fahrgestell unbeschädigt blieb.
Die »selbsttragende Karosserie«, wie wir sie heute kennen, kam bereits 1935 auf, als es dank der größeren Pressen möglich wurde, größere Karosserieteile aus einem Stück zu stanzen und zu formen. Anfang der fünfziger Jahre setzte sich diese Konstruktionsweise in Europa endgültig durch.
Die selbsttragende Karosserie ist stark und verwindungsfrei genug, um die schweren Fahrgestellrahmen überflüssig zu machen. Aber zwangsläufig müssen jetzt natürlich alle mechanischen Teile an der Karosserie aufgehängt und befestigt werden. Ein Karosserieschaden kann daher leicht einen großen Einfluß auf die Funktionstüchtigkeit des Automobils ausüben.
Noch immer fordert der Verkehr zahlreiche Opfer. Auf allen möglichen Gebieten versucht man, dies zu ändern. Das Resultat aller dieser Bemühungen – eine sinkende Unfalltendenz zu bewirken – hängt von entsprechend vielen Faktoren ab. Ein großer Teil ist aber jedenfalls der *aktiven bzw. passiven Sicherheit* des modernen Automobils zu danken. Der Deutlichkeit halber seien hier ein paar Beispiele aus beiden Kategorien aufgeführt.
Die *aktive Sicherheit* eines Autos hängt von dem Maß ab, in dem seine Ausrüstung darauf abzielt, Unfällen nach Möglichkeit vorzubeugen.
Die folgenden Faktoren spielen dabei eine wesentliche Rolle:

- Das Verhalten des Fahrzeuges: Straßenlage, Bremseigenschaften, Beschleunigung, Kurvenverhalten, Seitenwindempfindlichkeit u. ä.
- Der Komfort des Fahrzeuges, um der Ermüdung des Fahrers entgegenzuwirken: Lüftung, Lärmpegel, Sitzqualität, Bedienungsbequemlichkeit, Federung u. ä.

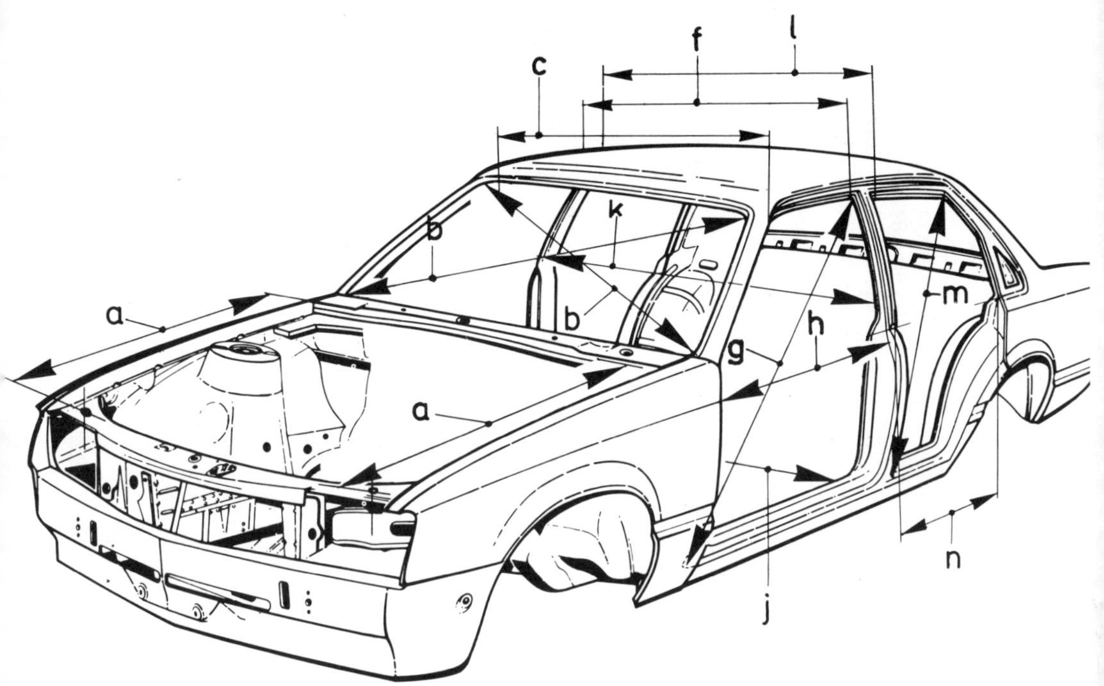

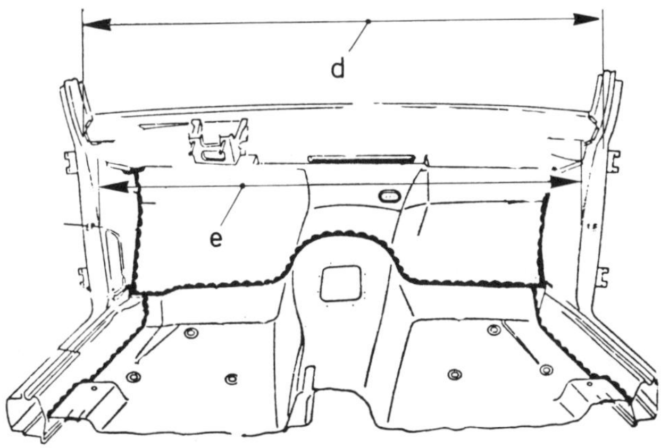

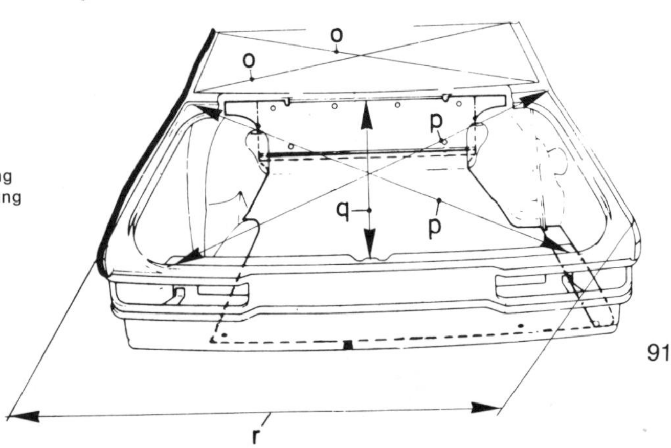

a) Öffnung für Motorraum
b) Diagonale Windschutzscheibenrahmen
c) Abstand zwischen den A-Säulen oben
d) Abstand zwischen den A-Säulen Mitte
e) Abstand in Höhe der Türschlösser
f) Abstand zwischen den B-Säulen oben
g) Diagonale vorderer Türrahmen
h) Abstand zwischen A-Säule und B-Säule
j) Abstand zwischen den B-Säulen unten
k) Abstand zwischen den B-Säulen Mitte
l) Abstand zwischen den B-Säulen oben hinten
m) Diagonale hinterer Türrahmen
n) Abstand zwischen B-Säule und C-Säule
o) Diagonale des Heckfensterrahmens
p) Diagonale der Kofferraumöffnung
q) Tiefe der Kofferraumöffnung
r) Breite der Kofferraumöffnung

Abb. 6.1: **Beispiel zur Zeichnung mit Karosseriemaßen**

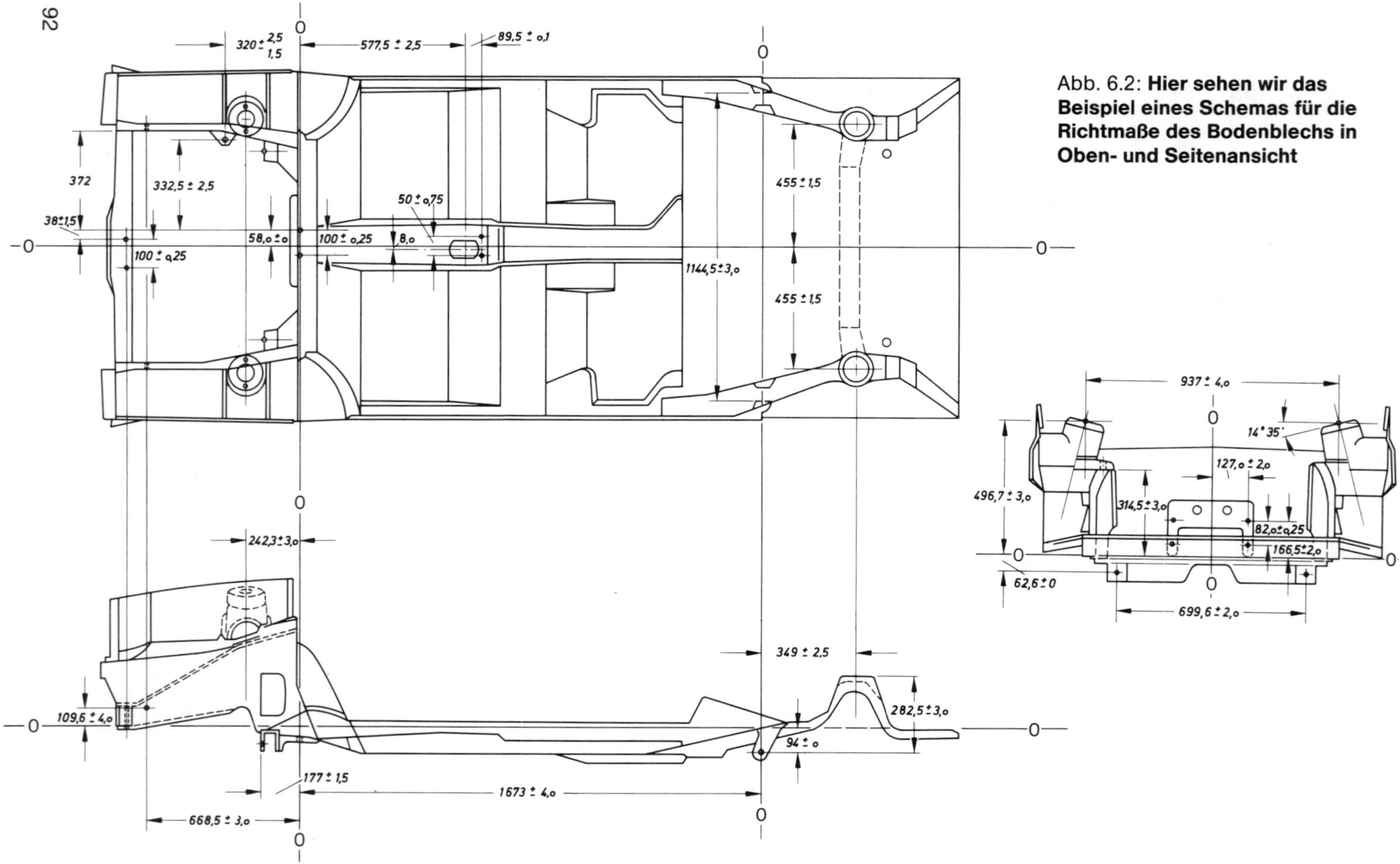

Abb. 6.2: **Hier sehen wir das Beispiel eines Schemas für die Richtmaße des Bodenblechs in Oben- und Seitenansicht**

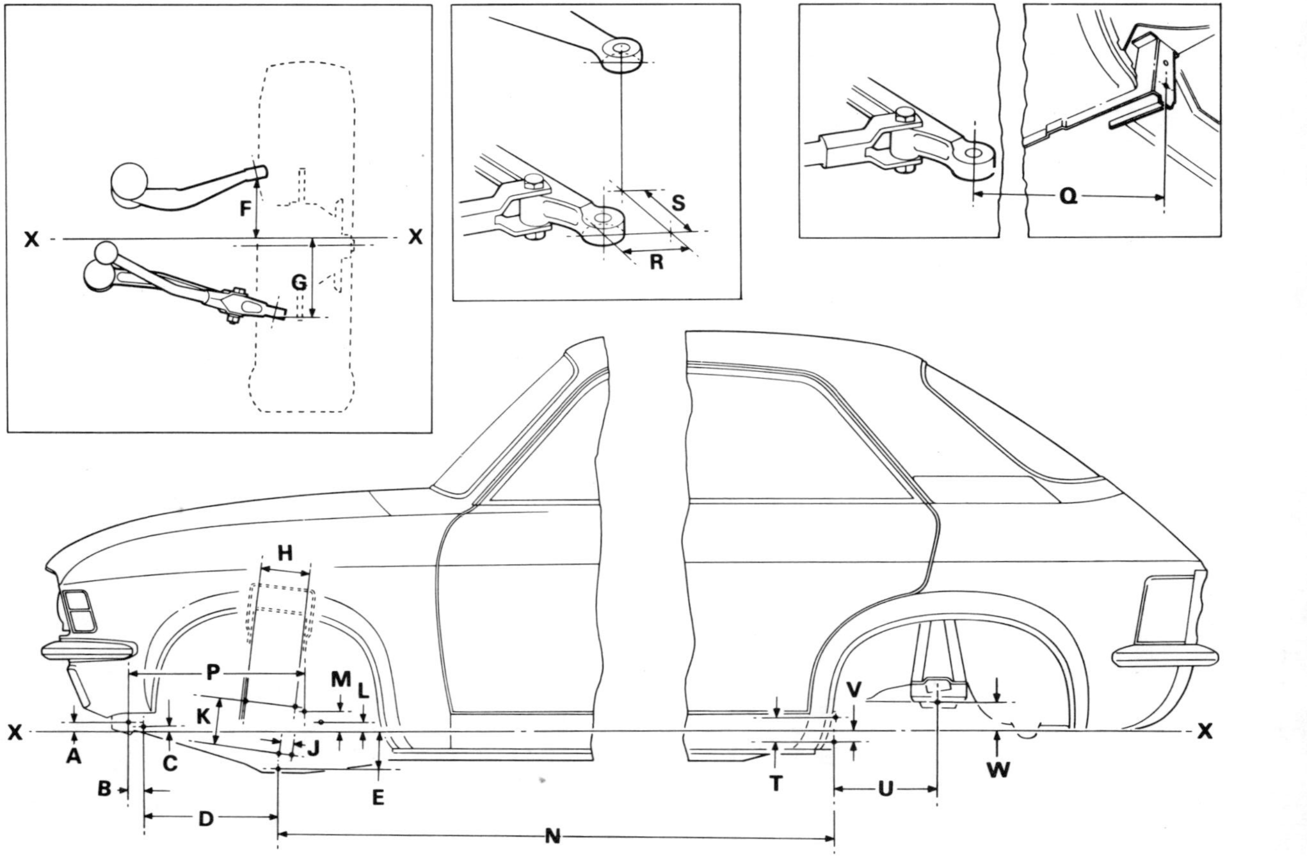

Abb. 6.3 a: **Vertikale Maße**

- Das Ausmaß der Sichtbehinderung: Fensterfläche, tote Blickwinkel, Spiegel u. ä.
- Die Qualität der Beleuchtung.
- Die Farbe des Automobils (ein gelbes Auto fällt eher auf als ein dunkelgraues).

Die *passive Sicherheit* eines Automobils ist abhängig von seiner Eigenschaft, die Folgen eines Unfalls nach Möglichkeit zu *begrenzen.*
Wesentlich sind dabei:
- Die Form des Automobils: keine scharfen Ecken und herausragenden Teile (Handgriffe, Spiegel, Markenzeichen, Antennen, Tankdeckel). Man spricht hier auch von Außensicherheit; durch sie soll verhindert werden, daß Personen außerhalb des Fahrzeuges verletzt werden.
- Die Konstruktion des Automobils: Käfigkonstruktion, Knautschzonen, energieabsorbierende Werkstoffe, Sicherheits-Lenkvorrichtung, Sicherheitsgurte, Sicherheitsglas, Kopfstützen u. ä. Hier spricht man auch von Innensicherheit; mit ihr sollen die Fahrzeuginsassen nach bester Möglichkeit geschützt werden.

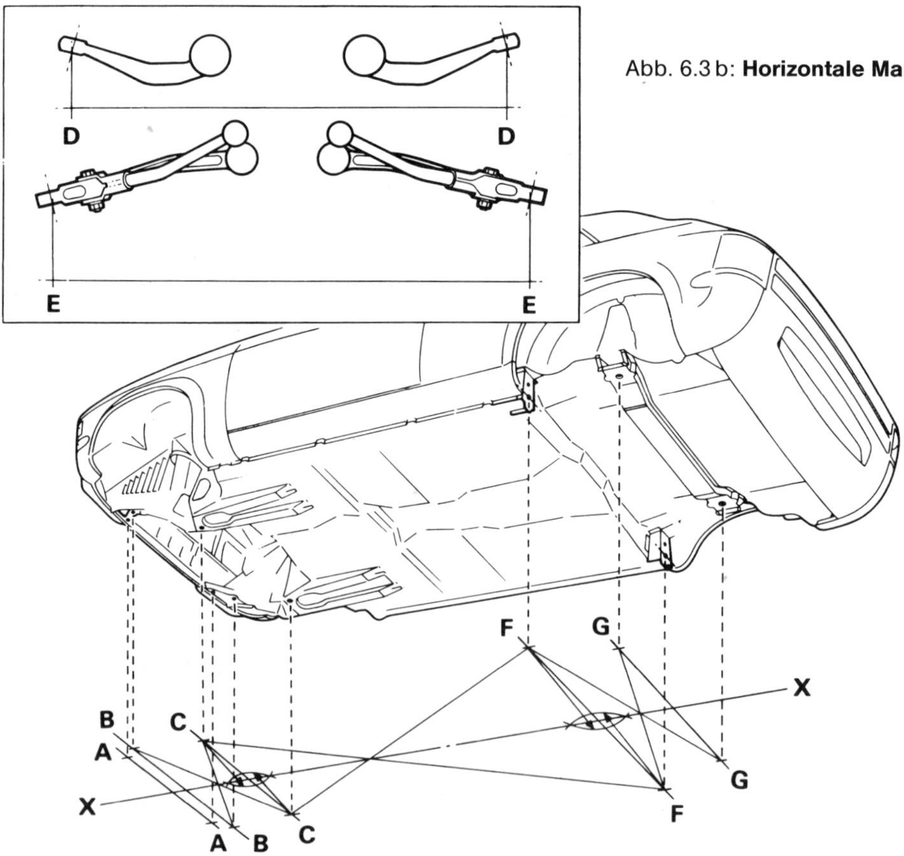

Abb. 6.3 b: **Horizontale Maße**

Aus alledem geht auch hervor, wie wichtig die sachgemäße Reparatur eines Fahrzeugschadens ist. Natürlich auch aus der Sicht der Lebensdauer und Zuverlässigkeit des Fahrzeuges, aber vor allem – und das ist noch wichtiger – aus der Sicht der Verkehrssicherheit.

Bei größeren Reparaturen müssen die Karosseriemaße deshalb immer überprüft werden. Dazu gibt es im Prinzip drei Möglichkeiten:

a) die ermittelten Werte mit den Daten des Herstellers vergleichen;
b) die ermittelten Werte mit denen eines unbeschädigten Fahrzeuges derselben Marke und desselben Typs vergleichen;
c) die Symmetrie des Autos überprüfen.

Dabei ist aber zu bedenken, daß die erstgenannte Möglichkeit bei weitem als die beste zu bezeichnen ist. Wir haben viele Methoden und Werkzeuge zur Verfügung, die im weiteren Verlauf dieses Kapitels noch ausführlich behandelt werden. Anhand des Meßresultats können wir dann gezielte und vertretbare Reparaturen durchführen, die eine korrekte Wiederherstellung der Karosserieform sichern.

6.2 KAROSSERIE-ABMESSUNGEN

Damit die Karosserie korrekt und einwandfrei repariert werden kann, geben die Hersteller alle wichtigen Maße an. Solche Maßzeichnungen sind praktisch immer in den Werkstattbüchern enthalten, und sie gelten als Richtschnur zur Reparatur (und nicht als Kontrollmaße für ein neues Auto). Wir bringen hier mit den Abbildungen 6.1, 6.2 und 6.3 drei Beispiele.

6.3 REIHENFOLGE DES RICHTENS

Ehe mit der Reparatur einer Karosserie begonnen wird, ist es wichtig zu wissen, in welcher Reihenfolge die Stöße gegen die Karosserie sich beim Zusammenstoß abgespielt haben, damit das Richten und Ausbeulen sachlich richtig im entgegengesetzten Sinn erfolgen kann.

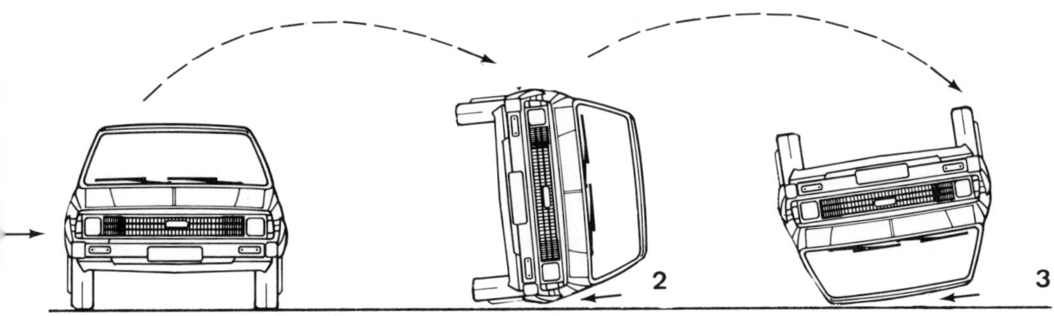

Abb. 6.4: **Ein Unfall, bei dem die Karosserie drei Schläge erhält.**

Die Abb. 6.4 zeigt den Ablauf eines Unfalls mit drei Schlägen. Wir können die »Kastenform« nun folgendermaßen wiederherstellen (Abb. 6.5). Man setzt das Karosserie-Richtgerät am Stützpunkt A an und drückt den Kasten dann, nach Möglichkeit ohne zu erhitzen, zum Punkt 1 hin aus. Das Fußstück in A muß an einer Verstärkung angesetzt werden; falls das Bodenblech nicht stark genug ist, verstärken wir es durch einen Hartholzklotz, der breit genug ist, um den Druck des Richtgerätes über den Rahmen zu verteilen.

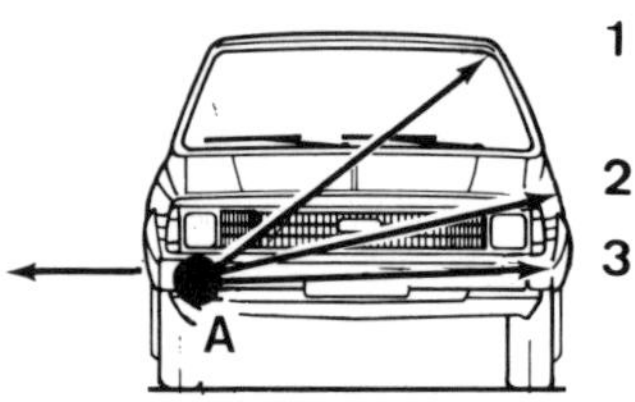

Abb. 6.5: **Ausdrücken in umgekehrter Reihenfolge vom Stützpunkt A aus**

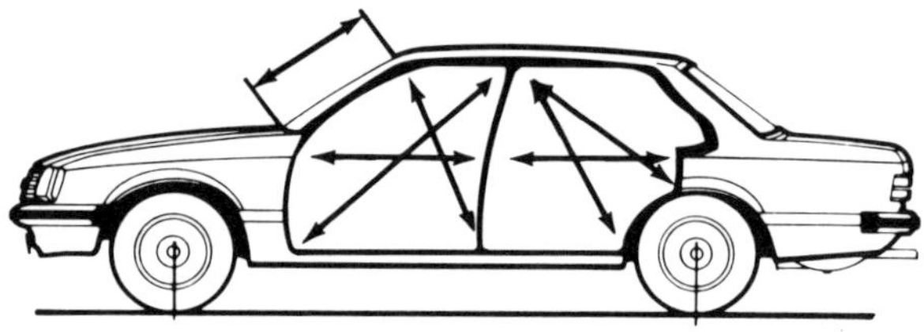

Abb. 6.6: **Die Maße, die zu überprüfen sind**

Das Ausbeulen und Planieren jedes einzelnen Elementes (Dachanschluß und Dach) erfolgt systematisch in dem Verhältnis, in dem der Rahmen wieder auf seine ursprüngliche Stelle gedrückt wird. Dabei wird das Blech so weit wie möglich vollständig wiederhergestellt, ehe man mit Punkt 2 beginnt. Die zweite Operation erfolgt in gleicher Weise, wie die erste. Auch die Türpfosten werden wieder ausgerichtet, d. h. wir beulen sie aus und richten sie. Zum Nachmessen verwendet man eine unbeschädigte Tür. Die Einbeulung Nr. 3 kommt als letzte an die Reihe. Kastenprofile u. ä., die eventuell warmgemacht werden mußten, werden verstärkt (siehe Abb. 5.4). Die Abb. 6.6 zeigt die verschiedenen Punkte, die nachzumessen sind. Diese Abstände müssen auch zeitens des Richtens überwacht werden.

6.4 MESSGERÄTE

Prinzip

Hier sei vorausgesetzt, daß wir beim Messen folgendes unterscheiden können:

A. das Prüfen der *Form* einer Karosserie;

B. das Prüfen der *Maße* einer Karosserie.

Obwohl hier ein prinzipieller Unterschied vorliegt, ist das Resultat praktisch gleich: wir stellen fest, wo, wie und um wieviel die Karosserie verformt ist. Hier seien die häufigsten Meßprinzipien genannt.

A. Die Form

A1. Meßstäbe. Diese werden quer unter dem Fahrzeug montiert (siehe Abb. 6.7).

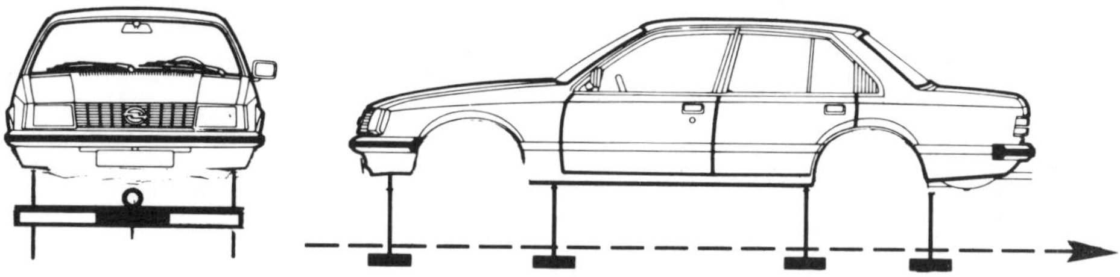

Abb. 6.7: **Indem wir prüfen, ob die Zentrieraugen in einer Linie liegen, können wir feststellen, ob das Auto gerade ist. Die Zentrieraugen können in der vertikalen und in der horizontalen Ebene nicht in einer Linie liegen, auch eine Kombination beider Ebenen ist möglich.**

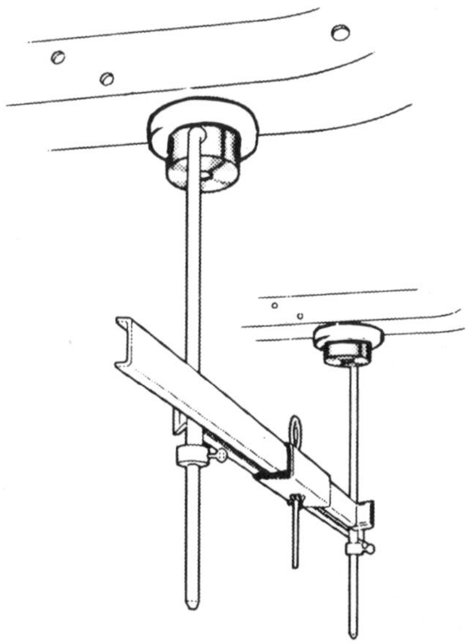

Abb. 6.8: **Hier sehen wir einen Meßstab, der mit Magneten aufgehängt ist**

A2. Schablonen. Mit ihrer Hilfe läßt sich leicht überprüfen, ob das Auto die richtige Form hat. Wenn bestimmte Meßpunkte nicht richtig an der Schablone anliegen, kann auf eine Verformung geschlossen werden.

Schablonen können eingeteilt werden in:

- Herstellerschablonen. Eine hervorragende, aber kostspielige Methode; die Schablone eignet sich meist nur für einen einzigen Typ einer bestimmten Automarke.
- Schablonensatz. Auf einen Grundrahmen können wir die verschiedenen Schablonen montieren. Einen bestimmten Autotyp können wir mit Hilfe einer bestimmten Auswahl aus den unterschiedlichen Schablonen überprüfen. Man kann solche Schablonen auch oftmals gegen geringe Kosten ausleihen.

B. Die Abmessungen

B1. Meßlineal, Senklot und Maßband. Mit Hilfe des Senklots können wir einen Meßpunkt der Karosserie auf den ebenen Boden »projizieren«. Anschließend können wir den Abstand vom Maßband ablesen. Hier ist allerdings äußerste Sorgfalt geboten; ein kleiner Fehler ist schnell gemacht. Das Meßlineal ist eigentlich eine Kombination aus Senklot und Maßband, wobei der wesentliche Unterschied darin besteht, daß wir das Meßlineal in allen Richtungen verwenden können, das Senklot dagegen nur senkrecht zum Fußboden. Die Meßstifte oder -federn sitzen in Gleitstücken. Diese Gleitstücke können über das Meßlineal, das wie ein Lineal eine Skala hat, verschoben werden.

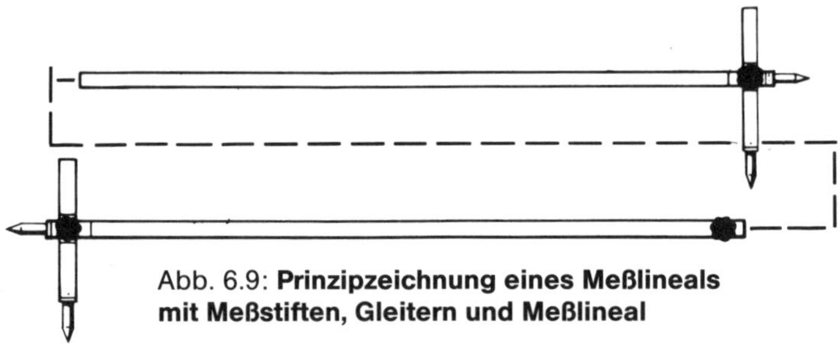

Abb. 6.9: **Prinzipzeichnung eines Meßlineals mit Meßstiften, Gleitern und Meßlineal**

B2. Verstellbarer Maßrahmen. Dieses Gerät macht es möglich, die unterschiedlichen Längen-, Breiten- und Höhenmaße des Fahrzeuges einzustellen. Diese Meßrahmen werden häufig in Kombination mit einem Richtrahmen desselben Fabrikats verwendet.

Ausgehend von diesen Prinzipien haben wir natürlich allerlei Kombinationsmöglichkeiten. Beschäftigen wir uns einmal kurz mit den bekannteren Systemen.

Abb. 6.10: **Der Grundrahmen zum Messen und Richten.**
Auf die mit Bohrungen versehenen Längs- und Querbalken montieren wir die Meß- und Richtschablonen und das einstellbare Meßsystem.

Beispiele von Meßgeräten

Celette Integral

Dieses Fabrikat arbeitet mit der Kombination zweier Prinzipien, nämlich mit Schablonen und einem mechanisch einstellbaren Meßsystem. In der Abb. 6.10 sehen wir den Grundrahmen zum Messen und zum Richten mit den darauf befestigten vorgebohrten Längs- und Querbalken. Diese Balken dienen zur Befestigung der Schablonen und zum Einstellen des Meßsystems. Wir müssen übrigens zwischen Meß- und Richtschablonen unterscheiden.

Das universelle Meßsystem besteht aus vier Meßschablonen und einem Satz von Linealen und Meßrohren. Vielerlei Zubehör vereinfacht die Arbeit. Ferner gibt es die festen Richtschablonen, die für einen bestimmten Autotyp passen. Diese Schablonen werden also zum Richten schwerbeschädigter Karosserien verwendet.

Messen und Richten lassen sich zuweilen nur schwer auseinanderhalten. Die Arbeiten gehen ineinander über.

Caroliner

Das Meßsystem von Caroliner besteht aus einem Meßrahmen mit Schlitten und Meßrohren, die mit einer Maßeinteilung versehen sind, so daß man Längen-, Breiten- und Höhenmaße einstellen kann. Diesen Meßrahmen montieren wir auf dem Richtrahmen; die Abb. 6.11 zeigt dies.

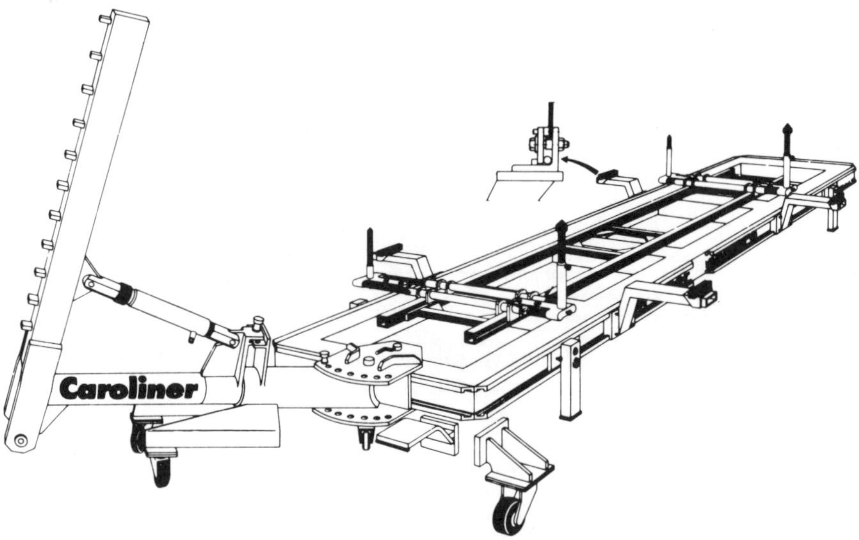

Abb. 6.11: **Der Richtrahmen von Caroliner mit darauf befestigtem Meßrahmen.**

Blackhawk

Auch bei diesem Fabrikat handelt es sich um einen einstellbaren, mechanischen Meßrahmen, der universell verwendbar ist. Die Abb. 6.12 zeigt das ältere Modell P–188.

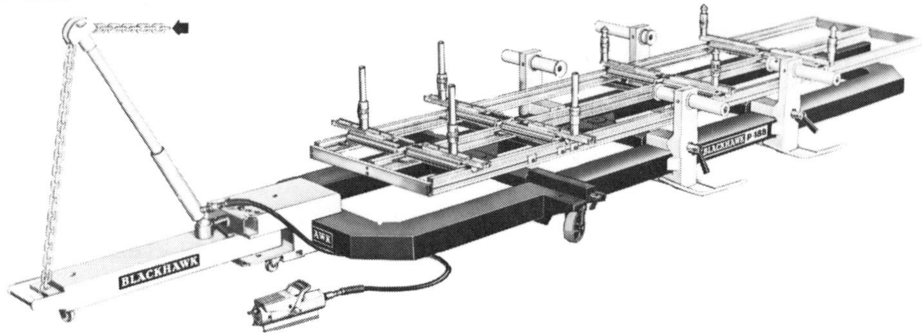

Abb. 6.12: **Der P-188-Meßrahmen auf dem Richtrahmen**

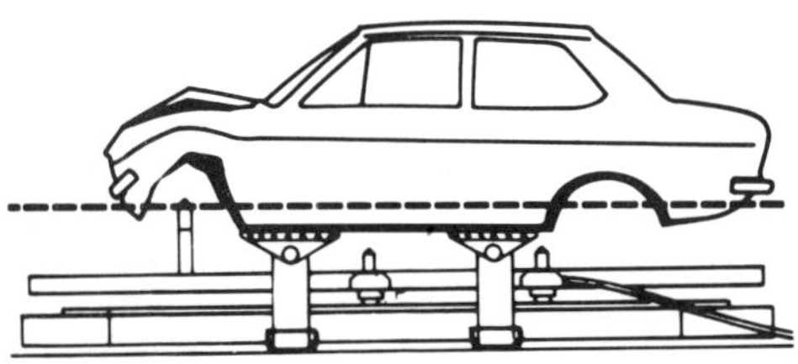

I. Das Auto ist auf einem Richtrahmen festgeklemmt, un der Meßrahmen sitzt auf seinem Platz. Jetzt werden anhand der Datenkarte die richtigen Meßstäbe an den entsprechenden Stellen montiert.

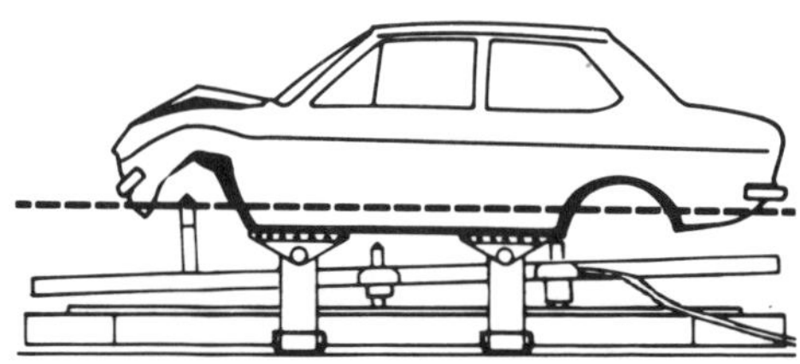

II. Die hinteren Zylinder drücken den Meßrahmen nach oben, bis die Meßstäbe an den Bezugspunkten des Fahrzeuges anliegen.

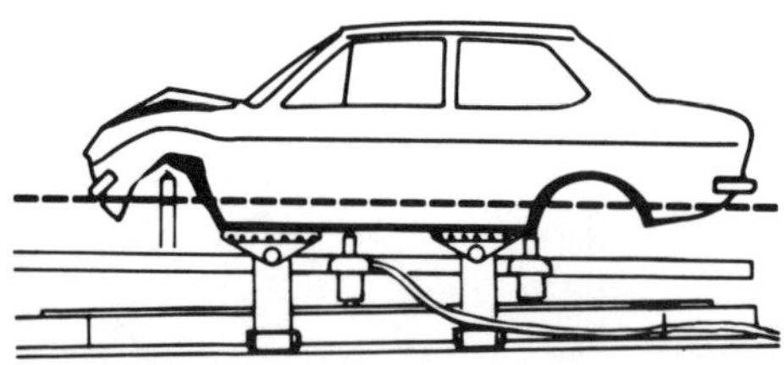

III. Die vorderen Zylinder drücken den Meßrahmen nach oben, bis eine der anderen Meßstabspitzen einen Bezugspunkt berührt. Da die hier abgebildete Karosserie nur an der Vorderseite verformt ist, werden das die mittleren Meßstabspitzen sein. An den vorderen Meßstabspitzen sehen wir die Verformung.
Die Nullstellung ist bei diesem System von der Ebene des Untergrundes und/oder vom Richtrahmen unabhängig. Überdies können wir den Meßrahmen jeweils tiefer stellen und ihn notfalls wegschieben, um so mehr Platz zum Arbeiten zu bekommen.

Abb. 6.12 a: **Der Meßrahmen mit pneumatischen Zylindern**

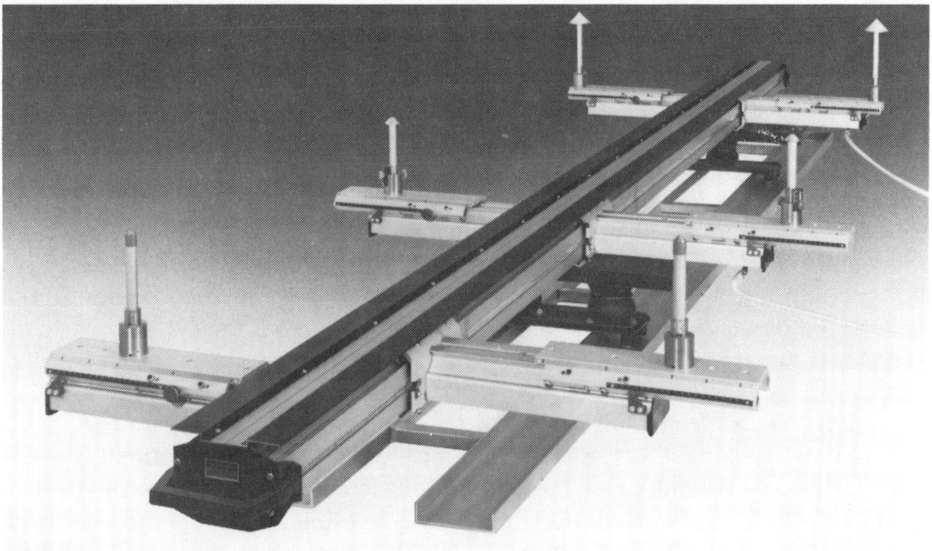

Abb. 6.13 a: **Der P-188-mk2-Meßrahmen mit pneumatischen Zylindern**

Prinzip und Wirkungsweise entsprechen denen des Caroliners. In der Abb. 6.13 sehen wir das neuere Modell P–188 MK 2. Der zentrale Meßbalken ist mit einer Maßandeutung versehen. An ihm entlang bewegen sich sechs Schlitten, auf denen wieder die Meßrohre montiert werden können. Das Besondere dieses Meßrahmens besteht darin, daß vier der sechs Schlitten mit einem pneumatischen Zylinder versehen sind. Auf Befehl drücken diese Zylinder das Meßsystem gegen das Auto, wodurch die richtige Nullstellung gesichert wird.

Abb. 6.13 b: **Ein Meßstab mit Meßspitze, auf einem der Schlitten befestigt.** Die Wahl der verschiedenen Meßstäbe und Hilfsstücke, sowie Position und Stellung der verschiedenen Schlitten sind auf der Datenkarte angegeben.

Nike

Das Dataliner-Meßsystem weicht insofern von anderen Systemen ab, als das Messen mit Hilfe eines Laserstrahls erfolgt, also optisch statt mechanisch. In der Abb. 6.14 sehen wir die Richtbank mit dem umgebenden Meßrahmen. Dieser kann auch gesondert aufgestellt werden.

Ein Laserprojektor ist fest auf der Schiene montiert. Mittels zweier verschiebbarer Prismen können wir den Laserstrahl steuern. Ein Teil des Strahls wird exakt um 90° gebeugt und verläuft dann rechtwinklig unter dem Fahrzeug hindurch. Der andere Teil des Strahls nimmt seinen Weg zum nächsten Prisma.

Unter dem Auto befestigen wir an den Kontrollpunkten durchsichtige Meßskalen. Auf diesen Meßskalen sitzen Schieber, die wir auf die – für das betreffende Auto richtigen – Werte einstellen.

Auf den Meßskalen ist jetzt die Verformung der Karosserie erkennbar, weil der Laserstrahl darauf sichtbar ist. Zu diesem Meßsystem ist auch ein spezieller Meßstab für die McPherson-Vorderradaufhängung lieferbar, an der dann wieder Meßskalen befestigt werden können.

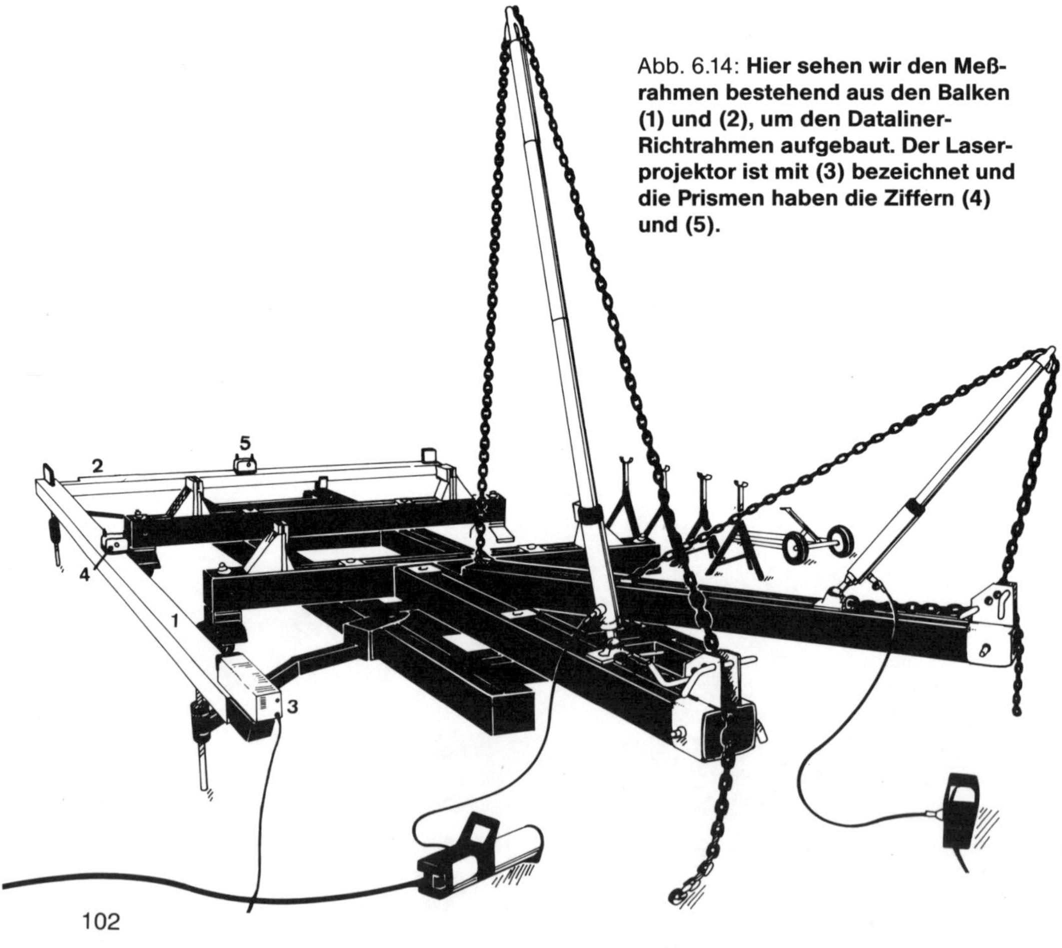

Abb. 6.14: **Hier sehen wir den Meßrahmen bestehend aus den Balken (1) und (2), um den Dataliner-Richtrahmen aufgebaut. Der Laserprojektor ist mit (3) bezeichnet und die Prismen haben die Ziffern (4) und (5).**

6.5 RICHTGERÄTE

Zum Richten verformter Karosserien und Chassis bedarf es besonders großer Kraft. Es versteht sich daher von selbst, daß sich hier vor allem hydraulische Geräte durchgesetzt haben, zumal sich bei ihnen große Kraft mit geringen Abmessungen und Gewichten paart. Wir können folgende Einteilung vornehmen:

1. unabhängige hydraulische Werkzeuge;
2. Richt- oder Ziehbalken;
3. Richtrahmen;
4. Richtsysteme mit Bodenverankerung.

Betrachten wir diese Geräte einmal etwas näher.

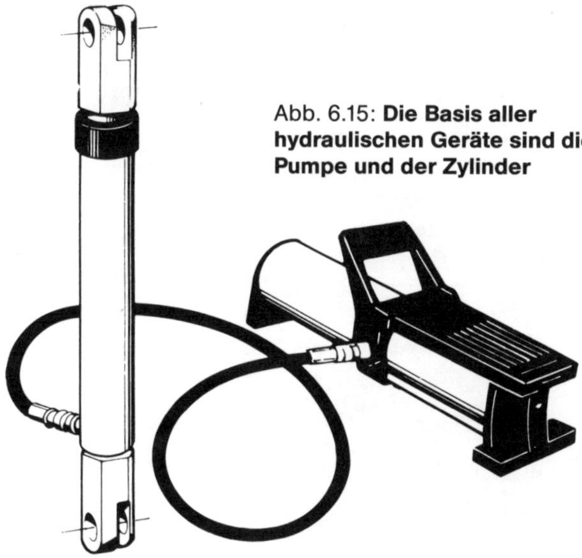

Abb. 6.15: **Die Basis aller hydraulischen Geräte sind die Pumpe und der Zylinder**

1. Unabhängige hydraulische Werkzeuge

Zur Karosseriereparatur bietet der Handel eine große Vielzahl hydraulischer Werkzeuge mit noch mehr Zusatzteilen an.

Im 2. Kapitel wurden bereits einzelne hydraulische Werkzeuge erwähnt (siehe Abb. 2.10 und 2.11). Wir beschränken uns hier auf einige weitere Beispiele (Abb. 6.16).

2. Richt- oder Ziehbalken

Ein fahrbarer Richtbalken (auch Ziehbalken oder Dozer genannt) besteht aus:

1. Dem *Horizontalbalken.* Dieser ist häufig in der Länge verstellbar und bildet die Verbindung zwischen Verankerungsstütze, Schwenkpunkt und hydraulischem Zylinder.

Abb. 6.16: **Zwei Beispiele von Sätzen hydraulischer Werkzeuge**

2. Dem *Vertikalbalken.* Dieser hat verschiedene Nocken, zwischen denen die Kette befestigt werden kann.
3. Der *hydraulischen Presse,* die die Kraft *F* (in Newton) liefert, die multipliziert mit dem senkrechten Abstand *a* zum Schwenkpunkt (im Metern) das Moment *M* ergibt (in Newton-Metern).

Ferner ist der Balken mit einem Befestigungssystem und mit Ketten u. ä. ausgerüstet, um das Auto mit dem Balken zu verbinden.
Eine hand- oder druckluftbetätigte Hydraulikpumpe sorgt für die Energie.

Abb. 6.17: **Hier sehen wir zwei Beispiele von Richtbalken mit Zubehör**

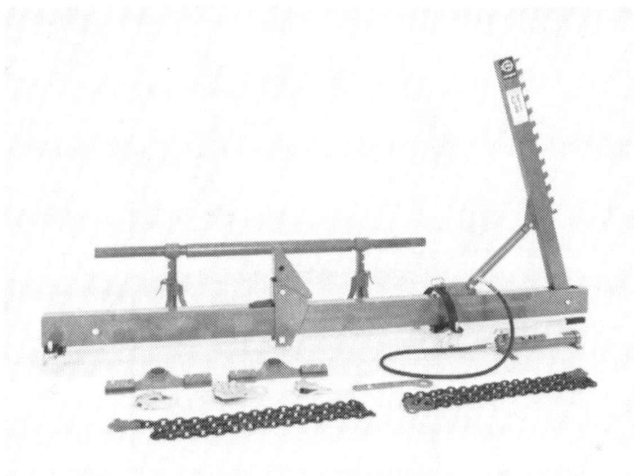

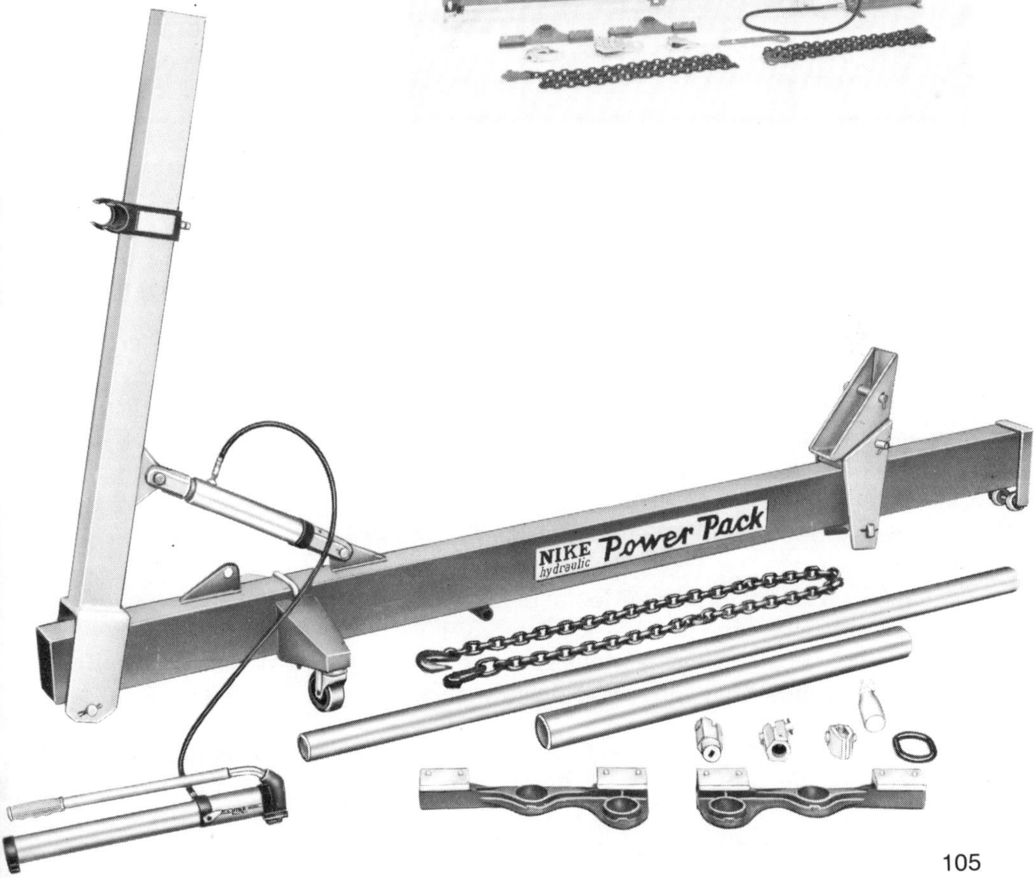

Prinzip

Das Prinzip ist natürlich einfach. Mit Hilfe des Balkens üben wir eine mechanische Kraft auf das Auto aus. Dieses wird sich aufgrund dieser Kraft in deren Richtung bewegen wollen. Damit das nun nicht geschieht, wird die Karosserie am Balken verankert; in der Verankerung treten dann die Reaktionskräfte auf.

Die hydraulischen Pressen können einen enormen Druck liefern, z. B. ‚10 Tonnen' (10 000 kg ~ 100 000 N).

Welche Kraft schließlich in der Kette wirkt, können wir leicht aus der Abb. 6.18 erkennen.

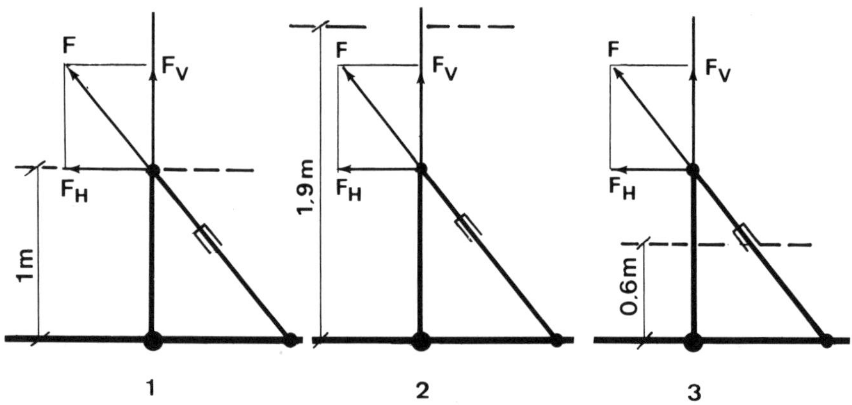

Abb. 6.18: **Schemazeichnungen des Richtbalkens**

Wir sehen die schematische Darstellung eines Richtbalkens in drei Fällen. Die gestrichelte Linie deutet die Kette an.

Die Kraft, die die hydraulische Presse ausübt, bezeichnen wir mit *F*, und dafür nehmen wir einmal 50 000 N an. In diesem Beispiel wird F_v dann ungefähr 30 000 N sein und der für uns wichtige Wert F_H ungefähr *28 750 N.*

Erster Fall: Die Kraft in der Kette ist gleich F_H, also *28 750 N.*

Zweiter Fall: Wir müssen jetzt mit Momenten operieren, um die Kraft zu berechnen. Das Moment im ersten Fall ist F_H x 1 m = 28 750 x 1 = 28 750 Nm.

Im Fall 2 ist der Abstand von der Kette zum Schwerpunkt 1,9 m. Daraus folgt, daß in der Kette folgende Kraft wirkt: M_1 geteilt durch 1,9 m = 28 750 : 1,9 = *15 130 N.*

Dritter Fall: Hier wird in der Kette folgende Kraft wirken: M_1 geteilt durch 0,6 = 28 750 : 0,6 = *47 916 N.*

Der Ordnung halber sei hier davon ausgegangen, daß die Kette stets senkrecht zum Balken steht, so daß wir theoretisch auch hier wieder auflösen müssen. Aber der Wesensgehalt dürfte klar sein:
je kleiner der Abstand zum Schwenkpunkt, desto kleiner der Hub und *desto größer die Kraft;*
je größer der Abstand zum Schwenkpunkt, desto größer der Hub und *desto kleiner die Kraft.*
Daß auch die Stellung des Balkens in Kombination mit der Stelle der Kette zu allerlei Kraftveränderungen führt, geht aus der Abb. 6.19 hervor. In allen Fällen ist F_k (die in der Kette wirkende Kraft) konstant.

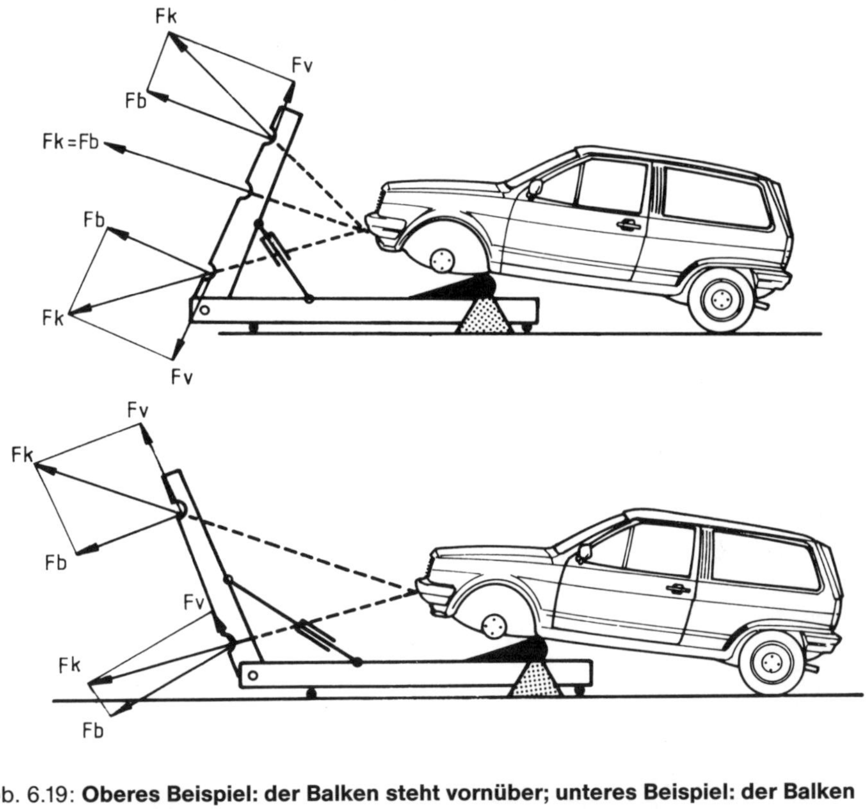

Abb. 6.19: **Oberes Beispiel: der Balken steht vornüber; unteres Beispiel: der Balken steht nach hinten.**
Wir wollen jeweils mit einer gleichen Kraft ziehen (F_k ist die Kraft in der Kette).
Die Längen der Vektoren (Pfeilstriche) bezeichnen die Größen der Kräfte. Wir sehen, daß die Kraft, die der Balken auf die Kette ausüben muß (F_b), jeweils unterschiedlich ist.
F_v ist die Kraft, die die Kette entlang dem Balken bewegen will. Wenn F_v nach oben gerichtet ist, will die Kette nach unten, und umgekehrt.
Deshalb sind auch die Nocken auf oder in dem Balken notwendig. In der mittleren Stellung des oberen Beispiels fällt F_k mit F_b zusammen. F_k steht senkrecht zum Balken.

Es dürfte klar sein, daß die Arbeit mit derartig starken Geräten durchdacht und sorgfältig vonstattengehen muß. Vorsichtig ziehen (oder drücken) und jeweils die Stellung der Kette überwachen. Nur so läßt sich vermeiden, daß man zu weit und/ oder in die falsche Richtung zieht.

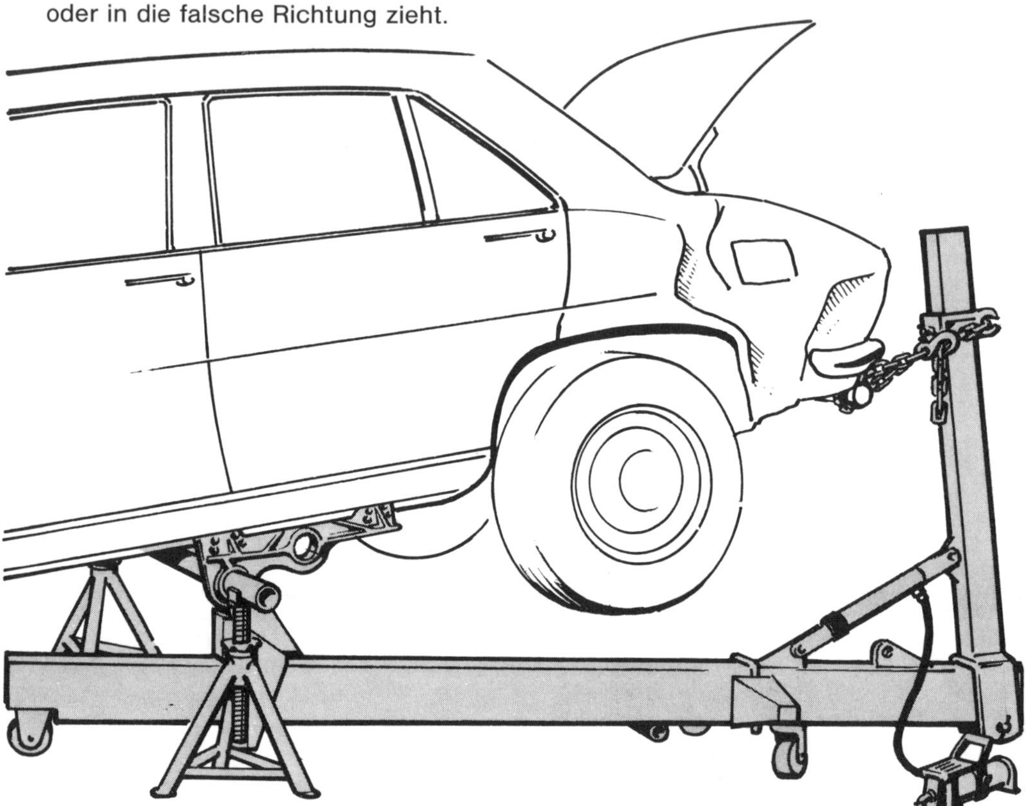

Abb. 6.20: **Verankerung mit Schweißnahtklemmen**

Abb. 6.21: **Verankerung mit Kette**

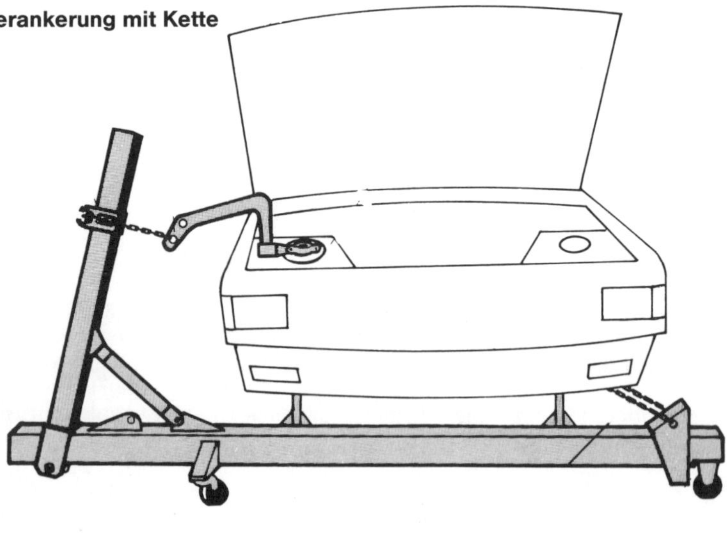

Verankerung
Die Befestigung der Karosserie am Richtbalken mit dem Zweck, die Reaktionskräfte aufzufangen, geschieht im allgemeinen mit Karosserie- oder Schweißnahtklemmen. Es gibt aber auch viele Fälle, in denen das ganz einfach mit einer Kette geschehen kann. Die Abbildungen 6.20 bis 6.24 zeigen einige Beispiele hierzu.

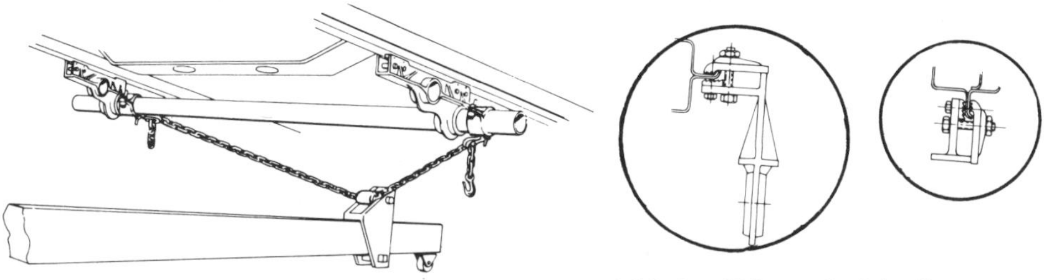

Abb. 6.22: **Das Trägerrohr ist mit Schweißnahtklemmen befestigt. Zugleich ist es mit einer Kette am Balken befestigt.** Links sehen wir eine horizontale Klemme, rechts eine vertikale.

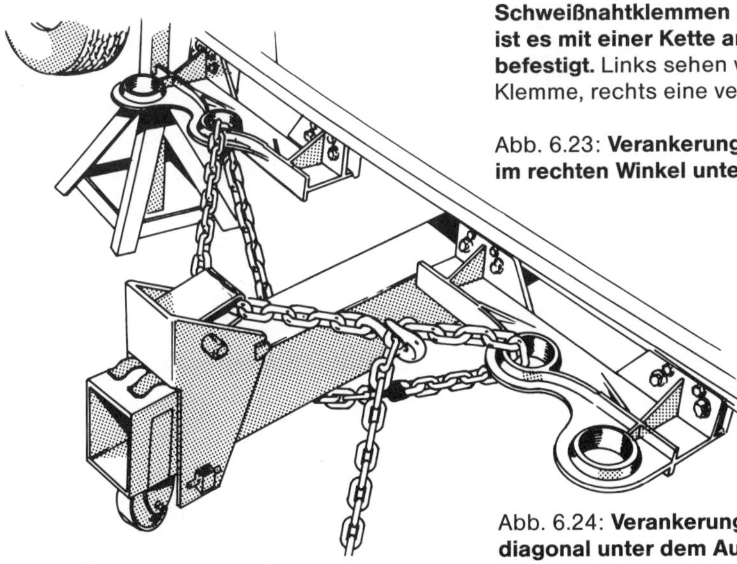

Abb. 6.23: **Verankerung mit dem Balken im rechten Winkel unter dem Auto**

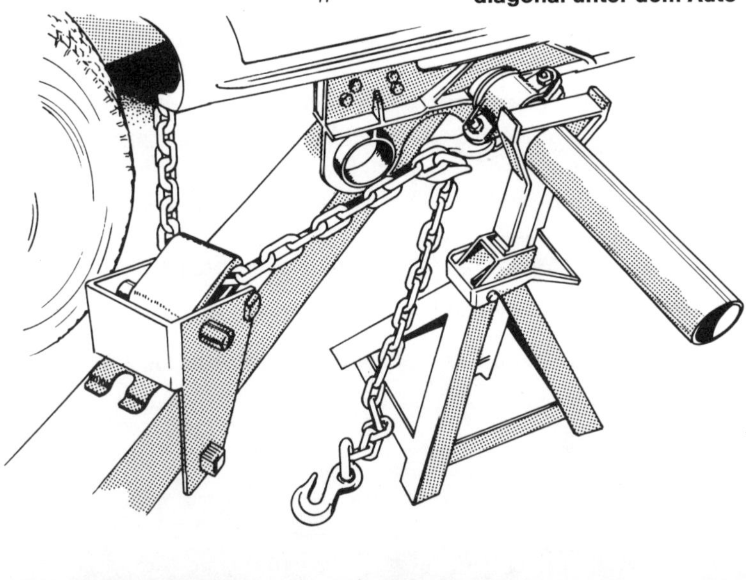

Abb. 6.24: **Verankerung mit dem Balken diagonal unter dem Auto**

3. Richtrahmen

Die fahrbaren Richtrahmen sind aus schweren Stahlprofilen aufgebaut. Darauf wird das Auto verankert, oft auf gleiche Weise, wie das im Voraufgegangenen beschrieben wurde.
Wir sahen solche Rahmen bereits in den Abbildungen 6.10, 6.11, 6.13 und 6.14, nur war dort der Akzent auf Meßgeräte gelegt.

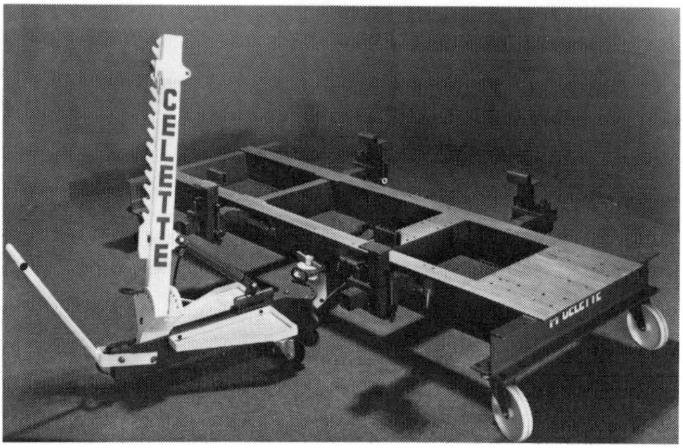

Abb. 6.25 a: **Richtrahmen mit Richtbalken**

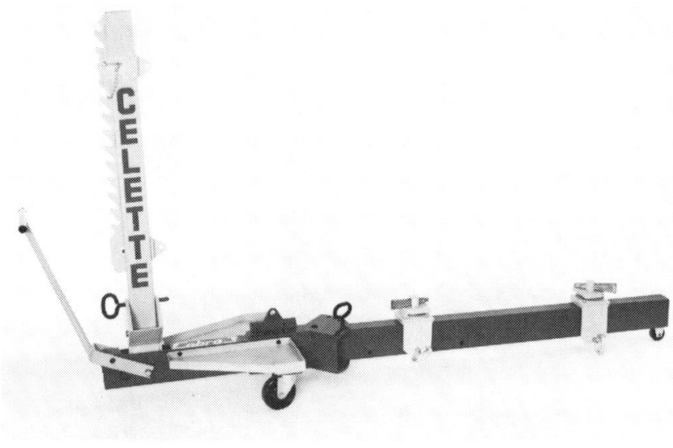

Abb. 6.25 b: **Der Richtbalken der Abb. 6.25 a**

In der Abb. 6.25a sehen wir nun denselben Rahmen, wie in der Abb. 6.10. Wir können die Karosserie hier mit schweren Schweißnahtklemmen verankern. Der Richtbalken der Abb. 6.25b ist hier untergeschoben. Dieser Richtbalken ist sowohl in der Horizontalen als auch in der Vertikalen verstellbar, so daß wir die Kraft in praktisch allen Richtungen wirken lassen können.
Die Abb. 6.25c zeigt eine weitere Möglichkeit: der Rahmen ist mit einer Hebebühne verbunden und somit stationär geworden. Der Richtbalken ist demontierbar und hat daher seine Beweglichkeit nicht eingebüßt.
Denselben Rahmen, wie in der Abb. 6.11, sehen wir in der Abb. 6.26.

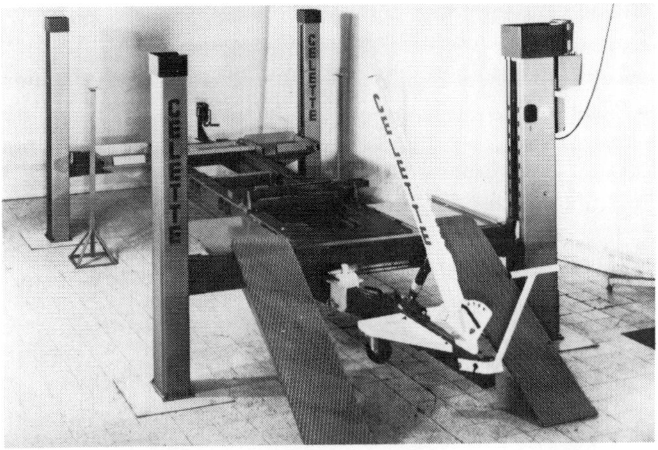

Abb. 6.25 c: **Hier ist der Richtrahmen mit einer Viersäulen-Hebebühne zu einer Einheit zusammengebaut**

Abb. 6.25 d: **Der Autorobot III. Mit dieser Richtbank lassen sich von nahezu allen Richtungen aus Zugkräfte auf die Karosserie ausüben**

Abb. 6.26: **Fahrbarer Richtrahmen mit angebautem Richtbalken**

Der fahrbare Rahmen steht hier auf Stahlstützen. Auch hier sehen wir schwere Verankerungsklemmen. Den hydraulischen Richtbalken können wir an jeder gewünschten Stelle am Rahmen befestigen, und der Umstand, daß er dreh- und schwenkbar ist, macht es möglich, die Kraft in jeder gewünschten Richtung wirken zu lassen.
Die Abb. 6.14 zeigt deutlich den Grundrahmen mit den beiden quer daraufliegenden »Transportbalken«, die stufenlos verstellbar sind. Auch hier sehen wir wieder Schweißnahtklemmen. Die hier gezeichneten Ziehbalken sind ebenfalls stufenlos verstellbar und können an allen möglichen Stellen montiert werden.

Abb. 6.27: **Dieser stationäre Richtrahmen dient der Reparatur von Lkw-Fahrgestellen**

4. Richtsysteme mit Bodenverankerung

Wir können die Verankerung unterteilen in:

a) Bodenverankerung;
b) Rahmenverankerung.

a) Richtsystem mit Bodenanker (MITEK)

Zunächst kommt es einmal darauf an, das Fahrzeug festzusetzen. Dies kann auf die bereits bekannte Weise durch Schweißnahtklemmen auf einem Stützrohr geschehen. Das Stützrohr wird dann mit Ketten an den Bodenankern befestigt. Das Spannen der Ketten wird durch Keile erleichtert (siehe Abb. 6.30).

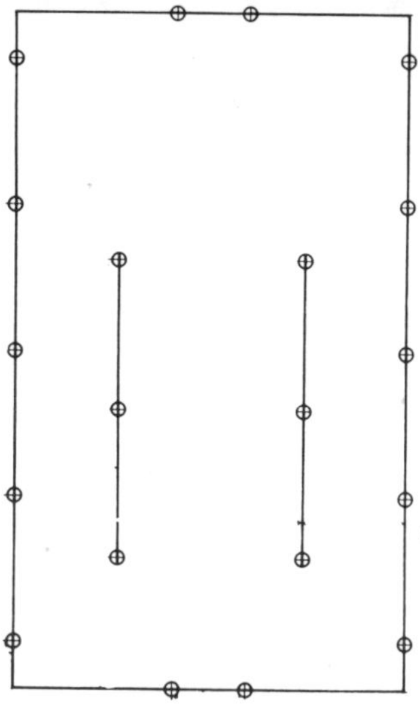

Abb. 6.28: **Dies ist eine Standardaufstellung von hier zwanzig Bodenankern.**

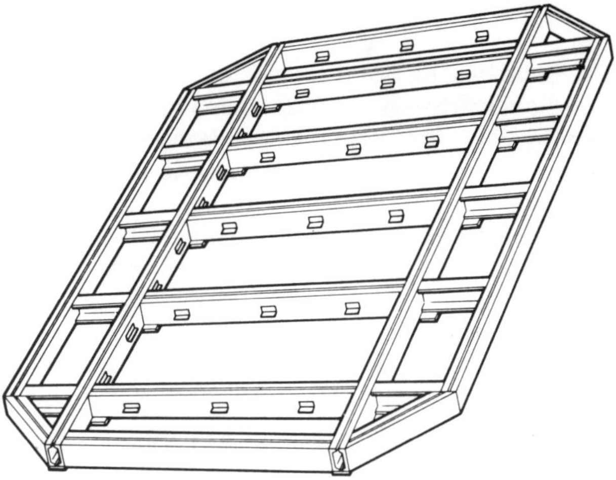

Abb. 6.29: **Ein Verankerungsrahmen, der auf einem Betonboden befestigt wird.**

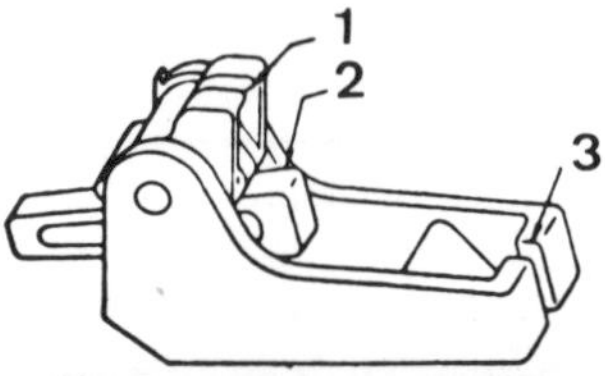

Abb. 6.30: **Kettenklemme.**
1. Kettenschlitz
2. Keil
3. Schlitz für die Kette des Bodenankers.

Abb. 6.31: **Beispiel zur Aufstellung von Richtgeräten mit Bodenverankerung. Mit der linken Presse wird gedrückt, mit der rechten gezogen.**

Das hydraulische Werkzeug besteht aus einer Presse, die mit einem Kugelgelenk an einem fahrbaren »Chassis« befestigt ist. Dieses Chassis kann an verschiedenen Stellen mittels Ketten an den Bodenankern befestigt werden. Natürlich kann man auch mit ein paar Pressen gleichzeitig arbeiten. Die Abb. 6.31 zeigt dazu ein Beispiel.
Die rechte Presse zieht, die linke drückt. Dieses Drücken geschieht auf folgende Weise: wir verlängern den Zylinder mit einem Verlängerungsrohr auf die gewünschte Höhe. Das Rohr endet mit einer Gelenkverbindung, die durch eine Kette mit dem Chassis verbunden ist. Das Chassis ist am Boden verankert. Wenn jetzt der Zylinder verlängert wird, wird die Gelenkverbindung sich nach oben bewegen wollen, aber da sie durch die Kette festgehalten wird, bewegt sie sich nach rechts.

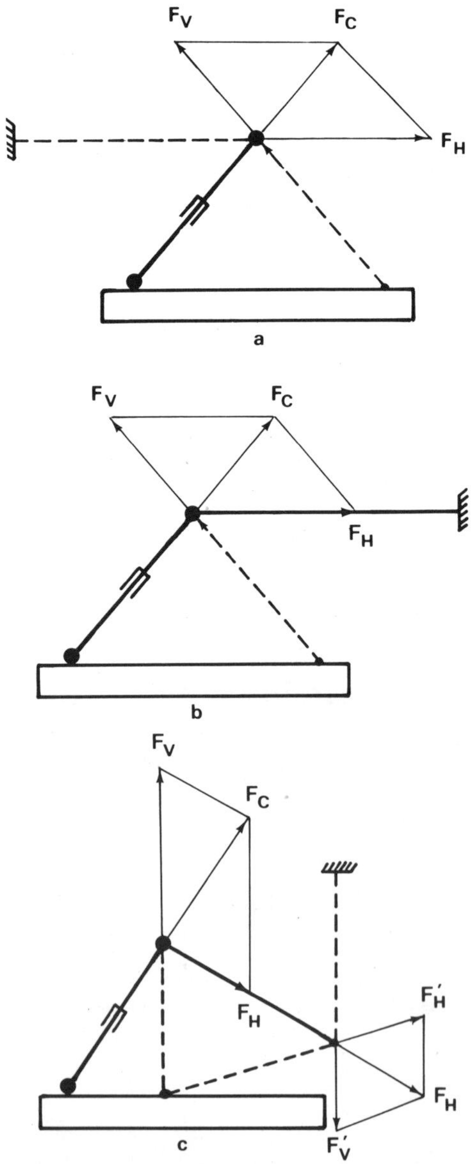

Abb. 6.32: **Drei Aufstellungs-Beispiele.** Die wirkenden Kräfte sind durch Vektoren (Pfeilstriche) angezeigt; die Länge des Vektors entspricht der Größe der Kraft. F_c ist die Kraft, mit der die hydraulische Presse drückt = 10 000 N (1 000 kgf).

Fall a: Ziehen
Wir gliedern F_c in den Richtungen der Kette. F_v ist die Kraft, mit der die Kette an der Presse zieht, und sie beträgt etwa 9 000 N. F_h ist die beabsichtigte Kraft: die Zugkraft an der Karosserie beträgt ungefähr 12 000 N.

Fall b: Drücken
Wir gliedern F_c in die Richtungen des Stabs und der Kette. F_v ist ungefähr 11 500 N, und damit ziehen wir an der Presse. F_h ist die beabsichtigte Kraft, die gegen die Karosserie drückt (~ 13 000 N).

Fall c: Nach unten ziehen
Wir gliedern F_c in die Richtungen des Stabs und der Kette. Die Kette zieht mit F_v ~ 12 000 N an der Presse. F_h ist die Kraft, mit der der Stab gegen den Eckpunkt der Kette drückt, und sie ist ~ 7 000 N). Wir verschieben F_h entlang der Arbeitslinie zum Eckpunkt und gliedern es anschließend in F_h' und F_v'. F_h' ist die Kraft, mit der die Kette an der Presse zieht (~ 6 000 N). F_v' ist die beabsichtigte Kraft, mit der wir die Karosserie nach unten ziehen, sie beträgt ungefähr 6 500 N.

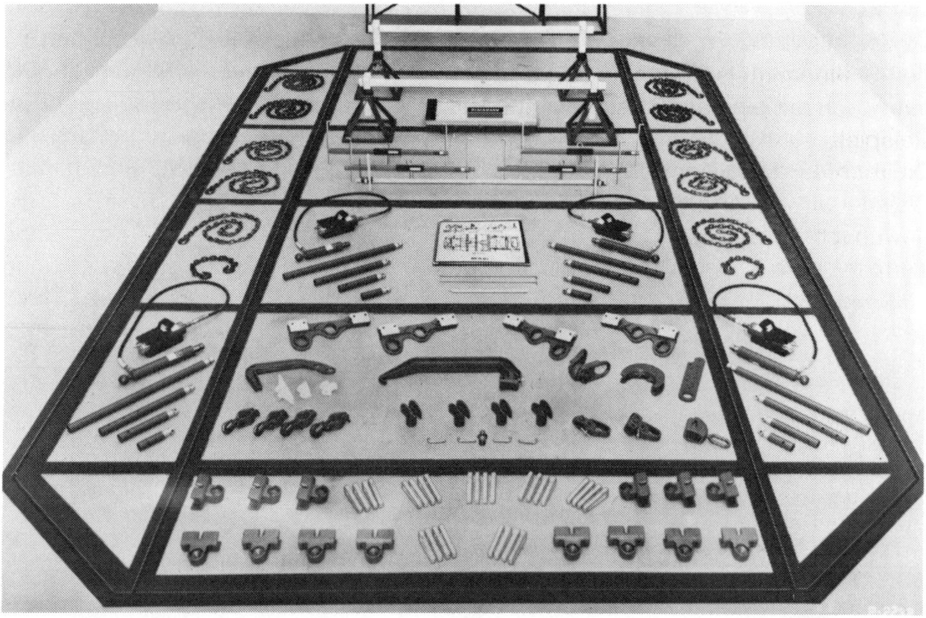

Abb. 6.33: **Verankerungsrahmen mit einem umfangreichen Satz von Hilfsmitteln.**

Abb. 6.34: **Hier sehen wir ein beschädigtes Auto, das stabil verankert ist. Mit einem Zylinder wird gezogen. Unter dem Auto der Meßrahmen.**

b) Richtsystem mit Rahmenverankerung (KOREK)
Der Verankerungsrahmen ist auf dem Boden befestigt. Alle Hilfsstücke können mit speziellen Gleiteinsätzen in den Schienen des Rahmens verankert werden. Die hydraulischen Zylinder haben einen kugelförmigen Fuß, so daß sie in alle Richtungen eingestellt werden können. Je nach der Art und Schwere des Schadens, und damit vom benötigten Raum und von den erforderlichen Hilfsmitteln, können mehrere Fahrzeuge gleichzeitig repariert werden.

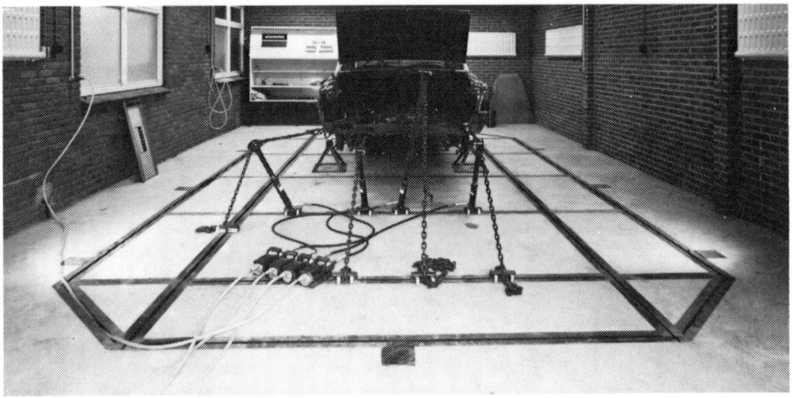

Abb. 6.35: **Hier sieht man, wie mit verschiedenen Zylindern gleichzeitig gearbeitet werden kann. Die hydraulischen Pumpen werden pneumatisch betätigt.**

6.6 GRUNDLAGEN DER LENKGEOMETRIE UND DEREN ANWENDUNGEN UND EINFLÜSSE AUF DIE FAHREIGENSCHAFTEN

Spurbreite und Radstand

Es gibt zwei grundlegende Maße, die einer Erläuterung bedürfen, und zwar: die *Spurbreite* ist der Breitenabstand der Räder einer Achse, der vom einen Radmittelpunkt zum anderen gemessen wird, sowie den *Radstand,* auch als Achs-

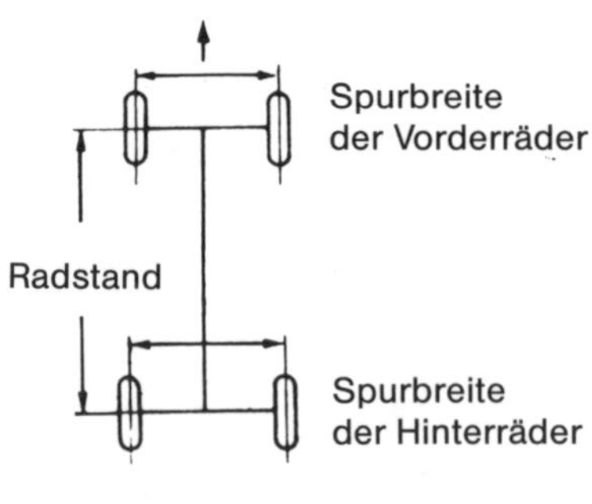

Abb. 6.36: **Spurbreite und Radstand**

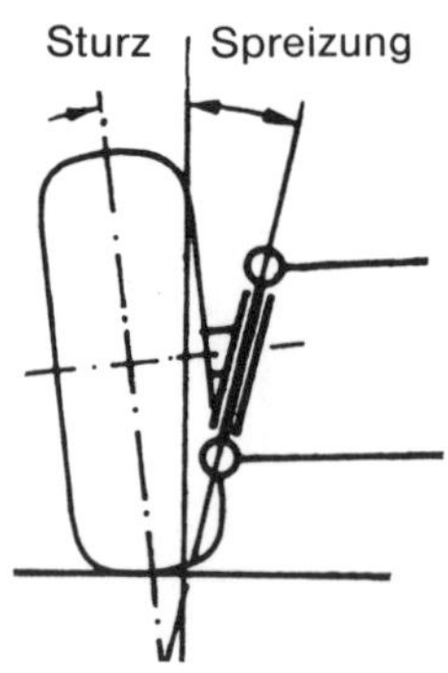

Abb. 6.37: **Sturz und Spreizung**

stand bezeichnet, mit dem der Abstand von Vorder- und Hinterachse, jeweils in der Achsmitte gemessen, bezeichnet wird (Abb. 6.36 und 6.37).

Sturz

Unter Sturz versteht man die Neigung eines Rades zur Seite oder anders gesagt: den Winkel zwischen der Radebene und der Senkrechten zur Straßenebene (Abb. 6.37, 6.47, 6.48 und 6.49).

Bei einem positiven Sturz steht das Rad an der Oberseite weiter nach außen als unten, bei einem negativen Sturz steht es oben weiter nach innen als unten (Abb. 6.38). Ist der Sturz eines Rades ±0°, dann steht das Rad genau senkrecht auf der Straße (Abb. 6.39).

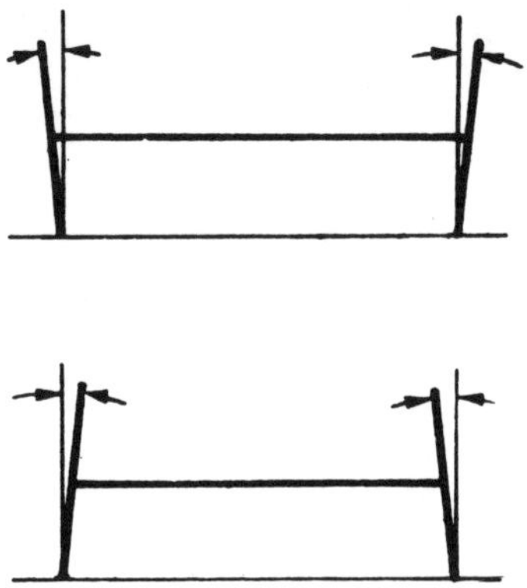

Abb. 6.38: **Achse mit positivem (oben) und mit negativem (unten) Sturz**

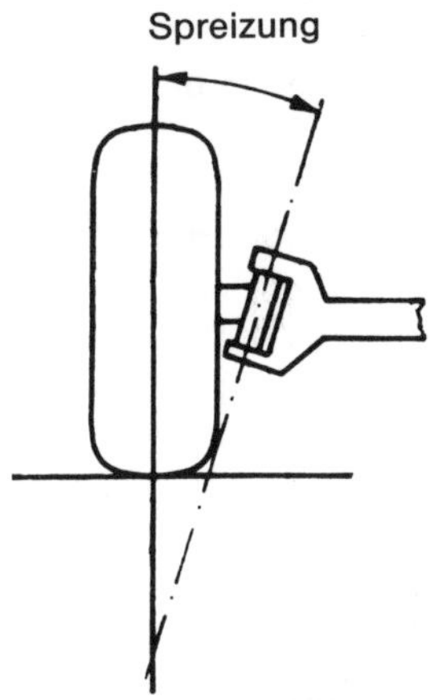

Abb. 6.39: **Vorderrad mit Sturz ±0°.** Das Rad steht senkrecht zur Fahrbahn

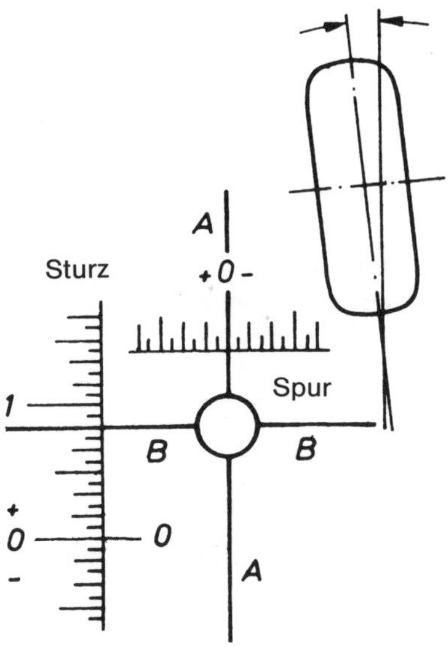

Abb. 6.40: **Messen des Sturzes vorn.** Das Rad wird in Geradeausstellung gebracht, so daß die Senkrechte (A) des Linienkreuzes durch den Nullpunkt der horizontalen Spurskala verläuft. Die waagerechte Linie (B) des Kreuzes zeigt dann auf der Sturzskala den gesuchten Wert an. In diesem Fall ist der Sturz +50′.

Der Sturz wird in Grad gemessen. Ob das Vermessen bei belastetem oder unbelastetem Fahrzeug erfolgen muß, hängt von den Vorschriften des Herstellers ab. Zum richtigen Ablesen des Wertes muß das betreffende Rad zunächst in Geradeaus-Stellung gebracht werden (Abb. 6.40).
Normalerweise liegt der Wert des Sturzes zwischen $\pm 0°$ und $+3°$. Die Vorderräder von Personenwagen haben in der Regel einen Sturz, der leicht positiv oder null ist, aber in einzelnen Fällen ist auch ein negativer Wert vorgeschrieben. Hinterräder, die durch eine starre Achse miteinander verbunden sind, haben im allgemeinen einen Sturz von null. Bei Einzelradaufhängung der Hinterräder mit Schräglenkern kommt auch ein negativer Sturz vor, bei der Ausführung mit Pendelachsen ein geringer positiver oder negativer Sturz.
Moderne Formel-1-Rennwagen haben im Zusammenhang mit den besonders breiten Reifen sowohl vorn als auch hinten einen Sturz von null. Früher war das anders: damals mußten alle Räder einen negativen Sturz haben.

Effekt des Sturzes
Bei positivem Sturz wird das Rad beim Fahren gegen das innere Lager gedrückt. Das Außenlager und die Achsmutter werden dadurch entlastet. Ferner führt der nach innen gerichtete Druck auf das Rad zu einer geringeren Neigung zum Flattern (Abb. 6.41). Eine weitere Folge des positiven Sturzes ist es, daß die Räder kegelförmig abrollen, was dazu führt, daß sie – in Fahrtrichtung vorn – ein wenig auseinanderstreben (Abb. 6.42).

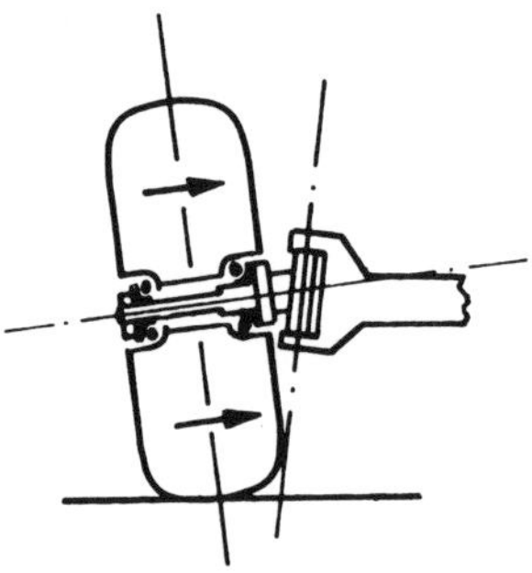

Abb. 6.41: **Effekt eines positiven Sturzes.** Das Rad wird während der Fahrt in Pfeilrichtung gegen das innere Lager gedrückt.

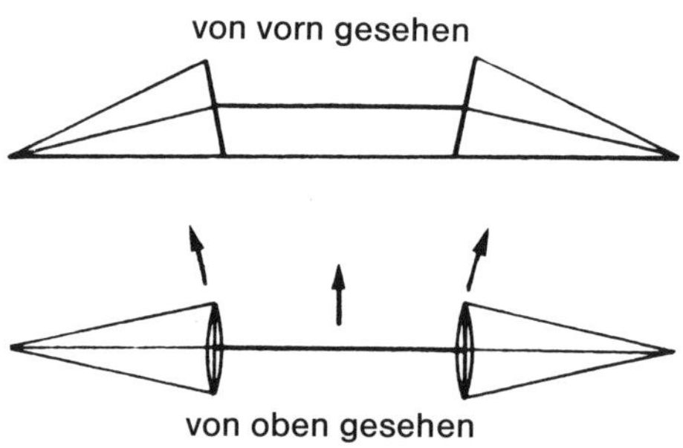

Abb. 6.42: **Kegelförmige Abrollkörper von Rädern mit großem positivem Sturz.** Sie streben an der Vorderseite in Fahrtrichtung auseinander.

Als allgemeine Regel läßt sich sagen:
Vorderräder mit einem starken positiven Sturz haben auch eine große Vorspur. Der Effekt des kegelförmigen Abrollens der Räder ist dem der großen Vorspur genau entgegengesetzt, wodurch sie beim Geradeausfahren parallel zueinander

stehen. Vorderräder mit einem geringen oder gar auf null gebrachten Sturz haben dementsprechend eine geringe oder gar keine Vorspur. Der negative Sturz führt zu einer größeren, nach innen gerichteten, Reaktionskraft, die beim schnellen Kurvenfahren den Vorteil hat, daß der Zentrifugalkraft am Radäußern entgegengewirkt wird.

Änderungen des Sturzes

Wir beschreiben hier drei Methoden, durch die wir – je nach der Konstruktion – den Sturz ändern (verstellen) können:

1. Mit Hilfe von Exzenterbolzen in den Querlenkern. Die Abb. 6.43 zeigt dies in schematischer Darstellung. Es kann auch vorkommen, daß der Achsschenkel mit Kugelgelenken in zwei Querträgerarmen aufgehängt ist.
   Hier können wir den Sturz nur in Kombination mit dem Nachlauf (darüber später mehr) verstellen. Dies ist in der Abb. 6.44 gezeigt. Wir müssen dann mit dem vorderen Exzenter (V) einen Zwischenwert für den Sturz einstellen. Anschließend richten wir mit dem hinteren Exzenter (A) aus, bis der gewünschte Sturz erreicht ist; der Nachlauf kommt dann automatisch auf den richtigen Wert.
2. Mittels exzentrisch verstellbarer Kugelgelenke. Dies wird in der Abb. 6.45 verdeutlicht.

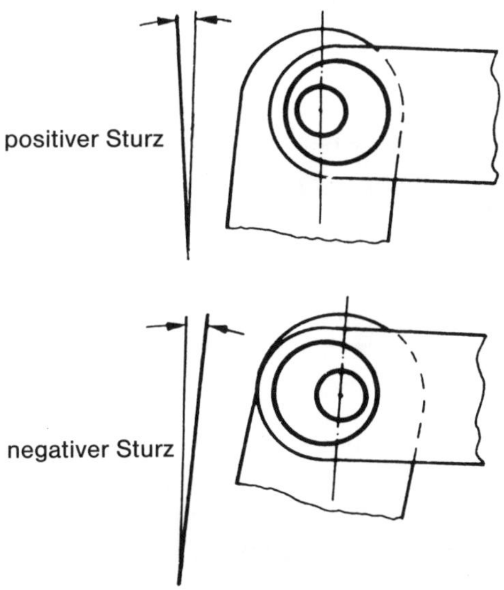

Abb. 6.43: **Veränderung des Sturzes mit Hilfe eines Exzenterbolzens im oberen Lager der oberen Radaufhängung.**

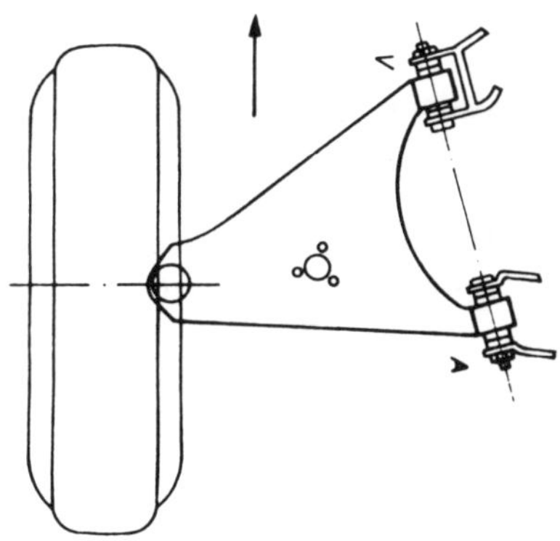

Abb. 6.44: **Lagerung der unteren Radaufhängung bei einer Mercedes-Benz-Aufhängung mit zwei exzentrischen Schwenkpunkten.**
V = vorderer Exzenter, A = hinterer Exzenter (Beschreibung im Text).

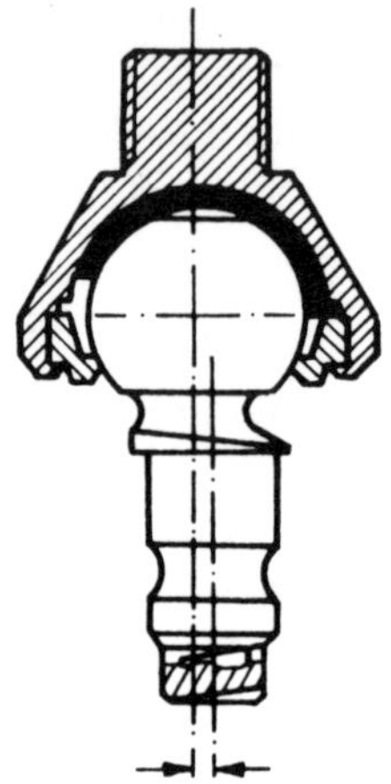

Abb. 6.45: **Vorderradaufhängung mit Kugelgelenken.**
Der Sturz wird eingestellt, indem der Exzenterbolzen im Achsschenkel verdreht wird.

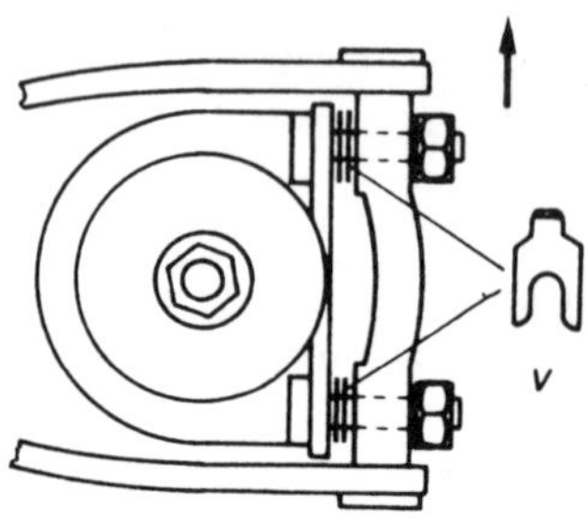

Abb. 6.46: **Einstellung von Sturz und Nachlauf.**
Der Sturz wird nachgestellt, indem gabelförmige Einschiebbleche (V) zwischengeschoben oder herausgenommen werden (beiderseits gleichmäßig viele). Der Nachlauf wird eingestellt, indem die Anzahl der Bleche unter der einen Befestigungsschraube vermindert und unter der anderen vergrößert wird. Wiedergegeben sind hier die Schwenkpunkte des oberen Trägerarms.

3. Sturzeinstellung an Querträgerarmen unten und oben: mit Hilfe von U-förmigen Einschiebblechen, in der Regel am inneren Gelenkbolzen des oberen Querträgerarms angebracht (Abb. 6.46). Von diesen müssen wir dann eines oder mehrere entfernen bzw. hinzufügen. Beim Einstellen des Sturzes ist zu berücksichtigen, daß sich dadurch automatisch auch die Spreizung ändert.

Wichtig: nach jeder Änderung des Sturzes ist die (gesamte) Spur zu überprüfen, weil auch diese im allgemeinen durch eine Änderung des Sturzes beeinfluß wird.

Spreizung

Diese ist der Winkel zwischen dem Achsschenkelbolzen (bzw. der Schwenkachse des Rades und der Ebene der Fahrbahn, und zwar gemessen in einer Ebene, die senkrecht zur Fahrtrichtung steht (Abb. 6.37). Hier wird die Spreizung also als der Winkel zwischen der gedachten Geraden durch beide Kugelgelenke und der Senkrechten zur Fahrbahn definiert (Abb. 6.47). Bei McPherson-Federbeinen ist die Spreizung der Winkel zwischen der gedachten Geraden durch das Kugelgelenk am Ende des Radführungsarms unten und dem festen Schwenkpunkt des Rades einerseits und der Senkrechten zur Fahrebene andererseits (Abb. 6.48). Ebenso wie der Sturz, wird auch die Spreizung in Grad angegeben. In allen Fällen wird ein nach innen gerichteter Winkel als positiv bezeichnet.
Gängige Werte sind 5° bis 8°. Bei Automobilen mit Vorderradantrieb liegt der Wert

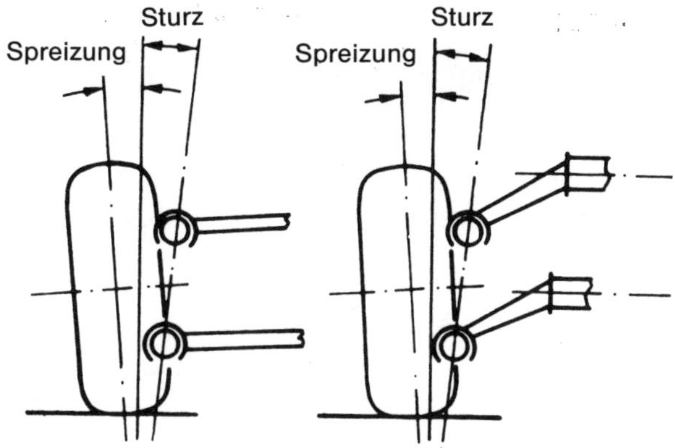

Abb. 6.47: **Sturz und Spreizung bei einer Radaufhängung mittels zweier Kugelgelenke**

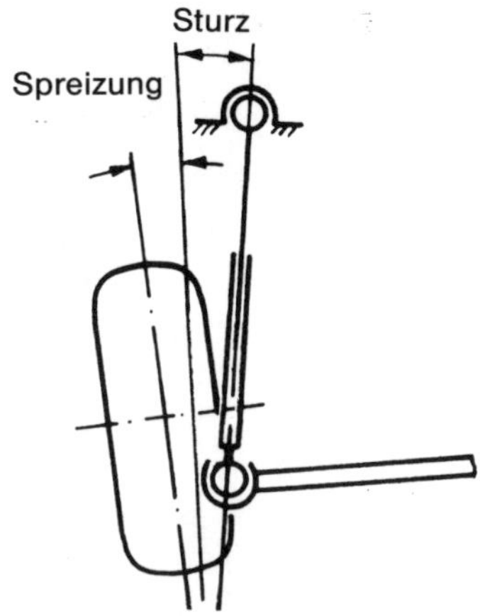

Abb. 6.48: **Sturz und Spreizung bei einer Radaufhängung mittels Mc-Pherson-Federung**

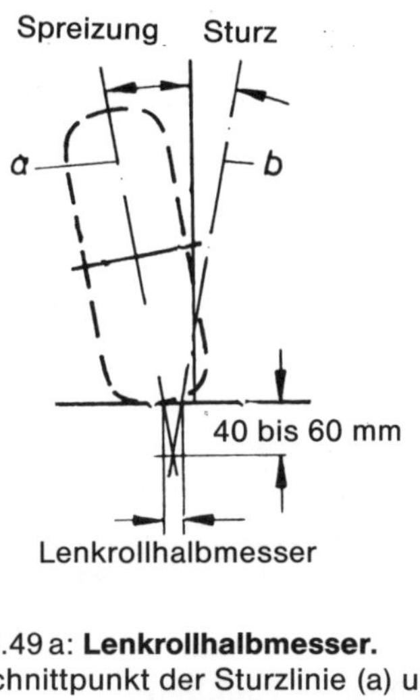

Abb. 6.49 a: **Lenkrollhalbmesser.**
Der Schnittpunkt der Sturzlinie (a) und der Achse durch den Achsschenkelbolzen (b) liegt 40 bis 60 mm unterhalb der Fahrbahn.

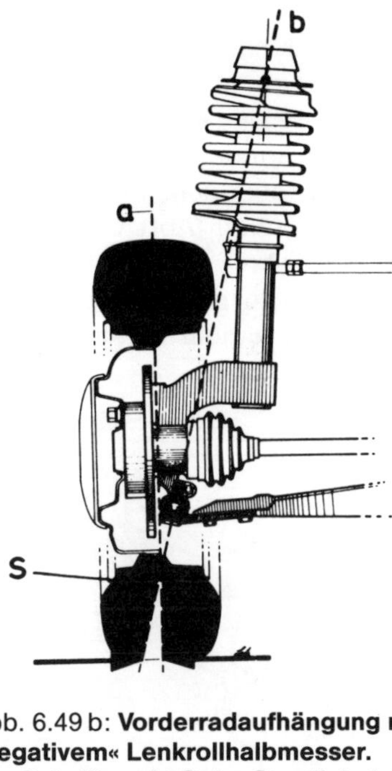

Abb. 6.49 b: **Vorderradaufhängung mit »negativem« Lenkrollhalbmesser.**
Der Schnittpunkt S der Sturzlinie (a) und der gedachten Geraden durch die beiden Schwenkpunkte (b) liegt oberhalb der Fahrbahn.

häufig über 8°, weil diese im allgemeinen nur einen geringen oder gar keinen Nachlauf haben.
Sturz und Spreizung werden von den Fahrzeugkonstrukteuren im allgemeinen so gewählt, daß der Schnittpunkt der Sturzgeraden und der Schwenkachse ein wenig unterhalb der Fahrbahn liegt (Abb. 6.49a). Auf diese Weise kommt es zu einer gewissen Hebelwirkung, die Stöße infolge von Unebenheiten in der Fahrbahn dämpft. Der Hebelarm wird hierbei durch den sog. Lenkrollhalbmesser gebildet, das ist der Abstand zwischen dem Schnittpunkt der beiden schrägen Geraden (a und b in der Abb. 6.49a) mit der Fahrbahn.
Aber auch ein »negativer« Lenkrollhalbmesser kommt vor. Dieser tritt auf, wenn der Schnittpunkt der Sturzgeraden und der Schwenkachse oberhalb der Fahrbahn liegt (Abb. 6.49b).

Effekt der Spreizung

1. Durch die Kombination von Sturz und Lenkrollhalbmesser wird der Wagen bei einem Ausschlag der Vorderräder vorn leicht angehoben. Das hat zur Folge, daß das Lenkrad nach einer Kurvenfahrt »von sich aus«, nämlich durch das Fahrzeuggewicht, das auf die Vorderräder drückt, wieder in die Geradeausstellung zurückkehren will (die Hebelwirkung drückt die Räder wieder in die Geradeausstellung).
2. Die Fahrwiderstände greifen am Lenkrollhalbmesser an, der gegenüber der Fahrbahn einen kurzen Hebel bildet. Die Räder werden nicht nur nach hinten gedrückt, sondern das Spiel wird auch in den Spurstangengelenken auf diese Weise aufgehoben. Die Neigung zum Flattern wird hierdurch weitgehend zurückgedrängt (Abb. 6.50).
   Die Werte von Spur, Sturz, Spreizung und Lenkrollhalbmesser sind vom Fahrzeughersteller so gewählt, daß die Vorderräder beim Geradeausfahren im Verhältnis zueinander parallel abrollen.

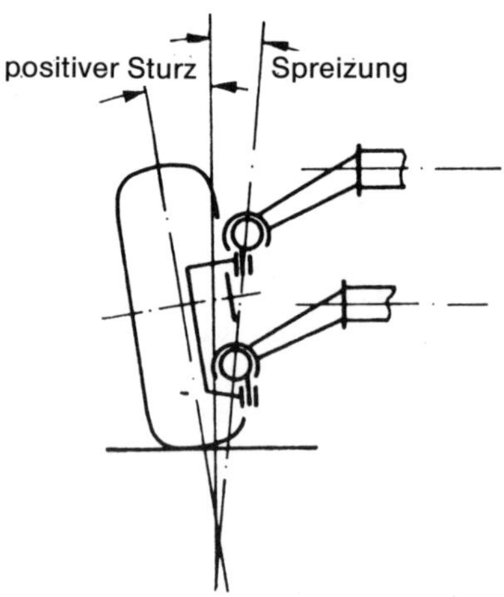

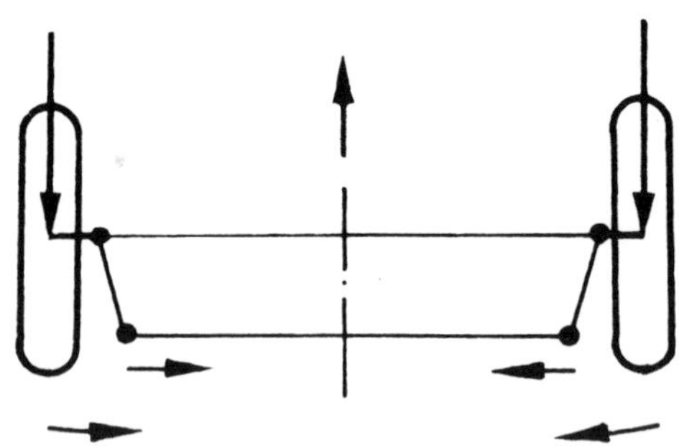

Abb. 6.50: **Effekt der Spreizung**
(siehe Text)

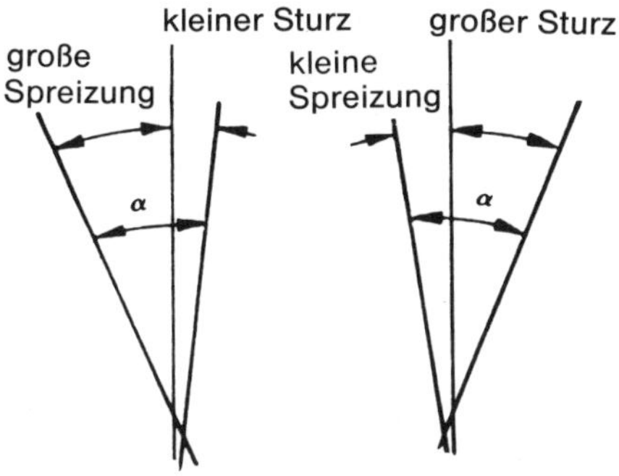

Abb. 6.51: **Zusammenhang zwischen Spreizung und Sturz.**
Der Gesamtwinkel α bleibt unverändert (siehe Text)

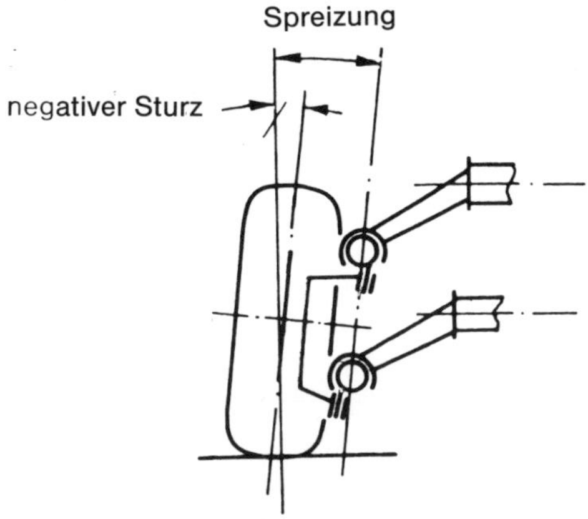

Abb. 6.52: **Bei dieser* Vorderradaufhängung mit zwei Kugelgelenken bleibt die Spreizung beim Einstellen des Sturzes unverändert.**

**Aufgepaßt!* Im Gegensatz zur gezeichneten Situation muß man den Sturz ausschließlich am oberen Gelenk einstellen und nicht am unteren. Sonst würde nämlich der Nachlauf einer spürbaren Veränderung unterzogen.

Sturz und Spreizung sind voneinander abhängig. Eine Änderung des Sturzes führt automatisch zu einer Veränderung der Spreizung (Abb. 6.51). Ein positiverer Sturz verkleinert die Spreizung, ein weniger positiver Sturz oder der Übergang zum negativen Sturz erbringt eine Zunahme der Spreizung.

Faustregel: Stimmt der Sturz, dann stimmt auch die Spreizung.
Ist der Sturz falsch eingestellt, dann ist auch die Spreizung falsch.
Eine Ausnahme bilden hier die Radaufhängungen mittels zweier Kugelgelenke. Bei der Sturzeinstellung ändert sich in diesem Fall der Winkel durch die Mitte der beiden Kugelschwenkpunkte im Verhältnis zur Senkrechten zur Fahrbahn nicht, so daß die Spreizung stets gleich bleibt (Abb. 6.52). Bei diesen Fahrzeugen erweist sich das Messen der Spreizung beim Vermessen der Lenkung deshalb als nützlich.

Nachlauf

Unter Nachlauf versteht man den Winkel zwischen dem Achsschenkelbolzen und der Senkrechten zur Fahrbahn, und zwar von der Seite gesehen. Der Wert wird als positiv bezeichnet, wenn der Achsschenkelbolzen an der Oberseite nach hinten geneigt ist (Abb. 6.53). Bei der Radaufhängung mittels zweier Kugelgelenke ist der Nachlauf definiert als der Winkel zwischen der Geraden durch die beiden Gelenke und der Senkrechten zur Fahrbahn (Abb. 6.54). Bei einer Aufhängung mit Hilfe von

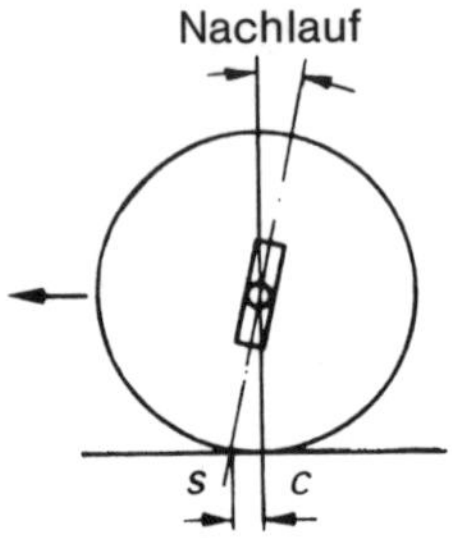

Abb. 6.53: **Nachlaufwinkel**

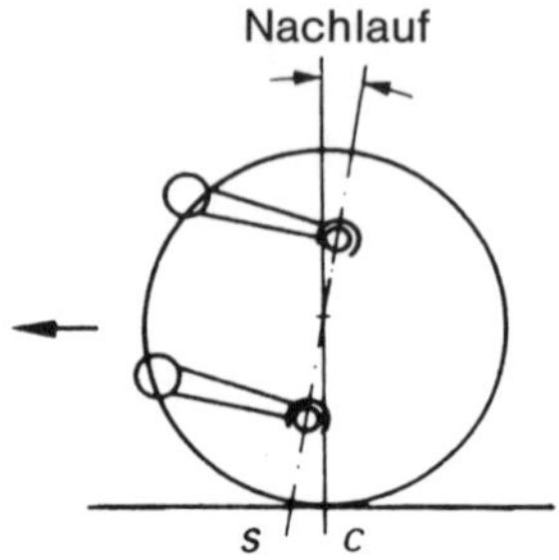

Abb. 6.54: **Nachlaufwinkel bei einer Vorderradaufhängung mit zwei Kugelgelenken**

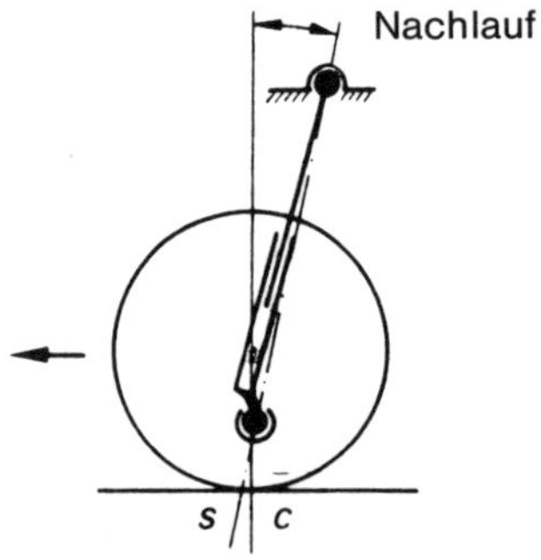

Abb. 6.55: **Nachlaufwinkel bei einer Vorderradaufhängung mit McPherson-Federung**

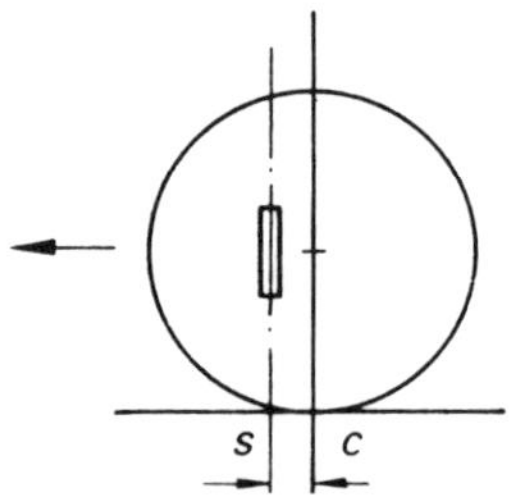

Abb. 6.56: **Nachlauf, weil der Achsschenkelbolzen *vor* dem Achsschenkel liegt**

McPherson-Federelementen handelt es sich um den Winkel zwischen der Geraden durch das untere Kugelgelenk und dem oberen Stützlager und der Senkrechten zur Fahrbahn (Abb. 6.55). Wir bezeichnen den Nachlauf stets als positiv, wenn die Gerade oben nach hinten zeigt.

Messen des Nachlaufs (Abb. 6.53 bis 6.56)

Das Zentrum der Kontaktfläche Reifen/Fahrbahn (c in der Abb. 6.56) liegt, in Fahrtrichtung gesehen, hinter dem Schnittpunkt der Geraden zwischen dem Achsschenkelbolzen und der Fahrbahn (s in der Abb. 6.56). In der Regel erreicht man diesen Effekt, indem man den Achsschenkelbolzen ein wenig nach hinten neigt, aber eine weitere Möglichkeit besteht darin, die Konstruktion so auszuführen, daß der Achsschenkelbolzen vor dem Achsschenkel selbst liegt. Ein Beispiel hierzu zeigt die Abb. 6.56.

Wenn der Achsschenkelbolzen an der Oberseite nach vorn geneigt ist, hat das Rad einen negativen Nachlauf; in dem Fall handelt es sich eigentlich nicht um einen »Nachlauf«, sondern um »Vorlauf«. Üblich ist das nicht. In Ausnahmefällen ist ein geringfügiger negativer Nachlauf vorgeschrieben.

Der Nachlauf wird in Winkelgraden angegeben. In den technischen Daten der Automobilhersteller finden sich daher Angaben über den Nachlaufwinkel. Gängige Werte sind 1° bis 3°.
Bei Fahrzeugen mit Servolenkung ist der Nachlauf ungefähr um 1° größer, als bei der mechanischen Lenkung. Das hat den Zweck, die Kraft zu vergrößern, die die Räder nach der Kurvenfahrt wieder in die Geradeausstellung drückt. Das Lenkrad dreht sich dann schneller »von selbst« wieder zurück. Ausnahme: leichte Automobile mit Heckmotor und -getriebe, bei denen die Vorderachsbelastung aufgrund dieser Bauart sehr gering ist. Diese Fahrzeuge haben einen Nachlauf, der mehr als 10° betragen kann.
Sehr schnelle Fahrzeuge können ebenfalls einen besonders großen Nachlauf haben, damit sie im hohen Geschwindigkeitsbereich eine bessere Richtungsstabilität bekommen.

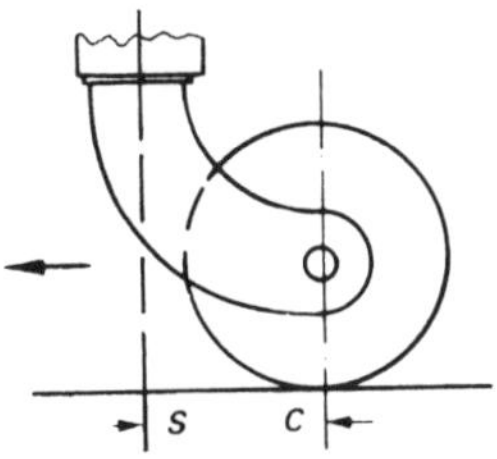

Abb. 6.57: **Schwenkrolle eines Servierwagens zur Verdeutlichung des Begriffs »Nachlauf«.**
Wenn die Rolle in Pfeilrichtung gezogen wird, folgt der Punkt *C* dem Punkt *S*.

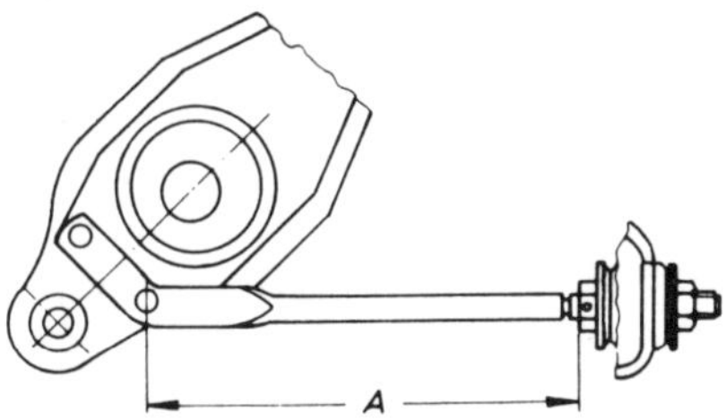

Abb. 6.58: **Einstellung des Nachlaufs mit Hilfe einer Zugstange am unteren Radträgerarm.**
Die bei Lieferung des Fahrzeuges eingestellte Länge A = 290 mm darf in diesem Fall um höchstens 5 mm verkleinert bzw. vergrößert werden, um den Nachlauf zu vergrößern oder zu verkleinern.

Effekt des Nachlaufs

Der Nachlauf hat zur Folge, daß die Räder gezogen (und nicht geschoben) werden (Schwenkrollenprinzip, Abb. 6.57). Nach einer Kurve neigen sie automatisch dazu, in die Mittelstellung zurückzukehren und diese einzuhalten (selbstzentrierender Effekt). Die Kräfte, die die Räder in die Mittelstellung drücken, werden sowohl durch die Spreizung als auch durch den Nachlauf erzeugt. Gemeinsam bestimmen sie die Größe der selbstzentrierenden Kraft.

Einstellen des Nachlaufs

In der Praxis können uns verschiedene Konstruktionen begegnen:

1. Einstellung mittels eines Exzenters, siehe Abb. 6.44. Hier darf der Nachlauf nur in Kombination mit dem Sturz verändert werden. Dabei können wir dieselbe Arbeitsweise anwenden, wie sie beim Sturz beschrieben wurde.

2. Einstellung mit Hilfe von Zugstangen. Bei bestimmten Autos ist die Zugstange in der Länge verstellbar, siehe Abb. 6.58. Aber bei vielen Automobilen (insbesondere solchen mit Federbeinen) wird der Nachlauf durch eine Reihe fester Maße der Radaufhängung bestimmt. Änderung und/oder Einstellung ist dann nicht möglich.

Vorspur/Nachspur

Darunter versteht man den Unterschied zwischen dem hinteren *(b)* und dem vorderen *(a)* Abstand der beiden Räder, gemessen von Felgenrand zu Felgenrand in Höhe der Radmitte (Abb. 6.59).

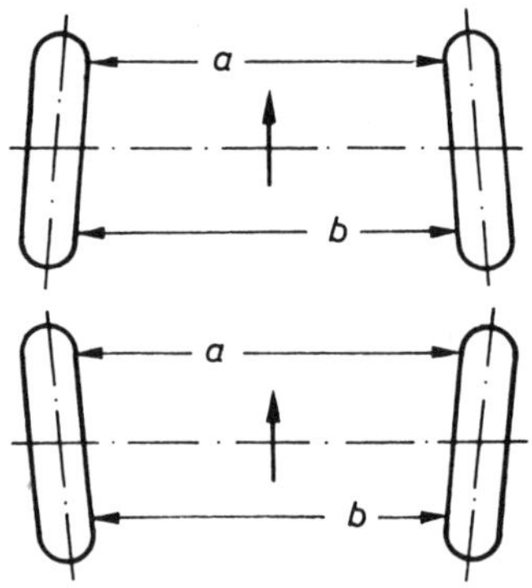

Abb. 6.59: **Vorspur oben, Nachspur unten** (siehe Text)

Ist *b* größer als *a*, dann bezeichnet man die (gesamte) Spur als positiv (+). Die Räder haben dann Vorspur. Wenn *b* aber kleiner als *a* ist, dann ist die (gesamte) Spur negativ, und dann spricht man von Nachspur. Da diese Spur im allgemeinen in Grad ausgedrückt wird, ist es eigentlich besser, wenn man die (gesamte) Spur definiert als den Winkel zwischen den beiden Rädern einer Achse, gemessen in der horizontalen Ebene.

Früher, als alle Automobile noch eine beachtliche Vorspur hatten, wurde deren Wert im Prinzip nur in mm gemessen. Heutzutage wird die Spur in Einzelfällen noch in mm angegeben, aber meist doch in Grad.

Viele Hersteller geben die Spur sowohl in Grad als auch in mm an.

Beim Messen der Spur muß man sich genau nach den Vorschriften des Fahrzeugherstellers richten:

1. Messen bei unbelastetem Fahrzeug (fahrbereites Gewicht) oder bei einer vorgeschriebenen Belastung.
2. Messen bei Rädern, die an der Vorderseite auseinandergedrückt oder an der Hinterseite zusammengezogen sind, um die Situation, die während des Fahrens auftritt, möglichst genau nachzuahmen.

Manche Hersteller geben an, wie groß das Grundspiel beim Messen sein muß, z. B. indem sie den Abstand zwischen der Fahrbahn und den inneren Schwenkpunk-

ten der unteren Querträgerarme vorschreiben oder ähnlich. Das Fahrzeug muß dann während des Messens mit dem entsprechenden Wert belastet werden. Man kann diesen Belastungszustand auch mit einem speziellen Zusatz erreichen. Prinzipiell muß die Vermessung der Spur sowohl mit als auch ohne »gedrückte« Räder erfolgen, damit man so das Spiel in den Einzelteilen der Steuerung (vor allem den Spurstangengelenken) und in der Radaufhängung bestimmen kann.
Die Werte der Gesamtspur liegen im Durchschnitt:
bei Personenwagen zwischen –1 und +3 mm oder –10′ und +30′;
bei Lastkraftwagen zwischen –3 und +3 mm oder –40′ und +40′.
Die geringste Wahrscheinlichkeit zu Fehlern beim Spurvermessen ergibt sich, wenn man das eine Rad (nach Möglichkeit das linke) in Geradeausstellung versetzt und das andere (normalerweise das rechte) verwendet, um die gesamte Spur abzulesen (Abb. 6.60).

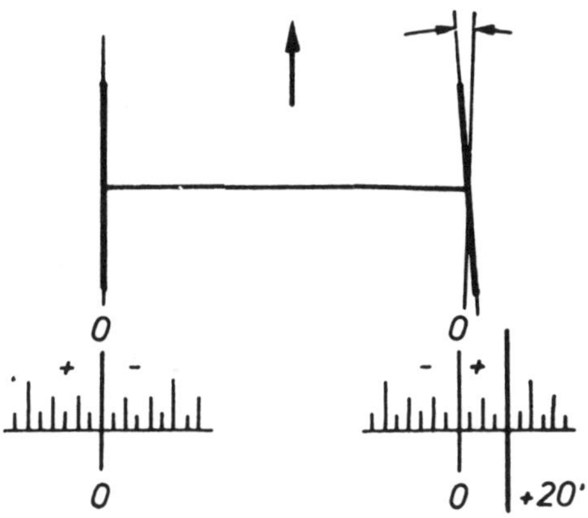

Abb. 6.60: **Ablesen der Gesamtspur am rechten Vorderrad.**
Das linke Rad ist genau in Geradeausstellung gebracht (im gezeichneten Beispiel ist die Gesamtspur +20′).

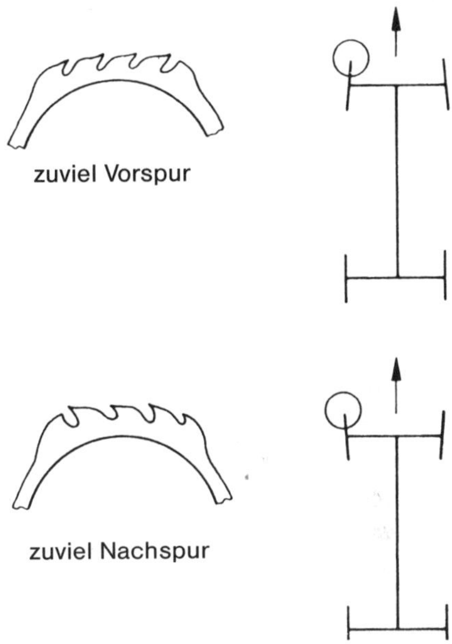

Abb. 6.61: **Abnormaler Reifenverschleiß bei falscher Spureinstellung**

Effekt der Spur
Die Größe der Spur ist vom Hersteller so gewählt, daß die Vorderräder (im Zusammenhang mit den zugehörigen Werten des Sturzes, der Spreizung und des Nachlaufs) bei der Geradeausfahrt parallel zueinander abrollen. Eine falsche Einstellung der Spur führt zu einem abnormalen Laufflächenverschleiß, der sich schon nach einer Strecke von z. B. 2000 km deutlich bemerkbar macht (siehe Abb. 6.61).

Einstellung der Spur

Die Spur ist erst dann richtig eingestellt, wenn beide Vorderräder in der Geradeausstellung (Mittelstellung der Lenkung) beim Messen die Hälfte der gesamten Spur anzeigen. Anders gesagt: die Abweichung gegenüber der Geradeausstellung muß bei beiden Rädern gleich sein und genau die Hälfte der gesamten Spur betragen.

Die richtige Einstellung der Gesamtspur muß also prinzipiell immer in der Lenkmittelstellung (Geradeausstellung) erfolgen. Nur so erreicht man, daß das Fahrverhalten des Automobils in linken und rechten Kurven jeweils gleich ist. Leider ist die Lenkmittelstellung nicht bei allen Fahrzeugmarken auf gleiche Weise markiert. Wenn die Räder richtig eingestellt sind, muß das Fahrzeug genau geradeaus fahren. Zum einwandfreien Lenken des Autos bei Kurvenfahrten (vor allem zum gleichen Verhalten bei Links- und Rechtskurven) ist aber mehr erforderlich, und zwar eine fehlerfreie Funktion des Lenktrapezes. Das Vermessen und das eventuelle Einstellen der gesamten Spur muß deshalb immer mit einem Kontrollmessen des Lenktrapezes kombiniert werden. Dessen vier Seiten werden gebildet durch die Vorderachse (die Verbindungslinie zwischen den Mittelpunkten der beiden Vorderräder), die Spurstange einteilig oder nicht geteilt) und die beiden Achsschenkel (Abb. 6.63).

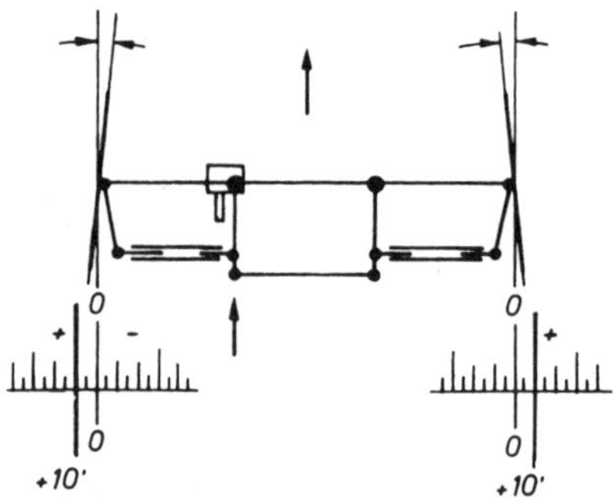

Abb. 6.62: **Richtig eingestellte Gesamtspur.**
Der vorgeschriebene Wert beträgt +20′. Jedes Rad hat bei einer Lenkmittelstellung genau die Hälfte der Gesamtspur, nämlich 10′ Vorspur ('+'-Spur).

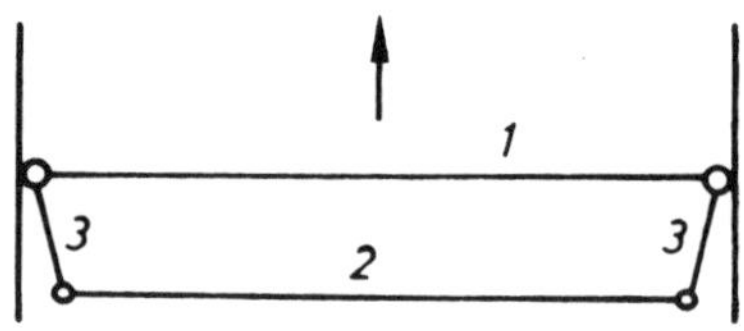

Abb. 6.63: **Bestandteile des Lenktrapezes.**
1. Vorderachse
2. Spurstange
3. Spurstangenhebel.

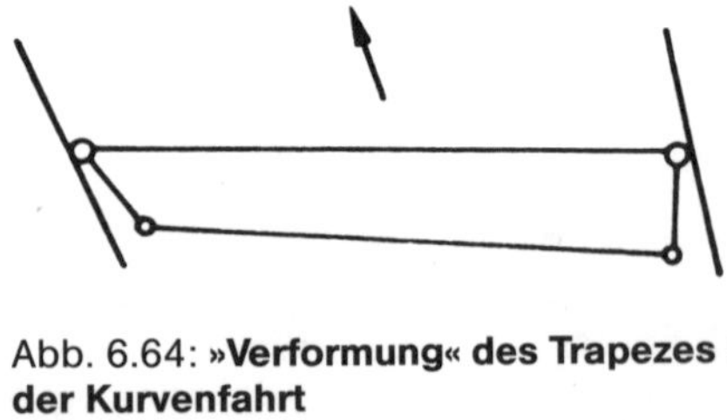

Abb. 6.64: **»Verformung« des Trapezes bei der Kurvenfahrt**

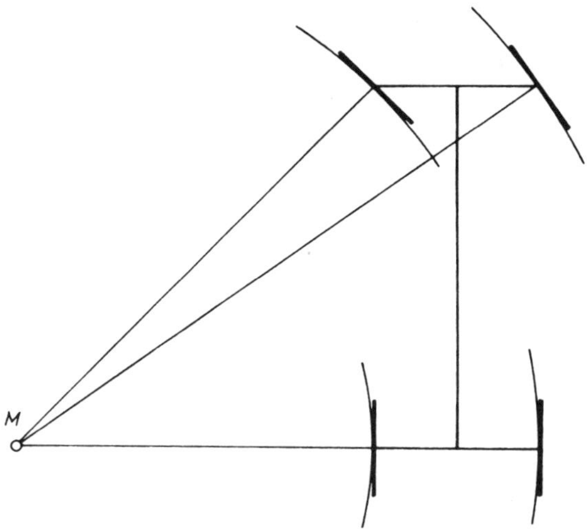

Abb. 6.65: **Optimale Radstellung bei der Fahrt durch eine Kurve mit der Lenkung im Ackermannprinzip.**
Alle Räder stehen so, daß die Mittelsenkrechten durch einen gemeinsamen Punkt M gehen.

Aufgabe des Lenktrapezes ist es, dafür zu sorgen, daß beide Vorderräder bei Kurvenfahrten jeweils die richtige Stellung einnehmen. Die Vorderräder von Automobilen haben immer einen eigenen Lenkdrehpunkt, was dazu führt, daß das Innenrad einen schärferen (kleineren) Bogen beschreiben muß, als das Außenrad. Das bedeutet, daß die Vorderräder bei Kurvenfahrten einen unterschiedlichen Lenkungseinschlag brauchen. Die Abb. 6.64 zeigt, wie das Lenktrapez in einer Linkskurve »verformt« wird, um dies zu ermöglichen.
Das Lenktrapez funktioniert richtig, wenn alle Räder und Radflächen bei langsamer Kurvenfahrt so gerichtet sind, daß die gedachten Geraden durch die Radachsen einander auf der Verlängerung der Hinterachse schneiden. Jedes Rad beschreibt dann einen Kreisabschnitt um diesen Schnittpunkt und läuft verwindungsfrei, so daß der Reifenverschleiß minimal ist. Man spricht hier von »statischem Abrollen in der Kurve nach dem Ackermann-Prinzip« (Abb. 6.65).
Damit dieser Effekt erreicht wird, ist das Lenktrapez so konstruiert, daß die gedachten Verlängerungen der beiden Spurstangenhebel einander in einem Punkt schneiden, der bei Geradeausstellung der Lenkung auf der Längsachse des Fahrzeuges ein wenig *vor* der Hinterachse liegen (Abb. 6.66). Auch komplizierter konstruierte Lenktrapeze von Personenwagen mit dreiteiliger Spurstange und einem Hilfslenkhebel arbeiten nach diesem Prinzip. Im übrigen ist es kein Unterschied, ob die Spurstangen (wie üblich) hinter oder (wie in Ausnahmefällen) vor der Vorderachse angebracht sind.
Eine Einsparung von Material- und Fertigungskosten erbringt die Verwendung einer Lenkung mit Zahnstange, da das Lenkgehäuse dann als Bestandteil des Lenktrapezes dienen kann. Die Zahnstange wird beiderseits einfach mit einer kurzen, verstellbaren Spurstange verlängert. Für das Trapez werden dann insgesamt nur vier Kugelgelenke benötigt, während dies bei einer dreiteiligen Spurstange immer sechs sein müssen (Abb. 6.88).

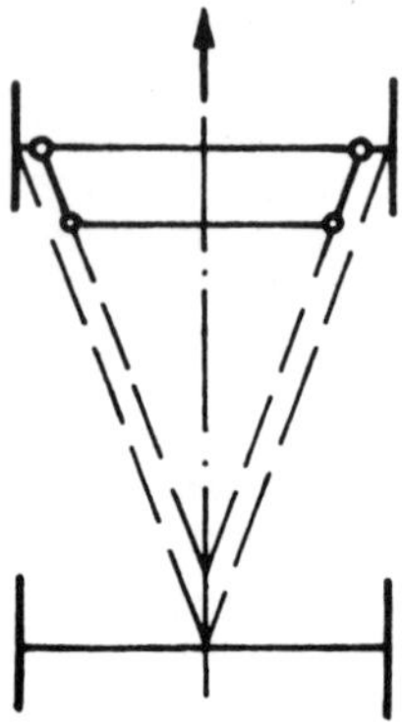

Abb. 6.66: **Entwurf des Lenktrapezes**

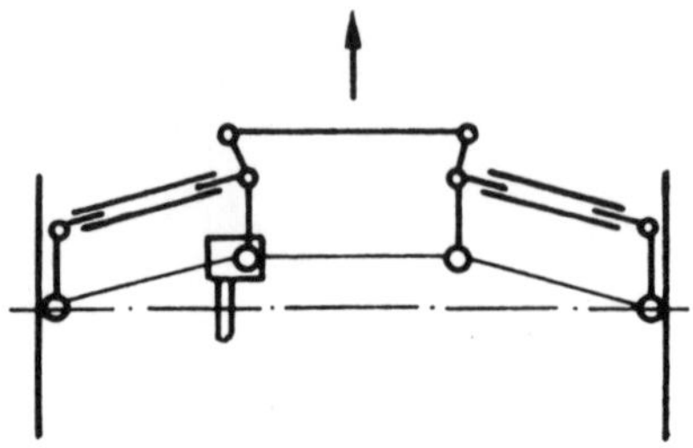

Abb. 6.67: **Ein vor der Vorderachse angebrachtes Lenktrapez**

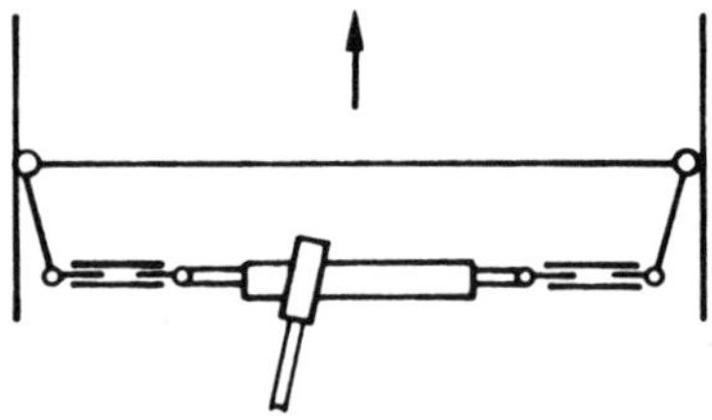

Abb. 6.68: **Zahnstangenlenkgehäuse als Bestandteil des Lenktrapezes**

Das Lenktrapez arbeitet fehlerfrei, wenn die Differenz im Lenkausschlag von Innen- und Außenrad in Linkskurven ebenso groß ist, wie in den entsprechenden Rechtskurven. Ein Unterschied von maximal 40′ ist im übrigen noch zulässig. Damit die beiden Seiten miteinander verglichen werden können, wird dieser Unterschied im Lenkausschlag gemessen, indem man dem einen Rad einen Lenkausschlag von 20° gibt und dann den Ausschlagwinkel des anderen Rades bestimmt.

6.7 VERMESSUNGSGERÄTE

Der Fachhandel bietet ein großes Sortiment an Vermessungsgeräten an. Meist bestehen die besseren Geräte aus einer Meßbrücke, die in der Werkstatt einen festen Platz hat.
Im Prinzip lassen sich die Vermessungsgeräte unterteilen in:
1. mechanische (Wasserwaagengerät, Spurstab);
2. optische mit Projektoren und Radspiegeln;
3. optische mit engen Lichtbündeln oder -strahlen und speziellen Projektionsflächen;
4. optisch/elektronische;
5. elektronische.

Es würde zu weit führen, alle diese Geräte hier zu beschreiben. Daß es sich aber um einen besonders wichtigen Teilbereich der Karosseriereparatur handelt, geht

Bilder von oben nach unten:

Abb. 6.69: **Optisches Achsvermessungsgerät für Lkw, Busse, mehrere Lenkachsen, Anhänger und Auflieger.**

Abb. 6.70: **Optisches Achsvermessungsgerät**

Abb. 6.71: **Optisch-elektronisches Achsvermessungssystem**

Abb. 6.72: **Elektronisches Achsvermessungssystem**

aus der Präzision hervor, mit der die modernen Geräte arbeiten. Schließlich mag ein Karosserieschaden noch so gründlich behoben sein, das Auto wird seine ursprünglichen Fahreigenschaften nur dann wiedererlangen, wenn es auch wieder »richtig« auf den Rädern steht.

6.8 UNWUCHT DER RÄDER

Bei allen Teilen, die um eine Achse rotieren, ist es Voraussetzung zum ruhigen Lauf, daß die Masse vom Mittelpunkt (dem Rotationszentrum) aus in allen Richtungen gleichmäßig verteilt ist.
Da bei der Herstellung von Felgen und Reifen nun einmal bestimmte Toleranzen notwendig sind, entsprechen diese Teile im Grunde niemals ganz den Anforderungen – es ist nicht möglich, absolut kreisrunde und gleichmäßige Felgen und Reifen zu produzieren.
In der Praxis ergibt sich daraus, daß Felgen und Reifen eine gewisse radiale oder seitliche Abweichung zeigen und daß die Materialdicke nicht überall gleich ist. Die Folge dessen ist es, daß das Rad sich nicht völlig ruhig dreht, sondern daß sein Mittelpunkt bei jeder Umdrehung auch selbst zu einer gewissen Bewegung neigt, und das bezeichnet man als die Unwucht des Rades.
Im allgemeinen kann man hier zwischen statischer und dynamischer Unwucht unterscheiden.

Statische Unwucht

Betrachten wir das Autorad der Einfachheit halber einmal einfach als eine mehr oder weniger flache Scheibe.
Nehmen wir ferner an, daß diese Scheibe zwar genau rund ist, daß sie aber, vom Mittelpunkt aus gesehen, nicht überall die gleiche Materialdicke hat.

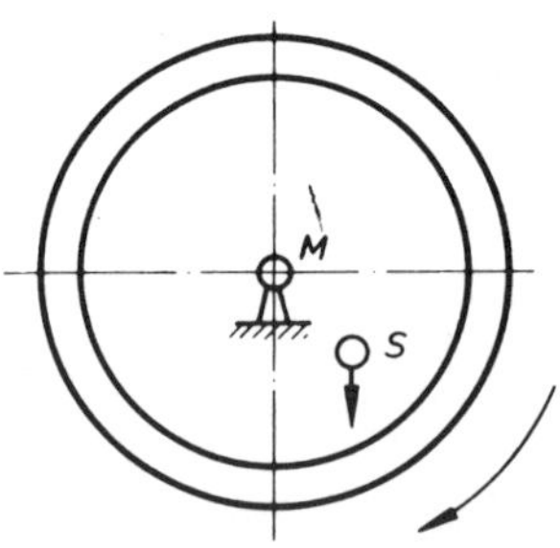

Abb. 6.73: **Der Schwerpunkt liegt rechts vom zentralen Rotationspunkt. Das Rad wird sich rechts herum drehen.**

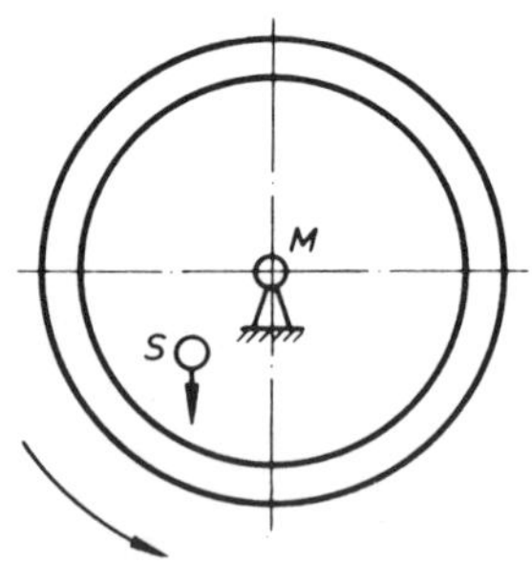

Abb. 6.74: **Der Schwerpunkt liegt links vom zentralen Rotationspunkt. Das Rad wird sich links herum drehen.**

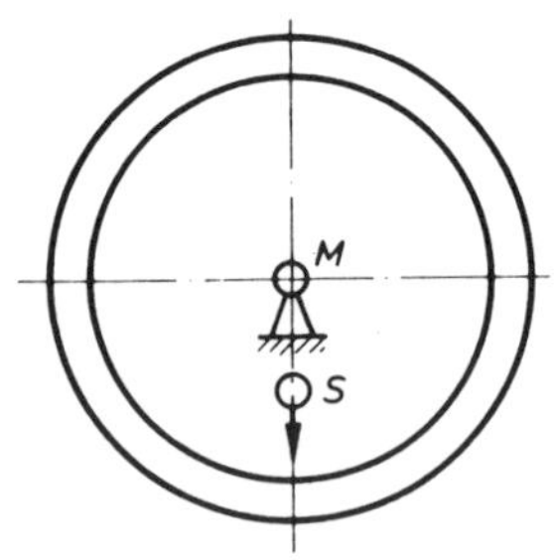

Abb. 6.75: **Der Schwerpunkt liegt genau unter dem Rotationspunkt. Das Rad bleibt stehen.**

Heben wir die Vorderradgabel eines Fahrrades hoch, dann sehen wir, daß das Rad sich langsam nach vorn oder hinten dreht. Ohne Krafteinwirkung von außen, ohne Fremdeinwirkung also, pendelt das Rad hin und her, bis das Ventil schließlich genau unter der Vorderachse zum Stillstand kommt. Dies ist nur ein einfaches Beispiel, das die Regel bestätigt, nach sich ein drehbar gelagertes Objekt von sich aus bewegt, bis der Schwerpunkt genau unter dem Drehpunkt liegt. Da diese Bewegung ohne Einfluß von außen erfolgt, bezeichnet man diesen Effekt als statische Unwucht (siehe Abb. 6.73, 6.74 und 6.75).
Die statischen Kräfte führen dazu, daß das rotierende Rad eine Pendelbewegung um die Achse machen will. Bei Automobilen kann sich ein Rad aber nur in der Richtung hin und her bewegen, die mit der Federung bzw. Radführung, übereinstimmt, also auf und ab. In allen anderen Richtungen läßt die Radaufhängung keine Radbewegung zu. In der Praxis erkennen wir eine statische Unwucht des Rades an der Neigung, während der Fahrt auf und ab, bzw. vertikal zu schwingen. Nach oben, wenn die statische Unwucht oberhalb des zentralen Drehpunktes liegt, nach unten, wenn die statische Unwucht sich unterhalb des Drehpunktes befindet, also während der anderen Hälfte der Umdrehung (siehe Abb. 6.76, 6.77 und 6.78). Eine statische Unwucht kann sich sowohl bei Vorder- als auch bei Hinterrädern ergeben; schließlich sind alle Räder gefedert und deshalb zu vertikalen Bewegungen imstande. Das statische Auswuchten ist also bei allen Rädern erforderlich, sowohl vorn wie hinten.

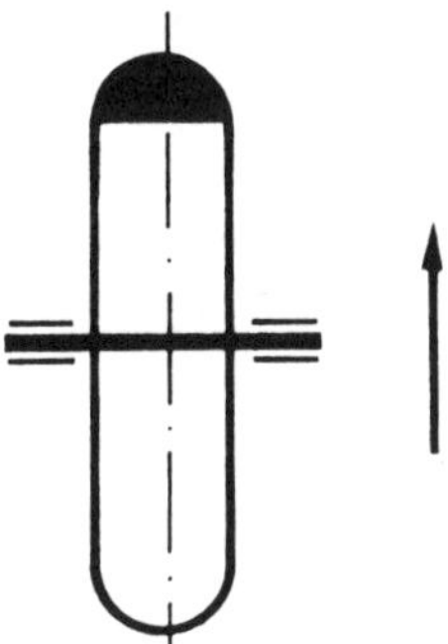

Abb. 6.76: **Der Schwerpunkt liegt oben. Das Rad will sich nach oben bewegen.**

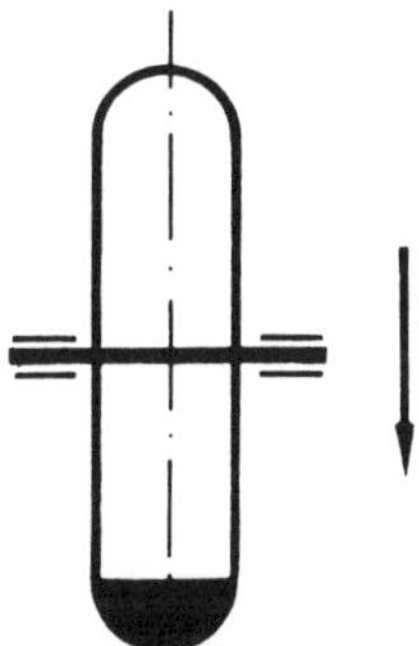

Abb. 6.78: **Das sich drehende Rad bewegt sich unter dem Einfluß der statischen Unwucht auf und ab.**

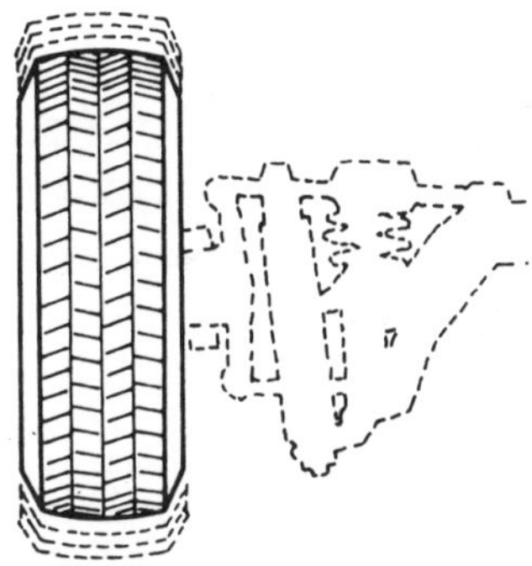

Abb. 6.77: **Nach einer halben Umdrehung liegt der Schwerpunkt unten. Das Rad will sich nach unten bewegen.**

Zum Glück läßt sich die statische Unwucht sehr leicht beheben. Indem man das Rad frei drehbar lagert, untersucht man, auf welcher seiner Seiten sich der »Schwerpunkt« befindet. Das Rad wird sich dann schließlich so drehen, daß diese Stelle nach unten gelangt. Genau gegenüber bringt man soviel Gegengewicht an, daß das Rad genau ausbalanciert ist und in jeder beliebigen Stellung stehenbleibt. Die Gegengewichte müssen, wenn irgend möglich, an der Innenseite der Felge befestigt werden. Ein statisch richtig ausgewuchtetes Rad bleibt in jeder beliebigen Stellung stehen und beginnt sich nicht von selbst zu drehen, egal welcher Teil gerade oben oder unten ist.

Dynamische Unwucht

In Wirklichkeit ist ein Rad keine Scheibe, sondern eine Rolle mit einer bestimmten Breite. Da der Drehpunkt von gelenkten Rädern sich auf der Achse in einem bestimmten Abstand vom Rad befindet, entstehen um diesen Drehpunkt Fliehkräfte, wenn das Rad über den genannten Abstand durch ungleiche Massenverteilung eine Unwucht zeigt (siehe Abb. 6.79 und 6.80). Diese Fliehkräfte wirken während der ganzen Umdrehung auf den Achsschenkel ein, so daß die Rotationsfläche des Rades ständig zu kippen versucht. Die Größe dessen ist gleich der Unwucht *P* mal dem Abstand *1* zwischen der Rotationsfläche der Unwucht und dem Drehpunkt des Achsschenkels *M.*

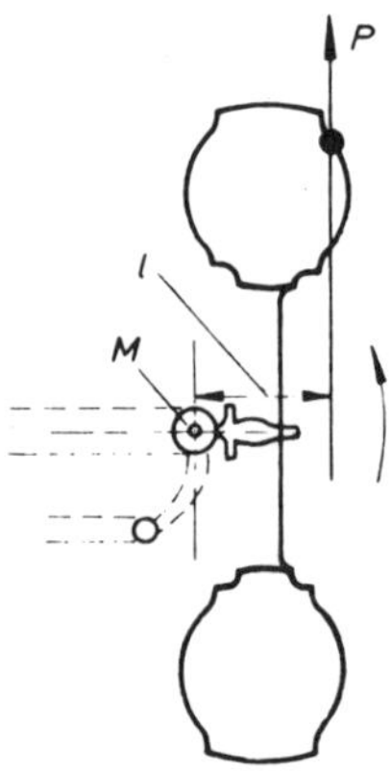

Abb. 6.79: **Die Unwucht P liegt vor dem Mittelpunkt des Rades, das sich infolgedessen links um den Drehpunkt M drehen will.**

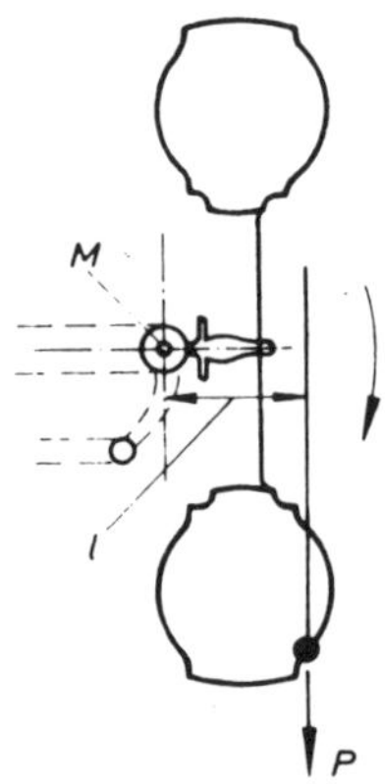

Abb. 6.80: **Die Unwucht befindet sich nach einer halben Radumdrehung hinter dem Mittelpunkt, wodurch das Rad sich jetzt rechts um M drehen will.**

Da die Radbewegung bei gelenkten Rädern nur in der horizontalen Ebene um M möglich ist, fühlt man die Fliehkräfte nur an den Schwingungen, die das Lenkgehäuse durchgibt (Abb. 6.81), am sogen. Flattern. Das Vorderrad flattert, weil die Fliehkräfte im einen Augenblick die Vorderseite des Rades nach innen ziehen, während gleich darauf – eine halbe Umdrehung später – die hintere Seite nach innen gezogen wird.

(Inwiefern die dynamische Unwucht eine Bewegung in Richtung der Federung verursachen kann, wollen wir hier außer Betracht lassen.)

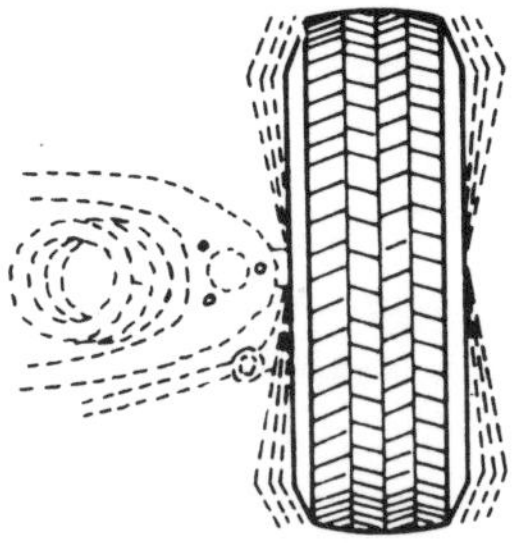

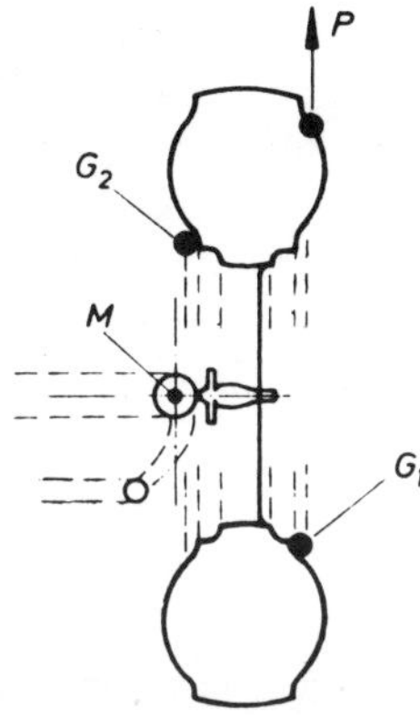

Abb. 6.81: **Unter Einfluß der dynamischen Unwucht bewegt sich das Rad in der Horizontalen hin und her (Flattern.)**

Abb. 6.82: **Statisches Auswuchten durch Anbringen eines Gegengewichtes G_2 gegenüber von G_1.**

Da dieser Effekt in der Praxis nur an sich drehenden Rädern festgestellt werden kann, spricht man hier von dynamischer Unwucht oder auch vom dynamischen Teil der gesamten Unwucht. Diese Erscheinung kann sowohl bei den Vorder- als auch bei den Hinterrädern auftreten und muß in beiden Fällen kompensiert werden. Da die durch dynamische Unwucht verursachte Flatterneigung an den Hinterrädern aber nicht zu kontrollieren und demzufolge auch nicht zu beheben ist, können Hinterräder nur dynamisch ausgewuchtet werden, indem sie vom Auto abgezogen werden. Das Auswuchten ist nur auf der Auswuchtmaschine möglich, wobei jedes Rad einzeln und frei vom Wagen ausgewuchtet wird (auch wenn manche Hersteller behaupten, daß das dynamische Auswuchten der Hinterräder am Fahrzeug mit ihren Geräten wohl möglich sei).

Die dynamische Unwucht wird ausgeglichen, indem an der gegenüberliegenden Felgenseite außen ein ebensogroßes Gewicht G_1 angebracht wird, und zwar mit demselben Abstand vom Drehpunkt *M,* wie ihn die Masse *P* hat, die die Unwucht verursacht (Abb. 6.82).

Dadurch wird die dynamische Unwucht aufgehoben, denn jetzt entstehen zwei gleiche, aber entgegengesetzt gerichtete Fliehkräfte an M, und zwar $P \cdot 1 = G_1 \cdot 1$. Damit die eventuell zuvor durchgeführte statische Auswuchtung nicht gestört wird, muß gegenüber dem Ausgleichsgewicht G_1 *an* der Innenseite der Felge ein ungefähr um 20% schwereres Gegengewicht G_2 angebracht werden. Da dieses letztere in derselben Ebene liegt, wie der Drehpunkt M, führt G_2 nicht zu neuen Fliehkräften gegenüber M, so daß das dynamische Gleichgewicht nicht gestört wird. Zur Bestimmung und zum Ausgleich der statischen und dynamischen Unwucht wurden spezielle Auswuchtmaschinen entwickelt. Diese Geräte gibt es in zwei Ausführungen, und zwar zur Verwendung beim:

1. vom Auto gelösten Rad (stationär) und
2. beim Rad am Auto.

Abb. 6.83: **Stationäre elektronische Radauswuchtmaschine mit horizontaler Achse.** Zum bequemen, aber dennoch genauen Ablesen sehen wir hier Lämpchen und eine Digitalanzeige.

Abb. 6.84: **Geräte zum Messen von Unwucht am Fahrzeug.** Man sieht hier zwei Meßgeräte: eines in schwerer und eines in leichter Ausführung. Der Meßwagen ist ausgerüstet mit einem elektronischen Meßsystem mit Zeigern, einem Stroboskop und einem Antriebsrad für das auszuwuchtende Rad.

7 Fenster, Türen und bewegliche Karosserieteile

7.1 DIE GLASSCHEIBEN

Glas wird aus Sand, Kalk und Soda hergestellt. Das Autofenster muß einige spezielle Eigenschaften haben, und deshalb kann man dazu kein normales Glas verwenden. Fensterglas ist zwar hart und durchsichtig, aber es ist sehr zerbrechlich, und beim Zerbrechen entstehen große und scharfkantige Scherben, die für die Insassen gefährlich sind. Dies ist der Hauptgrund, aus dem die Hersteller von Autofenstern ihre Produktionsprozesse auf die speziellen Bedürfnisse des Autos abgestimmt haben. Ferner ist zu berücksichtigen, daß es ein Unterschied ist, ob das Glas als Windschutzscheibe oderr als Seitenfenster dienen soll. Wir wollen im Nachfolgenden eine Reihe verschiedener Qualitäten besprechen.

Gehärtetes Glas
Dieses Glas kennen wir auch unter der Bezeichnung »Sekurit« oder »Sicherheitsglas«. Bei der Herstellung geht man von Fensterglas in besonders guter Qualität aus. Daraus macht der Hersteller ein Fenster mit der benötigten Form in den entsprechenden Abmessungen. Damit die Eigenschaften sich nun im beabsichtigten Sinne ändern, wird das Glas einer thermischen »Abschreckprozedur« unterzogen: das Glas wird erhitzt, bis es einigermaßen weich ist, um gleich darauf mit kalter Luft abgekühlt zu werden. Dadurch entstehen im Glas Spannungen. Die Oberflächen stehen unter Druckspannung, der Kern hat eine Zugspannung. Das Resultat ist es, daß das Glas bis zu fünfmal so stark wird, und beim Bruch entstehen keine Scherben, sondern die wohlbekannten Krümel (»Sicherheitsglas«). Aber durch (lokale) Anpassung der thermischen Abschreckungsprozedur gibt es doch noch einige Unterschiede. Die Abb. 7.1 zeigt die Bruchstrukturen von Scheiben aus gehärtetem Glas, die unterschiedlich behandelt wurden. Eine weitere sehr wichtige Eigenschaft dieses Glases besteht darin, daß es infolge eines Aufpralls zerbrechen wird, ehe dieser Aufprall eine schwere Kopfverletzung verursachen kann.

Beheiztes Heckfenster (gehärtetes Glas)
Auf die Glasplatte wird die »Verdrahtung« aus Silberpaste aufgedrückt. Durch thermische Behandlung der Scheibe verschmilzt der Drahtaufdruck mit dem

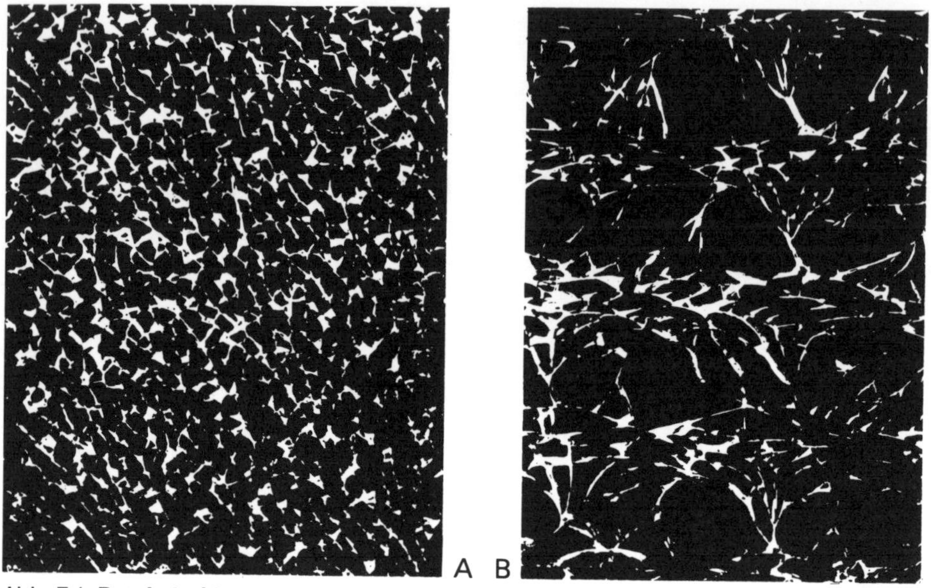

Abb. 7.1: **Bruchstrukturen.**
A. Standardmäßig gehärtetes Glas. Wir sehen Tausende von runden Körnchen (keine Sicht).
B. Speziell gehärtetes Glas. Dies ist der Teil der Windschutzscheibe, durch den der Fahrer blickt. Aufgrund der größeren Fläche kann er noch etwas sehen.

Abb. 7.2: **Hier wird der Zustand einer heizbaren Heckscheibe geprüft.**

Glas. Anschließend erfolgt noch eine galvanische Prozedur, durch die die Verdrahtung gegen Korrosion und mechanische Belastungen geschützt wird.
Die Galvanisierung kann überdies so gesteuert werden, daß die maximale Heizleistung in der Mitte der Scheibe liegt.

Schichtglas

Geschichtetes Glas besteht aus (wenigstens) zwei Glasplatten und einer Zwischenschicht: einer Klebefolie aus PVB (Polyvinylbutyral). Bei einem Schlag oder Stoß entsteht ein Bruch in der Form eines Spinnengewebes. Aufgrund der Elastizität der Klebefolie bleibt die Verbindung zwischen den Glasplatten und den »Scherben« erhalten, so daß es dennoch eine Einheit bleibt. Die Sicht um die Bruchstelle herum bleibt erhalten. Die ersten Vorteile sind damit bereits genannt: der Fahrer kann noch etwas sehen, und zugleich ist er vor Wind und Wetter geschützt. Ein dritter Vorteil – vielleicht wohl der wichtigste – besteht darin, daß die Scheibe verformbar und elastisch ist, eine erhebliche Energiemenge kann absorbiert werden (Knautschzonen-Effekt).

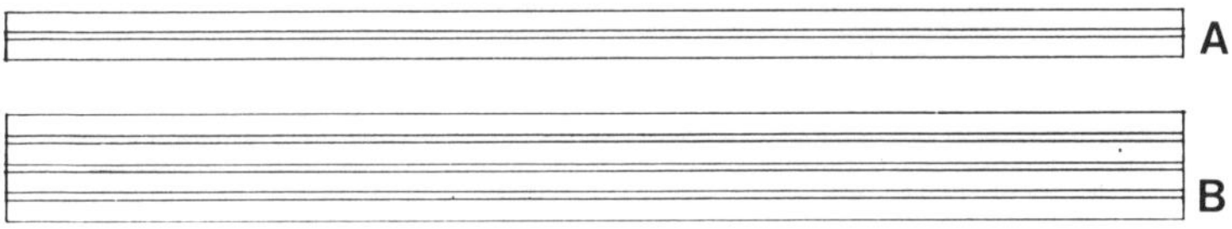

Abb. 7.3: **Zwei Beispiele von Schichtglas.**
A. eine Scheibe aus zwei Glasplatten und einer PVB-Schicht;
B. eine Scheibe aus vier Glasplatten und drei PVB-Schichten.

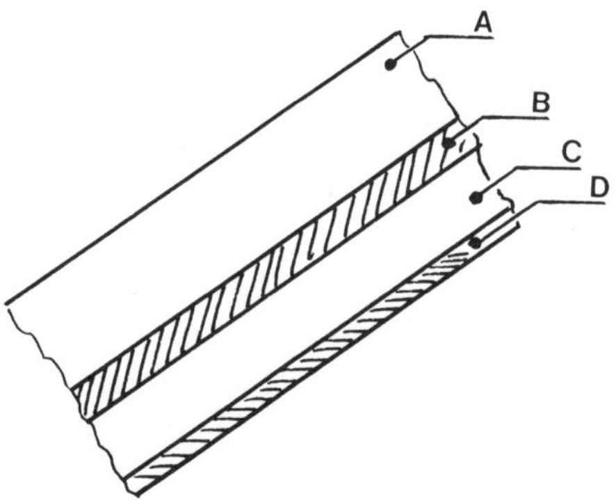

Abb. 7.4: **Querschnitt durch ein Schichtglas mit zusätzlicher Schutzschicht.**
A. Außenglas (ca. 2.6 mm stark);
B. Zwischenfolie (ca. 0,76 mm);
C. Innenglas (ca. 1,7 mm);
D. Schutzschicht (ca. 0,5 mm).

Dadurch wird die Verzögerung, wenn z. B. Insassen mit dem Kopf gegen die Windschutzscheibe stoßen, weniger groß sein, so daß die Gefahr einer ernsthaften Verletzung verringert ist.
Auch Autoscheiben aus Schichtglas können in beheizter Ausführung geliefert

werden. Die Heizdrähte sind dann in der Folie angebracht. Diese Drähte sind nur 0,01 mm dick (zum Vergleich: ein Menschenhaar ist zehnmal so dick!), so daß sie die Sicht absolut nicht behindern. Ferner sind die Drähte in einem Abstand von nur 1 bis 4 mm voneinander angebracht, wodurch die Beheizung besonders gleichmäßig erfolgt. Das beugt dem vor, daß beim Entfrosten oder Entdunsten der Scheibe Streifen entstehen, wie das bei den konventionellen beheizten Heckscheiben der Fall ist. Alles in allem eignen sich beheizte Schichtglasscheiben sehr gut als beheizte Windschutzscheiben. In manchen Automobilen werden sie daher auch eingesetzt, wenngleich oftmals nur teilweise beheizt: nur vor dem Fahrer.

Normales Glas

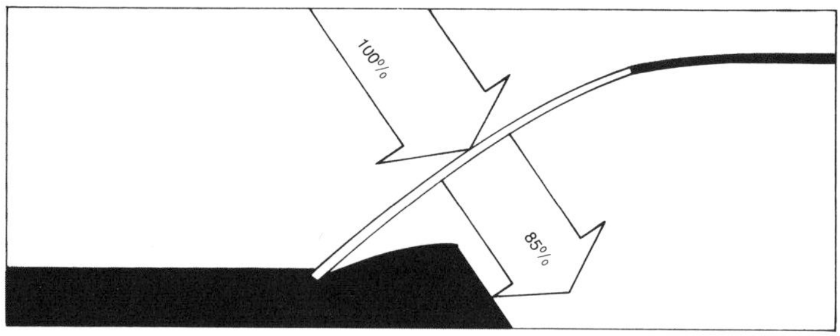

Getöntes Glas
»Bronze«

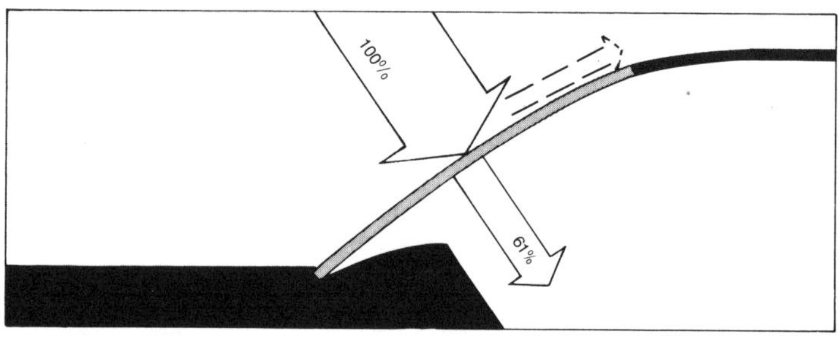

Getöntes Glas
»Grün«

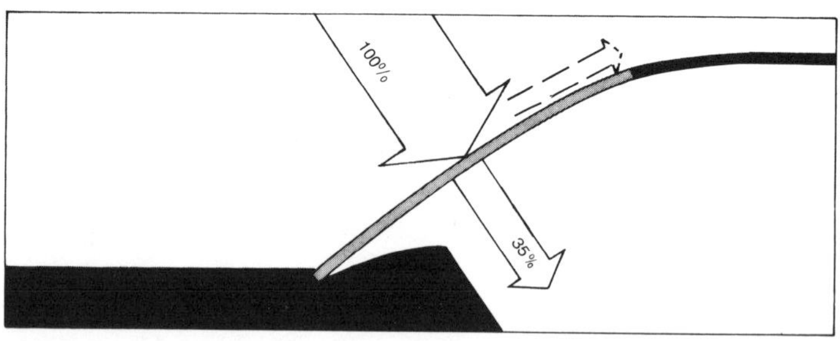

Abb. 7.5: **Getöntes Glas läßt weniger IR-Strahlen in das Wageninnere durch. Die angegebenen Prozentverhältnisse beziehen sich auf die Infrarot-Strahlen.**

Schichtglas mit zusätzlicher Schutzschicht
Der nächste Schritt in der Richtung der Sicherung von Autofenstern ist die Anwendung einer zusätzlichen Schutzfolie aus Kunststoff an der Innenseite. Dadurch wird die Gefahr einer Verletzung durch Glassplitter drastisch reduziert.

Getöntes Glas
Das Sonnenlicht besteht u. a. aus ultravioletten (UV-)Strahlen, sichtbaren Strahlen und infraroten (IR-)Strahlen. Die IR-Strahlen sind die wichtigsten »Wärmeträger«. Getöntes Glas hat mehr oder weniger die Eigenschaft, IR-Strahlen teilweise zu absorbieren. Dadurch gelangt weniger Wärme in das Innere des Fahrzeugs. Außerdem hat getöntes Glas einen gewissen aesthetischen Effekt, aber darüber gehen die Ansichten auseinander.

Doppelglas
Als komfortables Zubehör wird Doppelglas vor allem in Reisebussen u. ä. verwendet. Große Vorteile bestehen natürlich darin, daß die Fenster praktisch nicht beschlagen und eine stark reduzierte Kälteabstrahlung haben. Dies alles wird durch die Luftschicht zwischen den beiden Glasplatten verursacht. Solche doppeltverglasten Fenster sind oftmals noch zusätzlich getönt.
Die Kombination dieser beiden Eigenschaften führt zu einer erheblichen »Klimaverbesserung« im Innern des Fahrzeugs.

Fenster mit eingebauter Antenne
Auf die Innenseite des Fensters wird hauchdünner Draht aus Silbermaterial angebracht. Durch einen thermischen Prozeß verschmilzt man dann die Oberfläche der Glasplatte mit der Antenne. Dadurch wird die Antenne zu einem Bestandteil des Glases, und sie hat demzufolge auch die gleiche Stärke. Überdies ist die Antenne Kratzern und Korrosion gegenüber praktisch unempfindlich.

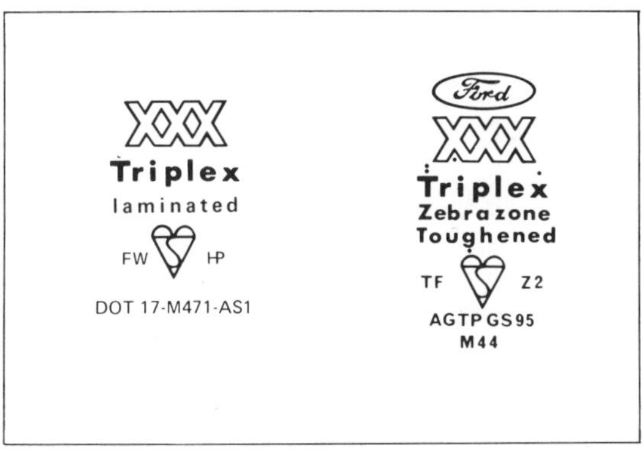

Abb. 7.6: **Zwei Beispiele zu Markenzeichen im Glas.**
Triplex bedeutet hier: drei Schichten (zwei von Glas und eine Zwischenfolie).
Laminated = geschichtet;
Toughened = gehärtet.
Oft wird dies nur durch »L« oder »T« angedeutet.

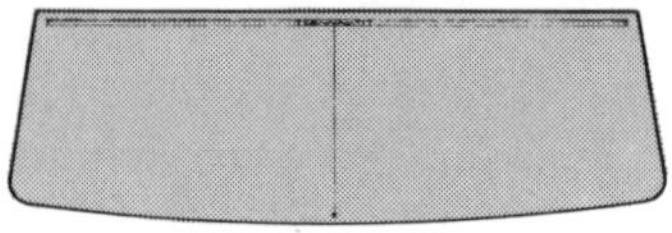

SEKURIT
// VERBUND
(E2) 43 R – 000872
DOT 31 / M 71.2 / AS 1
Kinonglas-Kristall - F/F-HI
TENNAVIT
LAMINATED F WHP
// BS 857
E – 00149
DGM 35631 VSP
D 226

Schichtglas mit Antenne

SEKURIT
// VERBUND
(E2) 43 R – 000890
DOT 31 / M 75.3.6 / AS 1
Kinonglas-Kristall-FIRA/F-BFG-HI
THERMOVIT-T
LAMINATED F WHP
// BS 857
E – 00150
DGM 36578 VSP
D 302

Windschutzscheiben aus Schichtglas mit eingebauter Beheizung.

SEKURIFLEX
Kinonglas-Kristall-FIRA/F-BFB-HI
D 997

Windschutzscheibe aus Schichtglas mit zusätzlicher Kunststoff-Schutzfolie.

CLIMAVIT® CE-2
D 552
DOT 201 M 4 AS 2
CLIMAVIT® CE-2
IIII 1234

Doppelglas.

Abb. 7.7: **Einzelne Beispiele zu besonderen Scheiben ein und desselben Herstellers.**

7.2 BEFESTIGUNG DES FENSTERGLASES IN DER KAROSSERIE

Fenster müssen in der Karosserie luft- und wasserdicht angebracht werden. Hier gibt es einen Unterschied zwischen feststehenden und beweglichen Fenstern.

Feststehende Scheiben

Bei den starren Scheiben gibt es im Prinzip zwei Möglichkeiten: Anbringung durch Gummiprofil und geklebte Scheiben. Wir werden das Demontieren und Montieren kurz beschreiben.

Abb. 7.8: **Windschutzscheibe mit Profilgummi.**

a) Scheibe mit Profilgummi
Bei der Arbeit an Glasscheiben ist es wichtig, die Lackierung immer durch Schutzüberzüge und Decken zu schützen. Vor allem gilt diese Regel natürlich, wenn wir es mit zerbrochenen Scheiben zu tun haben. Anschließend entfernen wir die Teile, die die Arbeiten behindern (könnten), wie z. B. Spiegel und Scheibenwischer. Bei der Entfernung der Scheibe muß man von innen her die Lippe des Profilgummis über den Falzrand ziehen. Dazu gibt es Spezialwerkzeuge.
Mit einem solchen Werkzeug (das löffelartig aussieht) wird der Gummi über den Rand der Karosserie gedrückt. Indem man nun gleichzeitig gegen das Glas drückt, löst man die Scheibe.
Im Prinzip gilt die gleiche Methode für Schichtglas, aber dieses darf absolut *nicht an der Rundung belastet werden;* es würde unwiderruflich zerbrechen! Man muß

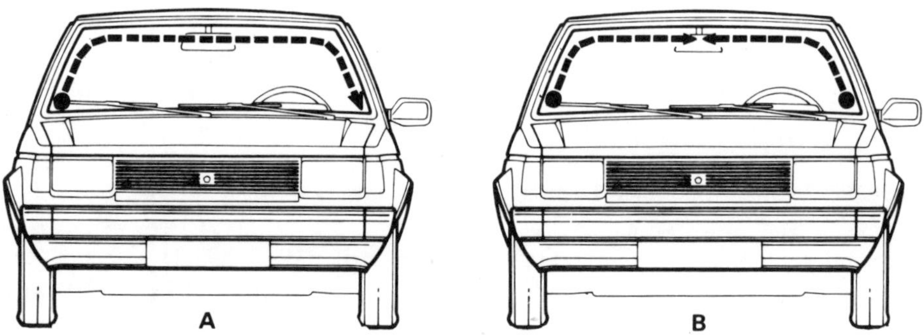

Abb. 7.9: **Bei A sehen Sie, wie der Fenstergummi bei einer Scheibe aus Schichtglas abgelöst wird. Die Methode B eignet sich dazu nicht; wenn Sie mit der einen Hälfte fertig sind und dann in der anderen unteren Ecke beginnen, entstehen Biegespannungen in der Scheibe.**

daher äußerst vorsichtig zu Werke gehen. Arbeiten Sie immer so, daß die Glasplatte keine Biegespannung bekommt. Beginnen Sie auf der einen Seite, und arbeiten Sie weiter zur anderen Seite hin. Also keinesfalls von der einen Seite bloß bis zur Mitte, und dann von der anderen Seite bis zur Mitte vorgehen (siehe auch Abb. 7.9).

Eine andere, bei gehärtetem Glas (also nicht bei Schichtglas!) angewandte Methode besteht darin, von innen her mit den Füßen zu drücken. Setzen Sie sich dazu ins Auto, und setzen Sie die Füße in einer oberen Ecke des Glases an (Schuhe ausziehen oder ein Tuch zwischen Sohle und Glas!). Drücken Sie nun kräftig gegen die Scheibe, so daß sich der Gummi aus dem Falz löst. Dabei sollte immer jemand von der anderen Seite gegenhalten, dies für den Fall, daß die Scheibe plötzlich herausspringt. Verschieben Sie Ihre Füße langsam unter gleichmäßigem Druck entlang des Umrisses der Scheibe, bis der Gummi an den Seiten und oben frei ist. Jetzt können Sie die Scheibe mit dem Profilgummi aus dem unteren Falz herausheben. Dann wird der Gummi abgelöst und, ebenso wie der Falz der Karosserie, gereinigt. Eventuelle Reste von Fensterkitt werden beseitigt. Zum Reinigen des Profilgummis dürfen keine Lösungsmittel, wie Benzin, Terpentin oder Verdünner verwendet werden, denn diese greifen den Gummi an! Spiritus dagegen schadet nicht (er enthält Alkohol).

Nachdem der Profilgummi wieder um die Scheibe gelegt wurde, legen wir in seine Nut eine Schnur ein. Wird diese Schnur anschließend herausgezogen, dann kann man den Profilgummi dadurch über den Falzrand ziehen. Die Abb. 7.10 zeigt, wie dies auf einfache Weise geschieht. Die Schnur sollte so eingelegt werden, daß ihre beiden Enden in der Mitte der Unterseite aus dem Gummi heraushängen (siehe Abb. 7.11) und einander um etwa 10–20 cm überlappen. Es kann vorkommen, daß der Gummi nicht so recht auf der Scheibe sitzenbleiben will. Dem läßt sich leicht abhelfen, indem ein paar Stückchen Klebestreifen über den Gummi geklebt werden.

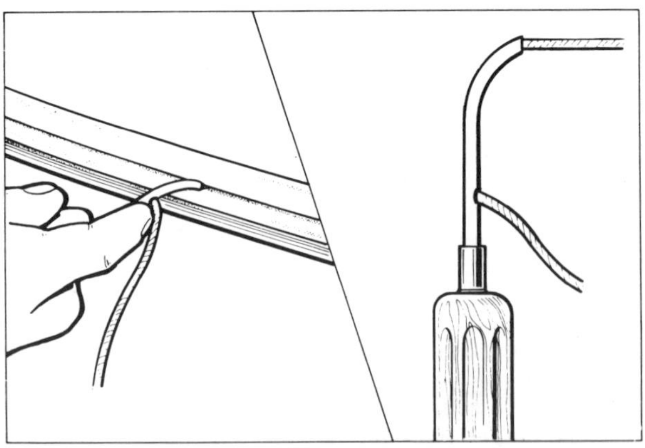

Abb. 7.10: **Rechts sehen wir ein aus dünnem Stahlrohr gefertigtes Werkzeug, mit dem sich die Schnur bequem einführen läßt.**

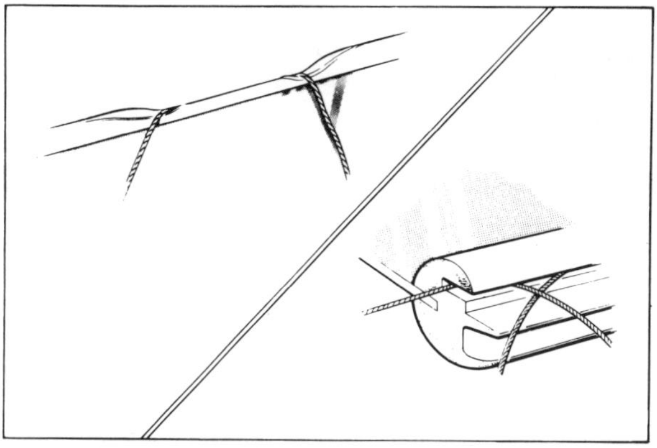

Abb. 7.11: **So ziehen Sie die Lippe mit Hilfe der Schnur über den Falzrand. Rechts sehen Sie die beiden, einander überlappenden Schnurenden.**

Anschließend wird die Scheibe auf die vorgesehene Stelle gesetzt und nach oben gedrückt, so daß der obere Rand des Gummis sich gut über den Falzrand zieht. Die Enden der Schnur werden nach innen gehängt, und die Scheibe wird kräftig gegen den Falzrand gedrückt. Wird jetzt vom Wageninnern aus an einem der Enden der Schnur gezogen, dann legt sich die Profillippe über den Falzrand. Dabei muß immer im rechten Winkel zum Falz gezogen werden, also auf die Mitte der Scheibe zu! Während dieser Arbeiten muß ein Gehilfe die Scheibe von der Außenseite her andrücken oder anklopfen.

Bei einer Scheibe aus Schichtglas spielt die Biegespannung bei diesen Arbeiten natürlich wieder eine große Rolle. Arbeiten Sie also auch hier wieder nach dem Prinzip der Abb. 7.9.
Zuweilen wird sich die Verwendung von Abdichtkitt als notwendig erweisen, damit die Scheibe völlig abgedichtet wird. Die Abb. 7.12 zeigt hierzu ein Beispiel.

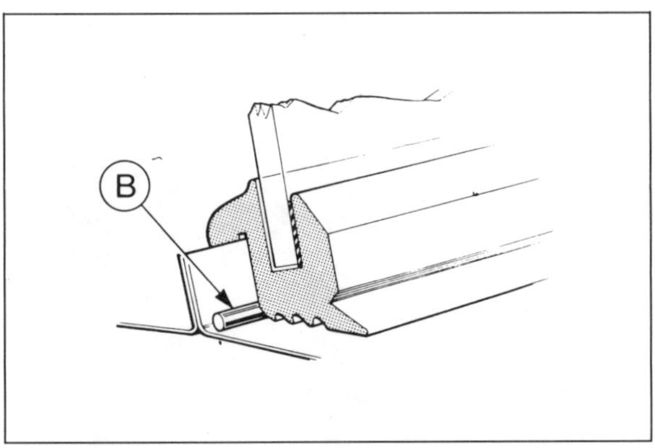

Abb. 7.12: **Querschnittzeichnung eines Seitenscheibengummis auf dem Falzrand. Wenn die Scheibe montiert ist, kann man zwischen Gummi und Scheibe noch Kitt anbringen (gestrichelt angedeutet).**

b) Geklebte Scheibe

Die geklebten Scheiben kommen immer häufiger zur Anwendung. Mit Hilfe eines Spezialkitts (z. B. Polyurethan) wird die Scheibe ganz einfach auf die Karosserie geklebt. Es versteht sich, daß dieser Klebekitt besonders gute Eigenschaften haben muß. Bei einem fahrenden Auto wirken nämlich ganz erhebliche Kräfte auf die Scheibe ein. Zur Entfernung einer solchen Scheibe wird die Klebeschicht durchgesägt. Das geht recht gut mit einem Nylonfaden oder einem Spanndraht. Wenn Sie die Scheibe wieder montieren wollen, zeichnen Sie die Stellung an, indem Sie Klebestreifen halb über die Scheibe, halb über die Karosserie kleben. Stechen Sie ein kleines Loch in die Leimschicht, um den Faden oder den Draht hindurchzuziehen. Verwenden Sie Holzklötzchen o. ä., um die Scheibe gut festhalten zu können. Eine kombinierte Bewegung von Sägen und Ziehen reicht zum Lösen der Scheibe aus (diese Arbeit muß von zwei Personen gemacht werden). Zum Festhalten der Scheibe verwendet man die bekannten Saugnäpfe mit Handgriff. Sämtliche Leimreste werden von der Scheibe und vom Falz entfernt. Zum Kleber werden die zugehörigen Entfetter und Vorbearbeitungsmittel mitgeliefert. Es versteht sich, daß man die Vorschriften des Herstellers genau befolgen muß, will man ein optimales Resultat erreichen.

Der neue Kleber wird ganz einfach mit einer Kittpresse aufgetragen. Zur Kleber-

Abb. 7.13: **Geklebte Windschutzscheibe. Hier wurde Klebestreifen als Merkzeichen verwendet.**

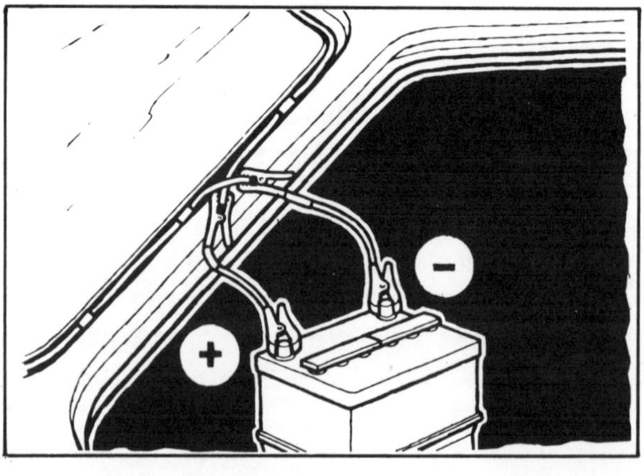

Abb. 7.14: **Abdichtband mit Stromdraht, an einer Spannungsquelle angeschlossen.**

patrone wird ein spezielles Mundstück mitgeliefert, das so geformt ist, daß der Scheibenrand als Führung dienen kann. So erhält man eine gerade Leimschicht, genau entlang dem Umriß. Mit Hilfe von Klötzchen kann die Scheibe zentriert werden. Die Scheibe wird (unter Berücksichtigung eventueller Merkzeichen) aufgesetzt und entlang des Umrisses angedrückt, so daß der Leim Kontakt zur Karosserie bekommt. Danach muß der Kleber gemäß Vorschrift entsprechende Zeit trocknen.
An dieser Stelle sei auch auf eine Besonderheit bei der geklebten Scheibe hingewiesen. Es handelt sich dabei um ein Abdichtband, das mit einem Kleber versehen ist, so daß es gut an der Scheibe und an der Karosserie haftet. Aber innerhalb des Bandes ist ein isolierter Stromleiterdraht angebracht. Wird dieser Draht an eine (niedrige) Spannung angeschlossen, dann fließt ein Strom durch ihn. Der Widerstand des Drahtes führt zu einer Wärmeentwicklung, durch die das Band aufgeweicht wird. Damit werden alle Unebenheiten von Glas und Falz ausgeglichen, so daß die Abdichtung nicht leidet.

Bewegliche Scheiben
Im Grunde können wir die beweglichen Scheiben unterteilen in Ausstellfenster, auf- und niedergehende Scheiben und Schiebefenster.

Ausstellfenster
Ausstellfenster sind auf der einen Seite mit Scharnieren an der Karosserie befestigt, an der anderen Seite haben sie einen Verschlußhebel. Durch diesen Hebel kann das Fenster in geschlossener Stellung blockiert werden, es kann geöffnet und auch in offener Stellung festgesetzt werden. Als Abdichtung dient ein Profilgummi. Bei geschlossenem Ausstellfenster dichtet der Gummi luft- und wasserdicht ab.

Schiebefenster
Schiebefenster sind zwischen einem doppelten Führungsprofil befestigt. Die Möglichkeit zum Öffnen und Schließen ergibt sich daraus, daß das Fenster aus zwei Hälften besteht, die übereinander geschoben werden können. Ein gesondertes Abdichtprofil sorgt für die Abdichtung zwischen den beiden Fensterteilen. Durch diese Art der Konstruktion kann das Fenster niemals ganz, sondern nur etwa zur Hälfte geöffnet werden.

Vertikal gehende Fenster
Diese werden im allgemeinen durch ein Profil im Vorder- oder Hintertürrahmen geführt. Dieses Profil hat also zwei Aufgaben: einerseits muß es das Fenster führen, so daß es auf und ab bewegt werden kann, und andererseits muß es für die Abdichtung sorgen. Natürlich gibt es auch Autos, die keinen solchen Türrahmen haben; man denke an die verschiedenen Coupé-Modelle und an die Cabriolets. Das Fenster übernimmt hier die Rolle des Rahmens, indem es gegen die Karosserie abdichtet.

Abb. 7.15 a: **Normaler Türrahmen mit auf- und niedergehender Scheibe in Führungsprofilen. Hinten ein Klappfenster mit Chrom-Umleistung.**

Abb. 7.15 b: **Auto mit vorderen und hinteren Schiebefenstern. Die Führungsprofile sind doppelt ausgeführt, so daß die Scheiben sich aneinander vorbeischieben.**

Abb. 7.15 c: **Diese »Luftwiderstandsstudie« hat einen Türrahmen, der eigentlich ein Bestandteil der A-Säule und des Dachblechs geworden ist. An der Seite der B-Säule ist der Rahmen von außen nicht sichtbar. Die Scheibe schiebt sich davor.**

Abb. 7.15 d: **Dieses Auto hat »halbe« Rahmen über der Tür. Die Scheibe schiebt sich davor und ist nur durch Leitstifte mit dem Rahmen verbunden.**

Abb. 7.15 e: **Ein Spider ohne Fensterrahmen über den Türen. Die Abdichtung gegen die Säule der Windschutzscheibe erfolgt durch den kleinen Rahmen des dreieckigen Ausstellfensters, das nicht versenkbar ist. Dieses Ausstellfenster soll, gemeinsam mit der Windschutzscheibe, verhindern, daß zuviel Fahrtwind ins Wageninnere gelangt.**

Das Fehlen des Tür-Fensterrahmens kann sich für den Luftwiderstand des Autos günstig auswirken. Aus diesem Grunde wird auf diesem Gebiet, vor allem in den letzten Jahren, experimentiert. Daher fand man auch eine dritte Möglichkeit, bei welcher der Tür-Fensterrahmen nur »halb« ausgeführt ist. Das heißt, daß der Tür-Fensterrahmen nur an der Innenseite angebracht ist. Die Scheibe schiebt sich davor und ist nur mittels Führungsstiften mit dem Rahmen verbunden. Der Außenrand des Tür-Fensterrahmens entfällt hier, so daß die Oberfläche insgesamt glatter ist.

7.3 TÜREN

Die Tür hat in der Karosserie eigentlich eine Doppelfunktion. Einerseits ist sie ein wesentlicher Bestandteil der Karosserie und der »Käfigkonstruktion« zum Schutz der Insassen. Deshalb muß sie stabil konstruiert sein. Andererseits muß die Tür vielen Teilen zur Bedienung des Fensters und dem Schloßmechanismus Raum geben, so daß eine relativ voluminöse Konstruktion erforderlich ist. Bei alledem muß der Konstrukteur auch noch die Gesamtabmessungen berücksichtigen.
Es ist daher nicht verwunderlich, daß die Tür die Merkmale des »Selbsttragenden« bekommen hat. Innenblech und senkrechte Ränder werden aus einem einzigen Blech gepreßt und profiliert. Darauf wird dann das Außenblech geschweißt oder gefalzt, so daß eine starre Kastenform entsteht. Zum besseren Schutz der Insassen bringen viele Konstrukteure noch einen Querbalken an. Die Abb. 7.16 zeigt dazu ein Beispiel.

Abb. 7.16: **In dieser fünftürigen Karosserie ist der Querbalken in der Vordertür deutlich zu erkennen.**

Bei einer ernsthaften Beschädigung wird die Tür in vielen Fällen durch eine neue ersetzt werden müssen, dies aus dem einfachen Grund, daß nicht alle Hersteller Außenbleche als Ersatzteile liefern. Ist der Schaden dagegen geringfügig, so kann er repariert werden.
Aber auch in diesem Fall wird man doch meist bestimmte Einzelteile, die in der Tür untergebracht sind, ausbauen müssen. Diese Arbeiten erfordern dann, vor allem bei komfortableren Wagen, entsprechende Aufmerksamkeit.

Türscharniere
Die Türen sind mit Scharnieren an der Karosserie befestigt und sie müssen auf irgendeine Weise verstellbar sein, damit die Tür präzise eingesetzt werden kann. Die Scharniere sind an der Tür und an der Karosserie durch Schrauben und/oder Schweißverbindung befestigt. Beispiele dazu: an der Karosserie geschweißt und an der Tür verschraubt; an der Tür geschweißt und an der Karosserie verschraubt; sowohl an der Tür als auch an der Karosserie verschraubt oder auf beiden Seiten verschweißt. Im letzteren Fall kann man die Tür ausbauen, indem man den Scharnierstift entfernt, z. B. mit Hilfe eines Schlagschraubers.
Wenn die Scharniere abgenommen werden, sollte man immer die Stellung an der Karosserie und/oder der Tür anzeichnen; dadurch wird die spätere Montage erheblich erleichtert.

Abb. 7.17: **Vordertür eines Mittelklassewagens. Die einzelnen Teile müssen mit großer Sorgfalt ausgebaut werden.**

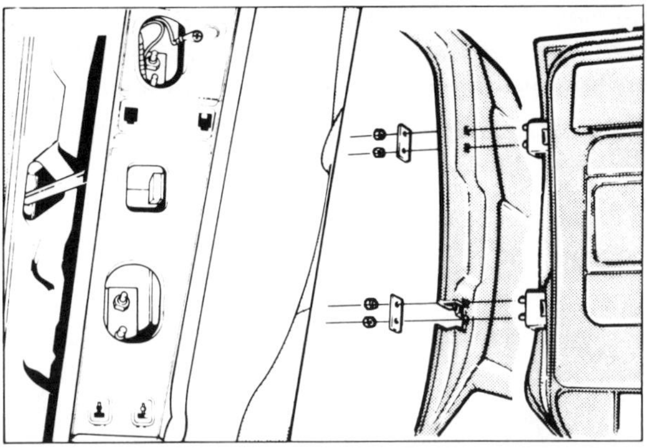

Abb. 7.18: **Beispiel einer Scharnierbefestigung.** Hier ist das Scharnier an der Tür angeschweißt und mit Schrauben an der Karosserie befestigt. Die Muttern der Schrauben sind unter einer Verkleidung versteckt.

Türfänger

Der Türfänger und der Offenhalter sind meist zu einem einzigen Teil kombiniert. Sie hindern die Tür daran, sich zu weit zu öffnen, was zu einer Beschädigung führen könnte. Einmal in geöffneter Stellung, hält der Offenhalter die Tür fest. Der Offenhalter ist in manchen Fällen auch mit einem Scharnier vereinigt.

Türführung

Der Name sagt es schon: die Türführung muß die Tür führen, so daß das Schloß genau in das Schließblech fällt. Infolge ihrer Masse wird die Tür immer ein wenig durchhängen, wodurch das richtige Einrasten des Schlosses verhindert werden könnte. Eine weitere Aufgabe der Führung besteht darin, den vertikalen Bewegungsspielraum zu begrenzen, so daß das Schloß entlastet wird und die Tür nicht klappern kann. Die Türführung ist in vielen Fällen im Schließblech integriert.

Schließblech

Das Schließblech ist die eigentliche Verbindung zwischen dem Schloß und der Karosseriesäule. Es muß verstellbar sein, damit sich die Tür bei geschlossenem Türschloß in der richtigen Stellung befindet und der Verschluß einwandfrei funktionieren kann.

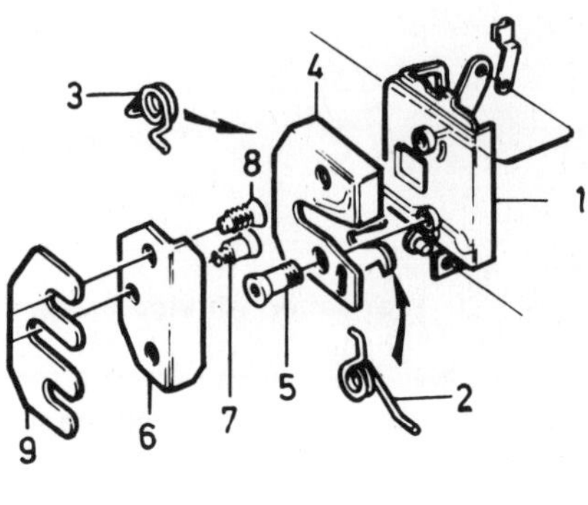

Abb. 7.19: **Ein Türschloß mit Schließblech.** Letzteres kann durch Verschieben und Zwischenbleche verstellt werden.
1. Inneres Schloß;
2. Feder;
3. Feder;
4. äußeres Schloß;
5. Halteschraube;
6. Schließblech;
7. Schloßbolzen;
8. Halteschraube;
9. Zwischenblech.

Das Einstellen erfolgt im allgemeinen so, daß das Blech im Verhältnis zu den Schrauben verschoben wird und eventuell Zwischenbleche hinter das Schließblech geschoben oder von dort herausgenommen werden.

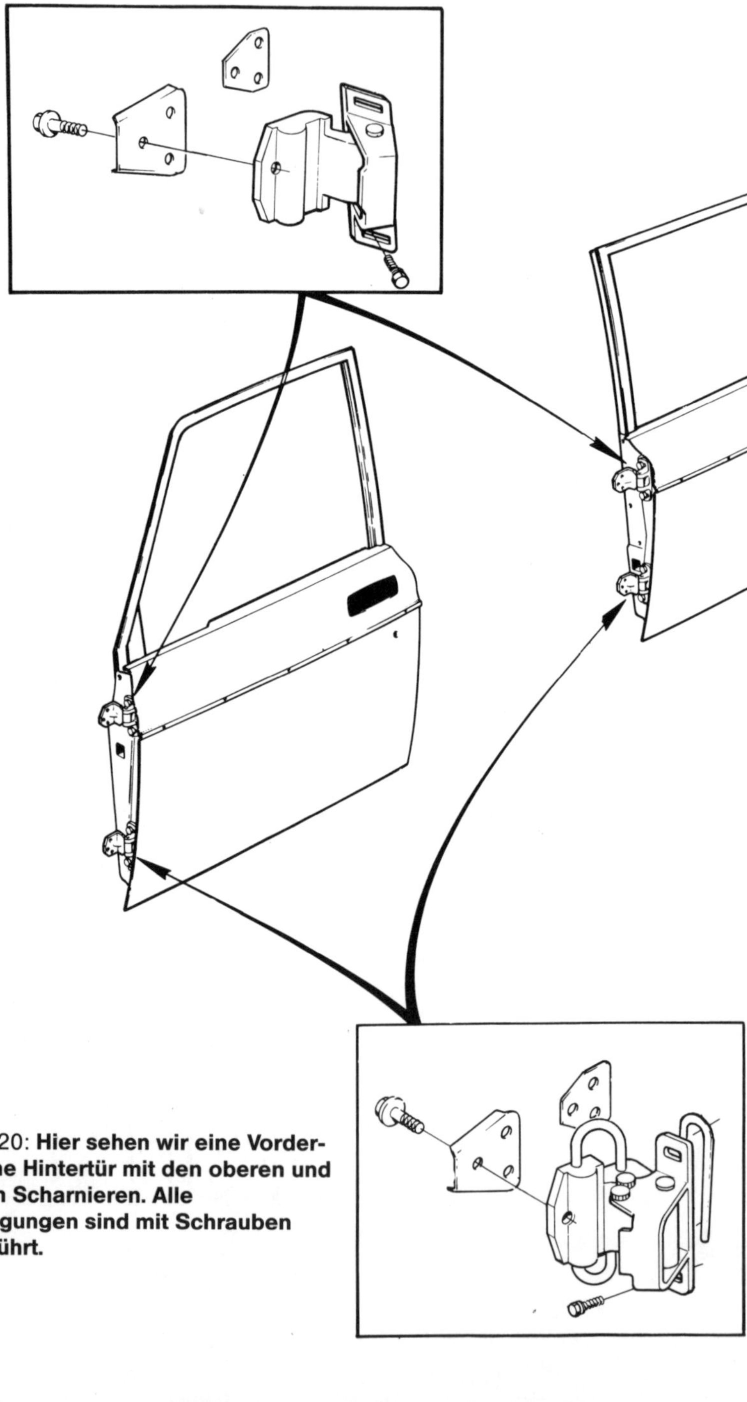

Abb. 7.20: **Hier sehen wir eine Vorder- und eine Hintertür mit den oberen und unteren Scharnieren. Alle Befestigungen sind mit Schrauben ausgeführt.**

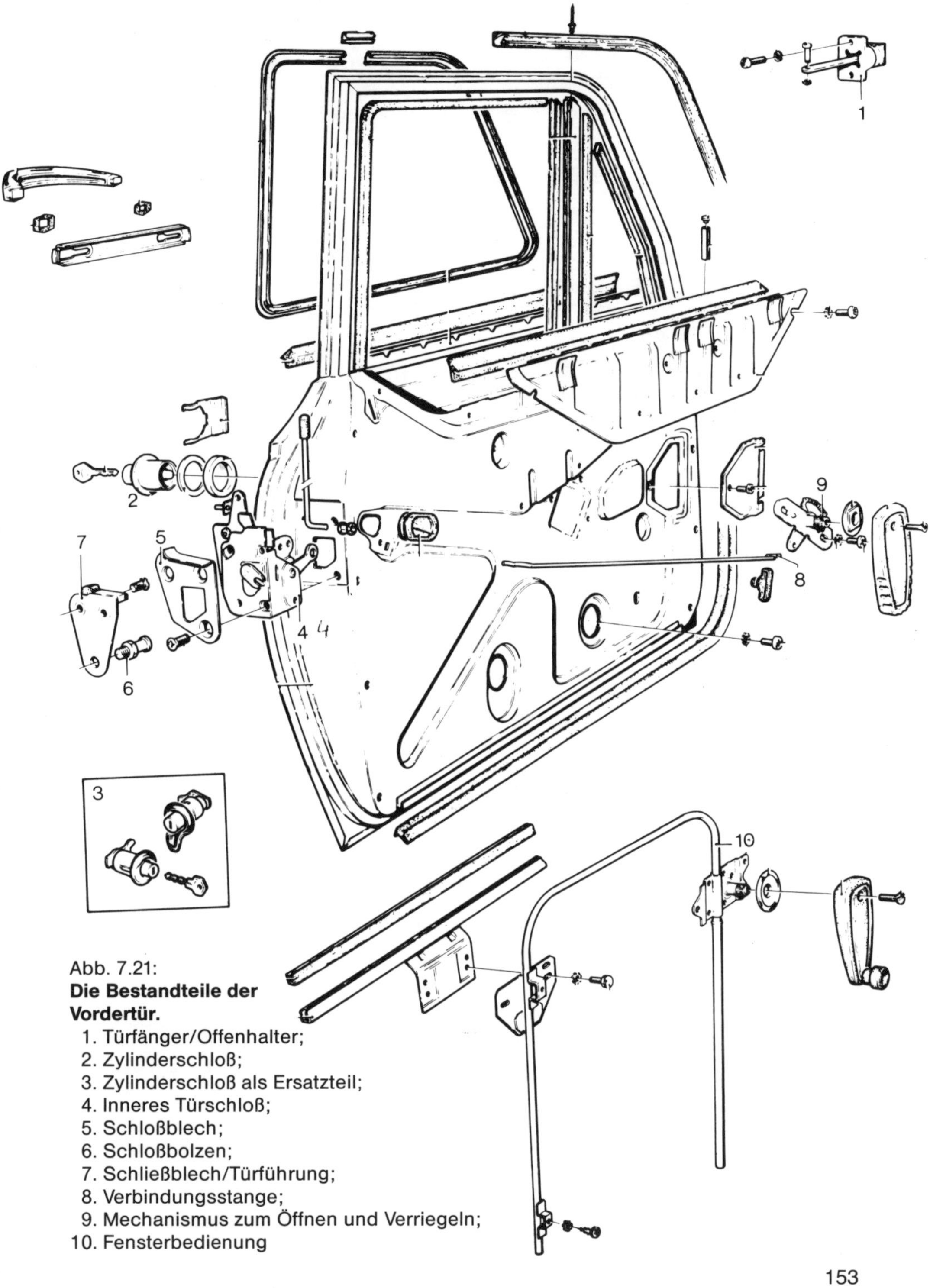

Abb. 7.21:
Die Bestandteile der Vordertür.

1. Türfänger/Offenhalter;
2. Zylinderschloß;
3. Zylinderschloß als Ersatzteil;
4. Inneres Türschloß;
5. Schloßblech;
6. Schloßbolzen;
7. Schließblech/Türführung;
8. Verbindungsstange;
9. Mechanismus zum Öffnen und Verriegeln;
10. Fensterbedienung

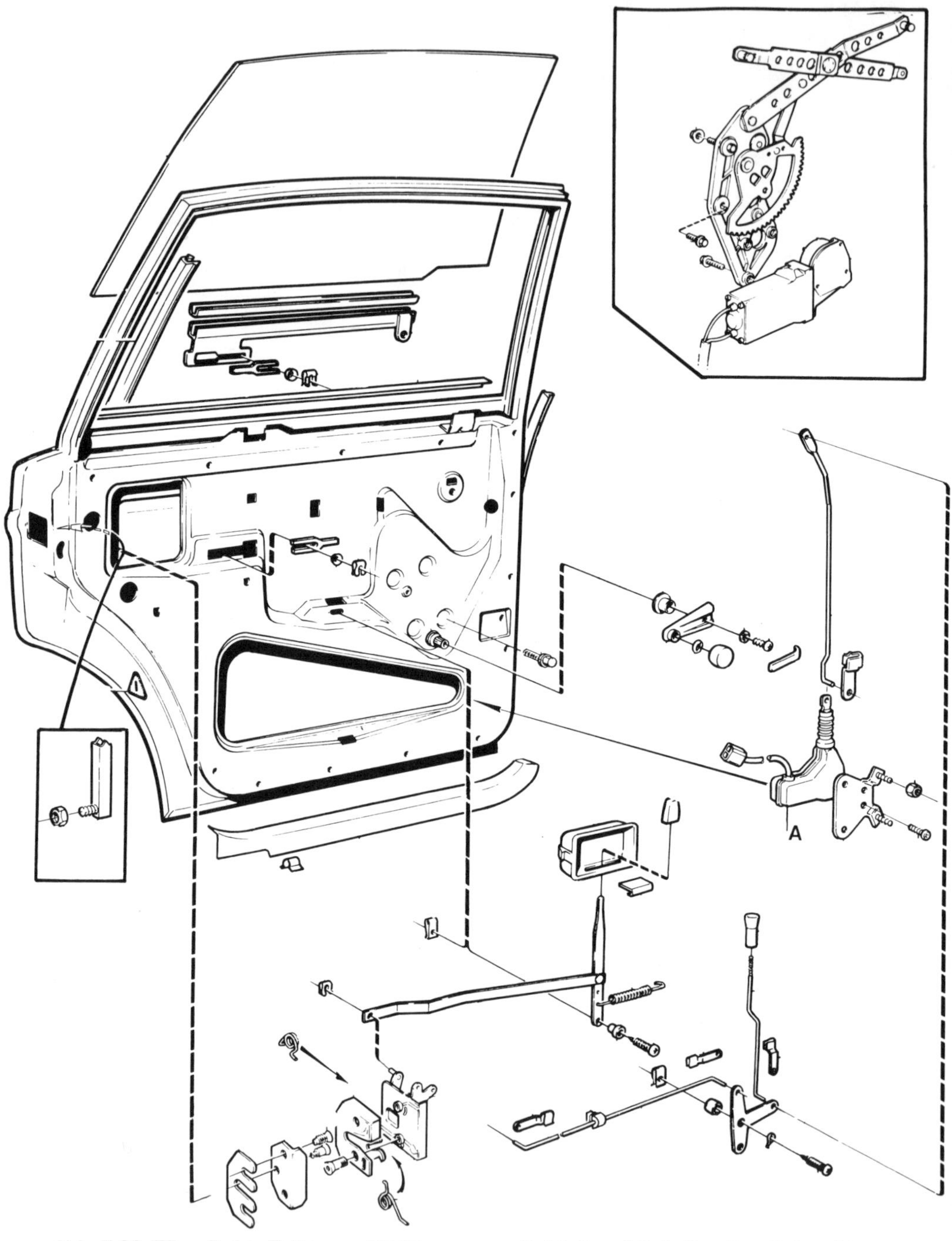

Abb. 7.22: **Tür mit den Teilen zur Bedienung von Schloß und Scheibe.** Der Solenoid (Elektromagnet) des zentralen Verriegelungssystems ist mit A bezeichnet. Rechts oben im Rahmen sehen Sie den Elektromotor mit Bedienungsteilen für das Fenster.

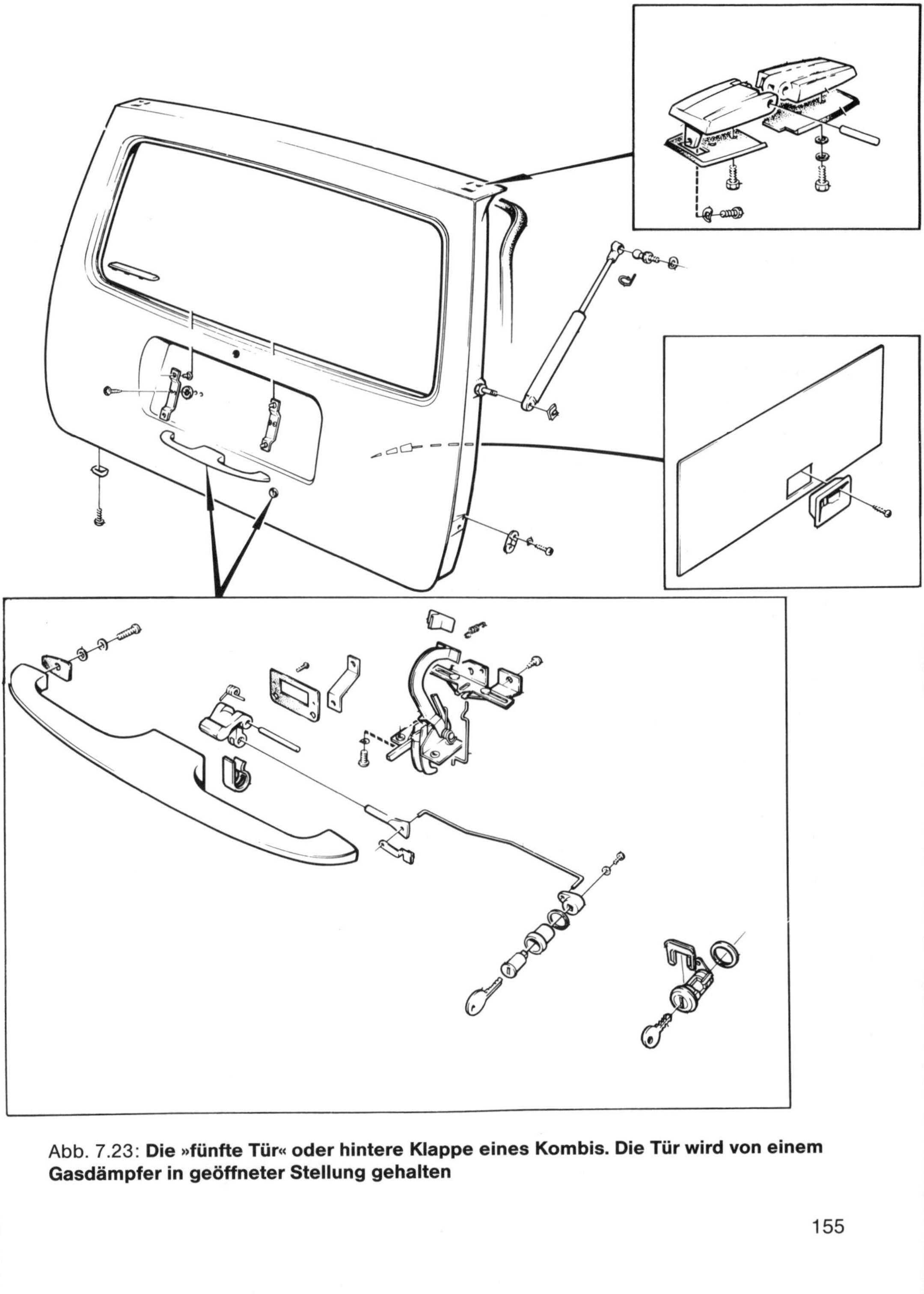

Abb. 7.23: **Die »fünfte Tür« oder hintere Klappe eines Kombis. Die Tür wird von einem Gasdämpfer in geöffneter Stellung gehalten**

Türschloß

Das Schloß der Wagentür hat nicht nur die Aufgabe, das Fahrzeug abschließbar zu machen, sondern es muß die Tür auch in der Karosserie verriegeln. Sie darf sich niemals von selbst öffnen, nicht einmal bei einer schweren Beschädigung der Karosserie infolge eines Unfalls. Deshalb ist die Schließvorrichtung bei geschlossener Tür immer in allen Richtungen gesperrt.

Heutzutage hat sich die »Zentralverriegelung« allgemein durchgesetzt. Auch mit ihr werden wir es also bei der Arbeit zu tun haben.

Im Prinzip ist das System der Zentralverriegelung recht einfach. Das Verriegeln und Entriegeln des Schlosses, das sonst über einen Knopf erfolgt, geschieht jetzt mittels eines Elektromagneten (Solenoid). Die Solenoide (einer für jede Tür plus evtl. für die fünfte Tür, die Kofferraumhaube, die Tankdeckelhaube usw.) sind so geschaltet, daß sie beim Öffnen oder Schließen einer vorderen Tür mit dem Schlüssel ganz kurz unter Spannung zu stehen kommen und das Schloß dadurch ver- oder entriegeln. Auch Vakuumbetätigung gibt es. Die logische Folgerung dessen ist es, daß bei diesen Systemen immer sämtliche Schlösser entweder verriegelt oder entriegelt sind.

Dem steht gegenüber, daß alle Schlösser auch auf »normale« Weise von innen aus betätigt werden können; dies u. a. für den Fall von Störungen, z. B. wenn die Batterie leer ist. Ferner sind immer Sicherungsvorkehrungen getroffen, die dafür sorgen müssen, daß ein verriegeltes System bei Unfällen o. ä. entriegelt werden kann. Das ist besonders wichtig, denn sonst könnten Personen, die helfen wollten, »vor geschlossenen Türen« stehen, und die Folgen könnten dann fatal sein.

Fensterbetätigung

Zum Öffnen und Schließen der Türfenster ist ein Mechanismus erforderlich, der die Drehbewegung der Kurbel oder eines Elektromotors in eine auf- und niedergehende Bewegung des Fensters umsetzt. Im allgemeinen besteht dieser Mecha-

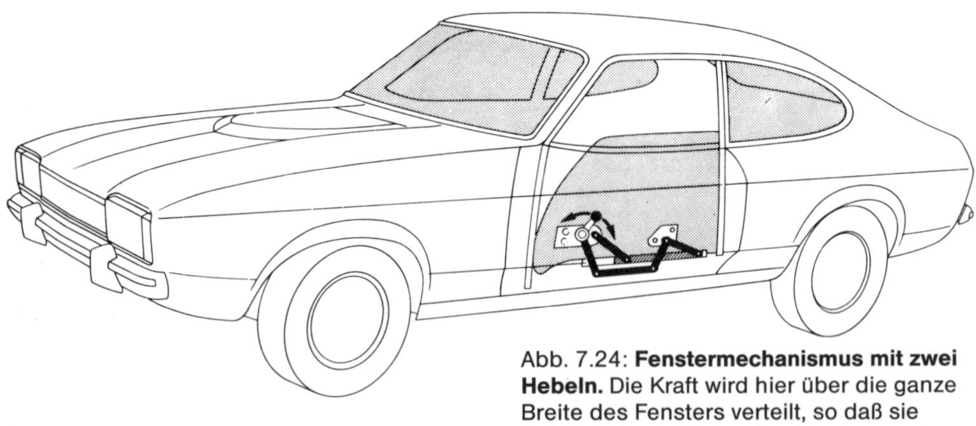

Abb. 7.24: **Fenstermechanismus mit zwei Hebeln.** Die Kraft wird hier über die ganze Breite des Fensters verteilt, so daß sie keine Neigung zum »Schieflaufen« und somit zum Verklemmen hat.

nismus aus einem Antriebszahnrad, einem angetriebenen Zahnsegment und einem am Segment befestigten Arm, der auch über ein Gleitstück mit der Scheibe verbunden ist.
Nun kann sich das Problem ergeben, daß die Scheibe ein wenig schief geschoben wird, so daß sie sich in der Führung verklemmt. Dies wird dadurch vermieden, daß man zwei Hebelarme montiert, wie aus der Abb. 7.24 ersichtlich.

7.4 MOTORHAUBE UND KOFFERRAUMDECKEL

An sich ist der Gedanke verführerisch, beim Begriff »Motorhaube« nur an die Haube zu denken, die auf der Vorderseite des Automobils angebracht ist. Natürlich ist das nicht richtig, denn es gibt ja auch sehr viele Autos mit Heckmotor. Deshalb machen wir die folgende Unterteilung:

a) Motorhaube an der Vorderseite:
   1. nach vorn klappbar;
   2. nach hinten klappbar.

b) Haube des Heckmotors:
   nach vorn klappbar.

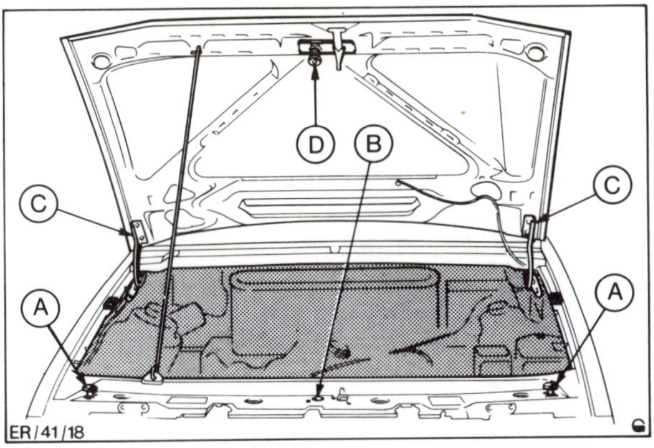

Abb. 7.25: **Die verschiedenen Einstellpunkte der Motorhaube.**

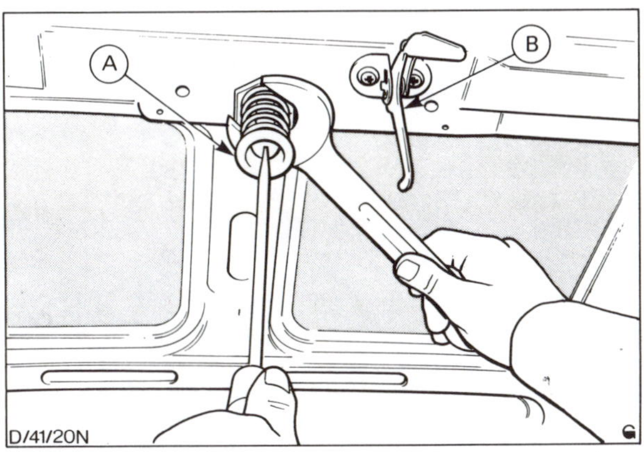

Abb. 7.26: **Methode zum Einstellen des Schloßstiftes an der Motorhaube.**
A. Schloßstift mit Sicherungsmutter;
B. Sicherungssperre

Aus konstruktiver Sicht ist es aber nicht einmal so sehr verwunderlich, daß die Begriffe »Motorhaube« und »Kofferraumdeckel« miteinander verwechselt werden. Die Ausführungen der Scharniere, Schlösser, Verriegelungen usw. hängen weit mehr von der Stelle und den Abmessungen der Haube (bzw. des Deckels) ab, als von dem, was sich darunter befindet. So unterscheidet sich der Kofferraumdeckel eines Autos mit Frontmotor kaum von der Motorhaube eines Autos mit Heckmotor, und umgekehrt.

Machen wir nunmehr eine Unterteilung der Kofferraumdeckel, dann ergibt sich folgendes:

a) Kofferraumdeckel vorn am Auto:
   1. nach vorn klappbar;
   2. nach hinten klappbar.
b) Kofferraumdeckel hinten am Auto:
   nach vorn klappbar.

Hier sei noch auf das folgende hingewiesen. Wenn die Motorhaube eines Autos mit Frontmotor nach vorn oder hinten klappbar ist, dann hat der Konstrukteur diese Entscheidung bewußt getroffen.

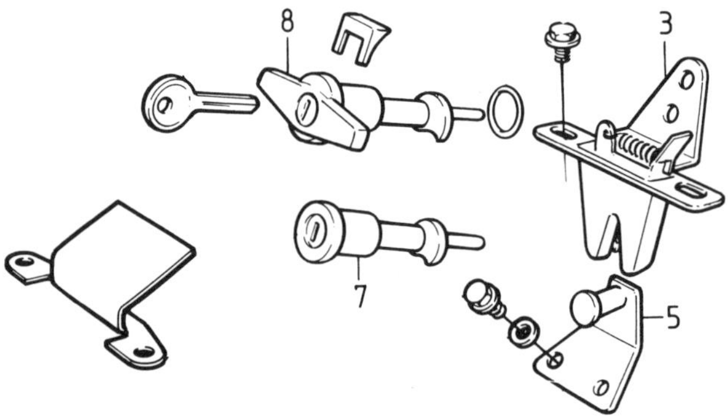

Abb. 7.27: **Kofferraumdeckel**
2. Scharnier;
3. Schloß;
5. Schloßstift mit Befestigungsblech;
7. Zylinderschloß;
8. Zylinderschloß mit Hebel;
12. Ausgleichsfeder

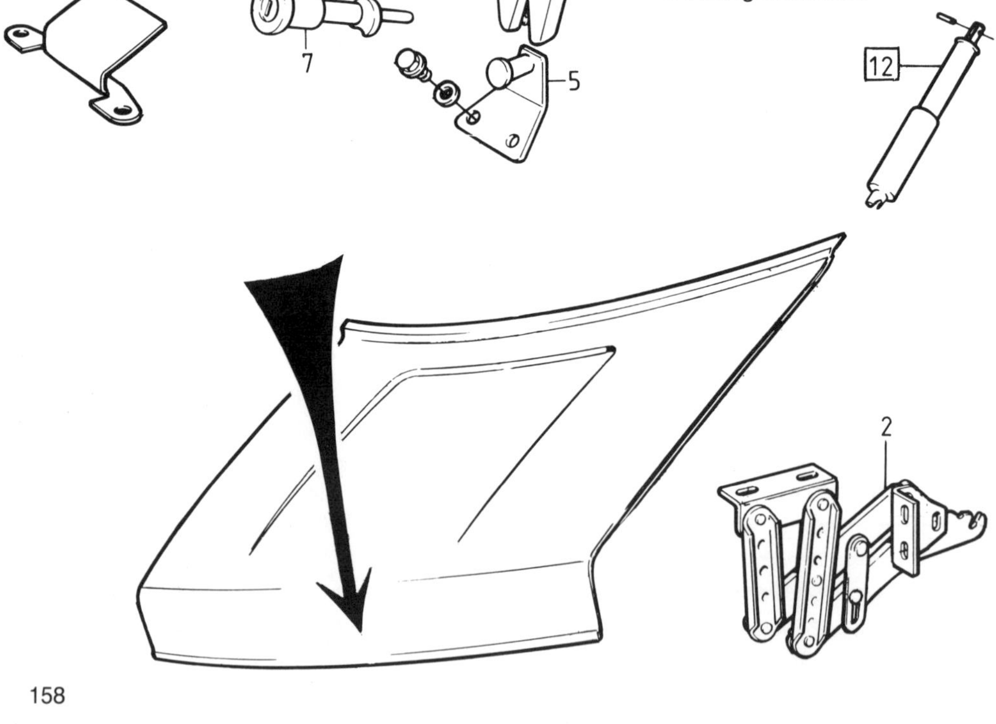

Beide Möglichkeiten haben sowohl Vor- als auch Nachteile. Eine nach vorn aufklappbare Haube wird bei einem Defekt oder im Falle nicht richtigen Schließens niemals vom Fahrtwind geöffnet werden können. Das ist ein wesentlicher Sicherheitsaspekt. Überdies erübrigt sich dadurch eine zusätzliche Sperrklinke.
Aber der Monteur kann durch diese Art der Anbringung erheblich bei der Arbeit behindert werden, obwohl das natürlich von der Lage der Teile und deren Zugänglichkeit abhängt. Sollte das Fahrzeug aber einen Heckmotor haben, dann machen diese Nachteile sich nicht bemerkbar. Deshalb haben auch die meisten Autos mit Heckmotor einen Kofferraumdeckel, der sich nach vorn öffnen läßt. Eine Ausnahme bildet hier der VW-Käfer. Infolge der Form des Kofferraumdeckels ist es praktisch unmöglich, die Scharniere vorn anzubringen und dabei gleichzeitig eine solide Konstruktion zu erhalten.

7.5 SCHIEBEDACH UND SONNENDACH

Wenn man ganz allgemein von einem offenen Dach spricht, so kann man sich darunter alles mögliche vorstellen. Dennoch sollte man unterscheiden zwischen »Autos mit offenem Dach« und »offenen Autos«. Das nachfolgende Schema zeigt, daß es dabei doch einige wesentliche Unterschiede gibt.

Auto	»offenes Auto«	fehlende Dachkonstruktion	Roadster Spider Cabriolet
		fehlende Dachkonstruktion mit Rollbügel	Cabriolet
		mit tragender Dachkonstruktion	Targa T-Dach Cabriolimousine (2 CV)
	»offenes Dach«	– ganztragende Dachkonstruktion mit Aussparung vorn	Schiebedach Faltdach Sonnendach Schiebe-/ Sonnendach

Es versteht sich, daß dem Auto ohne Dachkonstruktion ein wesentlicher Bestandteil der selbsttragenden Karosserie fehlt. Ein Umstand, der von den Konstrukteuren zu berücksichtigen ist, wenn von einem vorhandenen Modell eine Cabrio-Ausführung entwickelt werden soll. Für einen Targa oder ein T-Dach gilt das zwar in minderem Maße, ist aber dennoch zu beachten!
Im Rahmen dieses Buches wollen wir uns auf die offenen Dächer beschränken; häufig werden diese noch nachträglich »eingebaut«, so daß die damit verbundenen Probleme auf die Werkstatt abgewälzt werden.

Wie aus dem Schema ersichtlich, gibt es eigentlich vier Arten: das Schiebedach, das Faltdach, das Sonnendach und das Schiebe-/Sonnendach.
Betrachten wir sie einmal etwas näher.

Schiebedach

Ein Schiebedach besteht aus einem Rechteck aus Stahlblech oder Kunststoff, das in Führungsschlitten aufgehängt ist. Drehen wir an der zugehörigen Kurbel, dann können wir dieses Rechteck unter das Dachblech schieben und so das Dach »öffnen«. Häufig geschieht das auch mit Hilfe eines Elektromotors, aber damit ändert sich das eigentliche Prinzip nicht.
Ein solches Schiebedach muß mit der größten Sorgfalt eingesetzt und die Einbauvorschriften müssen strikt berücksichtigt werden. Vor allem unter den Bedingungen des europäischen Klimas sind die Eigenschaften in geschlossener Stellung ebenso wichtig (wenn nicht gar wichtiger), als die in geöffneter Stellung. Das Schiebedach muß absolut luft- und wasserdicht sein.

Abb. 7.28: **Einige Beispiele von offenen Automobilen und solchen mit einem offenen Dach.**

Ein Spider mit aerodynamisch günstiger Form

Kabriolett mit Rollbügel

fünftürige Karosserie mit Schiebedach

Falt-Schiebedach
Das Falt-Schiebedach ist im Grunde nur eine Variante des Schiebedachs. Beim Öffnen schieben wir das Dach ebenfalls von vorn nach hinten, aber es wird nicht unter das Dachblech geschoben, sondern wie ein Harmonikabalg gefaltet. Deshalb besteht es auch aus einem flexiblen Stoff. Das hat den Nachteil, daß es leicht aufgeschnitten werden kann, so daß das Auto weniger »einbruchsicher« ist. Solche Falt-Schiebedächer werden in den letzten Jahren nicht mehr so oft eingebaut.

fünftürige Karosserie mit Schiebe-Sonnendach

T-Dach; die beiden Dachteile können unabhängig voneinander heruntergenommen werden

die Kabriolimousine; eine Bezeichnung, die eigentlich nur noch für die »Ente« von citroën zutrifft

Sonnendach

Das Sonnendach hat sich eigentlich erst seit dem Beginn der achtziger Jahre richtig durchgesetzt. Die relativ leichte Montage und der niedrige Preis haben dazu natürlich wesentlich beigetragen.

Das Sonnendach besteht aus einem Dachpaneel aus durchsichtigem Kunststoff, so daß man auch bei geschlossenem Dach den Effekt eines »offenen Wagens« hat. Um allzu grelle Sonnenstrahlen abzuschwächen, ist der Kunststoff getönt. Zum Öffnen wird das Sonnendach hinten aufgeklappt oder es wird ganz herausgenommen.

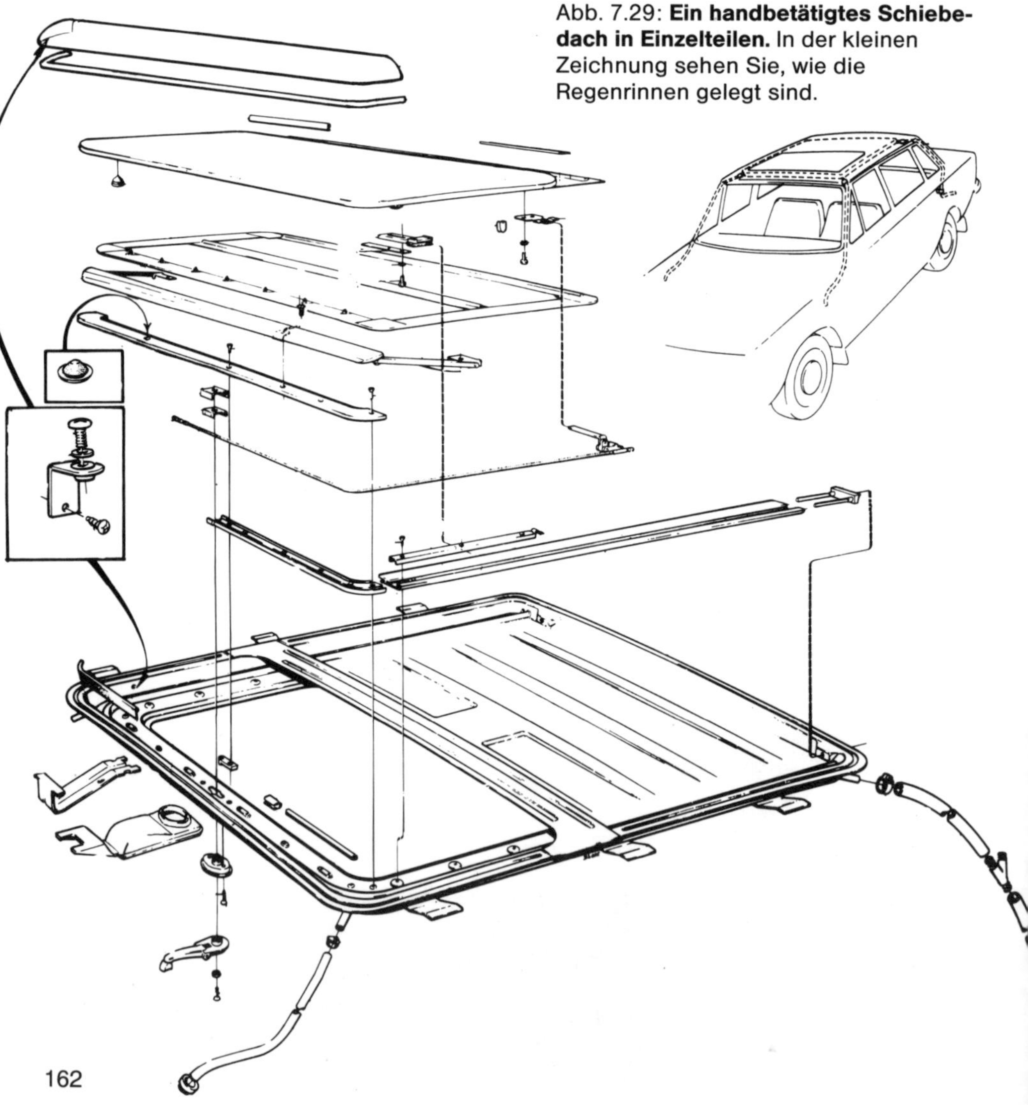

Abb. 7.29: **Ein handbetätigtes Schiebedach in Einzelteilen.** In der kleinen Zeichnung sehen Sie, wie die Regenrinnen gelegt sind.

Ausführungen und Modelle gibt es in großer Vielzahl, und zur Montage muß man sich deshalb genau nach den Einbauvorschriften richten. Aber im Prinzip kommt es in allen Fällen vornehmlich darauf an, an der richtigen Stelle einen Ausschnitt mit den erforderlichen Abmessungen in das Dachblech zu machen. Entlang dem Rand wird dann der Rahmen *(wasserdicht)* eingesetzt.
Übrigens kann auch die spezifische Konstruktion einer bestimmten Karosserie dafür ausschlaggebend sein, ob bestimmte Sonnendächer (oder offene Dächer im allgemeinen) montiert werden können.
Es kann vorkommen, daß ein tragendes Profil unterhalb des Dachblechs bei der Montage eines Sonnendaches im Wege ist. Natürlich darf solch ein Profil nicht durchgesägt werden; die Karosserie würde dadurch erheblich an Stabilität einbüßen.

Schiebe-/Sonnendach
Das Schiebe-/Sonnendach ist eine Kombination von Schiebedach und Sonnendach. Es bietet die Möglichkeit, das Dach (durchsichtig und strahlendämpfend beschichtet) aufzuschieben oder hinten hochzuklappen.
Eventuell ist auch noch eine gesondert zu betätigende Jalousie lieferbar. Diese Kombinationsdächer können den Komfort erheblich erhöhen.

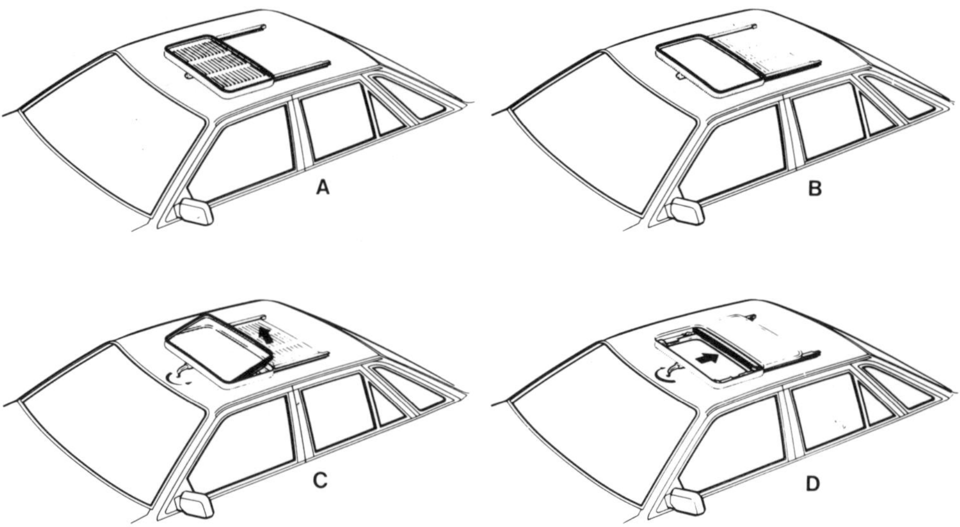

Abb. 7.30: **Vier Möglichkeiten eines Schiebe-/Sonnendaches.**
A. geschlossenes Dach mit geschlossener Jalousie;
B. geschlossenes DAch mit zurückgeschobener Jalousie;
C. aufgeklapptes Sonnendach;
D. zurückgeschobenes Sonnendach.

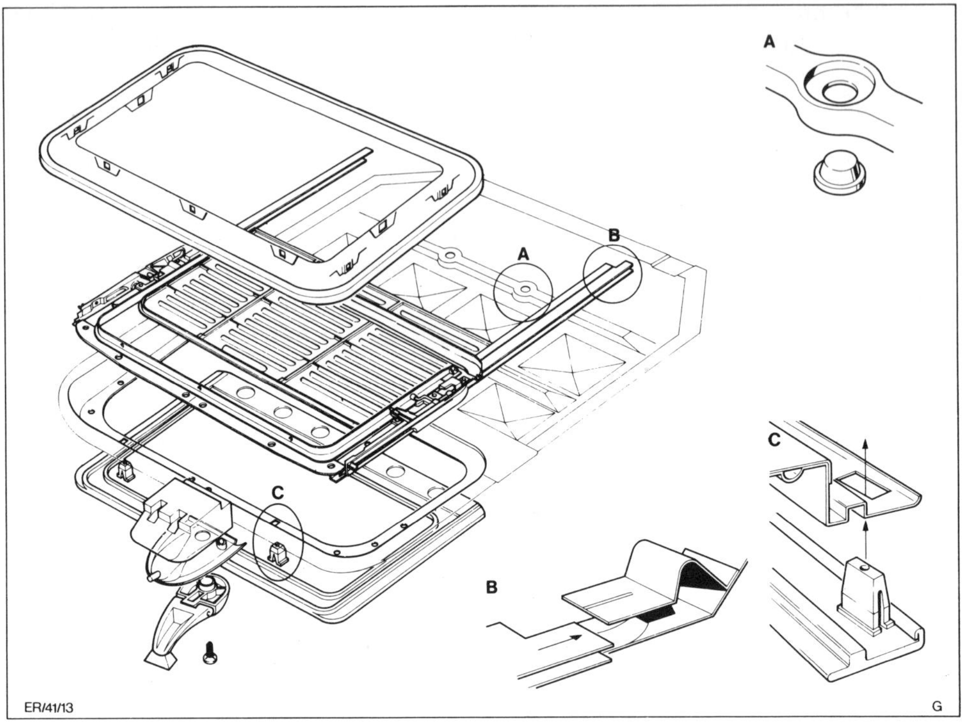

Abb. 7.31: **Die Konstruktion eines Schiebe-/Sonnendaches mit gesonderter Jalousie.**

8 Das Löten

Allgemeines

Man unterscheidet beim Löten das Weich- und Hartlöten. Will man Metalle durch Löten verbinden, dann verwendet man Legierungen aus Blei, Zinn, Messing, Bronze und Silber. Die Schmelztemperaturen des verwendeten Lötmaterials sind immer niedriger, als die der zu verbindenen Metalle, weil diese nicht auf Schmelztemperatur kommen dürfen. Messing ist eine Legierung aus Zink und Kupfer, Bronze eine aus Zinn und Kupfer. Das verflüssigte Lot muß stark an den zu verbindenden Metallen anhaften, wobei die Stücke der Naht von der Art des verwendeten Lots abhängt.

8.1 WEICHLOT

Weichlot, auch einfach Lötzinn genannt, besteht aus einer Legierung von Zinn und Blei, dem zur Herabsetzung der Schmelztemperatur zuweilen auch noch ein wenig Wismut zugesetzt ist.
Lötzinn hat die Eigenschaft, beim Übergang von flüssig nach hart teigartig zu werden. In diesem Zustand läßt es sich leicht ausschmieren, so daß man auch von »Schmierzinn« spricht.
Je mehr Zinn die Legierung enthält, desto niedriger ist der Schmelzpunkt, desto größer die Dünnflüssigkeit, desto teurer ist es, aber desto schneller ist auch der Übergang von flüssig nach fest. Der Einfluß des Bleis ist dem des Zinns entgegengesetzt. Blei schmilzt bei 327° C, Zinn bei 232° C.

Beispiele

a) Lötzinn 40/60*, Schmelztemperatur 238° C
b) Lötzinn 50/50 , Schmelztemperatur 212° C
c) Lötzinn 65/35 , Schmelztemperatur 183° C

Verwendung

65/35 In der Elektrotechnik und Elektronik, weil die Erstarrung relativ rasch ohne Übergang in knetbarem Zustand erfolgt; dies infolge des hohen Zinngehalts.

* Anteile Zinn/Blei

50/50 Schmierzinn. Der teigartige Zustand geht erst allmählich in fest oder flüssig über.
40/60 Verwendung im Karosseriebetrieb als erstes Heftmaterial.
30/70 Verwendung im Karosseriebetrieb zum Auftragen der zweiten Haft- und Füllschicht. Diese Legierung bleibt innerhalb gewisser Grenzen knetbar, nämlich zwischen 181° C und 265° C. Sie kann bequem in jede Form gebracht werden.
Hier sei noch auf Kapitel 4 verwiesen. Im Abschnitt »Verzinnen« wird hierüber mehr gesagt.

8.2 HARTLÖTEN

Das Auftragen von Hartlot aus Legierungen von Kupfer und Zink (Messing) oder Bronze (Kupfer und Zinn) oder Silber (für stabile Verbindungen) erfolgt mit Hilfe des Schweißbrenners.

Sorten
SMs60 Lötmessing: 60% Kupfer und 40% Zink. Es schmilzt bei ± 900° C und wird in der Form flacher Stäbchen verkauft (Unterschied zu Drahtmessing).
SMs54 Lötmessing: 54% Kupfer, 46% Zink. Schmelzpunkt bei ± 850° C, wird in Kügelchen geliefert.
SMs51 Lötmessing: 51% Kupfer, 49% Zink. Schmilzt bei ± 800° C, wird in Kügelchen geliefert.

Verwendung
Lötmessing (SMs) wird zum Hartlöten von Metallen verwendet, wie: Gußeisen, Kupfer, Bronze, verformbares Gußeisen. Die Verbindung ist dicht, ziemlich stark und widerstandsfähig.
Wollen wir aber widerstandsfähige Verbindungen herstellen, z. B. für Wasserleitungen unter Druck, dann verwenden wir für Verbindungen von Kupfer, Bronze und Messing nach Möglichkeit

Silberlot

Beispiele:
SAg45: Silberlot mit 45% Silber, der Rest ist Messing. Schmelztemperatur ca. 620° C. SAg25: 25% Silber, der Rest ist Messing. Schmelztemperatur ca. 750° C.
Silberlot ist relativ teuer, und es wird in der Form von Draht, Stäbchen, Plättchen und Körnern geliefert.
Beim Hartlöten verwenden wir Borax als Flußmittel. Bei der Verwendung von Silberlot liegt die Verarbeitungstemperatur im allgemeinen etwa 100° C niedriger, als bei Messinglot. Aus diesem Grund bevorzugt man in manchen Fällen das Hartlöten vor dem Schweißen.

In der Praxis zeigt sich oft, daß die Stelle unmittelbar neben der Schweiß- oder Lötstelle schwächer ist, als die Verbindung selbst. Das ist auf die Schrumpfspannungen zurückzuführen, die im Material infolge der Abkühlung entstehen. Es ist nicht immer möglich, thermisch behandelte Stellen nachzuhämmern, um diese inneren Spannungen zu beheben. Erfahrung ist auch hier wieder unentbehrliche Voraussetzung.

8.3 FLUSSMITTEL

Es versteht sich, daß die zu verlötende Fläche gründlich gereinigt werden muß; sie muß frei von jeglicher Oxydation, von Fett, Öl und anderen Verschmutzungen sein. Das Material muß also blankgeschmirgelt sein.
Während des Erwärmens ist einer Oxydation des blanken Materials vorzubeugen. Daher die Verwendung von Flußmittel.

Beim *Weichlöten* verwendet man Lötwasser (Zinkchlorid) als Flußmittel. Das ist Salzsäure, in der ein wenig reines Zink gelöst ist. Beim Auflösen des Zinks muß man vorsichtig zu Werke gehen (sofern es sich um größere Mengen handelt), denn dabei wird Wasserstoff frei, ein Gas, das leicht explodieren kann. Deshalb immer mit kleinen Mengen arbeiten!
Zuweilen verwendet man auch Salmiakstein (Ammoniumchlorid), Harz oder Stearin als Flußmittel. Letzteres verdient den Vorzug zur Behandlung von Oberflächen, die durch Säuren zersetzt werden könnten, wie Blech, blanke, glänzende und polierte Teile aus Kupfer oder Blei. Bei Radios, Telefonen, Fernsehgeräten, Radar usw. verwendet man Harzkernlote. In anderen Fällen verwendet man eine Lötpaste, in der das Lot und das Flußmittel zuvor vermischt wurden.
Beim *Hartlöten* verwendet man Borax als Flußmittel. Die Messingstäbe und das Silbermessing sind mit einem Boraxkern erhältlich. Das Verlöten von Aluminium ist mit Zinn, Messing oder Silber nicht möglich. Dazu verwendet man, je nach der Zusammenstellung, ein spezielles Aluminiumlot und eine dazugehörige Paste, wie später noch beschrieben.

8.4 LÖTWERKZEUG UND ARBEITSWEISEN

Wenn wir Metallteile durch Löten miteinander verbinden wollen, müssen wir sie zunächst gut reinigen, um sie dann bis auf die Schmelztemperatur des verwendeten Lots zu erwärmen.
Beim Weichlöten geschieht dies mit Hilfe des Lötkolbens oder -brenners. Man unterscheidet den Spitzkolben und den Hammerkolben (siehe Abb. 8.1). Diese Lötkolben können mit Holzkohle, auf dem Schmiedefeuer, auf einem Ofen oder einer Gasflamme, mit dem Schweißbrenner oder elektrisch erwärmt werden.

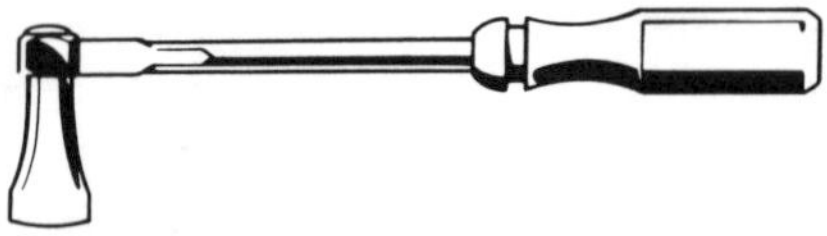

Abb. 8.1: **Lötkolben.**
a) Hammerkolben

b) Spitzkolben

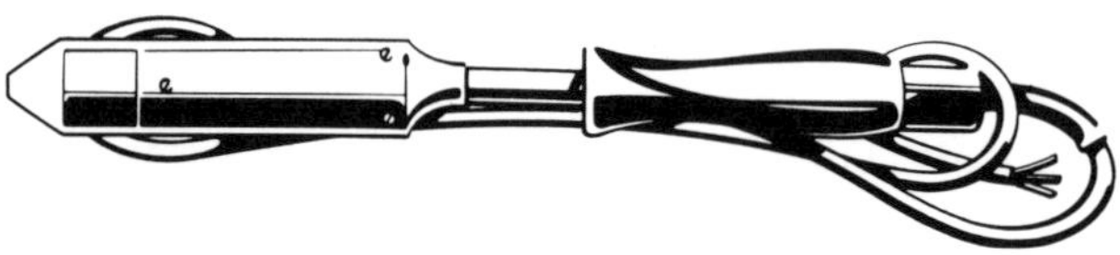

c)elektrischer Lötkolben

Der Lötkolben ist aus Rotkupfer, weil es ein guter Wärmeleiter ist. Hinten ist er ziemlich dick, wodurch die Wärme gespeichert wird. Damit das Lot nachfließen kann, muß die Spitze zuvor verzinnt werden. Blank gefeilt und erhitzt wird die Spitze in Zinkchlorid getaucht, dann wird sie über einen Salmiakstein gezogen und mit Lot verzinnt. An der hellgrünen Farbe der Flamme erkennt man die richtige Arbeitstemperatur (Erfahrung).
Keinesfalls darf die Spitze des Lötkolbens zu warm werden; dann würde das Kupfer nämlich oxydieren, und das Lot würde verbrennen!
Außerdem gibt es natürlich noch die Brenner. Die Abb. 8.2 gibt zwei Beispiele wieder. Die heißeste Stelle der Flamme liegt ungefähr in halber Länge; deshalb sollte diese auf die zu bearbeitende Stelle gerichtet werden.

Abb. 8.2: **Lötbrenner.**
a) Gasbrenner für Butan oder Propan

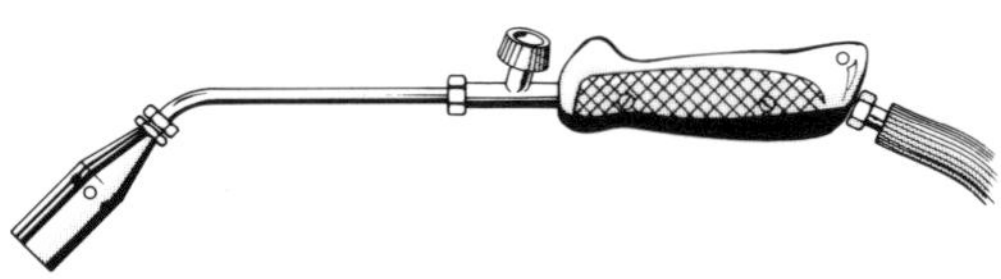

b) Bunsenbrenner

8.5 LÖTEN VON ALUMINIUM

Weichlöten

Wir verbinden die Teile bei einer relativ niedrigen Temperatur miteinander. Dabei wird ein Zusatzmaterial, nicht auf Alu-Basis, mit einem niedrigen Schmelzpunkt verwendet.

1. Löten mit Bleizinn als Zusatz

Dies ist die bekannteste Prozedur. Wir beginnen damit, die zu verlötenden Teile festzuklemmen. In der Abb. 8.3 sind die wichtigsten Schritte wiedergegeben.

Abb. 8.3 a: **Reinigen mit der Drahtbürste**

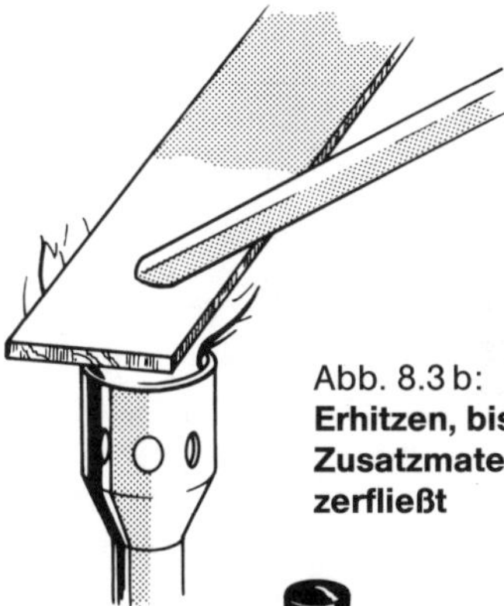

Abb. 8.3 b: **Erhitzen, bis das Zusatzmaterial zerfließt**

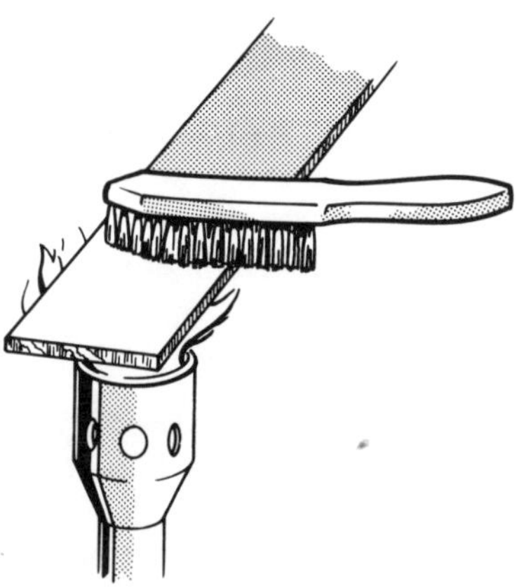

Abb. 8.3 c: **Mit der rostfreien Drahtbürste wird die Oxydschicht entfernt, während gleichzeitig wieter erhitzt wird.**

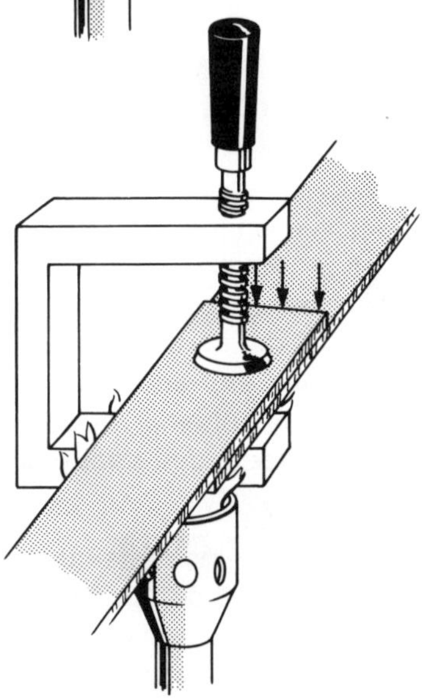

Abb. 8.3 d: **Werkstücke zusammenklemmen und wieder erhitzen, bis das Zusatzmaterial schmilzt. Eventuell noch ein wenig hinzufügen (Pfeile).**

Zunächst reinigen wir die Oberflächen gründlich mit der Drahtbürste (Abb. 8.3a). Nun wird das Werkstück *von unten her* erwärmt, bis das Zusatzmaterial (Schmelzpunkt 180–250° C) zerfließt (Abb. 8.3b).
Während dieser Bearbeitung scheuern wir das zu verlötende Teil mit einer rostfreien Drahtbürste, um die Oxydschicht zu entfernen. Dabei muß die Erwärmung fortgesetzt werden, damit das flüssige Zusatzmaterial am Aluminium anhaftet, siehe Abb. 8.3.
Anschließend wird nochmals eine dünne Schicht von Zusatzmaterial aufgetragen, wie in der Abb. 8.3b. Nachdem die beiden Werkstücke soweit behandelt sind, fügen wir sie zusammen. Erneut wird das Ganze erwärmt, bis der Zusatz wieder flüssig wird; er muß an den Rändern zum Vorschein kommen. Sofern erforderlich, kann noch ein wenig Zusatzmaterial aufgetragen werden, siehe Pfeile in Abb. 8.3d. Die so erhaltene Verbindung ist besonders stabil.
Dieses Lötverfahren hat einen Nachteil: der Bleizinn-Zusatz kann eine galvanische Verbindung mit dem Aluminium eingehen, wodurch Korrosion eintritt. Deshalb verwendet man auch ein Zusatzmaterial auf Zinkbasis. Dessen Schmelztemperatur liegt etwas höher (380–430° C), so daß wir hier nicht mit dem sonst üblichen Lötbrenner auskommen. Die Verwendung eines Luft-Gas-, Luft-Azetylen- oder Luft-Propanbrenners ist hier notwendig.

2. Löten unter Zusatz von Kadmium-Zink
Zuweilen wird auch Kadmium-Zink als Zusatz verwendet (Schmelzpunkt 280° C). Dabei kann dann wieder der Lötkolben oder -brenner benutzt werden. Bei dieser Methode wird die Oxydschicht von einem speziellen, nicht korrodierenden Flußmittel beseitigt.

Hartlöten
Aufgrund des verwendeten Materials und der Arbeitsmethode hat dieses Verfahren eine gewisse Ähnlichkeit mit dem Autogenschweißen.
Es gibt aber einen wesentlichen Unterschied. Beim Hartlöten wird das Metall der miteinander zu verbindenden Teile nicht zum Schmelzen gebracht, sondern nur bis auf eine Temperatur erhitzt, die kurz unter dem Schmelzpunkt liegt.
Da das verwendete Lot einen niedrigeren Schmelzpunkt hat, kommt eine Legierung zwischen diesem und dem Basismaterial zustande.

Verwendetes Material
Im Prinzip wird dasselbe Material verwendet, wie beim Autogenschweißen mit dem Azetylen-Sauerstoffbrenner. Leuchtgas-Sauerstoff, Propan-Sauerstoff, Butan-Sauerstoff oder Azetylen-Luft können ebenfalls verwendet werden.
In Ausnahmefällen werden auch Öfen oder Salzbäder gebraucht.

Flußmittel
Es müssen spezielle Flußmittel mit entsprechenden Schmelz- und Aktionspunkten verwendet werden.

Lötmaterial
Im allgemeinen wird die Legierung AlSi10 (Aluminium mit 10% Silizium) verwendet. Dieses Metall schmilzt bei 580° C. Auch die AlSi5-Legierung ist geeignet.

Arbeitsweise
1. Die zu verbindenden Flächen gründlich mit einer Drahtbürste aus nichtrostendem Stahl, Schmirgelpapier, Schaber oder Feile reinigen.
2. Schwache, aber dennoch ausreichend heiße Flamme gebrauchen. Bei der Verwendung des Azetylen-Sauerstoff-Brenners muß ein reichliches Übermaß an Azetylen eingestellt werden. Um den weißen Kern der Flamme herum entsteht dann ein bläulicher Kranz, der drei- bis viermal so lang ist, wie der Kern selbst.
3. Viel Flußmittel auf dem Lot anbringen. Dazu kann man das Zusatzmaterial zunächst erhitzen, um es dann in das Flußmittel einzutauchen, oder man kann es anfeuchten und dann in das Flußmittel eintauchen.
4. Die Flamme muß die Lötnaht über die ganze Länge vorwärmen.
5. Das Flußmittel auf dem Lot-Stab schmelzen lassen. Das Material selbst darf noch nicht flüssig werden. Das geschmolzene Flußmittel auf die Verbindung fließen lassen.
6. Das Zusatzmaterial zum Schmelzen bringen, während der Stab über die Verbindungsnaht gezogen wird. Ständig weiter erhitzen, ohne das Basismaterial zum Schmelzen zu bringen.
7. Das Erhitzen wird erst beendet, wenn wir sicher sind, daß die Fuge vollständig mit dem Zustzmaterial gefüllt ist. Bei einer Überlappung muß es an der gegenüberliegenden Seite zum Vorschein kommen.
8. Die Verbindungsstelle darf erst berührt werden, nachdem das Zusatzmaterial erstarrt ist. Allmählich abkühlen lassen; dann wird die Verbindung unter fließendem Wasser sorgfältig abgewaschen und mit einer harten Bürste gesäubert.

Hartlöten kommt bei komplizierten Verbindungen zur Anwendung, bei denen das Autogenschweißen aufgrund von schwerer Zugänglichkeit nicht möglich ist. Auch beim Zusammenfügen von Rohren, bei Flanschverbindungen und bei der Anbringung von Zubehörteilen, wie Haken, Deckeln, Fittings usw., wird diese Prozedur angewandt.
Hinweis Das Flußmittel nach dem Hartlöten abwaschen!

9 Schweißtechnik

9.1 AUTOGENSCHWEISSEN

Wenn eine Azetylen-Sauerstoff-Mischung unter Druck verbrennt, kann eine Temperatur von ungefähr 3200° C erreicht werden. Ebenso kann man mit Wasserstoff- oder Propangas arbeiten. Es handelt sich um eine Schmelz-Schweißmethode, weil in der Schweißnaht unter der Brennerflamme ein Schmelzbad entsteht, in dem das Metall der zu verschweißenden Teile und das Zusatzmaterial in flüssigem Zustand vermischt werden.
Abgesehen vom Einfluß der Schrumpfspannungen, müßte es also mit der nötigen Vorsorge möglich sein, eine Schweißverbindung herzustellen, die ebenso stark ist, wie das ursprüngliche Material. Leider ist das aber in der Praxis nicht möglich, weil sehr viele Faktoren mitspielen, wie Schrumpfspannungen, die Verformung während Belastungen und die dadurch hervorgerufene Ermüdung des Materials.

Sauerstoffflasche
Sauerstoff wird in Stahlflaschen mit blauer Kennfarbe geliefert. Im Kopf befindet sich der Anschluß mit Rechtsgewinde R ¾″.
Der Sauerstoff hat einen Preßdruck bis zu 15 000 kPa (150 kg/cm^2 – also 10 mal mehr als Azetylen). Somit kann eine 1,70 m hohe Flasche eine Sauerstoffmenge enthalten, die unter atmosphärischem Druck ein Volumen von 6000 dm^3 einnehmen würde.

Vorsichtsmaßnahmen

- Die Flaschen müssen immer, gleich ob sie voll oder leer sind, mit Ketten oder Stahlbändern verankert werden, so daß sie nicht umfallen können.
- Sie dürfen nicht in unmittelbare Nähe von offenem Feuer, warmen Heizungen und auch nicht in die pralle Sonne gestellt werden. Die Strahlungswärme könnte den Druck in den Flaschen auf einen gefährlichen Wert steigern.
- Im Winter müssen die Flaschen ohne direkte Verwendung eines Heizkörpers vor Frost geschützt werden.
- *Ventil und Druckminderer dürfen nicht mit Öl oder Fett in Berührung kommen!* Sauerstoff kann zusammen mit Öl oder Fett Explosionen verursachen.
- Mindestlänge des Schlauchs 5 m.
- Bei Undichtigkeit des Ventils oder schlechter Funktion muß die Flasche unter Angabe der Mängel ins Werk zurückgeschickt werden.

Acetylenflasche

Obwohl die Acetylenflasche der Sauerstoffflasche äußerlich gleicht, ist sie *im Innern doch völlig anders.* Erkennbar ist sie an ihrer gelben Farbe.

Wenn Sie auf eine Acetylenflasche klopfen, hören Sie einen dumpfen Klang. Die Flasche ist mit einem porösen Stoff gefüllt, zusammengestellt aus Asbestzement, gemischt mit porösem Bimsstein, Kieselgur und Körnchen von poröser Holzkohle. Diese Füllmasse ist in Aceton getränkt, das das Acetylengas absorbiert.

Jeder dm^3 Aceton kann unter atmosphärischem Druck ungefähr 24 dm^3 Acetylengas aufnehmen. Unter einem Druck von 15 bar beträgt dies 375 dm^3.

Bei einer Länge von 1,25 m und einem Durchmesser von ungefähr 21 cm enthält die Acetylenflasche unter 15 bar Druck etwa 4000 dm^3 Gas; bei einer Länge von 1,70 m ungefähr 5760 Liter.

Im Hals befindet sich der Bügelverschluß, auf den der Druckminderer kommt.

Vorsichtsmaßnahmen

- Auch in leerem Zustand muß die Acetylenflasche vorsichtig behandelt werden, man denke an deren Innenverkleidung!
- Während des Schweißens muß der Hals der Flasche stets höher liegen, sonst wird das Aceton verbraucht.
- Grundsätzlich verankern.
- Bei Frost niemals rasch anwärmen oder in die Nähe eines Ofens stellen.
- Niemals die Flasche mit dem Schweißbrenner erwärmen, um mehr herauszuholen als normal. Das schadet der Füllung bzw. Innenverkleidung.

Druckminderer (Abb. 9.1)

Damit man überhaupt schweißen kann, muß der Druck in beiden Flaschen reduziert werden. Der Arbeitsdruck des Sauerstoffs schwankt für normale Schweißarbeiten zwischen 1,5 und 3,5 bar; der des Acetylens zwischen 0,2 und 0,6 bar. Natürlich hängt das von der zu verrichtenden Arbeit ab.

Die beiden Druckminderer können nicht miteinander verwechselt werden, weil sie unterschiedliche Anschlüsse haben.

Zu einer guten Abdichtung verwendet man Fiberringe. Ehe der Druckminderer aufgesetzt wird, bläst man das Ventil kurz durch, um Staub und Schmutz zu entfernen.

Jeder Druckminderer hat zwei Manometer; eines zum Messen des Flaschendrucks und eines für den Arbeitsdruck. Im allgemeinen hat man die folgende Skaleneinteilungen:

Sauerstoff 0–250 und 0–12 kg/cm^2;

Acetylen 0–30 und 0–3 kg/cm^2.

Seit 1978 sind die SI-Einheiten gesetzlich vorgeschrieben. Die SI-Einheit für Druck (= Kraft je Flächeneinheit) ist das N/m^2 (Newton je Quadratmeter). Dieser Druck N/m^2 hat die Bezeichnung »Pascal«, abgekürzt Pa. Demzufolge ist 1 Pa = 1 N/ m^2.

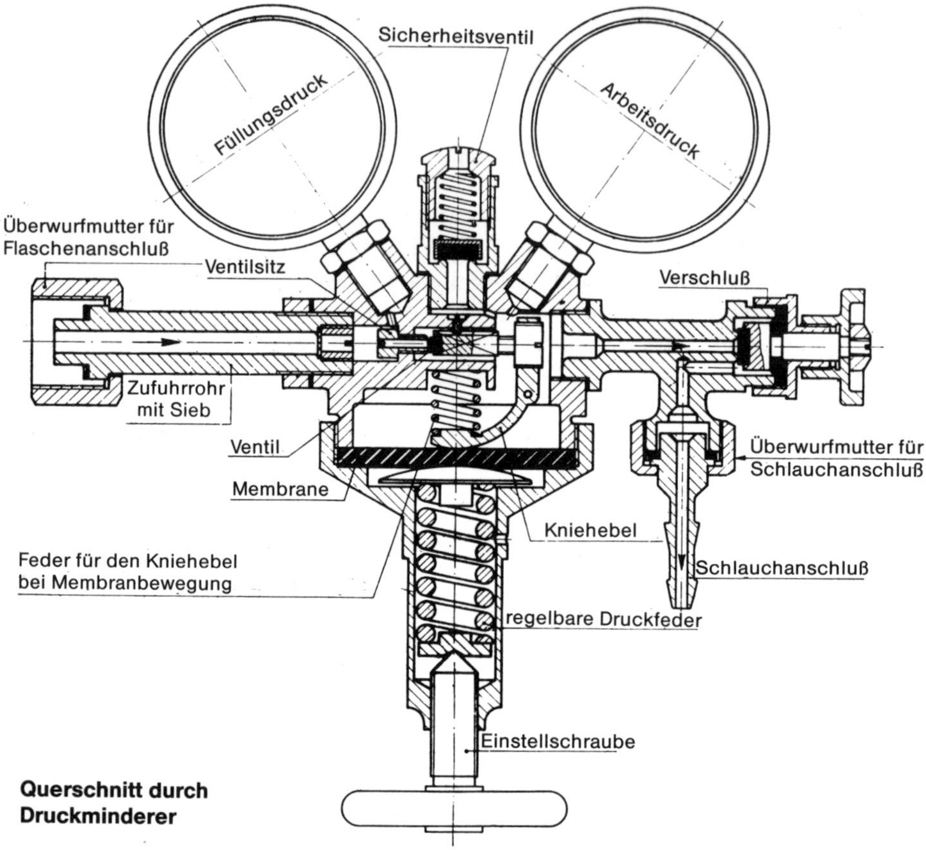

Querschnitt durch Druckminderer

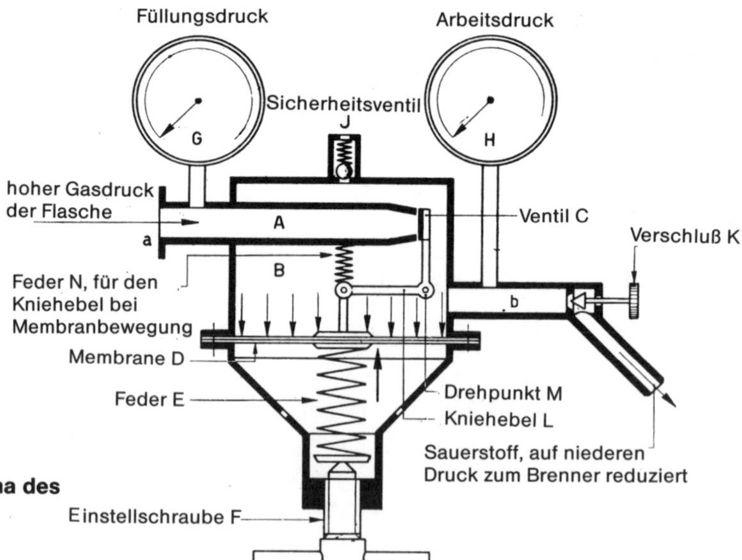

Abb. 9.2:
Funktionsschema des Druckminderers

Wenn wir nun bedenken, daß 1 N ungefähr 0,1 kp ist, und wir stellen uns die auf eine Fläche von 1 m^2 wirkende Kraft vor, dann wird deutlich, daß dies ein sehr niedriger Druck ist. Das Pascal ist eine für die Praxis zu kleine Einheit; wir müßten ständig mit enorm großen Zahlen oder mit Exponenten arbeiten (z. B. 10^4), denn schließlich sind 15 $kg/cm^2 \sim 150\ N/cm^2 = 1\,500\,000\ N/m^2 = 1\,500\,000$ Pa.

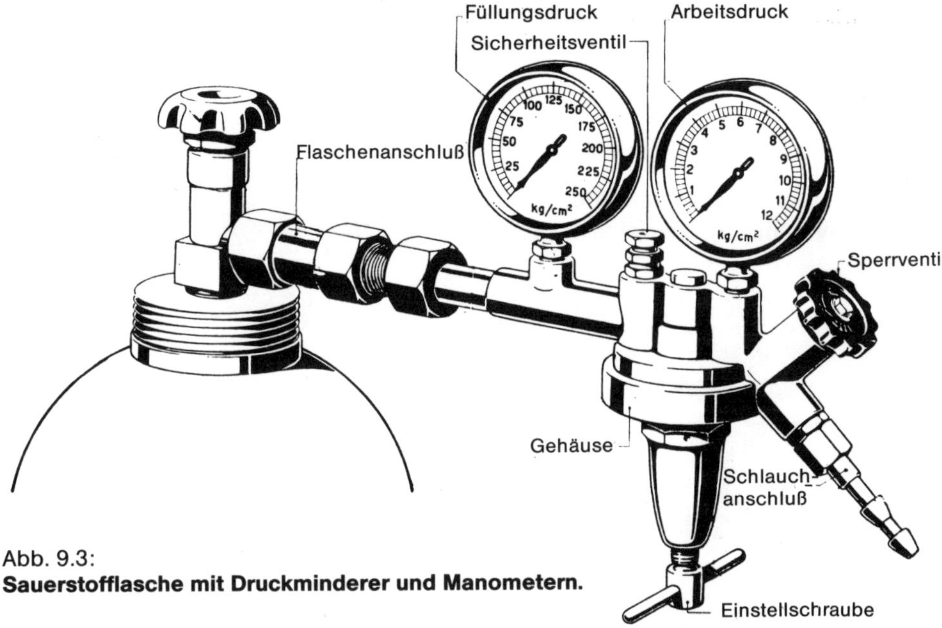

Abb. 9.3:
Sauerstofflasche mit Druckminderer und Manometern.

Deshalb verwendet man meist die Bezeichnung Kilopascal (kPa). Damit können wir solche großen Zahlen um das 1000fache verkleinern bzw. mit 10^{-3} multiplizieren.

Wir erhalten dann für 15 $kg/cm^2 \sim 1\,500\,000$ Pa $= 1500$ kPa. Davon ausgehend können wir dann auch das Vorzeichen Mega (abgekürzt M) verwenden: wir teilen durch 1 000 000, bzw. wir multiplizieren mit 10^{-6}. In unserem Beispiel wird 15 kg/cm^2 dann zu 1,5 MPa.

Wir können uns einer einfachen Faustregel bedienen:

1 $kgf/cm^2 \sim$ 100 kPa (mit 100 multiplizieren);
1 $kgf/cm^2 \sim$ 0,1 Mpa (durch 10 teilen);

und umgekehrt:

100 kPa $\sim$ 1 kgf/cm^2 (durch 100 teilen);
0,1 Mpa $\sim$ 1 kgf/cm^2 (mit 10 multiplizieren).

Dies für den Fall, daß wir es mit neuen Manometern mit der Einteilung in Pascal zu tun haben.

Das Vermindern oder Reduzieren des Drucks erfolgt durch einen eingebauten Membranauslöser, der in den meisten Fällen auch noch mit einem Sicherheitsventil versehen ist.

Die Gase werden durch robuste Gummischläuche von den Gasflaschen zum Schweißbrenner geleitet. Die Schläuche werden an den Verbindungsstellen mit speziellen Schlauchklemmen gesichert. Sie sind geschmeidig und biegsam; Acetylenschläuche sind rot, die für Sauerstoff sind blau. Sie haben verschiedene Innendurchmesser und Wandstärken, entsprechend dem inneren Druck. Beim Sauerstoffschlauch ist der Innendurchmesser 6 mm, und die Wandstärke ist 5 mm mit drei bis vier Gewebeschichten, geeignet für einen Druck von 2000 kPa = 2 MPa ~ 20 kgf/cm².
Beim Acetylenschlauch ist der Innendurchmesser 9 mm, die Wandstärke 3 mm mit nur einer Gewebeschicht. Der Schlauch verträgt bis zu 1000 kPa = 1 MPa ~ 10 kgf/cm².
Die Sauerstoffflasche hat eine Wandstärke von 8 mm.
Die Acetylenflasche hat eine Wandstärke von 7 mm.

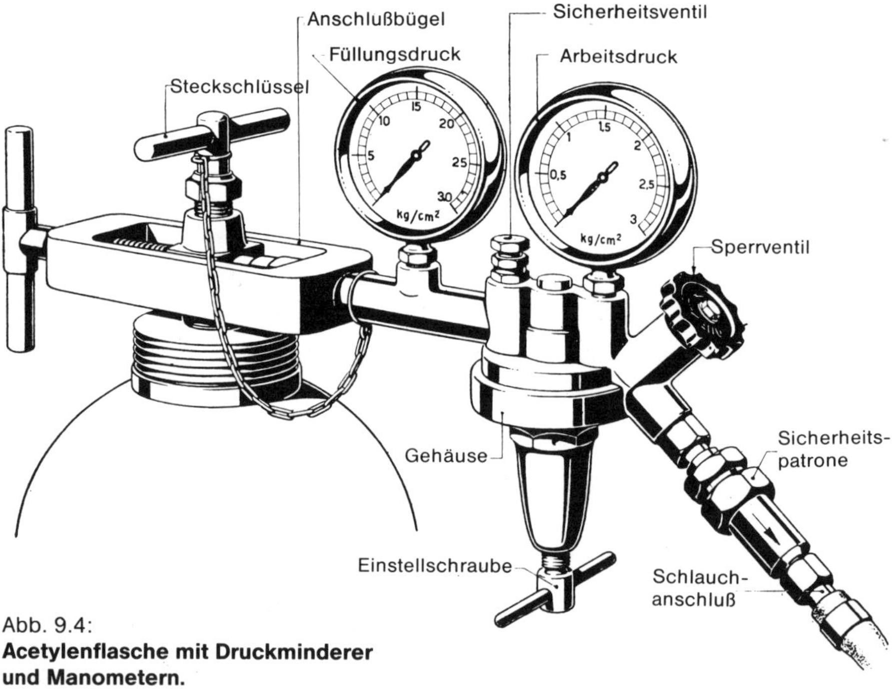

Abb. 9.4:
Acetylenflasche mit Druckminderer und Manometern.

Schweißbrenner

Der Schweißbrenner (Abb. 9.5) ist das Gerät, in dem Sauerstoff und Acetylen vor der Verbrennung gemischt werden.
Im Karosseriebau verschweißt man im allgemeinen dünne Bleche, wenngleich es auch vorkommt, daß Fahrgestellteile mit einer Stärke von 4 bis 5 mm verschweißt werden müssen.

Bei der Wahl des Schweißbrenners wird man einen solchen bevorzugen, der leicht regelbar ist und dennoch genug Gas durchläßt. Dabei soll er leicht in der Hand liegen und eine Reihe auswechselbarer Brennereinsätze haben, die von 75 dm³ bis 1500 dm³ pro Stunde durchlassen.

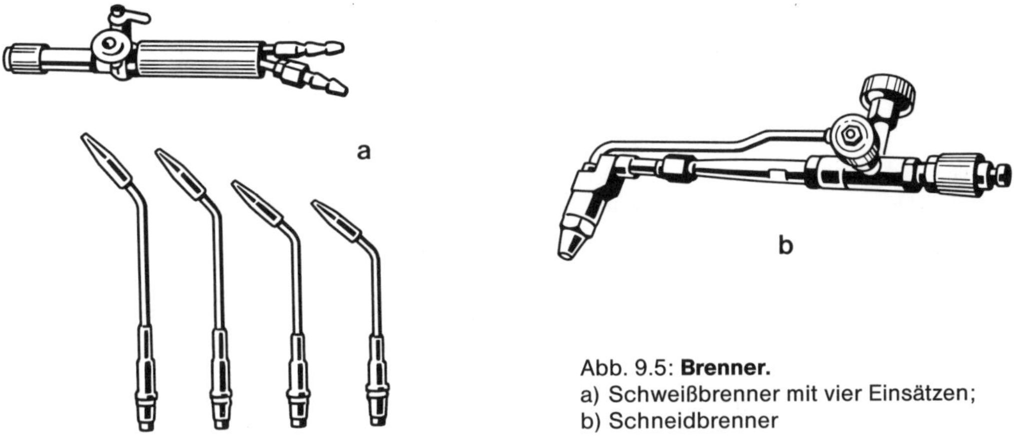

Abb. 9.5: **Brenner.**
a) Schweißbrenner mit vier Einsätzen;
b) Schneidbrenner

Brennereinsätze von 1500 dm³/h werden zum Schweißen kaum verwendet, aber man braucht sie zum Richten von Fahrgestellen, Rahmen und schweren Profilen. Der Schweißbrenner ist ein Präzisionsinstrument, das sorgsam gewartet werden muß. Sorgen Sie dafür, daß die Ventile nicht undicht werden, daß das Gerät nicht einfach nur so herumliegt und daß es vor Stößen geschützt wird. Eine selbstgefertigte Aufhängung kann gute Dienste erweisen. Verschmutzte und verstopfte Mundstücke werden mit einem spitzen Stift aus Gelbkupfer wieder in Ordnung gebracht. Das betreffende Mundstück wird dazu vom Griffstück abgeschraubt und der Reinigungsstift an der Gewindeseite eingeführt, niemals an der Spitze! Sollte eine Reparatur sich als notwendig erweisen, dann ist das eine Sache für den Hersteller des Schweißgeräts.
Die Abb. 9.6 zeigt einen Brenner mit seinen Teilen. Jede Leitung hat ein eigenes Abschlußventil.

Einstellen der Schweißflamme

Das Einstellen der Schweißflamme setzt einige Erfahrung voraus. Die Abb. 9.7 zeigt:

1. Eine Flamme mit sehr kleinem Kegel. Die Sauerstoffzufuhr ist zu groß, die Flamme wirkt demzufolge oxydierend, und die Temperatur beträgt ± 3500° C. Dies ist auch die Temperatur der Schneidbrennerflamme mit zugefügtem Sauerstoffstrahl.

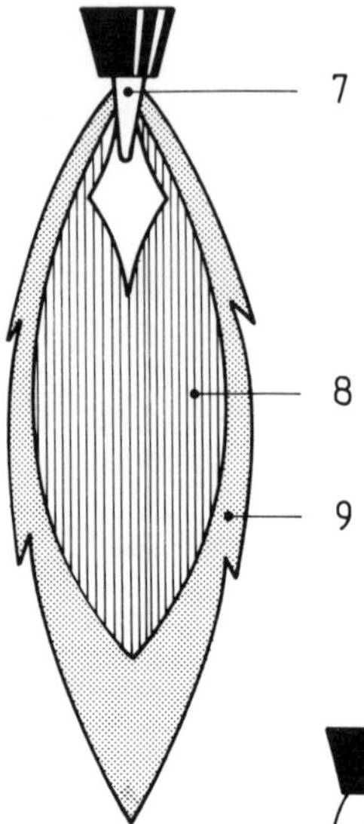

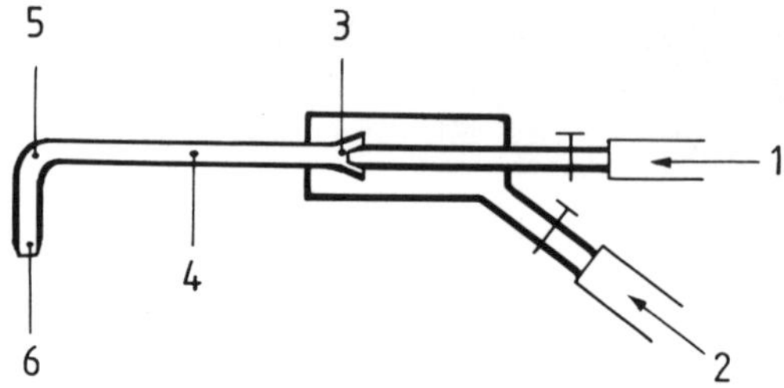

Abb. 9.6 a: **Prinzip des Schweißbrenners mit der Flammenform.** 1. Sauerstoff; 2. Acetylen; 3. Übergang; 4. Mischrohr; 5. Brenner-Vorderstück; 6. Brenner-Mundstück; 7. Flammkegel; 8. Flammschacht; 9. Flammhülle.

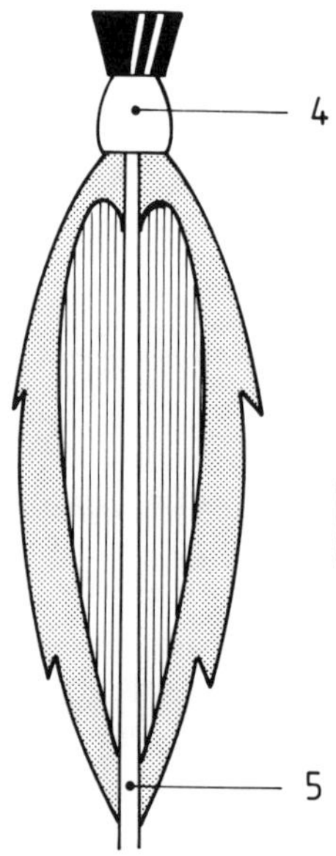

Abb. 9.6 b: **Prinzip des Schneidbrenners mit der Flammform.** 1. Sauerstoff; 2. Acetylen; 3. Schneidleitung; 4. vorerhitzter Schmelzkegel; 5. Sauerstoffstrahl.

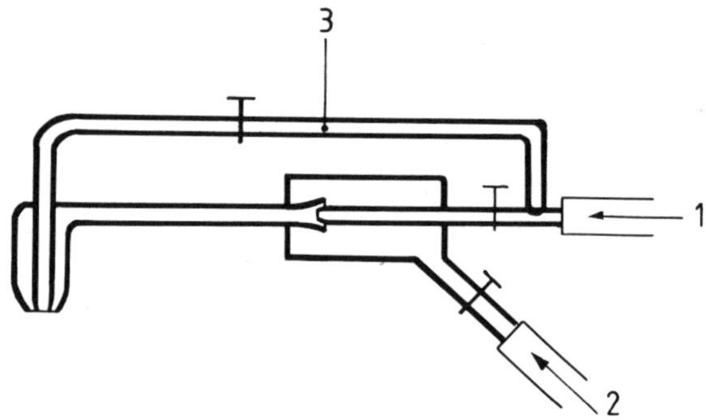

2. Eine Flamme, deren Kegel die normale Länge hat. Die Zufuhr von Acetylen und Sauerstoff ist ausgeglichen, die Temperatur beträgt $\pm$ 3200° C.
3. Eine Flamme mit unregelmäßigem, gespaltetem Flammkegel. Acetylen ist im Übermaß vorhanden, die Flamme wirkt karbonisierend, und die Temperatur beträgt $\pm$ 3100° C.

Auswechselbare Brennereinsätze machen es möglich, verschieden dicke Schweißnähte zu legen.

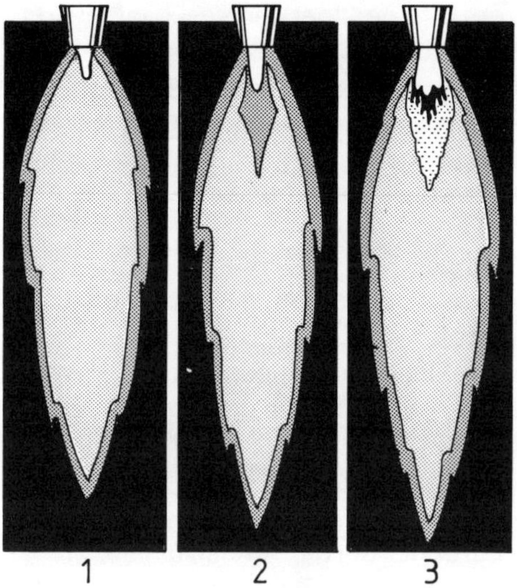

Abb. 9.7: **Schweißflammen**
1. zuviel Sauerstoff;
2. ausgeglichen;
3. zuviel Acetylen.

Einsatz-Nr.	Verbrauch in dm^3/h Acetylen	Sauerstoff	Blechdicke in mm
0	90	99	0,5-1
1	170	187	1-2
2	290	319	2-4
3	440	484	4-6
4	660	725	6-9
5	830	913	9-14
6	1150	1265	14-20
7	1450	1595	20-30

Die Schweißnaht muß sauber und stark sein, deshalb wird das Material auf V- oder X-Form abgeschrägt.
Der Flammkegel wird so geregelt, daß er ohne Kranz spitz wird. Der Kegel darf sich auch nicht vom Mundstück des Brenners ablösen. Bringt man ihn in unmittelbare Nähe des Schmelzbades, dann muß er ein wenig auseinandergehen, ohne daß er an seinen Enden allzu scharf wird.

Das Anzünden der Flamme setzt einige Erfahrung voraus. Wir gehen dabei folgendermaßen vor:

a) Falls der Schweißbrenner längere Zeit unbenutzt war, öffnen wir die Ventile beider Flaschen langsam. Zuvor wird überprüft, ob beide Druckminderer in neutraler Stellung sind.

b) Das Ventil des Sauerstoff-Druckminderers wird geöffnet und anschließend das Sauerstoffventil des Brenners, so daß alle Luft aus dem Schlauch herausgepreßt wird. Der Arbeitsdruck wird geregelt, und danach wird die Sauerstoffzufuhr zum Brenner wieder abgeschlossen.
c) Jetzt folgt das gleiche für das Acetylen.
d) Das Sauerstoffventil am Brenner wird ein wenig geöffnet und danach das Acetylenventil. Das Acetylen wird entzündet.
e) Die Flamme wird geregelt, bis sie neutral ist.
f) Beim Beendigen der Schweißarbeiten wird zunächst die Acetylenzufuhr gesperrt, danach die Zufuhr von Sauerstoff.
g) Nach Abschluß der Arbeiten werden die Flaschen abgesperrt, die Mischer geöffnet und die Manometer in Nullstellung gebracht, um die Membranen der Druckminderer zu entlasten.

Sicherheit beim Autogenschweißen

a) *Flammenrückschlag.* Wenn der Schweißbrenner bei der Arbeit zu nahe an das Werkstück gebracht wird, kann es vorkommen, daß die Flamme nach innen schlägt und ausgeht. Dasselbe geschieht, wenn die Brennerspitze zu heiß wird oder verstopft ist. Nach Abkühlung oder Reinigung ist alles wieder in Ordnung.
b) Es kann auch geschehen, daß die Flamme in die Mischkammer zurückschlägt, und das ist gefährlich! Druckminderer, Leitungen usw. können dabei beschädigt werden. In diesem Fall muß sofort zuerst die Sauerstoff- und danach die Acetylenflasche abgesperrt werden. Ursachen des Flammenrückschlags sind meist eine verstopfte Brennerspitze, verstopfte Leitungen oder blockierte Schläuche.
c) Als allgemein gültige Sicherheitsmaßnahmen sind die folgenden Punkte zu berücksichtigen:
   1. Die richtige Kleidung.
   2. Beim Schweißen aus der Nähe feuergefährlicher Stoffe bleiben.
   3. Schweißbrille mit guten Gläsern benutzen.
   4. Gasanzünder mit Feuerstein benutzen, keine Streichhölzer.
   5. Niemals in unventilierten, verschlossenen Räumen arbeiten, wie Behältern, Rohren usw. Die Gase könnten sich sammeln.
   6. Heiße Werkstücke außer Reichweite bringen oder Vorsichtsmaßnahmen gegen Verbrennung treffen.
   7. Verwenden Sie einen soliden Aufhänger für den Schweißbrenner, wenn Sie diesen eine Weile nicht benutzen.
   8. Druckminderer und Schweißbrenner sind Präzisionsinstrumente! Sie müssen sorgsam behandelt werden.
   9. Auch das übrige Werkzeug bedarf schonender Behandlung.

Schneidbrenner (Abb. 9.6b)
Bei einer Materialstärke von ungefähr 3 mm geschieht das Schneiden auf folgende Weise.
In der Mundstückmitte des Schneidbrenners ist eine Öffnung, die einen zusätzlichen Strahl ermöglicht. Dazu hat die zentrale Sauerstoffleitung eine regelbare Abzweigung. Rund um die Mittenöffnung im Brennermundstück hat man für den zusätzlichen Sauerstoffstrahl fünf oder sechs runde Öffnungen angebracht, die das Acetylen-Sauerstoff-Gemisch zuführen müssen. Die Vorerwärmung des Schmelzbades muß also über diese Öffnungen in der üblichen Weise erfolgen, wie bei einem normalen Schweißbrenner. Dann öffnen wir durch Knopfdruck die innere Sauerstoffzufuhr, die das Material schnell verbrennen und wegblasen wird. Bei diesem Schneiden wird durch den heftigen Sauerstoffstrom eine enorme Wärme entwickelt.
Es gibt spezielle Brennerführungswagen, die am Schneidbrenner befestigt werden, damit man den Brenner während des Schneidens sicher führen kann. Auch der Körner und die Schneideschablonen sind praktische Hilfsmittel.
Ferner verfügt der Schweißer über einen speziellen Schweißtisch, der mit feuerfestem Stein (Schamott) belegt ist. Der Schweißraum muß gut gelüftet sein, denn auch aus der Luft der Umgebung wird Sauerstoff verbraucht.

Schweißbrille
Angesichts der hohen Flammtemperatur beim Schweißen ist es absolut erforderlich, die Augen zu schützen. Eine Schweißbrille mit dunkelgrünen, möglichst hochklappbaren, Gläsern und festen weißen Vorsatzgläsern ist daher unabdingbar.
Ferner sollte man beim Autogenschweißen feuerfeste Handschuhe tragen.

Abb. 9.8: **Schweißbrille**

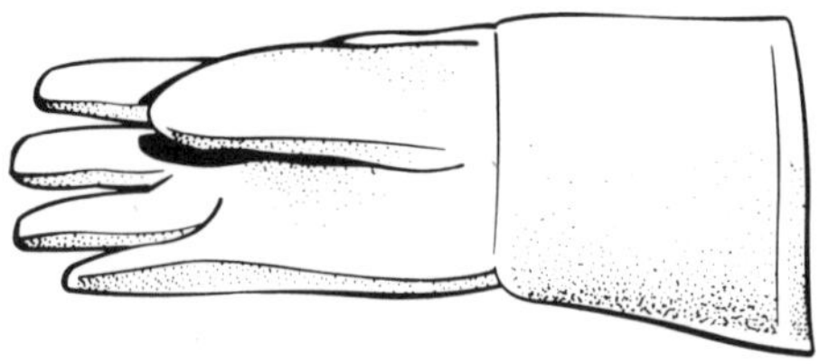

Abb. 9.9: **Feuerfester Handschuh**

Schweißtechnik
Die Schweißmethode, die bei der Reparatur am häufigsten zur Anwendung kommt, ist die für Rechtshänder von rechts nach links. Die typische Haltung ist folgende: das Mundstück des Schweißbrenners muß sich in der Mitte der Schweißnaht befinden. Das Zusatzmaterial, aus dem die Schweißnaht entsteht,

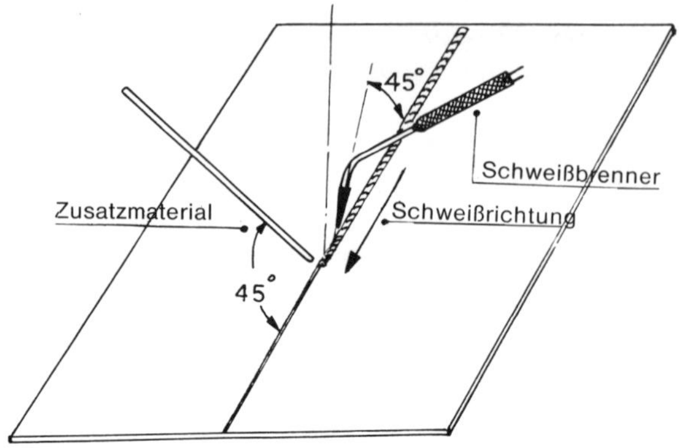

Abb. 9.10: **Stellung des Brenners und des Zusatzmaterials im Verhältnis zur Schweißnaht**

muß auch einen Winkel von 45° haben, jedoch in entgegengesetztem Sinn, so daß zwischen dem Schweißbrennerrohr und dem Zusatzmaterial ein Winkel von 90° entsteht (siehe Abb. 9.10). Den Schweißbrenner bewegen wir leicht hin und her, wobei die Bewegung um so schneller erfolgt, je dünner das Blech ist.
Das Zusatzmaterial wird in unmittelbarer Nähe des Schmelzbades gehalten und bei jeder Vorwärtsbewegung kurz in das Schmelzbad getaucht.
Die Kapazität des Brennereinsatzes muß etwa 100 dm^3/h je mm Blechstärke betragen. Sofern möglich, schweißen wir ohne Zusatzmaterial.

Heften

Das Heften einer Rißstelle erfolgt in Abständen von etwa 4 cm (siehe Abb. 9.11). Vor dem endgültigen Schweißen wird das Blech planiert, um dem Durchsacken der Ränder vorzubeugen. Das Schweißen wird dadurch erleichtert und die endgültige Schweißnaht wird besser aussehen.

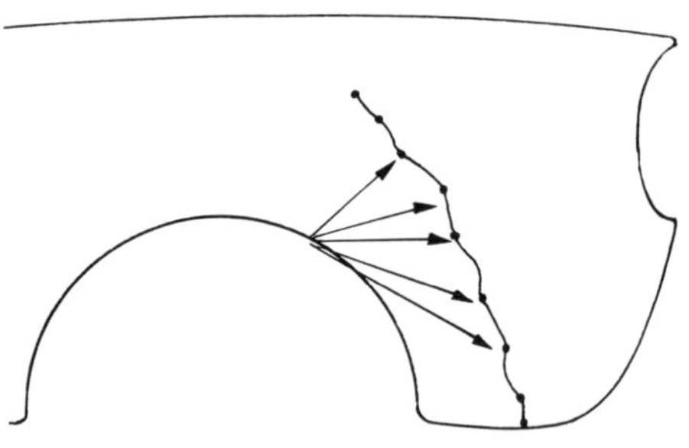

Abb. 9.11: **Heften**

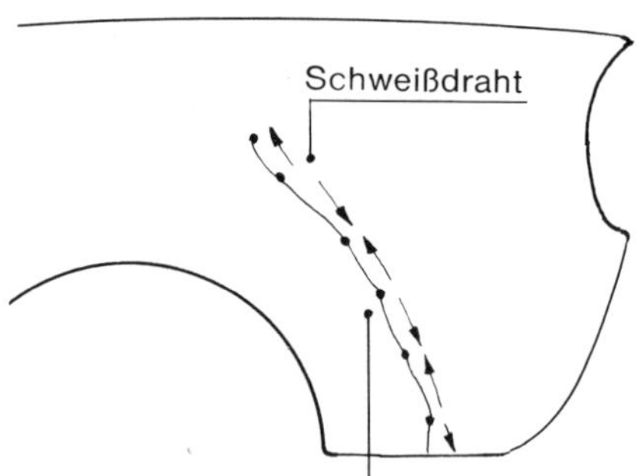

Abb. 9.12: **Nachlinks- und Nachrechtsschweißung**

Schweißung nach rechts
Hierbei handelt es sich um einen 3 bis 4 cm langen Abschnitt der Schweißnaht, der in entgegengesetzter Richtung (von links nach rechts) angebracht ist. Damit werden die Spannungen, die durch das Erwärmen und Schrumpfen entstehen und durch die möglicherweise Haarrisse entstehen könnten, ausgeglichen (siehe Abb. 9.12).

Durchschweißen
Rein theoretisch müßte ein geschweißtes Blech dieselben mechanischen Eigenschaften haben, wie ein nichtgeschweißtes Blech. Aber in der Praxis ist das durchaus nicht immer so.
Nach einer Reihe praktischer Untersuchungen haben schweizerische Kesselhersteller festgestellt, daß eine Schweißnaht 75% der mechanischen Eigenschaften des Originalblechs hat. Dabei besteht der Verdacht, daß die Schwächung sich meist neben der Naht ergeben wird. Eine thermische Behandlung der Struktur ist gewiß von Vorteil.
Der Schweißer muß auf jeden Fall dafür sorgen, daß die Rückseite des Blechs eine ebenso gute Durchschweißung zeigt, wie die Naht selbst (Abb. 9.13).

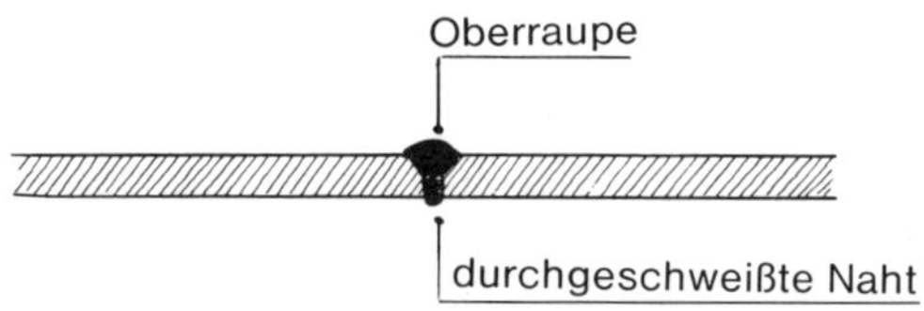

Abb. 9.13: **Durchgeschweißte Naht**

Planieren und Verbessern der Schweißnaht
Ein erfahrener Karosserieblechner wird immer dafür sorgen, daß die Schweißnaht an einer leichtzugänglichen Stelle angebracht ist, so daß sie später nachbearbeitet werden kann.
Grundsätzlich werden wir das Dehnen und anschließende Schrumpfen des Materials berücksichtigen müssen. Ein Karosserieteil wird beim Schweißen in der Umgebung der Schweißnaht einer Erhitzung unterworfen. Das Material wird sich also dehnen, und die noch freien Ränder können dem schwerlich Widerstand bieten. Ist das Schweißen durchgeführt, dann wird die Schrumpfung sich nicht mehr frei geben können. Daraus ist zu folgern, daß die durch Schrumpfung entstandenen Spannungen durch Planieren rundum die Schweißnaht herausgehämmert werden müssen.
Die Schweißnaht muß also nicht nur an zugänglicher Stelle liegen, sondern auch unmittelbar nach dem Schweißen planiert werden, da das Werkstück nach der Montage eventuell nicht mehr so gut erreichbar ist.

Auch bei der Fertigung neuer Ersatzteile muß man sich nach dieser Regel richten. Die Schweißnähte sind niemals in einer Ecke anzulegen, sondern an einer Stelle, die mit Handeisen und Hammer erreichbar ist (Abb. 9.14).

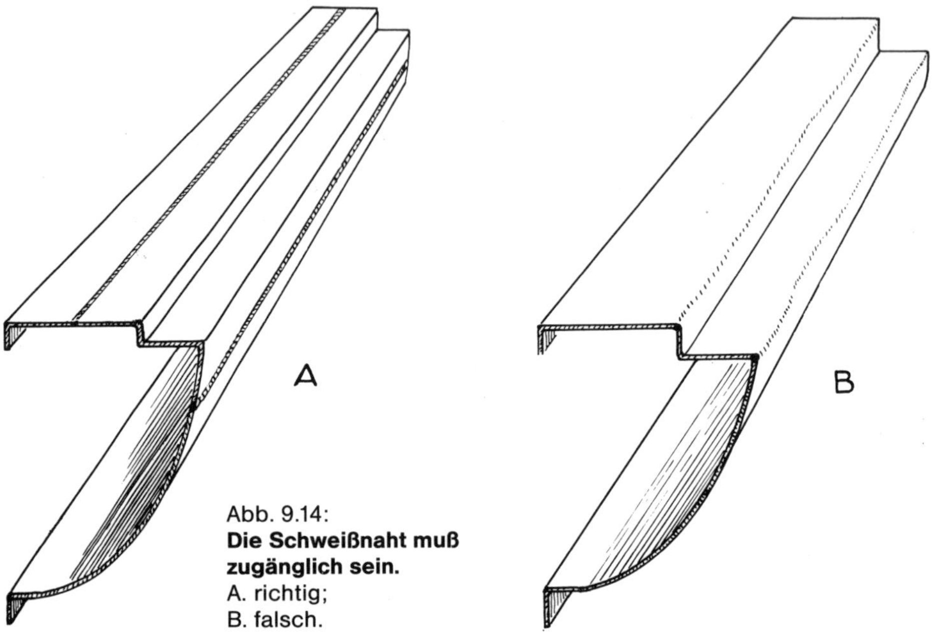

Abb. 9.14:
Die Schweißnaht muß zugänglich sein.
A. richtig;
B. falsch.

Schweißen von NE-Metallen

Aluminium

Aluminium läßt sich ohne nennenswerte Schwierigkeiten schweißen. Vor allem ein Schweißer, der an die Bearbeitung von Dünnblechen gewöhnt ist, erlangt rasch die erforderliche Fertigkeit. Das Zusatzmaterial ist reines Aluminium, umgeben von einem Flußmittel, das die Oxydation neutralisieren muß. Das Werkstück muß, wie immer beim Schweißen, gut blank und sauber sein. Das Ende des Zusatzmaterials wird von Zeit zu Zeit in das Schweißpulver getaucht. Auch die Schweißnaht selbst muß mit diesem Pulver, das mit etwas Wasser zu einem Brei verrührt wurde, eingerieben werden.

Die große Schwierigkeit besteht darin, daß Alu beim Kontakt mit der Schweißflamme nicht rot wird, wie das sonst übliche Blech: der glühende Teil würde sofort zerschmelzen. Der Anfänger kann Kernseife als Hilfsmittel nehmen, mit der ein Strich über die Schweißstelle gezogen wird. Wird der Strich braun, dann hat das Metall seinen Schmelzpunkt erreicht.

Die Bewegungen müssen schneller erfolgen, als beim Schweißen von normalem Blech.

Die Flamme wird ein wenig reduziert mit einem kleinen Übermaß an Acetylen eingestellt, so daß am Ende des weißen Kerns ein kaum bemerkbarer, blaugetönter Saum entsteht. Keinesfalls darf die Flamme oxydierend sein (zuviel Sauerstoff), wobei der Kern dann klein und langgestreckt wäre und der blaue Rand fehlt. Die Brennerflamme hat eine Temperatur von ± 3000° C. Der Schmelzpunkt von Aluminium liegt bei etwa 660° C, der von Weicheisen bei etwa 1560° C. Ferner muß man wissen, daß die latente Schmelzwärme und das Wärmeleitvermögen von Alu ziemlich hoch liegen. Zum Vergleich seien hier einige Verhältniszahlen genannt:

1. Spezifische Wärme — Al 0,215 — Fe 0,118 — Cu 0,094
2. Koeffizient der inneren Wärmeleitung — Al 165 — Fe 60 — Cu 330

Angesichts der auftretenden Wärmeverteilung müssen wir im allgemeinen starke Brenner mit Mundstücken von 60 bis 75 dm^3/h je mm Blechstärke verwenden (siehe Tabelle).

Zu verschweißende Bleche in mm	*Durchmesser des Schweißstabs in mm*	*Abstand in mm*	*Durchlaßkapazität in dm^3/h*
0,6	1,5	30	25
0,8	2	35	50
1	2	40	70
1,5	2	50	100
2	3	60	140
3	4	70	200
4	4-5	75	280
5	5	90	315
6	5-6	100	400
8	5-6	150	2 Schritte (500)
10	5-6	200	2 Schritte (500)

Abb. 9.15: **Hier sehen wir ein tragbares Autogenschweißgerät.** Das Gas ist in einer kleinen Flasche, die in das Gerät eingesetzt wird. Den Sauerstoff „macht" das Gerät durch chemische Reaktion selber aus Wasserstoffperoxyd. Je nach verwendetem Gas erreicht die Flamme eine Temperatur von 2800 bis 3100° C. Abhängig von der Brennergröße kann das Gerät zwischen anderthalb und drei Stunden mit 1 kg Wasserstoffperoxyd ununterbrochen arbeiten.

Die übliche dunkelgrüne Schweißbrille, die man beim Schweißen von Weicheisen trägt, ist hier natürlich unbrauchbar. Am besten eignet sich eine speziell zum Alu-Schweißen gefertigte Brille mit blauen Sonnengläsern, die nicht nur schützt, sondern gleichzeitig auch eine gute Sicht gewährleistet.

Die am häufigsten verwendeten Schweißflußmittel können in zwei Gruppen unterteilt werden:

1. Die nichteinfressenden Schweißflußmittel für Fälle, in denen das überschüssige Flußmittel entweder nur schwer oder aber gar nicht entfernt werden kann, z. B. beim Schweißen von Rohren oder geschlossenen Kastenformen. Sie hinterlassen einen schwarzen Niederschlag. Die Pulver und die Schweißstäbe mit Flußmittel müssen vor allem trocken aufbewahrt werden.
2. Die einfressenden Flußmittel sind gewiß die besten. Es gibt sie als Pulver, das nicht zulange vor Gebrauch mit destilliertem Wasser angerührt wird, oder als Paste in Tuben. Heutzutage verwendet man häufig Schweißstäbe, in denen Flußmittel eingearbeitet ist. Auch hier ist trockene Aufbewahrung notwendig.

Nach Möglichkeit legen wir Schweißnähte nicht in Ecken an, die zu evtl. erforderlichen Reparaturen später nur noch schwer zugänglich sind oder aus denen die Reste des Flußmittels nicht mehr entfernt werden können. Das kann Anlaß zum Anpassen der zu verschweißenden Teile sein. Man wird versuchen sich darauf zu beschränken, abgekantete Ränder und Bördelungen, möglichst in der Nähe von Verstärkungen, zu verschweißen. Die unmittelbare Umgebung der Schweißstelle werden wir, bei Alu noch mehr als bei Eisenblech, mit Hilfe von nassem Asbest gegen Verformung schützen.

Die wichtigsten Arbeitsgänge sind:

1. Entfetten mit Trichlorethylen oder Perchlorethylen.
2. Beizen mit 10%iger Lösung von Schwefel- oder Salpetersäure.
3. Bürsten mit rostbeständiger Drahtbürste.
4. Präparieren von Falzen und Fugen, und zwar durch Abschrägen in V- oder X-Form für Eckschweißung, Stumpfschweißung usw.
5. Das Schweißen selbst, nachdem die Teile zuvor geheftet wurden, wie beschrieben.
6. Das Anlegen der Schweißraupe selbst unterscheidet sich kaum von der Art der Eisenblechverarbeitung. Bei einer unbeabsichtigten Unterbrechung entsteht an der Endstelle ein kleiner Krater; dann müssen wir noch einmal um einige cm zurückgehen. Bis zu 4 mm schweißen wir in einem einzigen Arbeitsgang durch. Dickere Werkstücke werden zweimal bearbeitet, zuerst eindringen, danach auffüllen.
7. Abwaschen des Flußmittels.
8. Das Nachhämmern, entweder kalt oder warm.
9. Ganz dicke Werkstücke können von zwei Schweißern gleichzeitig verschweißt werden, jeder auf einer Seite, wobei die Teile nicht abgeschrägt, aber auch nicht ganz aneinander angelegt werden.

Wir unterscheiden.
a) die horizontale Schweißnaht;
b) die halbsteigende Schweißnaht;
c) die steigende Schweißnaht;
d) das Schweißen von Außenecken;
e) das Schweißen von Innenecken;
f) die horizontale Schweißnaht auf vertikaler Ebene;
g) das Überkopfschweißen.

Alu-Legierungen
Teile aus Alu-Legierungen, die der Karosseriebauer zuweilen verschweißen muß, sind: Ölwannen und Getriebegehäuse. Natürlich ist es besser, diese Teile nach einer Beschädigung durch neue zu ersetzen, aber leider bekommt man von einem veralteten Modell nicht immer Ersatzteile, so daß die Reparatur unumgänglich ist. Die Gehäuselegierungen bestehen im allgemeinen aus: Aluminium-Kupfer, Aluminium-Kupfer-Zink, Aluminium-Silizium. Auch diese Legierungen lassen sich leicht mit reinem Aluminium verschweißen. Gründliche Reinigung ist dabei sehr wichtig; alle Spuren von Öl und Fett müssen völlig verschwinden.
Beim Schweißen einer Rißstelle muß an beiden Enden des Risses ein kleines Loch gebohrt werden; einerseits um eine Dehnung zu ermöglichen und andererseits um einem weiteren Einreißen vorzubeugen. Diese Löcher werden dann auch zugeschweißt. Die Spalte selbst wird abgeschrägt, lieber mit einem kleinen Meißel als mit einer Schleifscheibe, denn Schmirgelteile, die in der Legierung zurückbleiben, werden das richtige Schmelzen der Ränder beim Schweißen behindern. Schließlich ist es auch sehr wichtig, die zu verschweißenden Teile gründlich vorzuwärmen, sei es in einem speziellen Ofen oder mit der langen Flamme des Schweißbrenners. Diese Vorbehandlung muß sehr langsam und gleichmäßig erfolgen.
Gute Resultate kann man auch erzielen, wenn man die Gehäuseteile auf dem Werkstattofen erwärmt. Beim Schweißen bleibt das Werkstück darauf liegen. Anschließend läßt man den Ofen allmählich erkalten, und solange bleibt das Teil darauf liegen. Praktische Versuche haben das erwiesen, das Werkstück verzog sich nicht, selbst nicht bei starker Beanspruchung.

Nirosta oder Stahl 18-8
Nichtrostender Stahl ist eine Eisenlegierung mit 18% Chrom und 8% Nickel. Dieses Material wird im Karosseriebau natürlich gerne verwendet, weil es so gut wie überhaupt nicht rostet. Das Verschweißen dieser Legierung kann ohne weiteres mit gleichartigem Zusatzmaterial durchgeführt werden. Der Schweißdraht muß in ein entsprechendes Schweißpulver, das als Flußmittel dient, eingetaucht werden. Soll das Werkstück später poliert werden, dann muß die Schweißnaht mit größter Sorgfalt gelegt werden.

Messing

Messing oder Gelbkupfer ist bei der Karosserie meist ein Ziermaterial. Das Kupfer enthält Zusätze von Zink und zuweilen sogar von Blei. Schweißen ist schwierig, die Schweißnähte sehen meist porös aus. Nach Möglichkeit sollte man mit einer richtig eingestellten, leicht oxydierenden, Flamme schweißen. Wichtig ist die Verwendung des richtigen Schweißpulvers.

Zamac und Zingual

Die Legierungen von Zamac bestehen aus Kupfer, Zink, Aluminium und magnesium. Karosserie-Schmuckteile aus Zamac werden meist als Spritzguß gefertigt, ihr mechanischer Widerstand ist gering. Zuweilen gelingt es, sie nach einer Verformung wieder gerade zu klopfen, nachdem sie mit dem Schweißbrenner soweit erwärmt wurden, daß man die Teile gerade noch in der Hand halten kann, ohne sich dabei zu verbrennen.

Legierungen dieser Art können mit einem speziellen Zusatzmaterial und einem Flußmittel in Pulverform verschweißt werden.

Will man ein Zamacstück schweißen, dann muß zunächst einmal die Chromschicht (beiderseits) entfernt werden, und zwar auf die übliche mechanische Weise. Dann werden die Seitenteile der Rißstelle abgeschrägt, und die Schweißnaht wird entlang der Innenseite gelegt, d. h. also nicht auf der Seite, die verchromt wird. Dabei muß gut durchgeschweißt werden, damit die Schräge der Rißstelle aufgefüllt wird. Die kleinen Löcher und die Außenseite werden nachgearbeitet. Würde die Schweißnaht an der Außenseite gemacht, dann würde sie unter dem Chrom, der darüber kommt, Risse zeigen. Deshalb ist es ratsam, von innen her zu schweißen und dabei gründlich durchzuschweißen.

9.2 ELEKTROSCHWEISSEN

Einleitung

Das Elektroschweißen kann folgendermaßen unterteilt werden:

1. Lichtbogenschweißen
   a) mit Schutzgas und Schlackenschutz mittels umhüllter Elektroden;
   b) mit Schutzgas durch MIG-, MAG- oder TIG-Prozedur.
2. Widerstandsschweißen
   a) Punktschweißen;
   b) Rollennahtschweißen.

Betrachten wir diese Schweißmethoden im Folgenden etwas näher.

Lichtbogenschweißen mit umhüllten Elektroden

Schweißgeräte

Zum Schweißen brauchen wir eine relativ hohe Stromstärke bei gleichzeitig niedriger Spannung. Deshalb können wir nicht »direkt mit dem Netzstrom« schweißen, sondern wir brauchen dazu ein Schweißgerät. Diese Schweißgeräte können in vier Grundtypen unterteilt werden:

Der Schweißtransformator. Dieser ist ein Wechselstromgerät, das die Spannung reduziert und die Stromstärke erhöht.

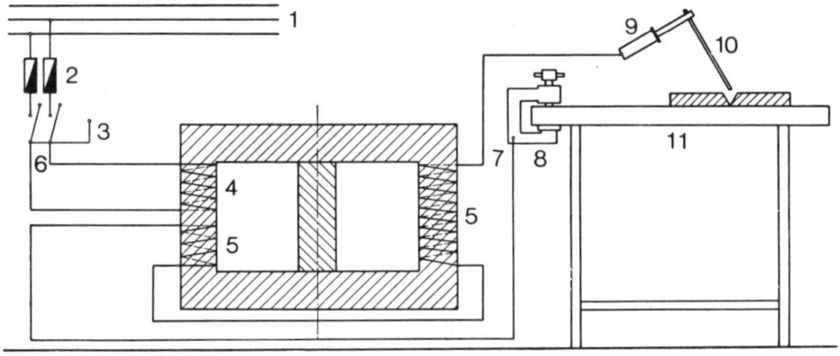

Abb. 9.16: **Schema des Schweißtrafos.**
1. Netzstrom; 2. Sicherungen; 3. Schalter; 4. Primärwicklung; 5. Sekundärwicklung; 6. Primärleitung; 7. Sekundärleitung; 8. Schweißklemme; 9. Schweißzange; 10. Elektrode; 11. Schweißtisch.

Einbaukondensatoren sorgen dafür, daß die Stoßbelastung für das Stromnetz kompensiert wird. Die Schweißstromstärke ist über den Weicheisenkern des Schweißtrafos regelbar, z. B. mit Hilfe eines Handrades. Der Strom richtet sich dabei nach der Stärke der verwendeten Elektroden und nach der zu verrichtenden Arbeit.

Der Schweißgleichrichter. Dabei handelt es sich um ein Gleichstromgerät, das mit Wechselstrom gespeist wird. Er ist also ein Gleichrichter mit regelbarer Schweißstromstärke. Bei der Verwendung von Gleichstrom können wir entweder das Werkstück oder die Elektrode als Pluspol schalten. Am Pluspol ist die Temperatur etwa 500° C höher als am Minuspol. Ist das zu verschweißende Material dick, dann wird die Wärme schnell abgeleitet, und wir können das Werkstück somit an den Pluspol anschließen. Ist das Material dünn, dann werden wir den Minuspol damit verbinden. Damit verringert sich die Gefahr des Durchschmelzens.
Überdies gibt Gleichstrom auch bei niedriger Stromstärke einen elastischen Lichtbogen, was für Bleche günstig ist. Gleichstrom ist für alle Elektrodenarten verwendbar und bei nahezu allen Metallen, also auch bei Alu und Nirosta.

Das Doppelstromgerät. Dies ist eine Kombination der beiden zuvor beschriebenen Schweißgeräte. die Stromversorgung erfolgt also mit Wechselstrom, aber das Gerät kann sowohl Gleich- als auch Wechselstrom liefern.

Der Schweiß-Umformer. Hier handelt es sich wieder um ein Gleichstromgerät. Im Innern hat es einen Wechselstrommotor, der einen Gleichstromgenerator antreibt. Letzterer liefert den Schweißstrom. Die Regelung erfolgt durch einen regelbaren Widerstand im Gleichstromkreis.

Das Schweißaggregat. Wenn der zuvor genannte Gleichstromgenerator durch einen Benzin- oder Dieselmotor angetrieben wird, dann handelt es sich um ein Schweißaggregat.

Die Elektrode

Die umhüllte Elektrode hat zwei Aufgaben: erstens muß sie die Schweißnaht schützen und somit als Flußmittel dienen; zweitens muß sie stromleitende Gase entwickeln, die die Arbeit mit Wechselstrom ermöglichen. Der Schutz der Schweißnaht besteht, wie immer, darin, Oxydationserscheinungen zu verhindern, indem dem Schmelzbad Umgebungsluft entzogen wird.

Da die Elektrodenhülle leicht Feuchtigkeit aufnimmt, müssen wir die Elektroden in einem Metallbehälter trocken aufbewahren. In großen Betrieben hat man dazu spezielle Elektrodenkästen, die durch eine kleine Glühspirale trocken und auf einer Temperatur von ca. 40° C gehalten werden. Die Wahl des Elektrodendurchmessers erfolgt anhand von Zahlen, und hierbei ist natürlich die Art der Arbeit maßgebend. Ein Ende der Elektrode ist bis auf einige cm frei von der Umhüllung, und dieses Ende wird in die Schweißzange geklemmt. Die Art der Elektrodenumhüllung erkennen wir an der Farbe des Kopfes. In der Gebrauchsanweisung des Elektrodenherstellers finden wir alle Daten über die Einstellung der Schweißstromstärken. Die nachfolgende Tabelle ist ein Beispiel hierzu:

Blechstärke in mm	*Elektrodendurchmesser in mm*	*Stromstärke in A*
1–1,5	2	35– 50
1,5–2	2,5	60– 80
2–3	3,25	80–125
mehr als 3	4–5	150–200

Das Schweißen

Bei allen zuvor erwähnten Geräten muß das Gehäuse zum Schutz des Schweißenden geerdet werden.

An der Schweißseite hat das Schweißgerät zwei isolierte Kabel mit gleichem Durchmesser:

1. das Schweißkabel, das an der Schweißzange festgelötet wird;
2. das Massekabel, das an der (metallenen) Arbeitsplatte oder am Werkstück selbst befestigt wird.

Steht das Schweißgerät unter Spannung, dann führt der Schweißer die Elektrode an das Werkstück (Schweißnaht). Dadurch entsteht ein geschlossener Stromkreis. Die Stromstärke wird durch das Amperemeßgerät auf dem Schweißgerät angezeigt. Wird die Elektrode nun kurz vom Werkstück abgehoben, dann entsteht zwischen diesem und der Elektrode ein Lichtbogen. Beide werden dadurch auf etwa 4200° C erhitzt, wobei die Elektrode abschmilzt. Deshalb spricht man auch von Schmelzelektrodenschweißen.

Abb. 9.17: **Schweißzange oder Elektrodenhalter und Werkstückklemme**

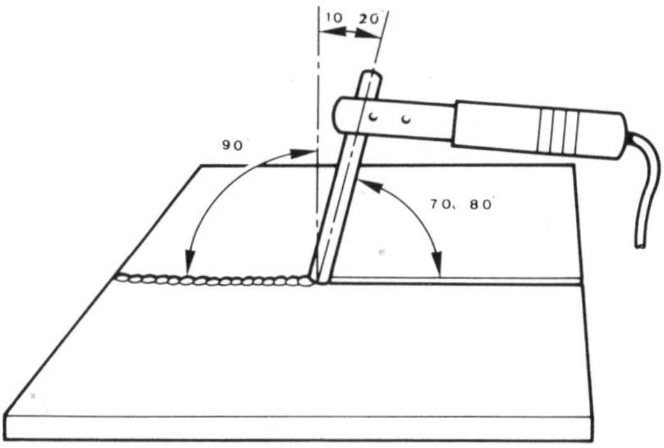

Abb. 9.18: **Haltung der Elektrode**

Die Tropfen der abschmelzenden Elektrode dienen als Füllmaterial. Diese Tropfen müssen einander im Schmelzbad überlappen, damit man eine kräftige Schweißnaht bekommt. Sobald der Abstand zwischen Elektrode und Schweißnaht zu groß wird, ist der Lichtbogen unterbrochen, womit das Schweißen beendet ist. Es setzt daher einige Erfahrung voraus, weil man den richtigen Abstand einhalten und zugleich im richtigen Tempo weiterschweißen. Nach gründlichem Üben kann man nach dieser Methode unter bestimmten Voraussetzungen sogar eine Schweißnaht überkopf anlegen.

Schweißfehler

Die häufigsten Fehler sind:

1. Zu hohe oder zu niedrige Schweißstromstärke.
2. Das Zusatzmaterial wird zu schnell oder zu langsam herangeführt, was auch im Zusammenhang mit der Schweißstromstärke steht.
3. Der Arbeitsrhythmus stimmt nicht. Das Schweißen erfolgt zu schnell oder zu langsam.
4. Die Bewegungen der Elektrode stehen nicht im richtigen Verhältnis zur Fließbarkeit des Schmelzbades.
5. Typ und Durchmesser der Elektrode passen nicht zur vorgesehenen Arbeit.

Der Schweißstrom ist zu schwach. Der Lichtbogen entsteht nur mühsam, und infolge der geringen Wärmeentwicklung brennt die Schweißraupe nicht tief genug ein. Das Zusatzmaterial erstarrt zu schnell, wodurch eine runde und unregelmäßige Schweißraupe entsteht.

Der Schweißstrom ist zu stark. Die Wärmezufuhr ist zu groß, wodurch die Elektrode viel zu rasch abschmelzen und auch zu tief einbrennen wird. Das Material spritzt weg und der Lichtbogen ist unregelmäßig.

Die Zufuhrgeschwindigkeit der Elektrode muß mit dem Tempo des Abschmelzens ständig übereinstimmen! Bei zu langsamer Zufuhr mit langgestrecktem Lichtbogen wird die Einbrenntiefe verringert. Schweißen wir mit einem zu kurzen Lichtbogen, dann erfolgt die Zufuhr zu rasch. Es kann auch passieren, daß die Elektrode das Schmelzbad berührt; dann erlischt der Lichtbogen, und die Elektrode klebt fest.
Auch das Weiterbewegen spielt eine Rolle. Bewegen wir die Elektrode zu rasch, dann sind das Schmelzbad und das Eindringen der Schweißraupe zu klein. Im entgegengesetzten Fall wird das Schweißbad zu breit werden, die Schlacke läuft vor dem Lichtbogen her, wodurch sie durch die Schweißraupe aufgenommen wird, so daß eine unzuverlässige Schweißverbindung entsteht.
Legen Sie den Elektrodenhalter niemals auf leitendes Material. Am Schweißtisch muß eine speziell isolierte Aufhängung angebracht werden, damit es zu keiner Verbindung mit der Masse kommt (Kurzschluß). Der Schweißstrom darf während des Schweißens niemals nachgestellt werden. Falls der Strom ausfällt, müssen zuerst die Sicherungen überprüft werden.
Sollte jemand einen elektrischen Schlag bekommen, dann muß unverzüglich der Strom abgeschaltet werden (ehe Sie den Verletzten berühren). Sofort einen Arzt hinzuziehen, und den Verletzten an die frische Luft bringen. Alle beengenden Kleidungsstücke werden geöffnet, das Opfer wird künstlich beatmet und sein Blutkreislauf wird stimuliert.

Schutzvorrichtungen
Das Gesicht des Schweißers wird vor der schädlichen Strahlung des Lichtbogens geschützt, vor wegspritzendem Material und vor sich entwickelnden Gasen.
Der Schweißer muß eine Schutzhaube tragen oder einen Schutzschild, versehen mit Gammaglas, das seinerseits wieder mit normalem Glas geschützt wird. Jedes

Abb. 9.19: **Schweißerschutzhaube**

beschädigte Glas muß augenblicklich ersetzt werden; die UV- und die IR-Strahlen könnten bleibende Verletzungen und Augenentzündungen verursachen.
Die Hände müssen durch feuerfeste Handschuhe vor einem »Sonnenbrand« durch Schweißstrahlen geschützt werden.
Eine Leder- oder Asbestschürze hinlänglicher Dicke und guter Qualität muß den Körper des Schweißers ebenfalls vor der Strahlung schützen.
Der Schweißraum muß abgeschirmt sein, und die Wände müssen in matter, dunkler Farbe gestrichen sein, damit möglichst wenig Strahlung reflektiert wird.
Ferner müssen die Schweißgeräte regelmäßig überprüft und gewartet werden. Ein Kabel mit schlechter oder gar beschädigter Isolierung muß unverzüglich durch ein neues ersetzt werden. Die Schweißzange muß frei von Rost und Metallspritzern sein; sie muß von Zeit zu Zeit geölt werden.
Sämtliche elektrischen Kontakte müssen durch ein Spezialfett gegen Oxydation geschützt sein.

Schutzgasschweißen (MIG, MAG, WIG)

Damit die Schweißnaht vor Oxydation geschützt wird, müssen wir sie von der Außenluft abschirmen. Das geschieht bei dieser Schweißmethode durch ein Gas, welches das Schmelzbad umschließt.
Wir können die folgende Prinzip-Unterteilung machen:

1. Durch *schmelzende* Elektrode und ein *inertes** Gas (MIG).
2. Durch *schmelzende* Elektrode und *aktives* Gas (MAG).
3. Durch *nichtschmelzende* Elektrode und *inertes* Gas (WIG).

* Inert (Chemie): Eigenschaft reaktionsträger Stoffe.

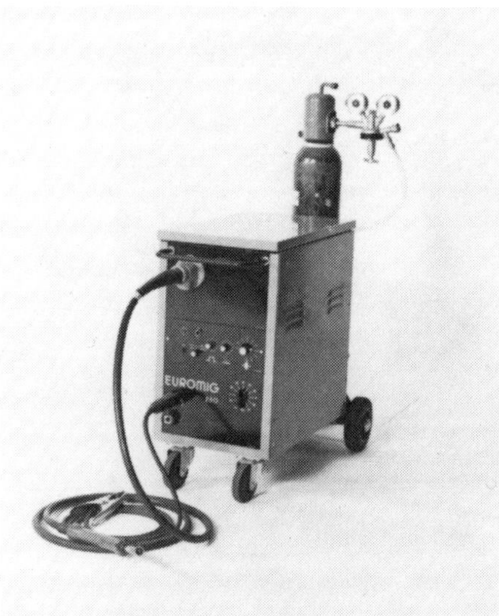

Abb. 9.20: **MIG/MAG-Schweißgerät, speziell für Reparaturarbeiten**

1. Das MIG-Verfahren

Die Abkürzung MIG bedeutet Metal Inert Gas.

Das Schutzgas ist hier ein inertes Gas, also ein reaktionsträges Edelgas. In der Praxis verwendet man Argon oder Helium, auch mit einem geringen Sauerstoffzusatz.

Das MIG-Verfahren kommt häufig beim Schweißen von Nirosta und Nichteisenmetallen (wie Alu und Kupfer) zur Anwendung.

Die Elektrode schmilzt ab und dient gleichzeitig als Zusatzmaterial. Dieser Zusatz befindet sich auf einer Spule im Schweißgerät und wird während des Schweißens gleichmäßig zugeführt. Die Zusammensetzung des Zusatzmaterials stimmt mit der des zu verschweißenden Materials überein.

2. Das MAG-Verfahren

Die Abkürzung MAG bedeutet Metal Active Gas.

Hier dient das billigere CO_2 (Kohlendioxyd) als Schutzgas, und deshalb spricht man auch vom CO_2-Schweißen. Kohlendioxyd zerfällt beim Schweißen, dies im Gegensatz zu den Edelgasen beim MIG-Verfahren; CO_2 ist also nicht inert.

Beim Zerfall des Kohlendioxyds entstehen am Schmelzbad freie Sauerstoffatome. Diese Atome müssen gebunden werden, ehe sie die Schweißnaht oxydieren. Beim MAG-Schweißen braucht man also Stoffe, die die freien Sauerstoffatome binden. Diese Stoffe werden als Desoxydanten bezeichnet.

In der Karosseriewerkstatt kommt das Schweißen mit reinem CO_2 nicht so oft zur Anwendung, weil dies zu einem tieferen Einbrennen und somit leichter zu einem Durchsacken führt. Es hat sich gezeigt, daß man bei Baustählen, auch in Blechform, mit einer Mischung von Argon und Kohlendioxyd, z. B. im Verhältnis 80 : 20, gute Resultate erzielt.

Abb. 9.21: **MAG-Schweißgerät,** insbesondere zum Schweißen mit Mischgasen geeignet.

Abb. 9.22 a: **Ein „Doppelstrom"-Schweißgerät** – also mt Gleich- oder Wechselstrom – zum WIG- oder Argonarschweißen. Die Argonarflasche wird, wie üblich, hinten auf das Gerät gestellt. Heutzutage schweißt man oft pulsierend; damit verringert sich die Gefahr von Rissen und Kraterbildung.

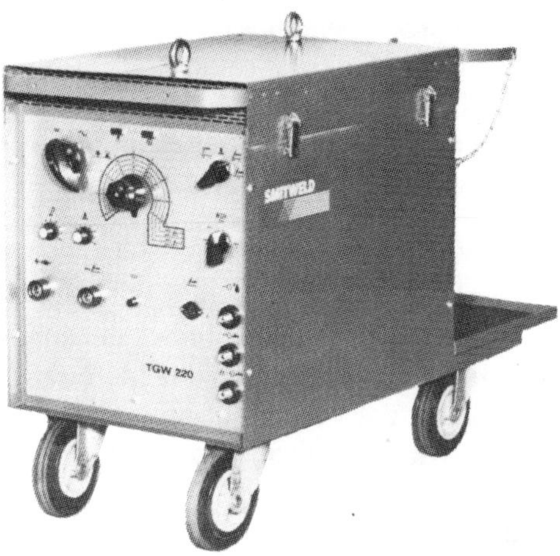

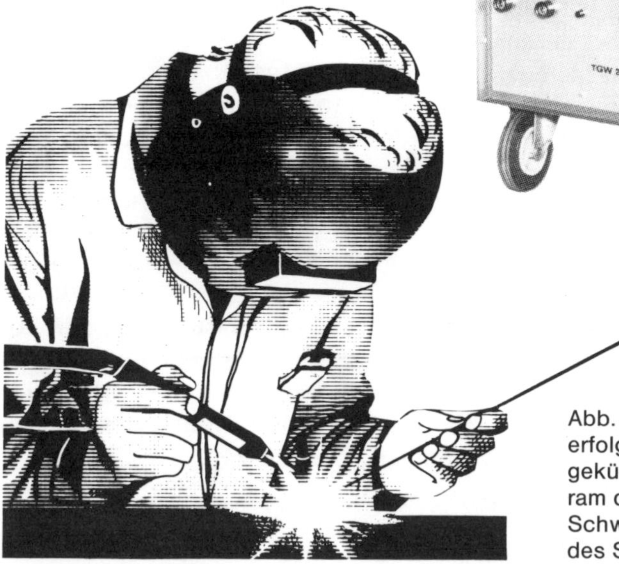

Abb. 9.22 b: **Das WIG-Schweißen** erfolgt mit einer luft- oder wassergekühlten Elektrode, weil das Wolfram der Elektrode sehr heiß wird. Schweißmaterial fügen wir mit Hilfe des Schweißdrahts selber zu.

In diesem Fall handelt es sich also um ein Mischgas. Der Fachhandel bietet Mischgas in vielerlei Zusammenstellungen an, von denen jede ihren eigenen Anwendungszweck hat (z. B. 90% Ar + 5% CO_2 + 5% O_2 oder 85% Ar + 15% CO_2 oder 80% Ar + 15% CO_2 + 5% O_2).

3. Das WIG-Verfahren

Die Abkürzung WIG bedeutet Wolfram Inert Gas.

Der wesentliche Unterschied zum MIG-Verfahren besteht darin, daß die Elektrode nicht abschmilzt. Sie besteht aus Wolfram und hat nur die Aufgabe, den Lichtbogen überspringen zu lassen. Dieser Lichtbogen wird dann wieder von einem inerten Gas umschlossen. Der Schweißzusatz wird, genau wie beim Autogenschweißen, in der Form eines Schweißdrahtes von Hand zugeführt. Das WIG-Verfahren eignet sich z. B. zum Verschweißen von Nirosta, Aluminium oder Kupfer.

Alu-Schweißen nach dem WIG-Verfahren

Vorbereitung. Die Werkstücke müssen mit Hilfe von Azeton oder Benzin gründlich entfettet werden, da Trichloräthylen und Argon ein sehr gefährliches Gas (Senfgas) erzeugen können.

Die zu verschweißenden Stücke müssen entgratet werden.
Bürsten mit einer rostfreien Drahtbürste, damit das Werkstück einwandfrei sauber wird.
Den Stab des Zusatzmaterials mit Stahl- oder Aluminiumwolle reinigen. Anschließend ist darauf zu achten, daß die zu verschweißenden Teile und das Zusatzmaterial vor der Arbeit nicht mehr durch Schmutz oder Fett verunreinigt werden.

Schweißen. Zum Zünden des Lichtbogens: die Elektrode in einem sehr spitzen Winkel an das Werkstück heranführen, anschließend wird sie langsam geschwenkt um näher an das Metall zu gelangen. Sobald der Abstand klein genug ist, springt der Funken über. Beim Verschweißen von dünnen Blechen empfiehlt es sich, den Lichtbogen auf einem Alu- oder Kupferblock zu zünden, um so die Elektrode anzuwärmen.
Wie beim Autogenschweißen werden die Teile durch Punktverbindungen mit einem Abstand von etwa 20mal der Dicke des zu verschweißenden Materials aneinandergeheftet. Danach wird auch hier nach links und nach rechts geschweißt.
Das Schweißen der Oberraupe erfolgt ungefähr so, wie bei der Technik des Autogenschweißens. Rechtshänder schweißen von rechts nach links (untere Naht um ca. 1 cm überlappen).
Man verwendet Schutzmasken derselben Art, wie beim Lichtbogenschweißen von Stahl, um sich vor der starken UV-Strahlung zu schützen.
Hier sei noch ein praktischer »Tip« gegeben für das Stumpfschweißen von AlMg3-Blechen im WIG-Verfahren.
Bekanntlich empfiehlt es sich, beim Zusammenschweißen von Alu-Magnesiumlegierungen auch die scharfen Ränder an der Unterseite der Schweißstelle abzurunden.
Bei dünnen Blechen, bei denen die Ränder natürlich nicht weit auseinanderliegen, reicht es, die scharfen Ecken beiderseits abzurunden. Im allgemeinen empfiehlt man bei dünnen Blechen (ab 4 mm) das Abschrägen in V-Form. Unter Berücksichtigung der kleinen Abrundung an der Unterseite der Schweißnaht erhalten wir so eine Abschrägung in der Form eines asymmetrischen X. Das durch Zusatzmaterial auszufüllende Volumen befindet sich entlang der Seite des elektrischen Lichtbogens unter der feuerbeständigen Elektrode (Abb. 9.23).
Nun zeigt es sich beim Verschweißen von Blechen mit einer Dicke von 4 bis 6 mm, daß eine gute Verflüssigung und das Eindringen des Zusatzmaterials in die Aushöhlung nur schwer zu erreichen sind. Oftmals treten Mängel an Gleichmäßigkeit auf.
Dem Schweißer gelingt es nicht immer, das Metall an der Basis der Abschrägung vollständig schmelzen zu lassen. Der Abstand zwischen diesem Punkt und der Wärmequelle – der Spitze der feuerfesten Elektrode – spielt hier offenbar eine wesentliche Rolle.
Bei Versuchen wurde festgestellt, daß man beim Schweißen dicker Bleche bes-

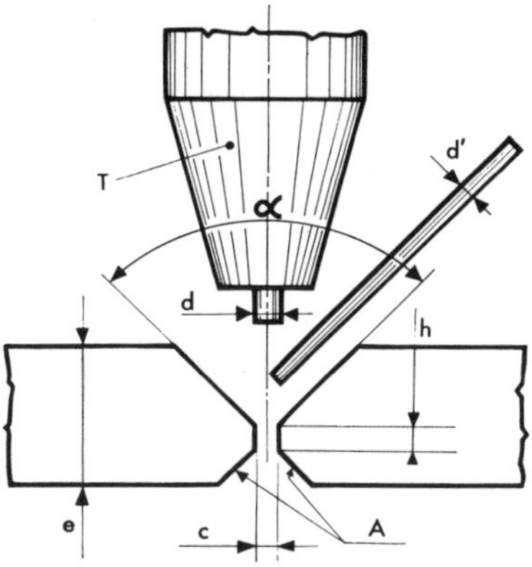

Abb. 9.23: **Schema zum WIG-Schweißen von dicken Blechen**
α Abschrägung um 60°;
e Blechstärke;
h Flachteil von 2 bis 3mm;
c Abstand zwischen den Platten;
A Abrundung;
d' Durchmesser der feuerfesten Elektrode;
d' Durchmesser des Zusatzmaterials;
T Schweißkopf

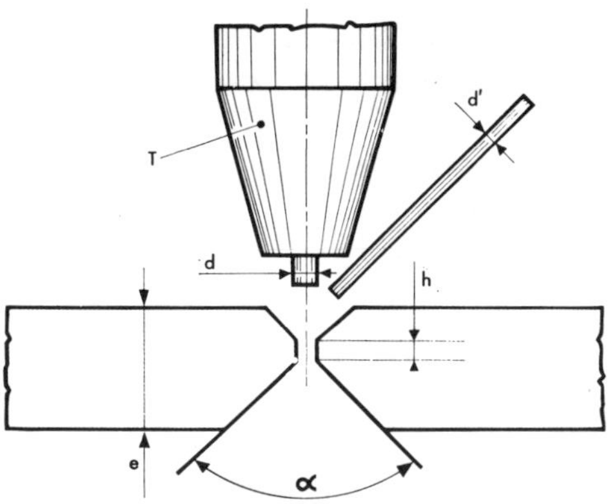

Abb. 9.24: **WIG-Schweißen von Blechen einer Alu-Magnesium-Legierung**
α Abschrägung um 60°;
e Blechstärke;
h Flachteil von 2 bis 3 mm;
d Durchmesser der feuerfesten Elektrode;
d' Durchmesser des Zusatzmaterials;
T Schweißkopf

sere Resultate erzielt, wenn ein Stückchen von 2 bis 3 mm zwischen den zusammenzufügenden Platten flach blieb und an der Unterseite der Schweißnaht eine Abschrägung von 60° angebracht wurde (Abb. 9.24). Es kommt hier darauf an, statt einer normalen Abrundung der scharfen Ränder eine Abschrägung von 2 bis 3 mm Tiefe zu erhalten.
Beim Schweißen bildet sich sofort ein tiefes Schmelzbad, das durch das Metall der Werkstücke und das Zusatzmaterial gebildet wird. Das schmelzende Material haftet besonders gut an den Seiten der Abschrägung, es sackt nicht durch, und die Schweißnaht ist regelmäßig und gleichmäßig.
Trifft man diese Vorbereitung, dann ist es möglich, AlMg3-Bleche von 5 mm Dicke mit einer schönen, regelmäßigen Schweißraupe auf beiden Seiten zu verschweißen. Der Stab des Zusatzmaterials muß dann auch 5 mm dick sein, die Wolframelektrode 3,2 mm und die Stromstärke 120 A.
Biegeversuche entlang beider Seiten erbringen den Beweis, daß die Qualität der Schweißverbindung hervorragend ist. Das erklärt sich durch die Tatsache, daß der elektrische Lichtbogen kürzer ist, als bei einer tiefen Abschrägung.
Die Stromstärke im Lichtbogen ist auch regelmäßiger und größer, und so bewirken wir ein besseres Eindringen ohne Gefahr des Durchsackens infolge eines unregelmäßigen Lichtbogens unter hoher Spannung.
Die abgerundeten massiven Seitenpartien neigen nicht zum Oxydieren, und ihre

Form hat einen günstigen Einfluß auf das Haften des schmelzenden Metalls, das die kleine V-förmige Abschrägung an der Oberseite der Schweißstelle leicht ausfüllt.
Dieses Arbeitsverfahren empfiehlt sich beim Verschweißen von Blechen, die ihrer Dicke wegen abgeschrägt werden müssen.

Aluminiumschweißen nach dem MIG-Verfahren
Beschreibung. Das MIG-Schweißverfahren ermöglicht Autogenschweißen ohne Verwendung von Flußmitteln. Der Lichtbogen entsteht zwischen dem Werkstück und einer Elektrode, die als Zusatzmaterial dient und für die Wärme sorgt, die benötigt wird, um das Metall schmelzen zu lassen. Dieser Lichtbogen wird durch einen Gleichstrom gespeist (—Pol am Werkstück; +Pol an der Elektrode). Automatisches Schweißen ist möglich. Die Schweißgeschwindigkeit ist drei- bis viermal so hoch, wie bei Stahl derselben Dicke. Die Verformung ist weniger stark, als beim Verschweißen einer gleichartigen Stahlkonstruktion.

Arbeitsweise. Das Werkstück entfetten (kein Trichloräthylen verwenden).
Mit einer rostbeständigen Drahtbürste reinigen.
Punktschweißen, um die zu verschweißenden Teile zusammenzuhalten. Die Elektrode muß in einem Winkel von 80° zum Werkstück stehen. Schweißen von rechts nach links; so erhält man eine gute Schweißnaht.

Punktschweißen von Aluminium nach dem MIG-Verfahren
Durch dieses Verfahren kann man Alu-Bleche, selbst von unterschiedlicher Stärke, aufeinanderschweißen, ohne daß man im oberen Blech Löcher bohren muß.
Wir erhalten das gleiche Resultat, wie bei einer Nietverbindung oder beim Widerstandsschweißen. Der Lichtbogen wird dabei auf die obere Platte gerichtet, und zwar solange, bis die untere Platte mit der daraufliegenden verschmolzen ist.
Man kann die übliche MIG-Schweißanlage verwenden, sofern man die folgende Maßnahme trifft:
a) Anpassen eines speziellen Rohres, das ein rasches und gezieltes Aufsetzen auf dem Blech ermöglicht;
b) ein Taktgerät oder eine Pulseinheit wird am Bedienungsgehäuse angebracht. Das macht es möglich, die Dauer des Lichtbogens zwischen 0,5 und 2 Sekunden, je nach Materialstärke, zu regeln.

Eventuell gibt es noch weitere Möglichkeiten:
- Die genannte Anlage, durch welche der Lichtbogen gezündet werden kann, während der Schweißdraht abrollt. Die Zündung erfolgt dann weniger heftig, und das Aufspringen des Bogens wird vermieden.
- Ein Gerät, das am Ende der Arbeit den Lichtbogen durch Verzögerung der Abrollgeschwindigkeit des Schweißdrahtes erlöschen läßt; dadurch wird der Schweißkrater verbessert.

Bei diesem Schweißverfahren sind die Abmessungen der Schweißarme kein beschränkter Faktor. Dies ist aber beim Widerstandsschweißen der Fall.
Der Widerstand gegen Abschieben ist hervorragend, moderne Geräte machen es möglich, Bleche von 1+1 mm bis zu 4+4 mm aneinanderzuheften.

Widerstandsschweißen

Das Widerstandsverfahren ist dadurch gekennzeichnet, daß Material ohne Zuhilfenahme eines Lichtbogens aufgrund seines eigenen elektrischen Widerstandes soweit erhitzt wird, daß es zähflüssig wird. Dabei werden die Teile kräftig gegeneinander gedrückt. Im Kern entsteht eine Temperatur bis zu etwa 1300° C.
So entsteht die Stauch- oder Stumpfschweißverbindung. Will man das Stauchen vermeiden, dann kann man die zu verschweißenden Stücke ganz kurz auseinanderziehen, bis ein kleiner Lichtbogen entsteht, worauf man die Teile, ohne sie zu stauchen, mit unterbrochenem Stromkreis wieder zusammenfügt. Wenn die zu verbindenden Teile nicht stumpf oder durch Stauchen miteinander verbunden werden sollen, wie bei sich überlappenden Blechen, spricht man von Punktschweißen.
Punktschweißgeräte gibt es in vielerlei Ausführungen. Das Andrücken der Elektroden kann mechanisch, elektrisch oder pneumatisch erfolgen. Zum Schutz der rotkupfernen Spitzen kann man bei Dauerarbeit Wasserkühlung anwenden.
Zweck des *Punktschweißgerätes* ist es, statt einer Nietverbindung eine billige und dennoch einfache Verbindung herzustellen.

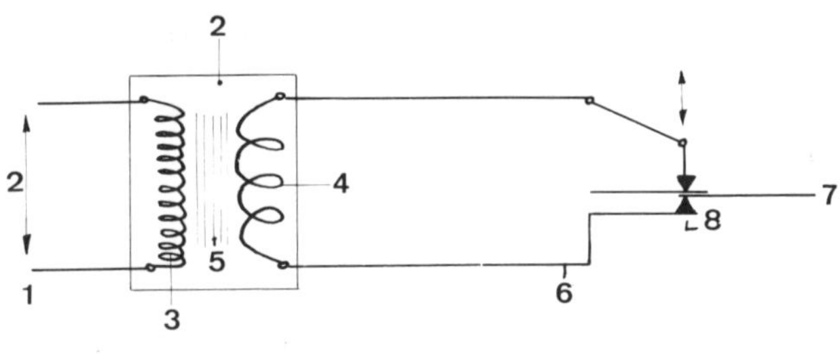

Abb. 9.25: **Prinzip des Punktschweißgeräts**
1. Netzstrom; 2. Schweißtrafo; 3. Primärwicklung; 4. Sekundärwicklung; 5. Weicheisenkern; 6. Stromleitung; 7. Bleche; 8. Schweißpunkte.

Das Prinzip ist relativ einfach (siehe Abb. 9.25). Ein Wechselstromtransformator wird über die Primärwicklung an das Stromnetz mit 220 V/50 Hz angeschlossen. Der aufgenommene Strom hat ungefähr 1 A. Über die Sekundärwicklung liefert der Trafo einen kurzen Stromstoß von ca. 100 A. Zugleich werden die Bleche gegeneinander gedrückt, und es entsteht ein linsenförmiger Schweißpunkt.
Je kühler man die Spitzen halten kann, desto geringer ist die Abflachung und desto größer die Lebensdauer.

Eine weitere Anwendungsmöglichkeit des Widerstandsschweißens bietet das *Rollennahtschweißen.* Dabei werden die spitzen Elektroden durch Andruckrollen ersetzt, die je nach ihrer Form eine Überlapp- oder eine Stumpfschweißverbindung herstellen. Auf diese Weise kann man wasserdichte Schweißnähte herstellen, was beim Punktschweißen schwierig sein dürfte.
Bei der *Handschweißzange* brauchen die Elektroden sich nicht auf beiden Seiten der zu verbindenden Bleche zu befinden, der Strom kann ebensogut auf derselben Seite durch zwei nebeneinanderliegende Elektroden fließen.
Zum Aufschweißen von Gewindebolzen ist es das einfachste, die *Stumpfschweißung* mit zugehöriger Führung anzuwenden. Letztere wird über das Gewindestück oder den Bolzen geschoben und gibt durch seine runde Form den erforderlichen Halt.
In diesem Fall ist die Schweißpistole so ausgeführt, daß sie rechtwinklig auf die Werkstücke aufgesetzt werden kann. Gleichzeitiger Druck und Stromstoß sorgen für eine stabile Verbindung.

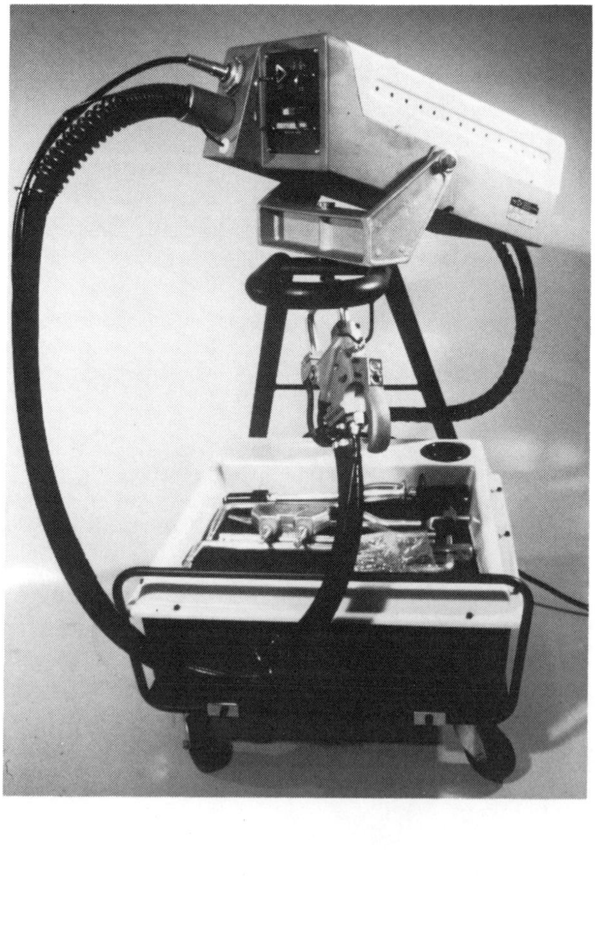

Abb. 9.26:
Hand-Punktschweißgerät

Abb. 9.27: **Punktschweißzange**

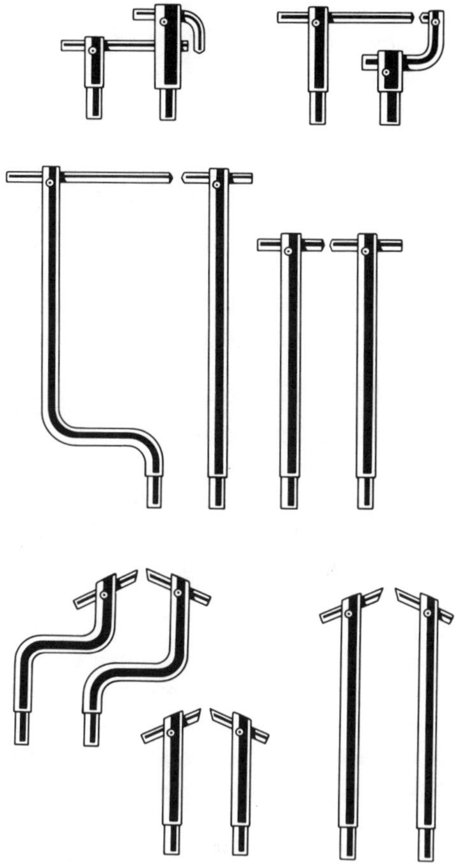

Abb. 9.28: **Austauschbare Elektrodenhalter**

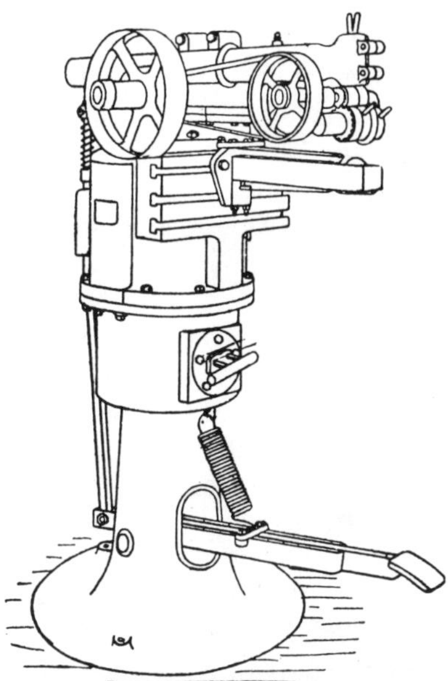

Abb. 9.29: **Rollennahtschweißmaschine**

10 Schutz und Lackierung der Karosserie

10.1 DIE KAROSSERIEBEHANDLUNG BEIM AUTOHERSTELLER

Die Lackindustrie bietet heutzutage etwa 8000 verschiedene Farbtönungen der üblichen oder der metallisierten Lackfarben an. Der Autobesitzer macht sich im allgemeinen keine Gedanken darüber, welche Kosten und wieviel Arbeit notwendig waren, um sein Prachtexemplar so zu kleiden, daß es im Ausstellungsraum zwischen Blumen und bei raffinierter Beleuchtung seine Aufmerksamkeit erregt. Der Konstrukteur mußte sich wohl Gedanken darüber machen, daß das Auto allerlei Wetterbedingungen, wie Regen, Schnee, Hagel, plötzlichen Temperaturwechseln, glühenden Sonnenstrahlen oder der Seeluft ausgesetzt sein würde. Wollte man daran keinen Gedanken verschwenden und die Karosserie nicht mit einer Schutzschicht versehen, dann würde sie schon nach kurzer Frist rosten, die Dichtungen würden austrocknen und das Fahrzeug wäre nicht mehr wasserdicht.
Luftverschmutzung, Wasser, Streusalz, Schlamm und Kies sind weitere Elemente, die eine Autokarosserie angreifen können. Sie dringen bis in die abgelegensten Eckchen und haften unter den Kotflügeln. Allmählich verbreiten sie sich über die ganze Karosserie, deren Blech zu rosten beginnt.
Feuchtigkeit kann ebenfalls großen Schaden anrichten, denn der kondensierte Wasserdampf setzt sich in den hohlen Teilen ab und bedroht die Karosserie von innen her. Zur zweckmäßigen Bekämpfung der Korrosion untersucht man, wie die Umgebung auf die Karosserie einwirkt. Dazu wird die Karosserie so schweren Tests unterworfen, daß diese sich mit einer mehrjährigen Beanspruchung gleichstellen lassen. Während der Tests werden Bedingungen hergestellt, die für die Karosserie besonders bedrohlich sind.
Während der Testfahrten wird das Auto allen möglichen Witterungsbedingungen ausgesetzt: Nässe, Steinschlag, Schlamm, Schnee, Salzen usw. Nach einem solchen Test wird das Auto in warme und feuchte Räume gebracht, in denen die Korrosion beschleunigt wird. Anhand der Testresultate läßt sich feststellen, welche Teile der Karosserie am empfindlichsten sind und somit besonderen Schutz brauchen, welcher Überzug der beste ist, und vor allem kann man aufgrund solcher Tests zielsichere Schutztechniken entwickeln.
Nach dem Auftragen der Lackierung wird ein Polyvinylschutz mit sehr großer Beständigkeit in den Raddurchgang hinter den Kotflügeln und auf den untersten

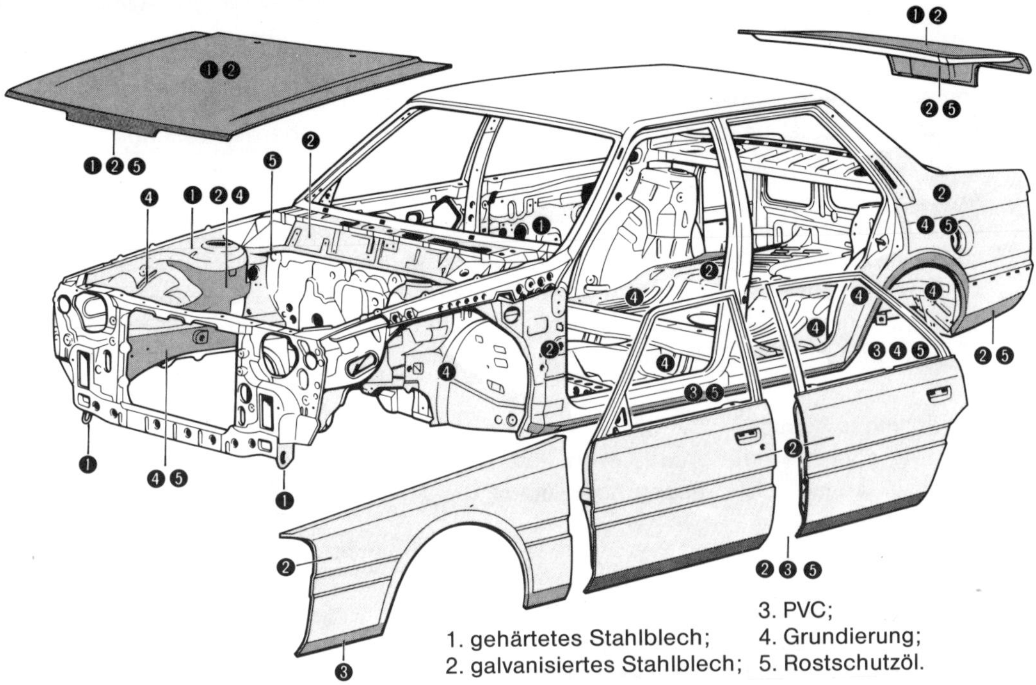

Abb. 10.1: **Das Beispiel eines Autos, bei dem verschiedene Bleche vor, während und nach der Montage behandelt wurden, um der Korrosion nach Möglichkeit vorzubeugen.**

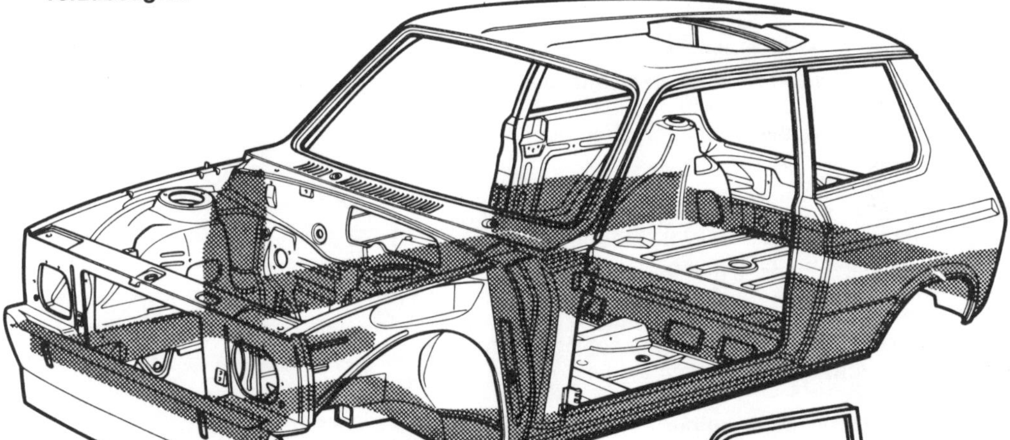

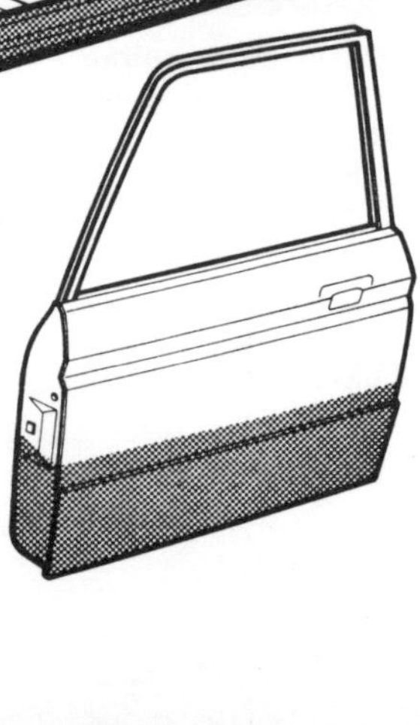

Abb. 10.2: **Die Hohlräume werden mit Wachs behandelt. Oftmals versieht der Hersteller alle Falznähte mit einem thermohärtenden Leim mit antikorrosiven Eigenschaften.**

Teil der Karosserie zerstäubt, um so die Karosserieteile zu schützen, die einem von den Rädern verursachten Steinschlag ausgesetzt sind. Diese zusätzliche Schutzschicht ist besonders wichtig für die Lebensdauer der Karosserie.
Die zweite Schutzmaßnahme besteht darin, eine bestimmte Menge von Schutzwachs unter konstantem Druck einzuspritzen. Diese Wachsschicht haftet dann an der Innenseite der Bleche, die gegenüber Feuchtigkeit aufgrund innerer Kondensation besonders empfindlich sind, wie die hohlen Teile (u. a. Querträger), die Unterseite von Türen, die Querträger unter dem Bodenblech, das Dach, die Verstärkungen von Motorhaube und Kofferraumdeckel sowie ganz allgemein die Stellen, an denen zwei Bleche zusammengeschweißt sind.

Zusätzlicher Schutz

Viele Autobesitzer, die großen Wert darauf legen, ihr Fahrzeug gut zu pflegen, damit es länger »lebt«, lassen noch einen zusätzlichen Schutz anbringen, beispielsweise:

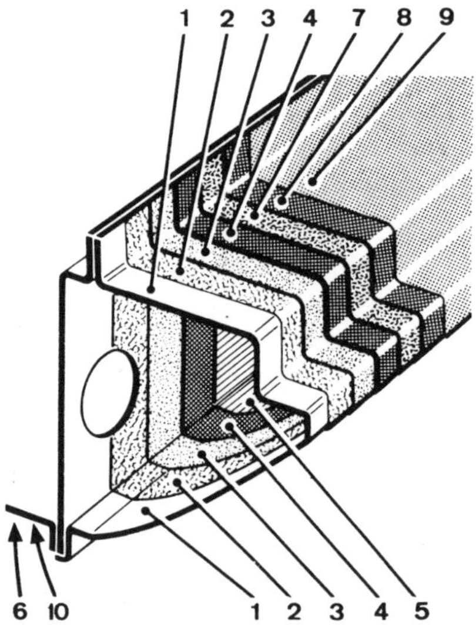

Abb. 10.3: **Hier sehen wir, welchen Bearbeitungen die moderne Karosserie unterzogen wird. Man sieht, daß viele der Behandlungen sowohl an der Innen- als auch an der Außenseite durchgeführt werden.**

1. Stahlblech, Flächen und Profile, die sich nur schwer schützen lassen und deshalb korrosionsempfindlich sind, werden aus verzinktem Blech gefertigt. Beim Verformen dieser Bleche verwendet man Fette, die das Anhaften der Schutzschicht nicht nachteilig beeinflussen; evtl. wird auch überhaupt kein Fett gebraucht.
2. Phosphatieren.
3. Passivieren. Mineralabbau, Verbesserung der Lackhaftung und Schutz des Bleches bei eventueller Beschädigung.
4. Kataphorese.
5. Injektion von Wachs (siehe auch 10.1).
6. Kunststoffbeschichtung; Steinschlagschutz des Unterbodens, der Holme oder der Kotflügel.
7. Grundierung. Diese enthält korrosionshemmende Pigmente und Zinkchromat zur Verbesserung des Korrosionsschutzes. Zugleich schützt sie auch bei Steinschlag.
8. NAD-Acryl-Lack. Dieser wird unter Hitze gehärtet.
9. Klarlack. Diesen finden wir nur bei Metallik-Lacken. Verbessert den Schutz der Pigmentierung der Grundfarbe gegen korrosionverursachende Stoffe aus der Atmosphäre.
10. Unterbodenschutz auf Bitumenbasis. Verhindert Eindringen von Wasser und Feuchtigkeit in die Hohlprofile.

Abb. 10.4: **Unterbodenschutz, in den Radkästen und bei der Radaufhängung.**

- Die unteren Teile des Fahrzeugs und meist die ganze Unterseite werden mit zusätzlichem Unterbodenschutz beschichtet. Dabei ist darauf zu achten, daß auch die Bremsscheiben zuvor abgedeckt werden.
- Alle Hohlteile werden behandelt, wie die Längsholme, die Innenseite der Türbleche, Türsäulen, Verstärkungen von Motorhaube und Kofferraumdeckel, Wagenseite zwischen Radkasten und Kotflügeln. Bei manchen Wagen sind die Hohlteile bereits mit Verschlußstopfen aus Gummi abgedichtet, die man zu dieser Behandlung herausnehmen kann. Beim Anbringen der Schutzschicht müssen Löcher gebohrt werden, in die das Zerstäubermundstück geschoben wird; anschließend werden diese Löcher mit Gummistopfen abgedichtet.
- Eine spezielle Wachsschicht wird unter Druck auf allen Chromteilen angebracht.

Phosphatieren der Karosserie

Die Karosseriebleche können an bestimmten Stellen der Oberfläche Unreinheiten oder Mängel haben, die den Korrosionsprozeß fördern. Zur Vermeidung dessen wendet man gewisse Schutzmaßnahmen an. Dazu gehört das Phosphatieren, das vor dem Spritzen erfolgt.

Tatsächlich ist es so, daß trotz sorgfältigstem Auftragen von Lack auf Metalloberflächen eine elektrochemische Korrosion auftreten kann, weil der Farbfilm Wasser durchläßt oder weil die Farbe irgendwo einen Riß hat bzw. abblättert. Diese Rostbildung setzt sich dann leicht unterhalb der Lackschicht fort, so daß die Schutzwirkung aufgehoben wird.

Um dem vorzubeugen, werden die Metallteile vor dem Spritzen phosphatiert. Dabei läßt man eine Phosphatlösung auf das zu behandelnde Blech einwirken. Die dabei entstehende Schicht hat bestimmte chemische und mechanische Eigenschaften, durch die die Lackschicht besser am Metall haften wird. Ferner wird diese Phosphatschicht den Korrosionsprozeß unterhalb der Lackschicht verzögern oder ihm entgegenwirken. Bei diesem Verfahren müssen die zu behandelnden Oberflächen allerdings absolut fettfrei sein, damit beim Phosphatieren homogene Schutzschichten gebildet werden.

Problem: das Vorbereiten der Metalloberflächen vor dem Phosphatieren.
Die zu behandelnden Metalle müssen also entfettet und chemisch »aktiviert« werden, damit sie schneller reagieren, wenn sie mit der Phosphatlösung in Berührung kommen. Das Entfetten muß allerdings sehr vorsichtig durchgeführt werden. Bei einer zu starken Entfettung könnte eine lokale Rostbildung auftreten, ehe mit dem Phosphatieren selbst begonnen wird. Andererseits können bei einer zu starken Aktivierung entweder Überphosphatierung oder Unterschiede in der Phosphatierung auftreten; dies führt in jenen Fällen zu Problemen, in denen der Lack im Elektrophorese-Verfahren aufgetragen wird.
Außerdem kann ein unzulängliches Entfetten Ursache einer Verzögerung oder gar des Ausbleibens des Phosphatierungsprozesses sein. Die Vorbereitung zum Phosphatieren ist also für Autokarosserien äußerst wichtig. Schließlich muß da von den Blechen recht viel Fett (Mineralöle vom Pressen, Fettreste vom Stanzen, Formen usw.) entfernt werden, und ebenso müssen die Stoffe entfernt werden, die vorübergehend als Schutz aufgetragen werden, z. B. beim Transport oder bei der Lagerung.
Außer Fett müssen auch noch andere Verunreinigungen beseitigt werden, die bei der Montage, beim Schweißen, bei der Kontrolle oder der Nacharbeit zurückgeblieben sind, z. B. Feilspäne und sonstiger Staub, sowie Oxyde, die beim Schweißen entstehen.
Zur Bewältigung dieser Probleme verfügt die Automobilindustrie über große Anlagen zur Phosphatierungsvorbereitung.
Das Phosphatieren geschieht häufig mit Lösungen, mit denen die zu behandelnden Flächen *gleichzeitig* entfettet werden. Danach werden die Flächen gereinigt und passiviert. Dieses Verfahren wird nur dann angewandt, wenn der Lack durch Eintauchen aufgetragen wird. Mit dem Aufkommen der Elektrophorese, einem Verfahren, bei dem die Karosserien zwar auch eingetaucht werden, aber nunmehr in einer in Wasser emulgierten Farbe und dies unter Einfluß von elektrischem Strom, mußte man das Vorbereitungsverfahren wesentlich verbessern. Schließlich muß die Entfettung auch deswegen gründlicher erfolgen, damit der Lack besser haftet, vor allem in hohlen und schwer zugänglichen Teilen. Man ging dann zur Verwendung alkalischer (basischer) Entfetter über, was ein gründlicheres Abspülen bedingte. Die Anlagen mußten also vergrößert werden. Bei der Elektrophorese erfolgen das Entfetten und das Phosphatieren gesondert.

Das Prinzip des Phosphatierens: Die Bildung einer Phosphatschicht
Das Phosphatieren basiert auf dem chemischen Prinzip der Oxydreduzierung. Die Grundreaktion erfolgt zwischen dem zu behandelnden Metall und einer Monometallphosphatlösung. Eine warme, wässrige Lösung, die freie Phosphorsäure enthält, wirkt hierbei auf das gereinigte Metall ein, wobei Eisenphosphat gebildet wird und Wasserstoff frei wird. Die behandelte Fläche zeigt anschließend eine kristallartige Schicht, deren Dicke nach dem Maß des Überzugsgewichtes pro m^2 geschätzt werden kann. Die Lösung muß so zusammengestellt sein, daß die Phosphatschicht, die allmählich aus den Kristallen entsteht, zu einem Bestandteil der Oberfläche wird.
Die wesentlichste Aufgabe des Phosphatierens besteht darin, daß der Lack gründlich haften kann. Damit dies möglich ist, muß die kristallartige Schicht recht fein sein. Man bewirkt dies durch Tauchen in Lösungen oder durch deren Zerstäubung, wodurch die Bildung von Kristallen beschleunigt oder geregelt wird. Diese feine, geschmeidige Schicht hält durch ihre porösen und absorbierenden Eigenschaften den Lack sehr gut fest. Überdies breitet Rost sich dank dieser Schicht nicht weiter aus. Neben Eisen kann man auch Zink, Kadmium und Aluminium phosphatieren.
Ein Beispiel einer Anlage zur Vorbereitung von Karosserieblechen in einer Automobilfabrik: Hier besteht die Anlage aus einem 105 m langen Metalltunnel mit 11 verschiedenen Behandlungsstationen. Darin können alle Modelle einer Behandlung unterzogen werden.
Die Karosseriekörper werden gereinigt und an einem hängenden Transportband befestigt. Dieses Fließband bewegt sich mit einer Geschwindigkeit von 4,65 m/min; pro Stunde können 54 Einheiten bearbeitet werden. Sie gehen in den Tunnel und werden darin automatisch oberflächenbehandelt. Dabei werden die folgenden Etappen durchlaufen (siehe Abb. 10.5):
- Stationen 1, 2 und 3: basisches Entfetten
- Stationen 4, 5 und 6: Spülen in fließendem Wasser
- Station 7: Phosphatieren
- Stationen 8 und 9: Spülen in fließendem Wasser
- Station 10: Chrompassivierung
- Station 11: Spülen in mineralfreiem Wasser, Heißlufttrocknung

Wir sehen in der Abb. 10.5 eine schematische Darstellung der verschiedenen Bearbeitungsstationen. Zwischen jeder Station liegt eine Zone zum Abtropfen; dies um zu vermeiden, daß die verwendeten Stoffe in die nächste Station gelangen. An jeder Station steht eine Wanne mit der benötigten Lösung oder mit Spülwasser. Die Flüssigkeit wird mit Hilfe von ein oder zwei Elektropumpen aus der Wanne herausgepumpt und unter Druck über ein Rohrnetz mit Zerstäubern verteilt. Die Rohre sind so angebracht, daß die Zerstäuber das Fahrzeug ganz umfassen können. Die Flüssigkeiten werden nach der Verwendung wieder in die Wannen zurückgeleitet. Zum Entfetten, Phosphatieren und Chrompassivieren wird die Flüssigkeit mit Hilfe eines Wärmeaustauschers, der unter Druck mit Dampf gespeist wird, zunächst angewärmt. Ein Regelsystem, verbunden mit einer Sonde, sorgt für konstante Temperatur. Sämtliche Tunnelstationen sind über Laufstege zugänglich, so daß sich leicht überprüfen läßt, ob die Rohre, Zerstäuber, Wannen usw. einwandfrei funktionieren. Außerdem befindet sich in den Wannen ein elektronisches Prüfgerät, durch das die Flüssigkeit vom Laboratorium aus überwacht werden kann.

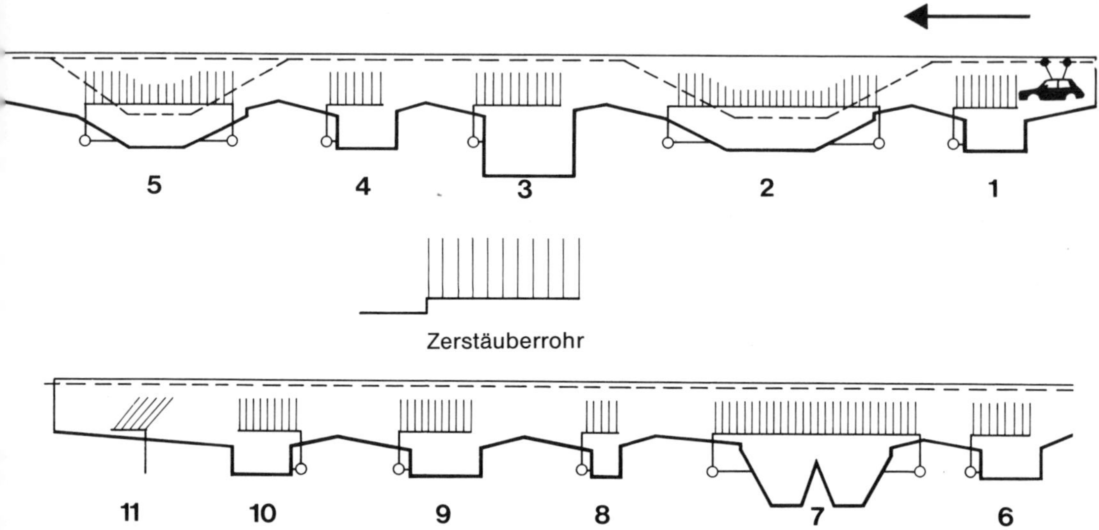

Abb. 10.5: **Schema der Anlage zur Oberflächenbehandlung in einer Automobilfabrik**

Basisches Entfetten

Die basische (alkalische) Entfettung hat den Zweck, sämtliche Fettreste von der Karosserie zu entfernen. Dies geschieht bei einer Temperatur von etwa 60° C. Als Entfetter verwendet man alkalische Mineralverbindungen, wie Natriumkarbonat. Diese Produkte verseifen die Fette unter Wärmeeinfluß, so daß sie leicht entfernt werden können.

Wichtigste Aufgaben:

1. Verändern der Oberflächenspannung der wässrigen Lösungen oder der Grenzflächenspannung zwischen Flüssigkeit und Feststoff.
2. Dafür zu sorgen, daß der Schmutz auf den Blechen emulgiert und daß der Wasserfilm sich fein über die Fläche verteilt.

Diese Produkte enthalten ein »polares« Molekül, zusammengestellt aus einer kohlenwasserstoffhaltigen Kette, die hydrophob (wasserabstoßend) ist, und aus hydrophilen (wasseranziehenden) Ketten. Infolge dieser besonderen Eigenschaften können die Moleküle sich senkrecht zur Grenzfläche Wasser/Öl ausrichten. Die basische Entfettung erfolgt in den drei Etappen 1, 2 und 3.

Etappe 1: Entfettung durch Zerstäubung
In diesem Stadium wird der Schmutz oberflächlich entfernt. das Entfetten erfolgt über eine Strecke von zwei Metern und dauert 30 Sekunden; die Temperatur beträgt 60° C.

Etappe 2: Entfettung durch Zerstäubung und Eintauchen
Durch diese gemischte Behandlung kann man hohle und sonst schwer zugängliche Teile entfetten. Dies geschieht über eine Strecke von 15 Metern, und es dauert 8 Minuten. Die Karosserie wird zuerst bespritzt, dann eingetaucht und danach nochmals bespritzt. Die Temperatur beträgt ebenfalls 60° C.

Etappe 3: Entfettung durch Zerstäubung
Mit dieser Behandlung wird die Reinigung der »montierten Karosserien« beendet. Der Vorgang geht über eine Strecke von vier Metern und dauert eine Minute lang. Temperatur 60° C.

Etappe 4: Spülen durch Zerstäubung
Durch dieses Spülen werden basische Stoffe von den entfetteten Flächen entfernt, und zugleich wird dem vorgebeugt, daß sie in das Phosphatierbad gelangen. Das Spülen erfolgt in den Etappen 4, 5 und 6 dreimal. In der 4. Etappe werden die Entfetter erstmals über eine Strecke von 1,3 Metern 15 Sekunden lang abgespült.

Etappe 5: Spülen durch Zerstäuben und Eintauchen
Diese gemischte Spülung macht es möglich, schwer zugängliche Teile abzuspülen, und dies geschieht über eine Strecke von 20 Metern.

Etappe 6: Spülen durch Zerstäuben
Durch diese Spülung werden die letzten Reste des Entfetters entfernt.
Zur Einsparung von Wasser und um zu vermeiden, daß die zu behandelnden Bleche rosten, erfolgt diese Spülung in Stufen: das reine Wasser läuft zuerst in das letzte Bad (Etappe 6); wenn dieses Bad voll ist, geht das überlaufende Wasser in das zweite Bad (Etappe 5) und anschließend in das erste Bad (Etappe 4).

Etappe 7: Das Phosphatieren
Hier wird die Eisenphosphatierung angewandt. Die Karosserie wird drei Minuten lang bei einer Temperatur von 59–61° C bespritzt.

Etappen 8 und 9: Spülen in fließendem Wasser
Diese Spülungen müssen der Überphosphatierung vorbeugen. Die chemischen Reaktionen des Phosphatierbades setzen sich schließlich so lange fort, wie eine Phosphatierlösung auf dem Metall zurückbleibt. Durch diese Spülung wird auch vermieden, daß Reste der Phosphatierlösung in das Passivierungsbad gelangen.

Etappe 10: Chrompassivierung
Aufgabe dieser Behandlung ist es:

- Die kalkhaltigen Salze des industriellen Spülwassers zu entfernen. Diese Salze verursachen eine Korrosion, was zum Abblättern des Lacks führt.
- Der Rostbildung am tiefsten Punkt der porösen Teilchen in der Phosphatierschicht vorzubeugen.
- Das Haften des Lacks zu verbessern und gleichzeitig die Korrosion in Fällen zu beschränken, in denen der Lackfilm evtl. beschädigt wird.

Etappe 11: Spülen in entmineralisiertem Wasser
Diese letzte Spülung sorgt dafür, daß sämtliche Chromteilchen, die in das Elektrolytbad gelangen können, entfernt werden, ebenso wie eventuelle Rückstände von löslichen Salzen, die eine Korrosion verursachen könnten.

Das Trocknen
Nachdem die Karosserie ihre Oberflächenbehandlung im Tunnel erhalten hat, kommt sie in einen acht Meter langen Trockentunnel, in dem sie mit Heißluft von 100° C angeblasen wird. Danach wird sie zur Lackierung in das Elektrophoresebad transportiert.

Abb. 10.6: **Karosserie beim Verlassen des Elektrophoresebades.**
Das Bad ist positiv, die Karosserie ist negativ geladen. Der Pfeil zeigt auf das Kabel, das die Karosserie mit dem Minuspol verbindet.

Lackierung mittels Elektrophorese

Bei der Elektrophorese werden die Karosserie und das Lackbad, in das die Karosserie eingetaucht wird, elektrisch entgegengesetzt aufgeladen. Dadurch werden die Lackteilchen bis in die äußersten Winkel der Karosserie »gesaugt«.
Man unterscheidet die Anaphorese (Karosserie positiv und Lackbad negativ) und die Kataphorese (Karosserie negativ und Lackbad positiv). Beide Prinzipien werden in der Automobilindustrie angewandt.
Die Grundierung dient als Haftschicht für den Lack, und sie wird durch ein Kochverfahren bei ca. 200° C polymerisiert.
Die Endlackierung erfolgt in diesem Beispiel mit einem Acrylatlack, der bei wenigstens 150° C gemuffelt wird.
In einzelnen Fällen kommt noch eine Firnisschicht darauf.

10.2 METHODEN UND MATERIAL ZUR VORBEARBEITUNG IN DER PRAXIS

Reinigen

Zunächst und vor allem muß der Untergrund entfettet werden, und ferner müssen eventuell vorhandene Silikone entfernt werden. Auch Teer und sonstige Überbleibsel müssen verschwinden. Jeder Lackhersteller liefert ein speziell entwickeltes Reinigungsprodukt, mit dem die Karosserie bearbeitet werden muß, ehe mit dem Schmirgeln begonnen wird. Dies ist sehr wichtig und beugt vielen Schwierigkeiten vor. Anschließend wird Rost und abgeblätterter Lack von Hand oder mit der Schleifmaschine entfernt. Beim Schleifen von Hand entsteht viel weniger Reibungswärme, und das ist wichtig, wenn man es mit einer thermoplastischen Lackschicht zu tun hat. Das Schleifpapier wird sich nicht so rasch füllen.
Die Lackschicht muß gründlich geschliffen werden, verlaufend in Richtung des bereits gereinigten Metalls, und der Rest der Oberfläche muß mit einem feinkörnigen Schleifpapier (500 bis 600) geschliffen werden, um die Lackschicht so vollständig und gleichmäßig zu mattieren.
Im Falle von »Lochfraß« (ganz kleine Löcher im Blech infolge Rostbildung durch eingeschlossene Salzkristalle oder Feuchtigkeit von außen her) müssen wir diese winzigen Löcher wegschlagen und das Blech anschließend verzinnen. Wir können auch ein Antirostpräparat verwenden (möglichst auf beiden Seiten des Blechs) und die Unebenheiten glätten. Ehe wir einen Untergrund auftragen, muß das gereinigte Metall absolut trocken sein. Dieses Trocknen geschieht mit einem sauberen Schwamm unter Verwendung von Druckluft. Es empfiehlt sich, das blanke Metall anschließend mit einem Antirostprodukt zu behandeln.

Behandlung mit einem Rostschutzmittel

Das Blech mit einem Pinsel einreiben. Einige Minuten einwirken lassen. Mit sauberem Wasser abspülen. Trocknen mit Hilfe eines Fensterleders. Diese Behandlung muß unmittelbar vor dem Auftragen der Grundierung erfolgen.

Aussehen
Das behandelte Blech ist mit einer weißlichen Schicht bedeckt. Das ist ganz normal und kann so bleiben, außer wenn eine Polyestergrundierung angebracht wird. In diesem Fall muß die weißliche Schicht durch leichtes Trockenschleifen entfernt werden.

Vorteile der Lösung
Löst den Rost auf.
Schützt das gereinigte Metall.

Spachtelmasse
Die Spachtelmasse wird mit einem Metall- oder Gummispachtel aufgetragen. Die größeren Flächen können mit dem Metallspachtel bearbeitet werden, hohle und runde Teile sind leichter mit dem Gummispachtel zu erreichen. Meist werden zwei oder drei Schichten einer qualitativ guten Polyesterspachtelmasse aufgetragen. Durch Verwendung schnell trocknender Produkte kann der Bearbeitungsvorgang wesentlich beschleunigt werden. Um noch mehr Zeit einzusparen, können wir einen Fön verwenden. Dieser wird etwa 50 bis 60 cm von der behandelten Fläche entfernt aufgestellt. Wieviele Spachtelschichten aufzutragen sind, hängt zum großen Teil von der Qualität der Ausbeularbeit ab. Die Polyesterspachtel können aber im allgemeinen in dicken Schichten aufgetragen werden, so daß wir meist mit zwei Schichten auskommen dürften, vor allem auch, weil wir auf das Auftragen von Spachtelschichten eine Behandlung mit Füller folgen lassen müssen. Dies, um kleine Unebenheiten in der Spachtelmasse auszugleichen.
Richtig behandeltes Blech muß glatt sein, es darf keine Verdickungen oder Streifen haben. Nach Möglichkeit sollte man deshalb im Fachhandel erhältliche Schleifblöcke verwenden. Diese dürfen in der Ausrüstung einer Karosseriewerkstatt nicht fehlen. Die beiden meistgebrauchten Blöcke sind: der kleine Block mit ca. 20 cm Länge und der große Block mit ca. 30 cm Länge. Sie sind speziell für ein Viertel bzw. die Hälfte des Schleifpapierformats vorgesehen. Für bestimmte Formen kann man sich zur Not passende Holzblöcke anfertigen.

Sorten von Spachtelmaterial
Der *Nitrozellulose-Spachtel* wird kaum noch verwendet, außer eventuell von wenigen nostalgischen Handwerkern. Der Zellulose-Spachtel ist den Polyester-Spachteln gewichen.

Der synthetische Spachtel: ebenso, wie der Zellulose-Spachtel, wird dieses Spachtelmaterial mehr und mehr durch Polyester-Spachtel oder durch Kombi-Spachtel ersetzt, vor allem deshalb, weil es zu lange trocknen muß. Für bestimmte, spezielle Arbeiten ist dieses Spachtelmaterial noch interessant, aber zur täglichen Arbeit verwendet man es nicht mehr.

Die *Kombi-Spachtel* wurden entwickelt, um die Reaktion der Verdünnungsmittel im Spachtel auf die zu spritzenden Teile zu vermeiden. In manchen Fällen wirken diese Verdünnungsmittel als Lösungsmittel auf das zu überspritzende Blech. Das gilt insbesondere für die thermoplastischen Acrylatlacke für bestimmte Metalltöne. Die Reparatur solcher Karosserien ist meist recht problematisch. Bei der Verwendung von Kombi-Spachtel und -Füller hat man im allgemeinen keine Probleme, sofern sie richtig aufgetragen werden. Man kann den Lack auch direkt darauf anbringen.

Die Polyester-Spachtel
Sie spielen heutzutage bei der Karosseriereparatur die wichtigste Rolle, und werden in praktisch allen Werkstätten verwendet. Das anfängliche Mißtrauen ihnen gegenüber ist verschwunden, sie sind einfach unentbehrlich. Tatsächlich bieten sie auch viele Vorteile: sie sind leicht zu verarbeiten, trocknen schnell, und man kann durch sie leicht die Verformungen wiederherstellen, die durch reine Blechbearbeitung nur schwer repariert werden können. Überdies sind Polyester-Spachtel geschmeidig, sie können sowohl von Hand als auch mit dem Elektroschleifer geschliffen werden, sie vertragen Ofenwärme und schrumpfen beim Trocknen fast überhaupt nicht. Das Polyester-Spachtelmaterial muß auf blankem, trocknem Blech aufgetragen werden.

Anrühren der Spachtelmasse (siehe auch Kap. 11)
Nehmen Sie die für die Reparatur benötigte Menge, der Sie den Härter hinzufügen. Die Menge hängt ab von der Zeit, die Sie zur Verarbeitung benötigen, aber auch von der Raumtemperatur der Werkstatt.

Härterzusatz (%)	Standzeit der Mischung (min)	Trockenzeit bei 20° C (min)
3	8	30
2	12	35
1	25	45

Die ersten Polyester-Spachtel waren mehr oder weniger porös, aber heutzutage gibt es Spachtel mit einer ganz feinen Struktur; dies dank der Verwendung eines sehr feinkörnigen Grundmaterials, durch das wir eine völlig glatte und nichtporöse Oberfläche erhalten.

Aufgepaßt: Die Gebrauchsanweisung der Polyester-Spachtelmasse sollte strikt befolgt werden; vor allem nicht mehr Härter hinzufügen, als vorgeschrieben. Berücksichtigt man das nicht, so besteht die Gefahr, daß unter einer hellen Lackfarbe gelbe Flecken zum Vorschein kommen.

Polyester-Spachtel mit Glasfaser (siehe auch Kap. 11)
Es gibt mehrere Methoden, durch Rost verursachte Löcher zu füllen, aber am einfachsten ist es wohl doch, Polyester-Spachtel mit Glasfaser zu verwenden. Jedenfalls dann, wenn man keine neuen Bleche einbauen will oder kann. Mit Hilfe des mit Glasfasern vermischten Polyester-Spachtels können wir Löcher füllen, ohne zuvor ein Überbrückungsgewebe anzubringen.

Füller

Polyester-Füller (Spachtelmasse zum Spritzen)
Hier handelt es sich um eine Spachtelmasse, die aufgespritzt werden kann, was vor allem bei großen Flächen oder nicht sehr auffälligen Fehlern im Blech interessant ist (man kann aber auch dicke Schichten aufspritzen). Die Bleche müssen gründlich vorbearbeitet und geschliffen werden, ehe sie gespritzt werden können.

Gebrauchsanweisung:
Der Füller wird mit einer Spritzpistole mit großer Spritzleistung aufgetragen. Die benötigte Menge wird im Farbbecher der Spritzpistole fertiggemacht; Härter hinzufügen und gleichmäßig aufspritzen. Dies muß ohne Unterbrechung geschehen, bis alle Fehler und Verformungen bedeckt sind. Die gespritzten Bleche vor dem Schleifen trocknen lassen. Der Füller wird sehr hart, haftet hervorragend und kann sowohl von Hand als auch mit der Pistole aufgetragen werden, wodurch er sich sehr gleichmäßig verteilt. Damit beugt man einem welligen Aussehen des Bleches vor.

Vorsicht! Ehe man mit dem Spritzen beginnt, muß das Auto zunächst mit Kunststoffolie abgedeckt werden, denn Füller, der auf Flächen gelangt, die nicht überspritzt werden sollen, läßt sich nur schwer wieder entfernen. Auch auf andere in der Nähe stehende Autos achten. Nach dem Spritzen muß die Spritzpistole gründlich gereinigt werden; dazu sollte sie auch regelmäßigt zerlegt werden.

Die Grundierung

Die wichtigste Schicht bei der Autolackierung ist die erste. Dazu gibt es zwei Gründe: die erste Schicht bildet die Basis für die nachfolgende Lackierung, und zum zweiten hängt von ihr die Haftfähigkeit des Ganzen ab. Es ist also logisch, daß die erste Schicht auf den Untergrund und auf den später zu verwendenden Lack abgestimmt sein muß. Der Untergrund kann ganz unterschiedlicher Art sein: z. B. Stahl, Aluminium, Polyester. Der Autolackierer hat die Wahl aus einer ganzen Skala, je nach der vorgesehenen Arbeit. Die unteren Schichten lassen sich leicht mit der Spritzpistole auftragen, und sie haben auch die Aufgabe, Schleifspuren zu verwischen, eventuelle Poren in der Spachtelmasse auszufüllen und, vor allem, ein gutes Haften des Lacks zu garantieren.
Hier folgt eine Aufzählung der meistverwendeten Grundierungen bei der Reparatur.

Zellulose-Grundierung und Spritz-Spachtel
Grundstoff: reine Nitrozellulose.
Anwendung: Wird bei der Karosseriereparatur sehr oft als Füllmasse verwendet. Sie kommt auf das blanke Metall und auf alte Schichten (außer auf synthetischen, wenn diese zu frisch sind, und auf Aluminium). Sie liefert eine poröse, sehr glatte Oberfläche, die nur leicht geschliffen werden muß. Diese Produkte sind allen Lakken gegenüber verträglich. Auch die Lagerung ist problemlos. Zum Verdünnen verwendet man den üblichen Verdünner.
Auftragen: 3 bis 4 Schichten mit 5 Minuten Zwischenzeit.
Trocknen: minimal 30 Minuten bei 20° C.
Schleifpapier: 600 bis 800.
Druck: 3 Bar.
Vorsicht! Für gute Lüftung sorgen!

Phosphatgrundierung und Spritzspachtel
Grundstoff: Phosphorsäure.
Anwendung: universelle Grundierung und Spritzspachtel. Kann aber nicht als Untergrund für thermoplastische Lacke dienen. Nichtaggressiver Spachtel, der sich sehr gut zum Nachspritzen auf alten synthetischen Schichten eignet. Sehr gute Haftfähigkeit auf jedem Untergrund. Trocknet schnell und bildet eine glatte Oberfläche, die nur leicht geschliffen werden muß.
Auftragen: als Grundierung 1 Schicht.
Als Spritzspachtel: 2 Schichten mit 5 Minuten Zwischenzeit.
Druck: 3 bis 4,5 Bar.
Trocknen: 60 Minuten bei 20° C;
45 Minuten bei 30° C;
15 Minuten bei 60° C.
Wird zu gleichen Teilen mit Härter gemischt.
Vorsorge: vorsichtig mit dem Härter umgehen, denn dieser enthält Säuren. Sollte der Härter dennoch auf die Haut gelangen: gründlich waschen.

Epoxyd-Grundierung und Spritzspachtel
Grundstoff: Epoxydharz.
Anwendung: für jeden Untergrund, der gegen Einwirkung von Chemikalien und vor Korrosion geschützt werden muß.
Als Unterschicht für Polyurethanlack. Diese ist besonders wasser- und feuchtigkeitsbeständig. Sehr gute Haftfähigkeit dieses Zweikomponentenprodukts auf Stahl, Kupfer, Zink, Alu und Glasfaser.
Auftragen: als Grundierung 1 Schicht;
Als Spritzspachtel 2 Schichten mit 15 bis 20 Minuten Zwischenzeit.
Druck: 3,5 bis 4 Bar.
Trocknen: 4 bis 5 Stunden bei einer Temperatur von 15 bis 20° C. 2 bis 3 Stunden bei einer Temperatur über 20° C. Beschleunigtes Trocknen möglich bis zu 80° C.

Synthetische Grundierung und Spritzspachtel
Grundstoff: Alkydharz.
Anwendung: wird vor allem für zweifelhaften Untergrund empfohlen, da speziell zur Isolierung beliebiger Materialien entwickelt. Sehr gute Deckfähigkeit, besonders elastisch und korrosionsbeständig. Kann auf jedem beliebigen synthetischen Untergrund aufgetragen werden, aber auch einer Acrylat-Verarbeitung gegenüber verträglich. Darf allerdings niemals zwischen zwei thermoplastischen Acrylatschichten angebracht werden.
Auftragen: 2 Schichten mit 10 Minuten Zwischenzeit.
Druck: 3 bis 4 Bar.
Trocknen: für synthetische Verarbeitung 1 Nacht; für Acrylatverarbeitung oder für 2 Schichten: 24 Stunden. Beschleunigtes Trocknen möglich bis zu 80°C.

Chromat-Grundierung
Anwendung: Die Chromat-Grundierung dient als Schutzschicht gegen Korrosion innerhalb des synthetischen Systems auf Stahl und Aluminium. Besonders gut geeignet für Anschlußränder verschiedener Metalle zur Vorbeugung elektrolytischer Korrosion.
Auftragen: 1 nicht zu dicke Schicht.
Druck: 3 bis 4 Bar.
Trocknen: 30 Minuten im Freien,
Möglichkeit zum beschleunigten Trocknen.

Universalgrundierung und Spritzspachtel
Grundstoff: Acrylat.
Anwendung: Einkomponenten-Grundierung und Spritzspachtel mit sehr guter Deckfähigkeit, sehr korrosionsbeständig, für alle Verarbeitungen verwendbar. Maximal zwei Schichten auftragen; das reicht, um alle Fehler zu überdecken. Kann auch als Isoliermittel verwendet werden, aber dann stärker verdünnen und nur eine Schicht auftragen.
Auftragen: als Isoliermittel 1 Schicht;
als Grundierung maximal 2 Schichten.
Druck: 3 bis 3,5 Bar.
Trocknen: 45 bis 60 Minuten im Freien bei 20°C;
Beschleunigtes Trocknen möglich bis zu 80°C.

10.3 AUFTRAGEN DER VERSCHIEDENEN LACKARTEN

Es gibt zur Zeit fünf Lackarten, die bei der Karosseriereparatur häufig verwendet werden. Es handelt sich dabei um:
1. die Zellulose-Lacke;
2. die synthetischen Lacke (Alkydharzlacke);

3. die Acrylat-Lacke;
4. die Polyurethan-Lacke (auch Zweikomponenten-Lacke genannt);
5. das sogenannte Zweischichtsystem.

Der Zellulose-Lack

Die Autolackierer verwenden den Zellulose-Lack schon seit einer Reihe von Jahren nicht mehr (von Ausnahmen abgesehen), und zwar aus folgenden Gründen:

- muß stark verdünnt werden, so daß viele Schichten aufgetragen werden müssen;
- vergilbt rasch;
- geringer Widerstand gegen Chemikalien;
- muß auf Hochglanz poliert werden, was die Arbeitskosten erhöht.

Zuweilen verwendet man die Zelluloseprodukte wohl noch als Unterschicht, und zwar weil sie

- ohne zusätzliche Heizung rasch trocknen;
- zur Beseitigung eventueller Fehler schnell geschliffen werden können;
- nicht glänzen;
- keiner komplizierten Anlage bedürfen.

Abb. 10.7: **Rolls-Royce verwendete Zellulose-Lack auf den Nichtmetallik-Autos noch bis 1981**

Auftragen des Zellulose-Lacks

Nach gründlicher Vorbereitung des Metalls wird der Lack in Schichten aufgetragen. Der Zellulose-Lack wird um 100 bis 150% verdünnt. Da er nicht gut deckt, müssen, je nach Farbton, 4 bis 6 Schichten aufgetragen werden.

Der Lack muß einige Stunden lang trocknen. Die gespritzte Oberfläche wird einen satinartigen Glanz zeigen, der mit feinkörnigem Schleifpapier, Nr. 800 oder 1000, mattiert werden muß. Manche, besonders sorgfältige Lackierer verwenden selbst Schleifpapier Nr. 1200. Danach wird eine stark verdünnte Schicht, fast farbiger Verdünner, aufgetragen. Die Menge des Verdünners, die für diese letzte Schicht verwendet wird, wählt man je nach Temperatur und Feuchtigkeitsgrad um zu vermeiden, daß der Verdünner zu rasch verdunstet, wodurch die Farbe verblassen würde.
Diese letzte Schicht läßt man gewöhnlich eine ganze Nacht lang trocknen, ehe man mit dem Polieren beginnt.

Polieren
Zum Polieren verwendet man ein Flanelltuch und eine sehr feinkörnige Polierpaste. Es ist darauf zu achten, daß die Ränder und Rundungen besonders vorsichtig behandelt werden. Anschließend mit einer Politur (ohne Silikon) einreiben, um schließlich den Glanz herzustellen.
Nur wenige Automobilhersteller verwenden noch Zellulose-Lacke. Da die Verarbeitung recht kostspielig ist, handelt es sich zwangsläufig auch um teure Autos, wie Rolls-Royce und Bentley. Dabei kommen auch unterschiedliche Lacke zur Verwendung.

Synthetischer Lack
Die synthetischen Farbstoffe sind aus synthetischen Harzen zusammengestellt, von denen die meisten Kohlenstoffabkömmlinge sind. Die Verwendung einer solchen Lackart setzt einige Erfahrung voraus, aber sie sind heutzutage doch wesentlich leichter aufzutragen als früher.
Der erzielte Fortschritt ist u. a. der Forschung seitens der Lackhersteller zu verdanken. Das Auftragen synthetischer Lacke ist für den Lackierer ebenso einfach, wie das Auftragen von Acrylat-Lack, der im Folgenden noch besprochen wird.
Beim Vergleich mit Zellulose-Lack kann man folgern:
- synthetische Lacke haben eine geringere Kohäsion, aber die Schicht ist härter;
- die Haftfähigkeit ist gegenüber der Acrylatverarbeitung ebenfalls geringer, wenn sie direkt aufgetragen werden. Deshalb empfiehlt es sich, die Oberfläche vollständig mit einem phosphatierenden oder synthetischen Spritzspachtel zu behandeln;
- synthetischer Lack ist elastischer.

Synthetischer Lack kann einfach an der Luft trocknen, aber auch in einem Trockenofen bei Temperaturen bis zu 80° C. Eine mit synthetischem Lack behandelte Oberfläche ist stark glänzend und dank der Geschmeidigkeit und der Elastizität recht beständig gegen Steinschlag. Im allgemeinen werden synthetische Lacke in den Originalfarben der Kfz-Industrie geliefert. Die Farbtöne sind stabil

und behalten ihren Glanz recht lange. Da sie nicht leicht vergilben, kann man sie bei Temperaturen bis zu 80° C trocknen lassen.
Das Haftvermögen ist auf praktisch allen Flächen sehr gut. Außerdem sind synthetische Lacke beständig gegen die Einwirkung von Benzin. Zum synthetischen Lack werden oftmals verschiedene Arten von Verdünner geliefert, so daß man je nach vorherrschender Temperatur und Feuchtigkeit wählen kann. Durch Verwendung eines bestimmten Verdünners kann man die Trockenzeit verkürzen.

Vorbereitung des Metalls:
- entfetten und die für das Metall geeignete Behandlung wählen;
- Grundierung je nach vorgesehener Arbeit sorgfältig wählen.

Anwendung
Das Verhältnis Farbe/Verdünner ist im allgemeinen wie folgt:
3 Teile Lack für 1 Teil Verdünner oder:
Viskosität: DIN-Becher 4: 16–20 Sekunden bei 20° C.
Normale Farben: 2 Schichten auftragen.
Zwischen den beiden Schichten ungefähr 10 Minuten trocknen lassen.
Druck: 4 Bar.
Metallfarben: 1 Schicht auftragen und 10 bis 15 Minuten warten, ehe die besser deckende Schicht aufgetragen wird. Erforderlichenfalls bis zu 50% verdünnen und 1 bis 2 Schichten aufspritzen. Zur Vermeidung eines scheckigen Aussehens müssen die Schichten in allen Richtungen aufgespritzt werden.
Druck: 5 Bar.
Trocknen: für eine Schicht von 50 bis 60µ: 16 Stunden bei 20° C. Montagefertig nach 30 Minuten im Trockenofen bei 80° C und vollständiger Abkühlung. Das Trocknen muß in einem gut ventilierten Raum erfolgen; das beschleunigt einerseits das Trocknen, und andererseits wird die Lackschicht härter sein.
Die synthetischen Lacke der verschiedenen Hersteller sind unterschiedlich zusammengestellt. Deshalb muß man den zum Lack empfohlenen Verdünner verwenden. Der Verdünner besteht im allgemeinen aus:
32% Lösungsmittel
13% Zusätzen
55% Verdünner.
Hier sei besonders hingewiesen auf die große Feuergefährlichkeit und die schädlichen Eigenschaften von aromatischen Kohlenwasserstoffverbindungen, wie Benzol, Xylol, Toluol, Äthylglykoacetat usw. Die Nähe von Wärmequellen und Funken ist zu meiden. Auch dürfen die Spritzdämpfe nicht eingeatmet werden. Auf jeden Fall muß für eine Ventilation, sprich »Absaugvorrichtung«, gesorgt werden.
Die Nebel, die bei der Verwendung der Spritzpistole entstehen, bestehen aus sehr flüchtigen kolloidalen und mehr oder weniger giftigen Stoffen, die Hautkrankheiten, Zahnfleischbluten, allgemeine Schwächung, Appetitverlust, Magenkrankheiten, Darmstörungen usw. verursachen können.

Acrylat-Lack

Dieser Lack ist eine Vervollkommnung des Zellulose-Lacks. Er ist das Resultat langjähriger Forschungsarbeit, mit der die Eigenschaften der Zellulose-Lacke verbessert wurden. Diese Eigenschaften sind u. a., daß sie schnell trocknen, leicht aufzutragen sind, ihre Farbbeständigkeit, der sehr schöne Glanz, Beständigkeit gegen Teer und Benzin, sowie daß sie leicht instandgesetzt und ausgebessert werden können. Überdies können bei den Acrylat-Lacken neue Metall-Farbtöne entwickelt werden. Der Autolackierer sollte folgendes wissen:

1. daß es eine bestimmte Sorte von Acrylat-Lacken für alle alten Lackschichten, außer thermoplastischen Acrylat-Lacken, gibt;
2. daß es eine Qualität zum Nachspritzen von allen ursprünglichen Verarbeitungen in thermoplastischem Lack gibt.

Acrylat-Lack läßt sich sehr leicht verarbeiten, sofern man die folgenden Punkte berücksichtigt:

- das Verdünnen muß strikt gemäß Herstellervorschrift erfolgen;
- nur der Verdünner ist zu verwenden, der vom Hersteller empfohlen wird, und hinsichtlich Temperatur und Trockenzeit muß man sich nach den Anweisungen auf der Verpackung richten;
- Viskosität: DIN-Becher 4; 13 bis 18 Sekunden bei 20° C;
- Arbeitsdruck Nachspritzen: 2 bis 2,5 Bar;
  Arbeitsdruck je Teil oder ganz spritzen: 3 bis 4 Bar;
- Trockenzeit bei 20° C für eine Schicht von 45 bis 55μ
  staubfrei: 5 Minuten, berühren: 15 Minuten, trocken zur Montage: 1 Stunde,
  schleifbar nach stellenweisem Nachspritzen: 4 Stunden,
  schleifbar nach Ganzspritzung: 1 Nacht;
- die Trockenzeit kann zwischen 30 und 80° C evtl. beschleunigt werden, aber zuerst muß der Lack 20 Minuten lang ausdünsten;
- nach 60 Minuten in einem Trockenofen mit 80° C ist die vollständig gespritzte Karosserie zum Glanzpolieren bereit, aber sie muß vorher noch außerhalb des Trockenofens abkühlen.

Die Vorbereitung zur Spritzlackierung erfolgt ebenso, wie bei den anderen Lackarten.

Auftragen des Lacks (auf Einzelteilen oder ganzen Karosserien).

Drei oder vier Schichten mit Zwischenzeiten von 5 Minuten auftragen. Jeweils vor dem Auftragen einer neuen Schicht die Oberflächen mit einem Staubbindetuch abnehmen. Zur Erhöhung des Glanzes kann man eine stark verdünnte Lackschicht auftragen.

Das Nachfolgende ist zu beachten:

- Lack gründlich mischen, vor allem bei Metallikfarbtönen;
- vor der Reparatur einer thermoplastischen Acrylatschicht das Abdeckpapier zum Erwärmen entfernen:

- wenn auf einer Metallikfarbe die letzte, stark verdünnte Lackschicht aufgetragen wird, neigt diese dazu, heller zu werden;
- Acrylat-Lack auf synthetischem Untergrund erst auftragen, nachdem dieser gut trocken ist, sonst kann der Lack Runzeln bekommen;
- Acrylat-Lack nicht bei einer Temperatur unterhalb 10° C auftragen, sonst reißt der Lack;
- die Grundfarben sind keine Fertigprodukte und können nicht zur letzten Beschichtung dienen;
- zwei Acrylat-Lacke dürfen nicht gemischt werden.

Acrylat-Lack mit Sofortglanz
Die großen Hersteller von Autolacken waren stets bemüht, den normalen Acrylat-Lack zu verbessern. Das Resultat dieser Versuche ist der Acrylat-Lack mit Sofortglanz, der viele Vorteile bietet: u. a. braucht er nicht mehr poliert zu werden. Die namhaften Hersteller liefern Produkte hoher Qualität. Das soll keine Werbung dafür sein, die Marken sind ohnedies hinlänglich bekannt. Ohne die Eigenschaften dieser Produkte zu analysieren und nur als Information bringen wir hier die Gebrauchsanweisungen gemäß den Merkmalen der einzelnen Produkte.
Es gibt Fachleute, die den Acrylat-Lack mit Sofortglanz als acrylisierten synthetischen Lack bezeichnen. Wir weisen hier kurz darauf hin, weil das dem Leser eine Vorstellung vermittelt, wie ein Wagen aussieht, der mit diesem Lack gespritzt wurde. Acrylat-Lack mit Sofortglanz erbringt tatsächlich denselben tiefen Glanz, wie synthetischer Lack, aber er hat auch die Eigenschaften des Acrylat-Lacks. Acrylat-Lack mit Sofortglanz ist ein Zweikomponenten-Lack, d. h., daß vor Gebrauch ein Härter hinzugefügt werden muß. Bindemittel und Verdünner sind nicht dieselben, wie für normalen Acrylat-Lack. Die Grundfarben sind wohl dieselben; die Bindemittel sorgen für den Glanz. Welche Mischfarben zu verwenden sind, geht aus den Gebrauchsanweisungen hervor.

Anwendung
Die Vorschriften des Herstellers hinsichtlich Mischen, Härter und Verdünner befolgen. Die Zusammenstellung ist im allgemeinen folgende: 4 Teile Lack, 2 Teile Härter und 1 bis 2 Teile Verdünner.
Wenn diese Bestandteile einmal gemischt sind, kann der Lack noch etwa vier bis sechs Stunden lang gebraucht werden.
Viskosität: DIN-Becher; 16 bis 18 Sekunden bei 20° C.
Druck: 3,5 bis 4 Bar.
Schichten: 1 dünne Schicht (Haftschicht), 10 Minuten warten, 2 gekreuzte Schichten mit 15 Minuten Zwischenzeit.
Trocknen: staubfrei: 10 bis 20 Minuten bei 20° C,
berühren: 1–1,5 Std. bei 20° C,
montieren: 4–5 Std. bei 20° C.
Möglichkeit zur beschleunigten Trocknung bis zu 60° C.

Auf folgendes ist zu achten:
- der Mischung keine Antisilikontropfen beigeben;
- nicht ohne Härter auftragen;
- nur den vorgeschriebenen Verdünner verwenden und nur im vorgeschriebenen Verhältnis hinzufügen.

Die Metalliktöne lassen sich leichter auftragen, weil die Aluminiumschuppen sich an die Originalverarbeitung anpassen. Beim Nachspritzen wird der Anschluß an die alte Lackschicht nahezu unsichtbar.

Polyurethan-Lack

Dies ist ein Zweikomponenten-Lack: Lack + Härter + Verdünnung. Polyurethan-Lack erbringt einen besonders schönen Glanz und ist wie kein anderer beständig gegen chemische Einflüsse und Lösungsmittel. Dieser Lack wird übrigens auch für Schiffe und Flugzeuge verwendet. Auch die Karosseriebauer schätzen ihn inzwischen wegen seiner besonderen Eigenschaften. Schließlich ist er überdies auch sehr beständig gegen Kratzer, Schmutz und Vergilben, und außerdem läßt er sich bequem reinigen. Dieser Lack (und der Acrylat-Lack) macht die Polierpaste überflüssig. Durch einfaches Reiben mit einem Wolltuch wird der Lack wieder schön, und im schlimmsten Fall kann man den ursprünglichen Glanz mit einem flüssigen Mittel wieder hervorholen.

Dieser Lack haftet auch recht gut auf richtig vorbereitetem Untergrund, und man kann ihn auf nahezu jeder Grundierung auftragen. Dasselbe gilt für das Überspritzen von alten Schichten, außer für thermoplastischen Lack, der zuerst isoliert werden muß, und für synthetische Emaille, die ein bestimmtes Alter haben muß.

Anwendung:

Viskosität: DIN-Becher 4; 18 bis 20 Sekunden bei 20° C.

Verdünnung: laut Vorschrift des Herstellers.

Druck: 3,5 bis 4 Bar.

Schichten: 2 Schichten normal dick mit einer Zwischenzeit von 15 Minuten.

Trockenzeit: staubfrei: 1,5 bis 2 Std., montieren: 5 bis 6 Stunden.

Auf folgendes ist zu achten:
- dem Polyurethan-Lack keine Antisilikontropfen beigeben;
- niemals direkt auf thermoplastischen Acrylat-Lack auftragen;
- synthetischer Lack muß alt genug sein, ehe Sie Polyurethan-Lack darauf anbringen dürfen;
- höchstens 6 Stunden nach Zusatz des Härters aufbewahren.

Vorsorgemaßnahmen: Polyurethan-Lack enthält aliphatisches Polyisocyanat. Nicht mit den Augen in Kontakt bringen! Hände regelmäßig waschen, und keine Dämpfe einatmen. Spritzraum mit einer guten Absauganlage versehen, und im Falle von Atemschwierigkeiten einen Arzt aufsuchen. Aus der Nähe von Flammen und sonstigen Wärmequellen halten. Grundsätzlich Filtermaske tragen oder, besser noch, eine Frischluftmaske.

Das Zweischicht-Lacksystem

Man spricht hier auch vom Polychrom-System. Die Verarbeitung erfolgt in zwei Stufen: Lackieren und Firnissen (Klarlack). Das Polychrom-System wird nur für Metallikfarben verwendet, und es liefert einen schönen und tiefen Glanz. Die ursprüngliche Farbe bleibt optimal erhalten. VW, Mercedes, BMW u. a. wenden dieses System an.

Eigenschaften:

- die ursprüngliche Farbe bleibt erhalten;
- sehr leicht aufzutragen;
- gute Deckfähigkeit;
- trocknet rasch;
- tiefer Glanz mit großem Widerstand;
- gutes Haftvermögen;
- harter Film.

Verwendung des Lacks:

Viskosität: Becher 4; 14 bis 16 Sekunden bei 20° C.
Verdünnung: Anweisung des Herstellers befolgen.
Druck: 4 bis 5 Bar.
Anzahl der Schichten: 2 gekreuzte Schichten mit einer Zwischenzeit von 10 Minuten.
Danach den Lack etwa 15 Minuten lang ausdunsten lassen. In diesem Stadium ist er völlig matt, aber sehr gleichmäßig verteilt und ohne Abweichungen innerhalb der Metallikfarbe.

Verwendung des Klarlacks:

Viskosität: Becher 4; 4 bis 16 Sekunden bei 20° C.
Anzahl der Schichten: 2 Schichten mit 10 Minuten Zwischenzeit.
Druck: 3,5 bis 4,5 Bar.
Trocknen: 45 Minuten bei 60° C oder eine Nacht bei normaler Temperatur (20° C).

Zusammenfassung

Grob gesehen kann man sagen, daß Lacke im allgemeinen, je nach ihrer Art, die folgenden Stoffe enthalten können:

1. Grundstoffe: Harze bzw. Bindemittel;
2. Pigmente (Farbstoffe); diese können auch Metallikteilchen sein;
3. Lösungsmittel;
4. Verdünnungsmittel;
5. Weichmacher;
6. Hilfsstoffe, wie Härter, Verzögerer, Katalysatoren und Reaktionsbeschleuniger.

10.4 VORSORGE BEIM AUFTRAGEN VERSCHIEDENER LACKARTEN

Der Lackierer muß zunächst einmal prüfen, welche Lackart oder welches Lacksystem ursprünglich verwendet wurde, ehe er mit der Vorbereitung beginnen kann. Er wird die Grundierung je nach der zu verwendenden Lackart wählen. Manche Autohersteller verwenden ein oder mehr verschiedene Systeme, je nachdem, ob es sich um eine Metallikfarbe oder eine normale Farbe handelt, ob das Fahrzeug eine Luxus- oder eine Standardausführung ist.
Zweifelt man an der Lackart, dann läßt diese sich anhand der folgenden allgemeinen Regeln bestimmen:

a) Test für *Alkydharz-Lack* oder *»synthetischen Lack«:* die Farbe wird weder durch Verdünner noch durch Trichloräthylen abgeschwächt.
b) Test für *Acrylat-Lack* oder *»Zweikomponenten-Lack«:* der Lack löst sich durch Trichloräthylen.
c) Test für *Zellulose-Lack:* Trichloräthylen schwächt die Farbe nicht ab; normaler Verdünner dagegen wohl.
d) Test für *Zweischichtsystem:* fährt man mit einem feinen Schleifpapier über die alte Lackschicht, dann wird das Papier weiß. Das weist auf das Vorhandensein einer Schicht von Klarlack hin.

1. Alkydharz-Lack oder synthetischer Lack
Der synthetische Lack hat allmählich die Stelle des Zellulose-Lacks eingenommen, vor allem seitdem man den Trocknungsprozeß des synthetischen Lacks beschleunigen konnte, so daß der Lack schneller staubfrei wurde. Nachdem dieses Problem einmal gelöst war, stand der Verwendung des synthetischen Lacks zur Karosseriereparatur nichts mehr im Wege.

Vorteile des synthetischen Lacks:

- zum Erhalt eines ausreichend dicken Films braucht man nicht soviele Schichten aufzutragen;
- erbringt sofort Glanz (tieferen Glanz);
- sehr beständig gegen chemische Einwirkung, sofern die Trockentemperatur 80° C betrug;
- kann auf jede Lackart aufgetragen werden.

Nachteile:

- bei den Metallik-Lacken besteht das Risiko von Lackläufern und Farbabweichungen in der lackierten Fläche;
- das Endresultat ist für Klassewagen nicht immer befriedigend;
- Nachspritzen ist schwierig;
- Zweischichtsystem ist nicht möglich.

Verwendung von synthetischem Lack:
Nachdem die zu behandelnde Fläche gründlich vorbereitet und staubfrei gemacht wurde, trägt man eine sehr dünne Lackschicht auf. Etwa 10 Minuten lang bei 20° C trocknen lassen, um die Lösungsmittel ausdunsten zu lassen. Darüber wird dann eine zweite Kreuzschicht angebracht, und damit ist die Arbeit im Prinzip beendet. Wenn bestimmte Farben mit einer Schicht nicht hinlänglich decken, kann man nach dem Ausdunsten der Lösungsmittel (10 Minuten bei 20° C) eine zweite Kreuzschicht aufspritzen. Bei Metallikfarben muß die letzte Schicht stärker verdünnt und weniger dick aufgetragen werden, als bei undurchscheinenden Farben. Auch muß der Lackierer den Lack in allen Richtungen aufspritzen, um dunklen Flecken und Farbunterschieden vorzubeugen.

Mit welchem Lack wurde das Auto gespritzt?
Zunächst wäre es möglich, daß das Fahrzeug mit einem »lufttrocknenden synthetischen Lack« gespritzt wurde. Dieser Lack trocknet also dadurch, daß die Lösungsmittel verdunsten; solch einen Lack bezeichnet man als thermoplastisch. Man sagt von diesen Lacken auch, sie seien »umkehrbar«, weil sie auf ihre eigenen Lösungsmittel reagieren. Es läßt sich recht leicht feststellen, ob es sich um einen solchen Lack handelt; man taucht die Ecke eines Tuches in den Zellulose-Verdünner und reibt damit über den Lack. Ein umkehrbarer Lack wird sich auflösen; die ursprüngliche Lackschicht wird also durch das Reiben verschwinden.
Synthetischen Lack dieser Art kann man nur auf einem synthetischen Untergrund anbringen, weil jeder andere Untergrund chemische Reaktionen verursachen könnte.
Erst wenn die ursprüngliche synthetische Lackschicht alt genug ist (wenigstens 6 Monate), wird sie hart genug sein, um andere Produkte, wie einen Zellulose-Spachtel, ohne weiteres zu vertragen. Aber auch dann darf das Auftragen nur in sehr dünnen Schichten erfolgen, damit die ältere Schicht sich nicht auflöst. Die Trockenzeiten zwischen den verschiedenen Beschichtungen müssen genau beachtet werden.
Automobile können werksseitig nach dem Reflow-Acrylverfahren gespritzt sein. Dabei wird ein thermoplastischer Lack auf das Fahrzeug gespritzt, das anschließend in der Kabine getrocknet wird. Nach Abkühlen wird die Lackschicht poliert, und gleich darauf kommt das Auto wieder in die Trockenkabine. Das Resultat ist eine harte und glänzende Lackschicht.

Hier seien einige Automobilhersteller genannt, die bei der Lackierung das Reflow-Verfahren anwenden:

Belgien	GM Antwerpen	Frankreich	Citröen	USA	Chevrolet
	Opel Belgien	Italien	Alfasud		Cadillac
England	Vauxhall		Fiat		Buick
	Rolls-Royce				Dodge
	Bentley				Pontiac

Ein weiteres Beispiel für einen thermoplastischen Lack ist der lufttrocknende Acryllack (Spot-repair). Der normale lufttrocknende Acryllack muß nach dem Spritzen poliert werden. Das ist mit Arbeitskosten verbunden. Dennoch ist und bleibt diese Lackart für die Reparatur einer Karosserie interessant, die nach dem Reflow-Acrylatverfahren gespritzt wurde.

Vorteile dieses Lacks:
- schnelltrocknend ohne zusätzliche Erwärmung;
- Kabinentrocknung (60° C) ist möglich, aber nicht notwendig;
- deckt gut;
- vergilbt nicht;
- leicht nachspritzbar;
- schöner Glanz nach dem Polieren;
- kann schnell poliert werden.

Nachteile
- vor dem Härten ist lufttrocknender Lack sehr feuchtigkeitsempfindlich;
- wenig beständig gegenüber Chemikalien;
- braucht viel Verdünner;
- muß auf Hochglanz poliert werden.

Eine weitere Möglichkeit besteht darin, daß das Auto mit einem »synthetischen« Lack behandelt wurde, bei dem es sich um einen Alkydmelamin-Kunstharzlack handelt, der 20 bis 30 Minuten lang bei 120–140° C getrocknet wird.
Hier einige Beispiele von Automobilen, die im Werk mit synthetischem Lack mit forcierter Trocknung lackiert sind:

Deutschland	Volkswagen	Niederlande	Volvo
	Porsche	Japan	Mitsubishi
	Mercedes		Mazda
	Audi		Honda
	BMW		Subaru
England	BL		Toyota
Frankreich	Talbot	Schweden	Volvo
	Citroen		Saab
	Matra Talbot		
	Peugeot		

N.B.: Hier sei gesagt, daß es sich um die normalen, unifarbigen Lacke handelt. Die Metallikfarben werden im allgemeinen nach dem »Zweischichtverfahren« aufgebracht.
Je nach vorgesehener Lackierung muß der Lackierer die geeignete Grundierung auftragen. Die unteren Schichten der thermoplastischen Lackarten dürfen keinesfalls aggressiv sein, und sie müssen in dünnen Schichten aufgespritzt werden, damit die alte Schicht nicht enthärtet wird.

2. Zweikomponenten-Lack (Acryl-Lack)
Es handelt sich hier entweder um Polyurethan- oder um Acryl-Lack. Anders als bei lufttrocknendem Acryl-Lack muß hier ein Härter hinzugefügt werden. Zweikomponenten-Acryl-Lack ist sofort nach dem Spritzen und Trocknen hart und glänzend. Er ist auch sehr beständig gegen Chemikalien und verträgt problemlos einen Trocknungsprozeß bis zu 80°C. Diese Lackart eignet sich auch gut zum Nachspritzen, selbst in Metallikfarben.

Vorteile:
- erzeugt sofort einen schönen Glanz;
- beständig gegen Chemikalien;
- leicht nachzuspritzen;
- hat einen harten Film

Nachteile:
- begrenzte Haltbarkeit;
- bei manchen sehr durchscheinenden Farbtönen muß eine untere Schicht aufgetragen werden.

3. Zweischichtverfahren
Reibt man mit feinem Schmirgelpapier über die alte Lackschicht, und entsteht dabei ein weißes Scheuerpulver, so ist dies ein Hinweis auf einen Klarlack. Hier handelt es sich dann um das Zweischichtverfahren.
Dieses wurde speziell für die Metallikfarben entwickelt, und es garantiert eine perfekte Verarbeitung. Nach dem Trocknen wird die Oberfläche sehr hart. Der Lack vergilbt selten oder nie und ist sehr schmutzbeständig.
Hier seien einige Automobilhersteller genannt, die das Zweischichtverfahren anwenden:

Deutschland	BMW	Japan	Toyota
	Audi		Mitsubishi
	Mercedes		Honda
	Porsche		Mazda
	VW	Schweden	Volvo

Anwendung:
Die Grundmetallikfarbe wird in mehreren Schichten aufgespritzt (meist 3 oder 4), ohne daß dabei viel Lösungsmittel hinzugefügt wird. Gespritzt werden muß in allen Richtungen, d. h. kreuzweise und nicht regelmäßig, ohne daß dabei ein scheckiges Aussehen entstehen darf. Letzteres kann beim Spritzen von Metallikfarben leicht vorkommen.
Zur Vermeidung des scheckigen Aussehens erhöht man am besten den Druck, so daß der Lack gut zerstäubt wird. Zwischen den einzelnen Schichten muß der Lack

etwa 10 bis 15 Minuten lang bei 20° C ausdunsten können. Vor allem die Grundfarbe muß gut aufgetragen werden.
Ihren Glanz erhalten die Metallikfarben durch den Klarlack, der über die Grundfarbe gespritzt wird. Dieser Klarlack bildet die harte Oberschicht. Vor dem Spritzen werden dem Klarlack ein Härter und die vorgeschriebene Menge Verdünner hinzugefügt. Er wird über Kreuz in zwei Schichten aufgetragen. Zwischen dem Aufspritzen dieser beiden Schichten wird eine Pause zum Ausdunsten eingelegt. Die Praxis hat gelehrt, daß das Endresultat besonders gut wird, wenn zwischen dem Auftragen der Grundfarbe und dem des Klarlacks eine Pause von etwa einer halben Stunde zum Ausdunsten liegt.

10.5 NACHSPRITZEN VON METALLIKFARBEN

Lack mit Aluminiumpigment führt zu verschiedenen Farbreflexen, je nach dem Einfallswinkel des Lichtes auf die Aluminiumschuppen. Derselbe Lack kann auch heller oder dunkler werden, je nach dem Abstand zwischen der Spritzpistole und der zu lackierenden Fläche. Auch die Einstellung der Spritzpistole wird die Farbschattierungen beeinflussen. Ferner gibt es noch mehr Faktoren, die das Resultat beeinflussen können, u. a. die Menge des Verdünners, Druck, Spritzwinkel, Luftfeuchtigkeit usw.
Überdies dürften die Lackhersteller auch nicht alle die gleichen Qualitätsprodukte verwenden, die hinzugefügten Metallteilchen werden nicht immer gleichermaßen fein sein, und deshalb dürfte es für den Lackierer immer eine schwierige Aufgabe sein, den ursprünglichen Farbton zu erhalten oder herzustellen. Es wird also immer zu einem leichten Unterschied im Farbton kommen, vor allem dann, wenn das nachgespritzte Teil unmittelbar neben einem Teil mit älterer Lackierung liegt.
Beispiel: der hintere Kotflügel links wurde gespritzt, die daran anschließende Wagentür nicht. Der Unterschied im Farbton mag noch so gering sein, man wird ihn immer feststellen können. Dennoch kann man diesem Übel abhelfen. Aber wie?

Wenn das Auto im Reflow-Verfahren (thermoplastisch) lackiert wurde
Den hinteren Kotflügel vorbereiten, wie unter 10.4 beschrieben. Zone B mit Schleifpapier 800 schleifen, Zonen C und D entfetten und reinigen. Zuerst den hinteren Kotflügel spritzen und dabei Lack auf die Zone B übergehen lassen. Ausdunsten lassen und entstauben. Die zweite Schicht in die Zone C und die dritte in die Zone D übergehen lassen. Vor dem Auftragen jeder neuen Schicht ausdunsten lassen und sorgfältig entstauben. Danach für die leichte Schicht auf Zone D einen kleinen Becher Verdünner zusetzen. Nachdem die gespritzten Flächen gut trocken sind, bedarf es eines leichten Polierens. Der Farbunterschied wird nicht mehr auffallen.

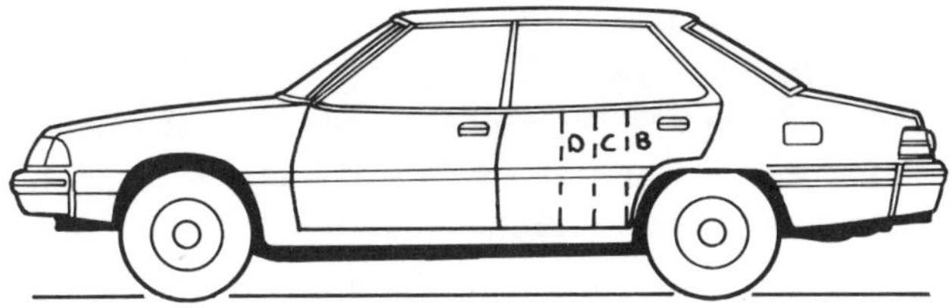

Abb. 10.8: **Metallikfarben spritzen (Reflow-System)**

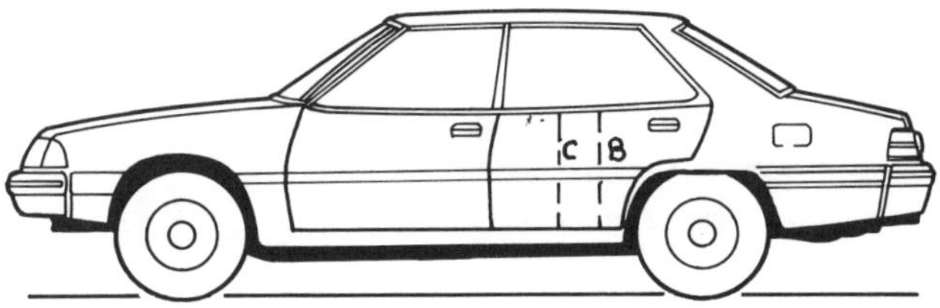

Abb. 10.9: **Metallikfarben spritzen (Zweischichtsystem)**

Wenn das Auto im Zweischichten-Verfahren lackiert wurde
Decken Sie die Tür ab, als wenn Sie nur den Kotflügel spritzen wollten. Aber ehe Sie mit den beiden letzten Schichten beginnen, entfernen Sie die Abdeckung von der Tür. Danach in zwei Schichten bis in die Zone C (letzte Schicht) spritzen. Nach dem Ausdunsten und Trocknen bekommen sowohl der Kotflügel als auch die Tür einen Überzug von Klarlack. Auch hier dürfte kein Farbunterschied mehr bemerkbar sein.

10.6 WARNUNG

Sie sollen zwar nicht mit Wiederholungen gelangweilt werden, aber es kann nun einmal nicht nachdrücklich genug betont werden, daß die Arbeit mit allen diesen Stoffen gesundheitsgefährdend ist. Außerdem sind sie sehr feuergefährlich!
Die betäubende Wirkung aller aromatischen Kohlenwasserstoffverbindungen, wie von Benzol, Xylol usw., birgt ihre Gefahren. Auch können sie Hautentzündungen, Zahnfleischbluten, Magen- und Darmstörungen sowie Haarausfall verursachen. Sie beeinträchtigen den Appetit und stören das Denkvermögen und den Gleichgewichtssinn.
Der Lackierer muß sich schützen, und die Anlagen müssen den gesetzlichen Vor-

schriften entsprechen. Unerläßlich ist es, täglich Milch zu trinken und sich regelmäßig ärztlich untersuchen zu lassen.
Es kommt vor, daß man die Zusammenstellung der alten Farbschichten nicht kennt, die durch Abbrennen oder Abbeizen mit Natronlauge oder Xylolpräparaten entfernt werden. Das Einatmen des Schleifstaubs ist ebenso gefährlich, so daß Staubschutzbrillen, Masken, Filter und die Verwendung von Gesichts- und Handcremes zu empfehlen sind. Immer mit zweckentsprechenden Handschuhen arbeiten und vor allem aufpassen bei der Arbeit mit Mehrkomponentenmaterial, Reaktionsbeschleunigern und Katalysatoren. Eine gute Lüftung ist unentbehrlich.

10.7 DER TROCKENPROZESS BEI DEN VERSCHIEDENEN LACKARTEN

Außer nach der chemischen Zusammenstellung könnte man die Lacke auch nach der Verwendung ordnen oder nach der Weise, in der sich der Lackfilm während des Trocknens bildet.
Das Trocknen kann entweder physikalisch oder aber chemisch erfolgen.

Die physikalische Trocknung
Bei ihr erfolgt keine chemische Reaktion. Alle flüchtigen Bestandteile verdunsten vollständig. Es müssen also von Anfang an große Moleküle (Makromoleküle) im Lack vorhanden sein, die in den Lösungsmitteln aufgelöst sind. Solche Farben oder Lacke trocknen sehr rasch, so daß sie zur Verarbeitung mit dem Pinsel meist ungeeignet sind. Es handelt sich um die lufttrocknenden Acryl-Lacke, die Nitrozellulose-, Vinyl- und Chlorkautschuk-Lacke.

Die chemische Trocknung
Diese Lack- oder Farbarten umfassen vier Gruppen:
1. die oxydative Trocknung;
2. die thermische Trocknung;
3. Trocknung durch Hinzufügen von Reaktionsbestandteilen;
4. Trocknung durch Hinzufügen von Katalysatoren.

Die erforderlichen Makromoleküle bilden sich während des Trocknungsprozesses durch chemische Veränderung der Bindemittel. Die üblichen Löse- oder Verdünnungsmittel können die Bindemittel nach dem Trocknen nicht mehr auflösen, wie bei den physikalisch trocknenden Farben. Daher spricht man auch vom umkehrbaren (physikalischen) und von nichtumkehrbaren (chemischen) Trocknungsprozeß.
Chemisch-trocknende Farben sind fast immer verwendbar, und sie haben einen weiten Anwendungsbereich. Mit träger Trocknung, gutem Füllvermögen, guter Fließbarkeit, starken Farbfilm und zur Pinselverarbeitung werden sie vor allem lufttrocknend verwendet.

1. die oxydative Trocknung
Sie erfolgt durch Sauerstoffaufnahme aus der Luft, wodurch Makomoleküle gebildet werden. Es handelt sich meist um die normalen Farben, zusammengestellt aus synthetischen Harzen, wie u. a. dem Alkydharz. Diese Lacke trocknen also »an der Luft«.

2. Die thermische Trocknung
Diese findet sich bei den *Muffel-Lacken* bei 80–100° C oder 200° C. Die meistverwendeten Muffel-Lacke sind die thermohärtenden Acrylate, die Ureum- und die Melaminharze.

3. Trocknung durch Hinzufügen von Reaktionsbestandteilen
Hier geht es um die Zwei- oder Mehrkomponenten-Lacke, bei denen der Härter und Reaktionsbeschleuniger erst kurz vor Gebrauch beigemischt wird. Es sind die Zweikomponenten-Acryl-Lacke, die Polyurethan- oder DD-Lacke sowie die Epoxyd-Lacke und Spachtel. Vor allem nicht bei Temperaturen unterhalb 10° C gebrauchen. Während des Trocknens erfolgt nur eine geringe Sauerstoffaufnahme und es bedarf keiner großen Wärme.

4. Trocknung durch Hinzufügung von Katalysatoren
Hier wirkt der zugefügte Härter nur als Katalysator mit, der den chemischen Trocknungsprozeß zwar einleitet, aber keinen Einfluß auf das Resultat der Reaktion ausübt.
Die katalytische Trocknung finden wir vor allem bei den Polyester-Lacken, Spachteln und Spritzspachteln.
Es versteht sich, daß Erfahrung bei der Arbeit mit allen chemisch trocknenden Farben und Produkten einfach unentbehrlich ist. Vor allem beim Nachspritzen reparierter Fahrzeuge tut man gut daran, sich strikt nach den Vorschriften des Lackherstellers zu richten und dabei auch die Marken und die unterschiedlichen Verwendungsmöglichkeiten auseinanderzuhalten.

10.8 ETWAS ÜBER DAS EINBRENNEN (MUFFELN)

Wie trocknet ein synthetischer Lack? Wie aus dem vorigen Abschnitt hervorging, unterscheiden wir physikalisches und chemisches Trocknen.
Zellulose-Lack trocknet hauptsächlich durch Verdampfen der Lösungsmittel; physikalisch also.
Natürlich enthalten auch die synthetischen Lacke Lösungsmittel, aber diese dienen nur zur Vereinfachung der Anwendung. Sie verdunsten, sobald der Lack mit Luft in Berührung kommt, aber dieses Verdunsten hat keinen unmittelbaren Effekt auf den Lackfilm. Der synthetische Lack trocknet aufgrund zweier chemischer Reaktionen, nämlich durch *Oxydation* und durch *Polymerisation.*

Oxydation

Einen nassen Lackfilm von einer bestimmten Dicke können wir als frei von Sauerstoff ansehen. Setzen wir diesen Film nun der Luft aus, dann wird eine geringe Menge des Umgebungssauerstoffs darin aufgenommen. Diese Sauerstoffaufnahme verursacht das Trocknen des Lacks; die Sikkative (Trockenstoffe) im Lack fördern diese Sauerstoffaufnahme und aktivieren somit den Trocknungsprozeß.

Die Polymerisation

Die synthetischen Harze im Einbrennlack reagieren so ähnlich, wie der Dotter im Ei. Sie bekommen eine größere Festigkeit, wenn sie der Wärme ausgesetzt werden; sie bilden ein Netz großer, starrer Moleküle (Polymerisation).

Weshalb wendet man in der Autoindustrie die Einbrennlackierung an? Weil das Einbrennen das Trocknen und vor allem das Härten des Lacks fördert. Ein weiterer Vorteil besteht darin, daß ein polymerisierter Lack viel beständiger ist gegenüber den Einflüssen des Wetters sowie der Einwirkung von Wasser und Chemikalien, und dadurch hat er eine längere Lebensdauer, was auch bedeutet, daß er seinen Glanz länger behält.

Wann tritt die Polymerisation ein? Das hängt von der verwendeten Temperatur und von der Art des Harzes im Lack ab. So wird bei einer Temperatur von z. B. 93° C nur eine sehr schwache Polymerisation eintreten; ein guter und harter Film wird sich erst nach etwa 24 Stunden bilden. Bei einer Temperatur von 74° C wird praktisch überhaupt keine Polymerisation eintreten; der Film wird auch nach 48 Stunden weder hart noch trocken sein. Im allgemeinen wird die Polymerisation (das Verschmelzen der Moleküle) in der Karosseriewerkstatt bei einer Temperatur von ca. 90° C einsetzen.

Die forcierte Trocknung (Temperatur unterhalb 75° C) führt also zu einer Trocknung durch Oxydation. Selbst bei Temperaturen zwischen 93° C und 104° C wird die Trocknung des Lacks nur mäßig durch Polymerisation erfolgen. Je höher die Temperatur ansteigt, desto besser wird die Polymerisation und desto schneller erhalten wir einen trocknen und harten Film. Bei einer Einbrenntemperatur von 148° C kann ein synthetischer Lack innerhalb weniger Minuten trocknen und härten.

Viele Karosseriewerkstätten haben eine Trockenkabine zur forcierten Trocknung bis zu 80° C. In diesen Werkstätten ist man sich der Zweckmäßigkeit einer solchen Anlage bewußt; man liefert Qualitätsarbeit zu erschwinglichen Preisen.

Man unterscheidet zwei Arten: die *Konvektionskabine* (Strömung) und die *Radiationskabine* (Strahlung). In der Konvektionskabine trocknet die Lackschicht durch die Zirkulation warmer Luft. Die Wärme wird durch einen Gas- oder Ölbrenner erzeugt.

In der Radiationskabine wird die Lackschicht durch Infrarotlampen von 125, 250 oder 375 Watt eingebrannt bzw. oxydiert. Auch durch elektrische Widerstände, die auf Keramikplatten montiert sind. Die Strahlung erwärmt die Flächen beim Auftreffen.

Vorsorgemaßnahmen, Schwierigkeiten, Ursachen und Hilfsmittel

Unterschiedliche Farbbehandlung
In der IR-Anlage werden die dunklen Farbtöne mehr Wärme aufnehmen als die hellen Töne. Wenn der Augenblick des Einbrennens gekommen ist, wird man seine ganze Aufmerksamkeit auf die Einbrennzeit der dunklen Farben konzentrieren müssen. Eine zu hohe Oberflächentemperatur würde bei manchen Lacken einen Verlust an Glanz herbeiführen und außerdem Verfärbung, Runzeln oder Blasen zur Folge haben. Die beiden letztgenannten Reaktionen können bei einem Lack auftreten, der die entstandene Temperatur nicht verträgt. Ein Lack kann durch den Zusatz eines »Muffelsetzers« eine ganz bestimmte Temperatur benötigen, und diese kann durch den dunklen Ton des Lacks unerwünscht um 10 bis 15° C ansteigen. Dieses Zuviel an Wärme läßt sich vermeiden, indem die Lampen nach 7 Minuten Einbrennen jeweils um 5 Minuten ausgeschaltet werden, so daß man in mehreren Zyklen arbeitet.

Erstes Verdunsten und Ventilieren
Es ist üblich, die Lösungsmittel und Verdünner im Lack zunächst einmal fünf bis zehn Minuten ausdünsten zu lassen, ehe man zum forcierten Trocknen übergeht. Diese Ruhepause hat drei Vorteile:

- der Lack kann vollständig zur Ruhe kommen;
- Ventilation und Absaugvorrichtung werden entlastet;
- Energieeinsparung.

Reißen des Spachtels
Dies ist eines der Probleme beim Einbrennen. Es ist nicht ausgeschlossen, daß alte Grundierungsschichten, Spachtel oder ältere Lackschichten sitzenblieben. Lösungsmittel können bis in die untersten Schichten durchdringen, wodurch es zur Blasenbildung kommen kann. Das einzige Vorbeugungsmittel hiergegen besteht darin, diesen unteren Schichten alle Aufmerksamkeit zu widmen und sie im Voraus einer Wärmebehandlung zu unterziehen. So werden sich die Risse bereits vor der Schlußverarbeitung zeigen.

Teile und Verkleidung aus Kunststoff
Kunststoffe reagieren auf Wärme sehr unterschiedlich; Näheres im 11. Kapitel. Es kann recht gut sein, daß der Kunststoff eine Temperatur von 80° C ohne weiteres verträgt. Bei Zweifel entfernen wir entweder die betreffenden Teile, oder aber die Behandlung muß unterhalb 80° C erfolgen.

Zerspringen von Glas
Stark ansteigende Temperaturen können das Glas während des Einbrennprozesses zerspringen lassen. Dieses Problem wird aber bei der Trockenkabine mit Konvektion eher auftreten, als bei der Strahlungskabine. Am besten öffnet man die Fenster des Autos, so daß die Temperatur innerhalb und außerhalb des Autos

gleich ist. Zur Vermeidung von Schwierigkeiten empfiehlt es sich, die Temperatur unterhalb 100° C zu halten. Die Wärme kann auch bereits vorhandene Risse im Glas vergrößern. Deshalb muß das Auto unbedingt genau überprüft werden, ehe man mit dem Einbrennen des Lacks beginnt.

Verbrannte Teile

Ein Heizelement unter zu hoher Spannung, eine Reihe von Elementen unter zu niedriger Spannung oder ein falsch ausgerichtetes Heizelement können die Ursache dafür sein, daß zuviel Strahlungswärme sich auf eine einzelne Stelle konzentriert. Stellt man mehrere verbrannte Punkte oder Teile fest, dann war die Spannung insgesamt zu hoch.

Mangel an Glanz

Als Folge des Einbrennens kann dies die folgenden Ursachen haben:

1. unzureichende Dicke der aufgetragenen Schicht;
2. poröse Grundschicht (Spachtel oder alter Lack);
3. zu hohe Einbrenntemperatur oder zu lange Periode;
4. zuviel Verdünner oder Verwendung eines untauglichen Lösungsmittels;
5. unzureichende Absaugung oder Ventilation während des Einbrennens.

Wasserflecke

Wenn ein Wassertropfen auf eine nicht trockene oder unzulänglich gehärtete Lackschicht fällt, kann er darauf einen ganz leichten Abdruck (am Rande des Tropfens) zurücklassen. Dadurch verfärbt sich die Oberschicht, und das ist nur schwer wieder zu entfernen.

Ein Regenguß, gefolgt von Sonnenschein, auf eine nicht völlig ausgehärtete Lackschicht wird in den Tropfen eine Ansammlung von Staub verursachen. Selbst dann, wenn eine eingebrannte Lackschicht Temperaturen von 120 oder 140° C ausgesetzt war, wird sie bis zur völligen Aushärtung wasserempfindlich sein. Zum vollständigen Aushärten bedarf es mehrerer Stunden, ehe man einen absoluten Widerstand gegen Wasser und Feuchtigkeit erhält. Wenn zur forcierten Trocknung niedrigere Temperaturen eingesetzt werden (z. B. 80° C), wird die Trocken- und Härtungsperiode entsprechend länger dauern. Natürlich spielt auch die Dicke der Lackschicht eine Rolle. Ferner wird die obere Schicht äußerst wasserempfindlich sein, wenn sie nicht völlig richtig auf das Einbrennen reagiert hat.

Zum Schluß eine Aufzählung der wichtigsten Punkte:

- durch den Einbrennprozeß erhält man eine beständigere und schönere Lackierung;
- je höher die Temperatur, desto kürzer die Einbrennzeit;
- je höher die Temperatur, desto schneller das Trocknen, desto größer die Härte und Stärke des Einbrennlacks;
- man hält die Temperatur unterhalb 80° C, um Schäden am Glas, Kunststoff usw. vorzubeugen.
- eine möglichst gleichmäßige Temperatur erspart viel Ärger.

Die Farbmischmaschine
Mit diesem Gerät kann man Farben nach einer bestimmten Farbformel aus Grundfarben zusammenstellen. Allgemein üblich ist die »Gewichtsmethode«. Wir kön-

Abb. 10.10: **Das Farbmischgerät**

nen davon ausgehen, daß die Farbmischmaschine aus den folgenden Hauptbestandteilen besteht:

1. Rührvorrichtung aus Metall;
2. Präzisionswaage;
3. Mikrofiche-Leser (Mikrofilm-Betrachtungsgerät) oder Kartei.

Die Grundfarben werden in einer Reihe von Regalen aufeinandergestellt. Mit einer elektrischen Rühranlage wird der Inhalt der Farbdose vor Gebrauch gerührt.

Die Farbmischmaschine, die auf dem Wiegen basiert, rückt mehr und mehr an die Stelle der Mischmaschine, die auf Volumenmessung basiert, wenngleich sie beide Vor- und Nachteile haben. Stehen uns genügend Grundfarben zur Verfügung, dann können wir die Farben aller zur Zeit lieferbaren Automodelle darstellen. Die Waage ist ein Präzisionsinstrument, das bis auf ein halbes Gramm genau wiegt. Mit Hilfe des Mikrofiche-Lesers können wir die Mischformeln rasch und zielsicher aufsuchen.

Auf so einem Mikrofiche können 2 x 4000 Formeln stehen, die mit Hilfe des Bildschirms deutlich sichtbar gemacht werden. Die Lackhersteller erneuern diese Mikrofilme regelmäßig, so daß der Anwender stets über die neuesten Daten verfügen kann. Aber wir können die Farben noch so sorgfältig mischen, der Lack wird dennoch höchstwahrscheinlich nicht ganz genau der Farbe des zu reparierenden Autos entsprechen. Das kann verschiedene Gründe haben: zu dem Zeitpunkt, zu dem das Fahrzeug zur Reparatur kommt, wird die Farbe sich aufgrund von Alterung doch ein wenig verändert haben. Außerdem gibt es von einem Fließband zum anderen immer geringfügige Farbunterschiede. Deshalb sei es jedem Lackierer empfohlen, eine kleine Probeplatte zu spritzen, ehe er mit dem Spritzen des Fahrzeugs beginnt. Wenn eine Farbe zur Zweischichtlackierung nachgemacht werden soll, dann muß das Probeblech auch mit Klarlack überspritzt werden, weil der Klarlack Unterschiede noch deutlicher hervorhebt.

Viskosimeter

Sehr wichtig ist es, das zur Spritzlackierung benötigte Material durch Zusatz eines geeigneten Verdünners oder durch Erwärmung auf den richtigen Flüssigkeitsgrad, die Viskosität, zu bringen. Der Lackhersteller wird meist Daten zur Viskosität und zum Verdünner angeben; eventuell muß man diese auch durch Versuche ermitteln. Man darf nicht zuviel verdünnen, weil das der Schichtdicke und der Deckung abträglich wäre. Zu zähe Flüssigkeiten lassen sich aber nur unter hohem Druck zerstäuben, so daß es leicht zu einer unnützen Nebelbildung kommt.

Abb. 10.11: **DIN-Becher zum Bestimmen der Lackviskosität mit Hilfe einer Stoppuhr.**

In der Praxis verdünnt man oft »nach Gefühl«. Der Begriff »spritzflüssig« läßt sich aber unterschiedlich interpretieren. Will man also Sicherheit haben, dann empfiehlt sich die Verwendung eines Viskositätsmessers. Diese gibt es in verschiedenen Ausführungen; meist verwendet man die sogen. DIN-Becher (Abb. 10.11). Das Volumen dieser Becher beträgt 100 cm^3, und sie haben eine bestimmte Form mit einer Ausflußöffnung von 2, 4 oder 6 mm. Die Öffnung wird bei der Viskositätsmessung immer angegeben; am meisten kommt die 4-mm-Bohrung zur Verwendung. Außer dem DIN-Becher wird auch der Ford-Becher nach amerikanischer Norm verwendet.

Der Becher ist mit einem Überlaufrand versehen. Während man die Ausflußöffnung mit dem Finger verschließt, gießt man soviel Farbe in den Becher, daß dieser überzulaufen beginnt und mit einem breiten Spachtel abgestrichen werden kann. Nimmt man den Finger von der Öffnung, dann entleert sich der Becher innerhalb einer bestimmten Zeit; diese Zeit wird nun mit der Stoppuhr gemessen. Die Zeit zwischen dem Wegziehen des Fingers und dem Übergang vom Farbstrahl zur Tropfenbildung ist die »Auslaufzeit«. Dickflüssige Farben haben eine längere Auslaufzeit als dünnflüssige. Natürlich muß die Farbe beim Messen eine bestimmte, feste Temperatur haben: meist 20° C (Zimmertemperatur). Die Viskosität wird dann z. B. folgendermaßen angegeben: 20–25 s DIN 4/20° C oder 12–15 s Ford 4/20° C.

10.10 FARBSPRITZANLAGEN

In groben Zügen kann man drei Systeme zum Spritzlackieren unterscheiden:

a) Die Druckluft-Farbspritzanlage

Bei der Druckluft-Farbspritzanlage wird die Flüssigkeit (der Lack) mit einem Luftstrom zusammengebracht, der für die Zerstäubung sorgt. Diese Methode wird in Karosseriebetrieben sehr oft angewandt.

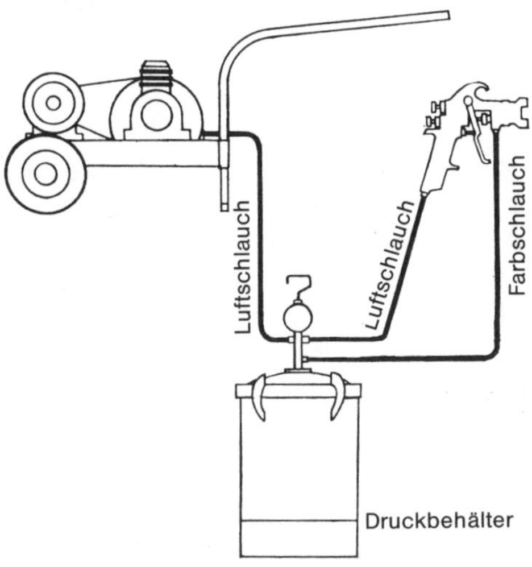

Abb. 10.12: **Schematische Darstellung einer Druckluft-Spritzanlage mit Druckgefäß.**

b) Die luftlose Spritzanlage

Man bezeichnet diese Methode als »Airless-Verfahren«. Die Flüssigkeit wird unter sehr hohen Druck gebracht (75–500 bar). Zur Zerstäubung braucht man keine Druckluft; der Lack strömt mit sehr hoher Geschwindigkeit durch eine ganz kleine Bohrung in der Spritzpistole und expandiert stark in dem Augenblick, in dem er aus der Spritzpistole austritt. Man kann diese Methode in etwa mit einem Gartenschlauch vergleichen, dessen Mundstück ebenfalls für feine Zerstäubung sorgt.

c) Die elektrostatische Spritzanlage

Hier wird der Lack mit einer gleichgerichteten Hochspannung elektrostatisch aufgeladen. Oft wird die Flüssigkeit schon zuvor in kleine Teilchen aufgespalten. Dies kann mechanisch, mit oder ohne Luft geschehen.

Teilchen mit gleicher Ladung stoßen einander ab. Dies bewerkstelligt eine weitere Zerstäubung.

Abb. 10.13: **Schematische Darstellung einer luftlosen bzw. „airless"-Spritzanlage.**

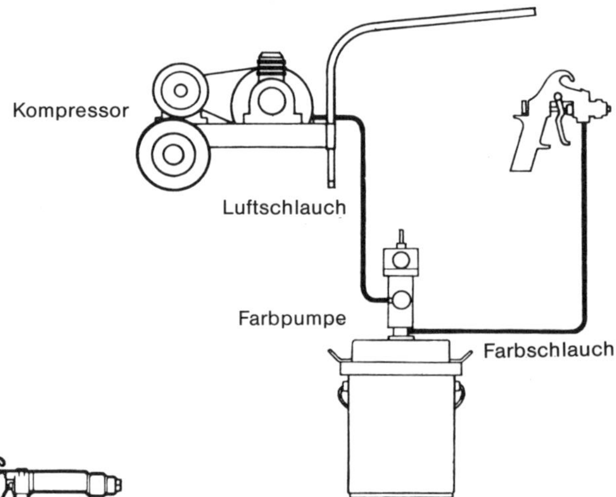

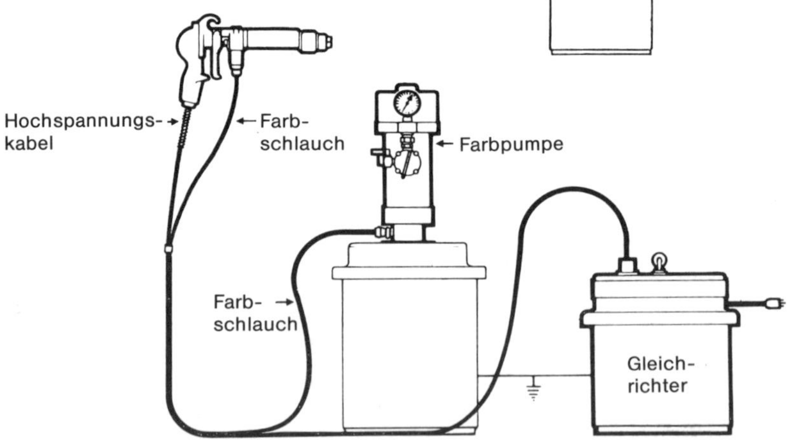

Abb. 10.14: **Schematische Darstellung einer elektrostatischen Spritzanlage**

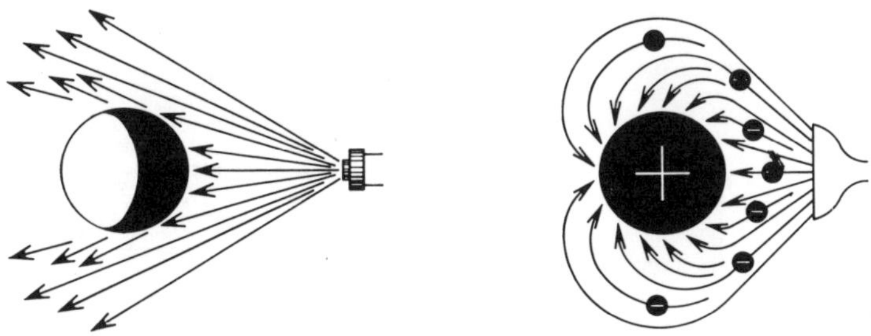

Abb. 10.15: **Hier sieht man den Unterschied zwischen dem normalen (links) und dem elektrostatischen Spritzen (rechts)**

Indem der zu spritzende Gegenstand nun geerdet wird, bewegen die aufgeladenen Teilchen (Lack) sich in einem konstanten Strom darauf zu, der Lack schlägt sich darauf nieder, und die Ladung fließt zur Erdung hin ab.

10.11 WERKZEUGE, HILFSMITTEL UND ANLAGEN ZUM SPRITZEN

Spritzpistolen

Bei den Luftspritzpistolen können wir die folgende Prinzipunterteilung machen:
- durchblasende und abschließende Pistolen;
- Pistolen mit angekoppelten und gesonderten Bechern;
- äußere und innere Mischung von Luft und Farbe;
- Pistolen zur Saug-, Druck- und Schwerkraftspeisung.

Im Reparaturbetrieb wird man vorwiegend die Becher-Spritzpistole finden. Das liegt daran, daß meist kleinere Farbmengen zu verarbeiten sind, wobei sich zugleich auch Lackart und Farbe ändern.

Um nochmals auf die prinzipielle Unterteilung der Spritzpistolen zurückzukommen; die Becher-Spritzpistolen weden im allgemeinen die folgenden Eigenschaften haben:
- selbstschließende Pistole, d. h., wenn man den Abzugshebel losläßt, werden sowohl der Farb- als auch der Luftstrom durch Ventile gesperrt;
- Pistole mit gekoppeltem Becher (dabei unterscheiden wir *Unter-* und *Oberbecher-Pistolen);*
- Mischung von Luft und Farbe außerhalb;
- Pistolen für Saug- und Schwerkraftspeisung (bzw. Unter- und Oberbecher-Pistole).

Bei umfangreicheren Arbeiten, wie beim Spritzen von Lieferwagen, Lkw und Bussen, wird der Lackierer, der eine Becherpistole benutzt, sehr oft Lack nachfüllen müssen. Aus diesem Grunde verwendet man hierzu oft das *Drucksystem.*

Dabei ist die Spritzpistole über einen Schlauch mit einem Faß oder einem großen tragbaren Becher (z. B. 2 dm^3) verbunden, wobei Druckluft für die erforderliche Kompression sorgt. Das Spritzmaterial wird so in die Pistole gepreßt.

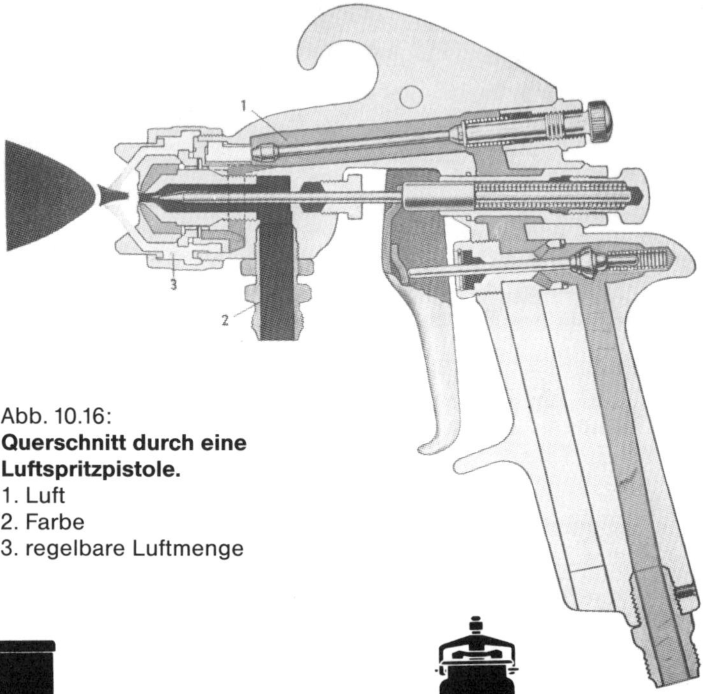

Abb. 10.16:
Querschnitt durch eine Luftspritzpistole.
1. Luft
2. Farbe
3. regelbare Luftmenge

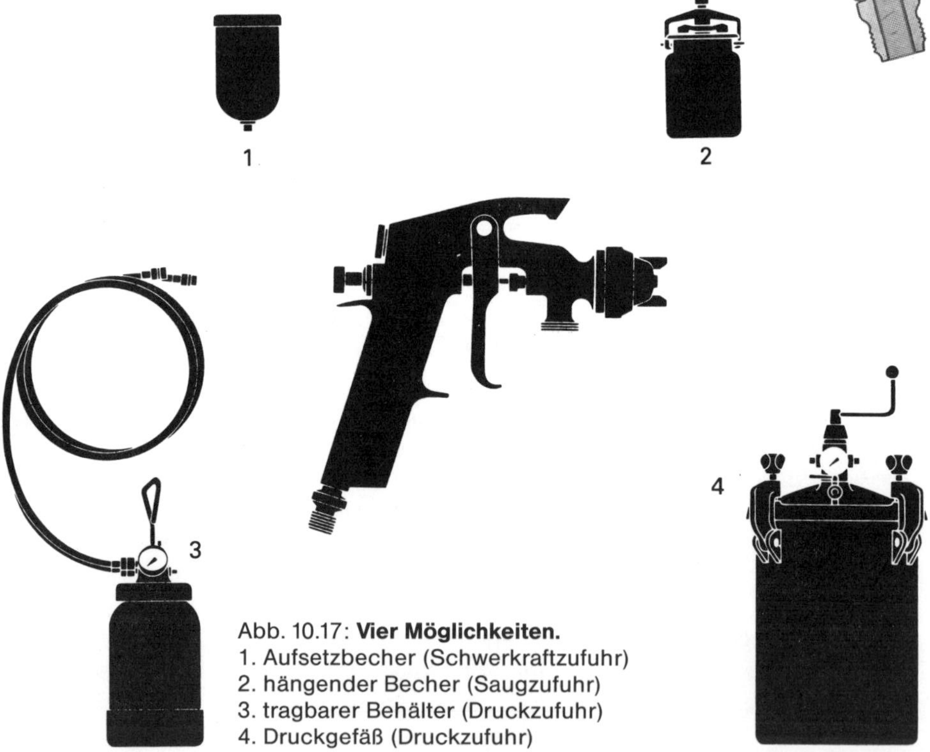

Abb. 10.17: **Vier Möglichkeiten.**
1. Aufsetzbecher (Schwerkraftzufuhr)
2. hängender Becher (Saugzufuhr)
3. tragbarer Behälter (Druckzufuhr)
4. Druckgefäß (Druckzufuhr)

Filter

Um zu einem einwandfreien Resultat ohne Verunreinigungen oder Staub zu kommen, braucht der Lackierer verschiedene Filter. Es versteht sich dabei, daß auch die Spritzkabine absolut sauber sein muß. Man verwendet Einmalfilter, die nach Gebrauch durch neue ersetzt werden. Mit diesen Filtern kann alles benötigte Material ohne Risiko in den Farbbecher der Spritzpistole umgefüllt werden. Das Sieb dieser Filter ist sehr fein und hält alle Verunreinigungen auf. Es gibt auch einen konischen Filter, der im Rohr des Farbbechers angebracht wird (siehe Abb. 10.19). Diese Filterart eignet sich sehr gut für undurchscheinende Lacke, aber nicht für Metallikfarben, weil das Sieb derart fein ist, daß die Aluminiumteilchen in der Filterspitze zusammenkleben würden und dadurch der Lack einen Teil dieser Aluminiumschuppen verlieren würde. Das Aussehen des Lacks würde natürlich stark beeinträchtigt werden.

Abb. 10.18: **Einmalfilter zum Filtern der Farbe, ehe diese in den Becher gelangt.**

Abb. 10.19 a: **Ein konischer Filter wurde hier bei einer Metallikfarbe verwendet:** die Aluminiumschuppen bleiben im Filter hängen, und der Lack wird sein metallisches Aussehen zum Teil einbüßen (Abb. links).

Abb. 10.19 b: **Für die Metallikfarben verwendet man eine andere Art von Metallfilter, das sogen. Trommelfilter. Dieses läßt die Alu-Schuppen durch.** Überdies bleiben die Schuppen in Bewegung, weil sie sich im Filter frei bewegen können (Abb. rechts).

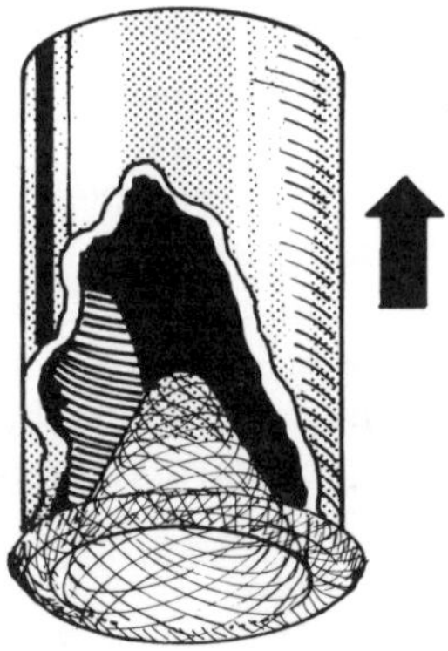

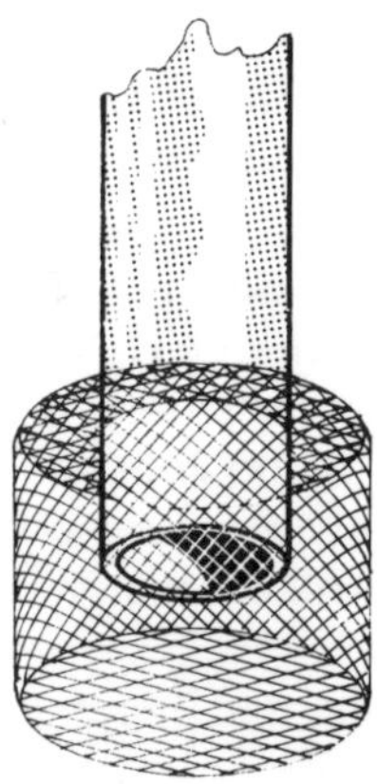

Die Leckschutzblende

Dabei handelt es sich um eine Kunststoffblende, die über das Rohr zum Farbbecher geschoben wird. Dazu braucht man nichts zu demontieren. Die Blende dient dazu, die Farbe aufzufangen, die durch die Luftklappe dringen könnte, wenn die Spritzpistole vertikal gehalten wird, z. B. beim Spritzen von Motorhaube, Kofferraumdeckel und Dach. Diese Blende arbeitet absolut zuverlässig und kann nach Gebrauch mit Verdünner gereinigt werden.

Kompressoren

Es gibt drei Arbeiten von Kompressoren:
a) den Kolbenkompressor;
b) den rotierenden Kompressor;
c) den Membrankompressor.

Der bekannteste ist der Kolbenkompressor, von dem es Ausführungen mit einem, zwei, drei und sogar vier Zylindern gibt. Diese Kolbenkompressoren lassen sich noch weiter unterteilen in die Ein- und die Zweistufenkompressoren.
Der *Einstufenkompressor* hat wenigstens einen Kolben (Zylinder). Mit jedem Hub drückt der Kolben die zuvor angesaugte Luft in den Kessel. Wenn nun mehrere Zylinder in Reihenform angebracht werden, dann soll dadurch nicht der Druck, sondern die Kapazität vergrößert werden. Solche Kompressoren werden dort verwendet, wo ein Druck von 700–1000 kPa (7–10 kg/cm^2) gebraucht wird.
Der *Zweistufenkompressor* hat wenigstens zwei Zylinder unterschiedlicher Durchmesser, die zusammenarbeiten. Solche Kompressoren verwendet man dort, wo ein höherer Druck gebraucht wird.
Der größte Zylinder (Niederdruck) saugt die Luft an und komprimiert sie, worauf sie in den kleineren Zylinder (Hochdruck) geleitet wird. Dieser komprimiert dann weiter und drückt die Luft in den Kessel. Zur Kapazitätsvergrößerung kann man dann zwei oder drei Niederdruckzylinder einsetzen, oder man vergrößert den Durchmesser. Der Enddruck liegt in der Größenordnung von 1200–1500 kPa (12–15 kg/cm^2).

Der Kessel braucht einen Filter, einen Ablaßhahn, ein Druckminderventil und ein Sicherheitsventil. Auch in den Leitungen zu den Abzweigstellen müssen diese Abscheider angebracht sein, damit die Luft, die zur Spritzpistole geführt wird, von Öl und Feuchtigkeit befreit wird. Außerdem muß der Zufuhrdruck regelbar sein. Auf dem Kessel befindet sich ein automatischer Schalter, der dafür sorgt, daß der Antriebsmotor zur rechten Zeit ein- und ausgeschaltet wird.

Öl- und Feuchtigkeitsabscheider

Der Abscheider sorgt dafür, daß Öl- und Wassertropfen aus der komprimierten Luft entfernt werden, ehe diese in die Arbeitsgeräte gelangt. Häufig ist der Abscheider mit einem Druckregler kombiniert. Der Abscheider sollte immer möglichst weit vom Kompressor entfernt angebracht sein, damit die durch die Kompression erhitzte Luft so weit wie möglich abkühlt. Nur dann wird der Abscheider gut funktionieren. Schließlich setzt sich Feuchtigkeit in kalter Luft ja besser ab als in warmer.

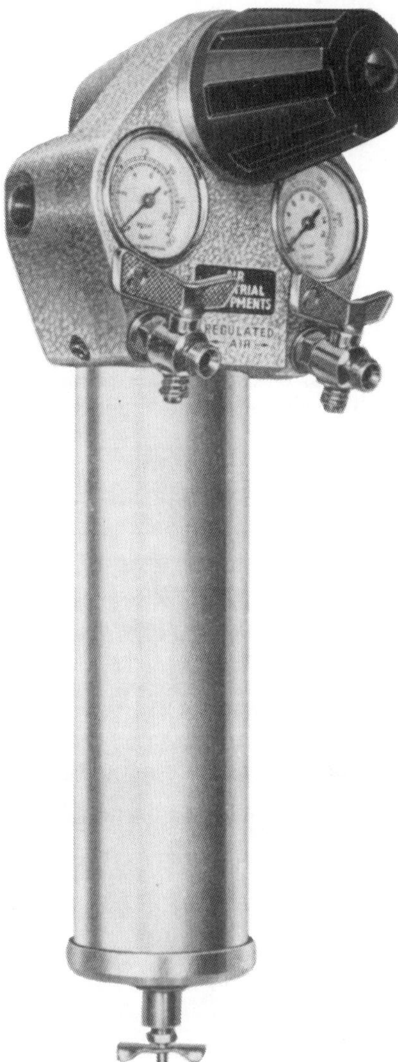

Abb. 10.20: **Druckregler mit Öl- und Wasserabscheider (Luftfilter)**

Abb. 10.21: **Öl- und Wasserabscheider (Luftfilter)**

Spritzkabinen

Diese müssen aus feuerfestem Material bestehen und flache, helle Wände sowie gut schließende Türen haben. Zwei der Wände müssen Notausgänge haben, die nach außen hin zu öffnen sind und nicht abschließbar sein dürfen. Sämtliche Schalter und Steckdosen müssen sich außerhalb der Kabine befinden.
Die Abmessungen einer einfachen Spritzkabine sind 7 x 5 x 3 m; der Fußboden ist eben mit einer leichten Abflußneigung.
Die Absauganlage arbeitet möglichst in vertikaler Strömungsrichtung, weil der Spritzdunst schwerer als Luft ist. Die Heizanlage zur normalen Spritzarbeit darf

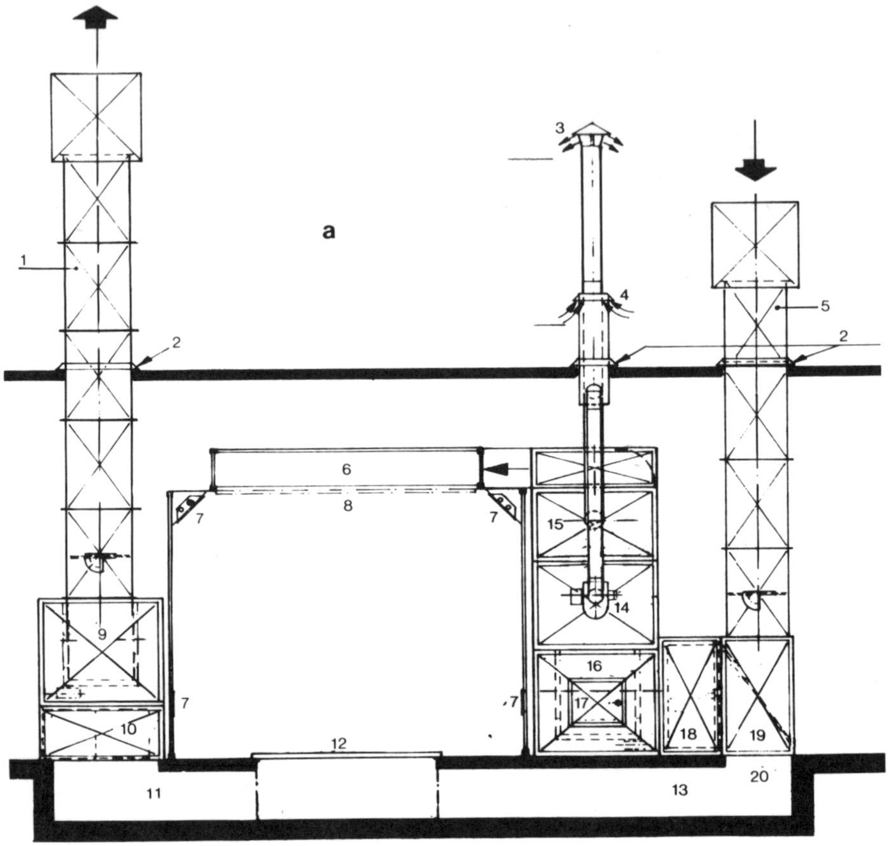

Abb. 10.22: **Der prinzipielle Aufbau einer Spritz-Trockenkabine (vertikal) in Längssicht (a), Quersicht (b) und Draufsicht (c).**

1. Absaugrohr;
2. Dachdurchlass;
3. Rauchgasabzug;
4. Frischluft für den Brenner;
5. Ansaugrohr;
6. Filterdecke;
7. Beleuchtung;
8. Nachfilter;
9. Absaugventilator;
10. Nachfiltergehäuse;
11. Absaugkanal;
12. Bodenrost;
13. Unterbodenkanal;
14. Brenner;
15. Lufterhitzer;
16. Ladeventilator;
17. Schaltgehäuse;
18. Vorfiltergehäuse;
19. Rezirkulationsventil;
20. Rezirkulationskanal.

b

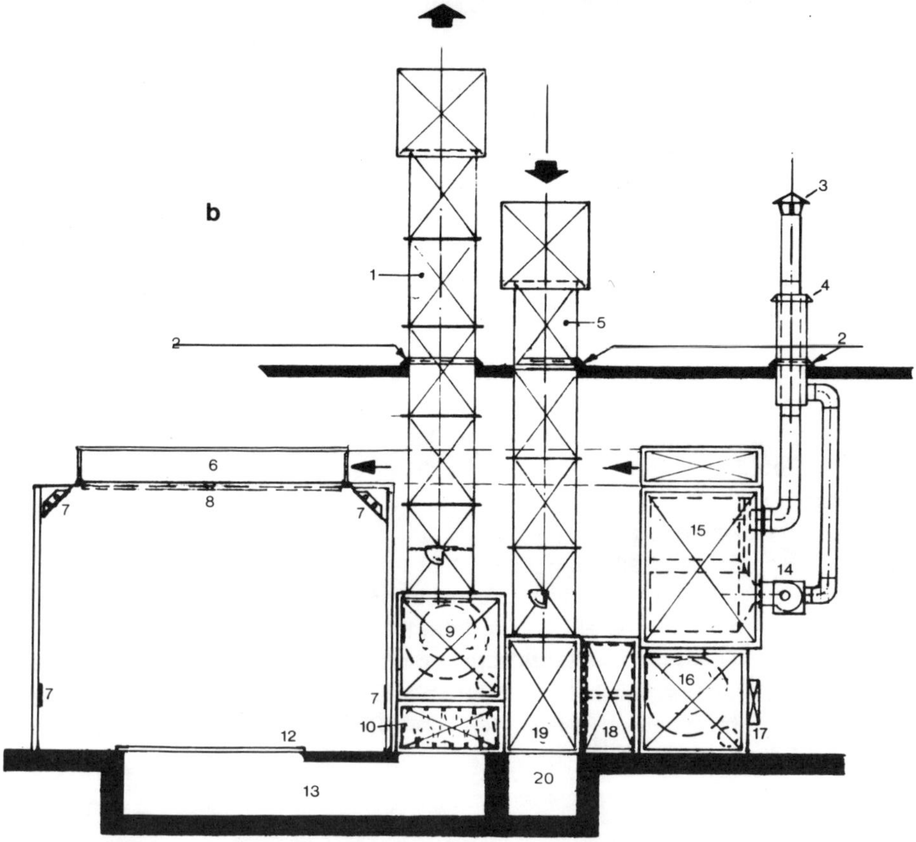

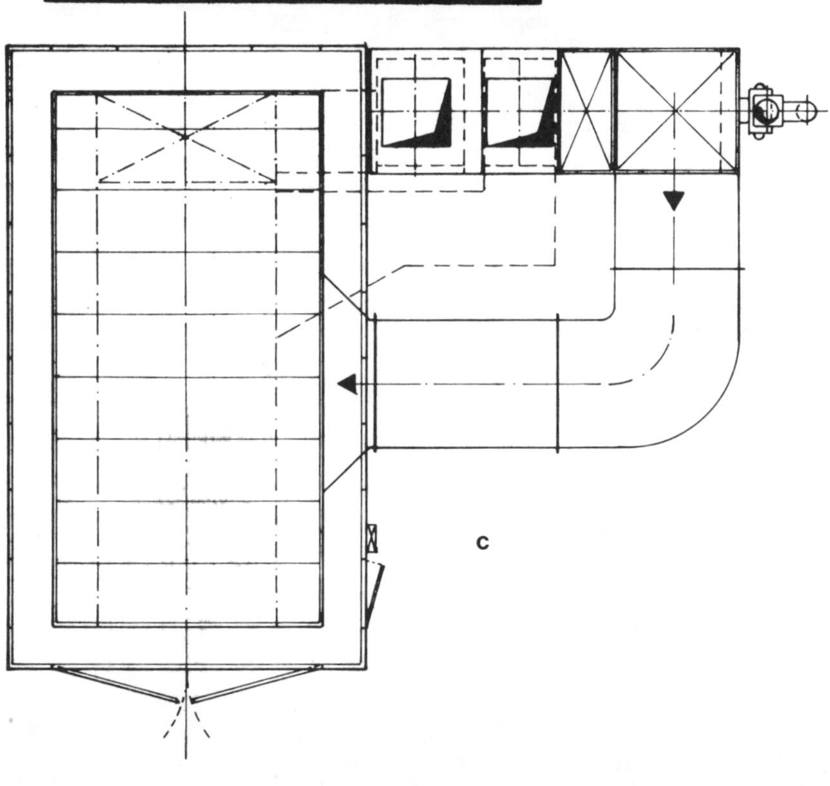

c

kein offenes Feuer haben, und die Arbeitstemperatur muß 20 bis 25° C betragen, dies mit einem strikten Minimum von 18° C. Ein Feuerlöscher, möglichst mit Kohlensäureschaum, muß griffbereit aufgehängt sein.
Die Spritzkabine muß bei täglicher Verwendung täglich mit Wasser gereinigt werden. Eine kleine Werkbank – mit Zink überzogene Arbeitsplatte – ist eigentlich unentbehrlich. Eine periodische Kontrolle wird empfohlen, vor allem der Propeller des Absaugeventilators (Exhauster) muß gründlich gereinigt und durch Filter geschützt werden.
Die voraufgegangene Beschreibung bezieht sich auf eine einfache Spritzkabine, wie sie in kleinen Werkstätten gebraucht wird.
Größere Betriebe verfügen im allgemeinen über eine größere Anlage, die als Spritz- und Trockenkabine dienen kann. Das hat drei wesentliche Vorteile:
a) idealer Feuchtigkeitsgrad;
b) staubfrei;
c) angepaßte und konstant regelbare Temperatur.
Die wichtigsten Bestandteile sind die Ventilatoren für die Zu- und Abfuhrluft, Motoren, Brenner und Filter. Alle diese Teile sind leicht zugänglich außerhalb der eigentlichen Kabine aufgestellt und montiert.
Hinsichtlich der Richtung des Luftstromes gibt es im Prinzip drei Arten von Kabinen: diagonal, horizontal und vertikal. Die Abb. 10.23 verdeutlicht dies. Ferner können wir noch unterscheiden, wie es die Abb. 10.24 andeutet, nämlich Standard-, Quer- und Längsströmung.

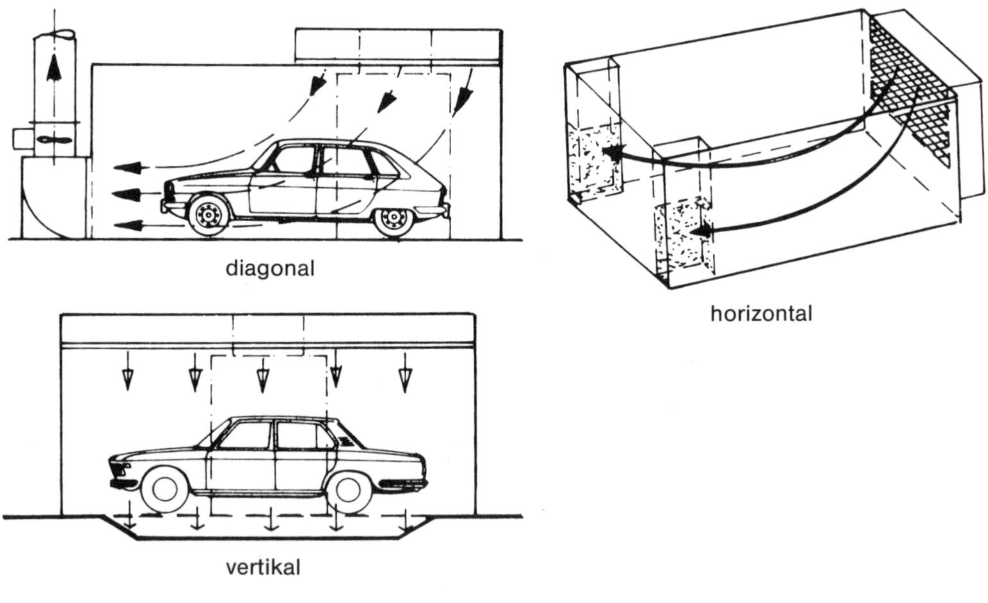

Abb. 10.23: **Drei Richtungen des Luftstromes**

Abb. 10.24: **Strömungsrichtungen**

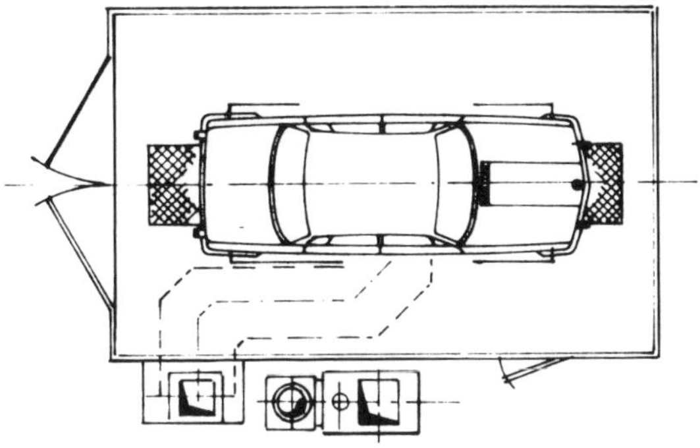

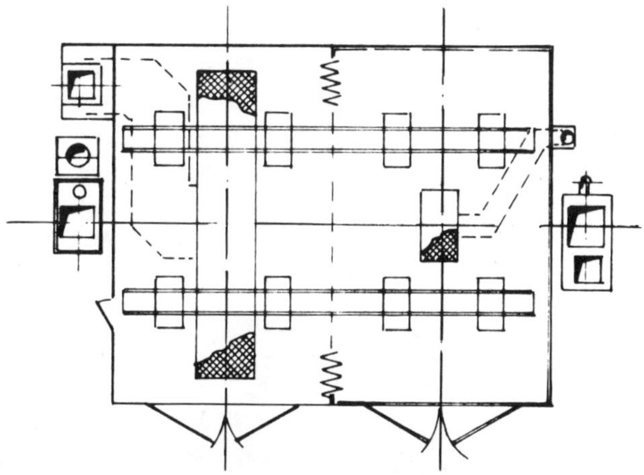

Querstrom

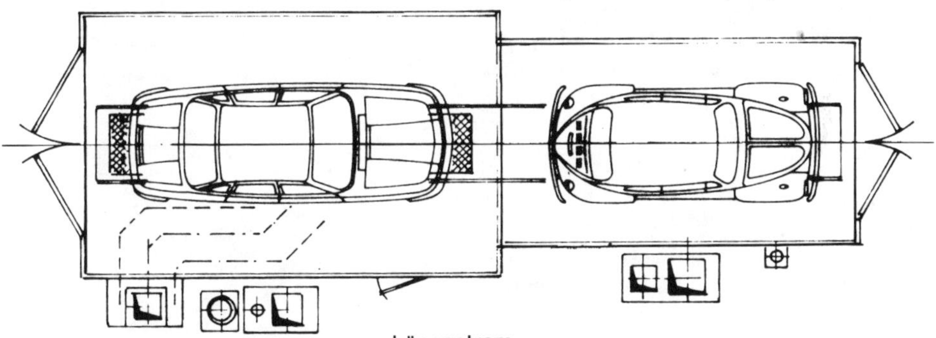

Längsstrom

Ein Beispiel zu den technischen Daten einer Spritz-/Trockenkabine sei hier gegeben:
Länge: 6535 mm außen – 6435 mm innen;
Breite: 4013 mm außen – 3913 mm innen Nutzfläche;
Höhe: 3500 mm außen – 2960 mm innen.

Spritztemperatur:	ca. 21° C bei einer Außentemperatur von wenigstens 10° C.
Trockentemperatur:	maximal 80° C (Trocknung durch Rezirkulationsluft unter Zusatz von 10 bis 25% Außenluft).
Typ:	Überdruck, vertikale Absaugung, Trocknung mit 10 bis 25% Ergänzungsluft, rezirkulierend).
Luftumsatz:	15 000m³/Std.; vertikale Luftgeschwindigkeit in leerer Kabine = 0,2 m/s.
Wärmeaustauscher:	Brennerkammer aus 2,5 mm Chromstahl. Netto-Kapazität 145 000 kcal/Std. Verbrauch max. 15 Liter/Std.
Brenner:	Öl (nom. 100 000–200 000 kcal).
Gebläse:	Zentrifugalventilator. Explosionssichere Ausführung, montiert auf schwenkbarem Motorsitz zum Spannen der Keilriemen. 380/660 V, ca. 2,2 kW.
Ventilgehäuse:	kombin. Ventilgehäuse/Vorfiltergehäuse, handbedient.
Rohre:	Schornsteinrohr + Sauerstoffansaugrohr (Ansaugluft für Brenner wird vorgewärmt) + Regenkappe. Ansaugrohre 76 x 76 x 100 cm.

Abb. 10.25: **Hier sehen wir einen Absaugboden mit durchlaufenden Gitterrosten.** Auf diesem Boden können alle Vorbearbeitungen, wie Spachteln, Schleifen und Grundieren, durchgeführt werden. Der überschüssige Lack und der Staub werden durch die Bodenroste hindurch abgesaugt, und darunter erfolgt dann die erste Staubabscheidung durch Zentrifugalkraft. Anschließend gibt es noch Filter zur Reinigung der Luft. Über das Deckengitter kann die gefilterte Luft zurückkehren (Rezirkulation).

Exhauster: Absauge-Nachfiltergehäuse,
Ventilator, Zentrifugalventilator;
explosionssichere Ausführung, zum Spannen der Keilriemen auf schwenkbarem Motorsitz montiert.
380/660 V, ca. 2,2 kW.
Filter: 4 Drahtkassetten 600 x 500 mm.

Rohre: Absaugrohre 76 x 76 x 100 cm.
Ausblasekappe als Chinesenhut ausgeführt.

Trockner

Durch Gebrauch von Strahlern oder Radiatoren läßt sich die Trockenzeit synthetischer Produkte erheblich verkürzen.
Ein häufig verwendeter Trockner ist die Infrarot-Lampe.
Im Gegensatz zu dem, was logisch erscheinen sollte, entwickelt eine Lampe mit Infrarotstrahlung nicht sonderlich viel mehr Wärme, als eine normale Glühlampe mit gleicher Leistung. Aber das Licht der normalen Glühlampe wird von der Oberfläche reflektiert, auf die das Licht gerichtet ist; dadurch wird die Oberflächentemperatur nur geringfügig ansteigen. Die Strahlen einer Infrarot-Lampe werden

Abb. 10.26: **Katalytischer Thermoreaktor, mit Propangas beheizt (Mono-Ausführung).**
Der Ventilator hat einen elektrischen Anschluß.

dagegen von der Oberfläche absorbiert, die obere Schicht wird durchdrungen, und infolge dieser »Tiefenstrahlung« werden auch die unteren Schichten von der Wärme profitieren.
Daher kommt es zur Aushärtung, sowohl an der Oberfläche als auch in der Tiefe.
Im allgemeinen sind die Trockner fahrbare Geräte. Der Abstand zwischen Trockner und Objekt beträgt meist etwa 0,6 m.
Ein Trockner anderer Art ist der »Thermoreaktor«. Die Abb. 10.26 zeigt so ein Gerät, das mit Propangas beheizt wird.
Die Verbrennung des Gases erfolgt in einem sogen. katalytischen Verbrennungsblock, der aus einer mehrere Zentimeter dicken, porösen, scheibenförmigen Platte und einem kastenförmigen Raum (der Gaszelle) besteht.
Die scheibenförmige Platte besteht aus einer feuerfesten porösen Masse. Diese Masse ist durch einen Katalysator imprägniert; als Katalysator dient eine Mischung aus Metalloxyden und seltenen Metallen (u. a. Platin).
Ferner befindet sich darin ein elektrisches Element, das die Katalysatormasse anwärmen kann.
Die Scheibe schließt einen kastenförmigen Raum ab, die Gaszelle, der der Brennstoff (Propangas) unter einem bestimmten Druck zugeführt wird. Diese Gaszelle sorgt dafür, daß das Gas gleichmäßig über die ganze Oberfläche der Scheibe verteilt und unter konstantem Druck homogen durch die poröse Masse geleitet wird.
Die Gaszufuhr zur Gaszelle wird durch ein Bimetall geregelt.
Gaszelle und Katalysatormasse sind konzentrisch in einer zylinderförmigen Metallkappe untergebracht, hinter der ein Ventilator angebracht ist. Zwischen der Kappenwand und dem katalytischen Verbrennungsblock ist ein Abstand von einigen Zentimetern. Der Ventilator saugt die Luft an und bläst sie entlang dem Verbrennungsblock. An der Vorderseite mischt die Luft sich mit den Verbrennungsgasen und führt diese mit konstanter Wärme ab.
Je nach Gerätetyp (Mono oder Duo) sind in einem Stahlgehäuse ein oder zwei Verbrennungsblöcke untergebracht, einschließlich eines Druckminderers für Propan und eines elektromagnetischen Sperrventils mit Dauerflamme.
Der Lufteinlaß für den Ventilator ist mit einem austauschbaren Luftfilter versehen.
In anderen Ausführungen sind die Verbrennungsblöcke auf einem fahrbaren Untersatz montiert, auf dem ebenfalls die Propanflasche befestigt ist. Die Bedientafel finden wir auf einem Stativ.
Im Prinzip arbeitet das Gerät folgendermaßen:
Die katalytische Verbrennung ist im allgemeinen eine chemische Oxydierung, die unter Anwesenheit eines Katalysators erfolgt, der selbst zwar nicht an der chemischen Reaktion beteiligt ist, diese aber beeinflußt (beschleunigt, bremst, stoppt usw.). In diesem Fall wird die Reaktion zwischen Propangas und Sauerstoff unter dem Einfluß des Katalysators im Verbrennungsblock beschleunigt, wodurch sie bei niedrigerer Temperatur erfolgt. Das Propangas verbrennt in der Reaktionszone ohne Feuer praktisch vollständig zu CO_2 und H_2O. Die Temperatur beträgt etwa 400° C. Auffällig ist bei diesem Gerät, daß es flüchtige und brennbare Stoffe nicht

entzündet, obwohl die poröse Masse glüht und außen eine Temperatur von 480° C hat. Bei Versuchen hat man z. B. Terpentin, Aceton und Benzin auf die glühende Masse gegossen. Ferner wurden diese Flüssigkeiten mit der Spritzpistole aus ungefähr 2 cm Abstand zerstäubt. Bei keinem dieser Versuche entzündete sich die Flüssigkeit oder der Nebel.
Der Trockner kann auf halbe Leistung eingestellt werden, indem der Ventilator ein- oder ausgeschaltet wird.

Der Mikro-Test
Mit Hilfe eines auf Magnetismus basierenden Gerätes kann man elektronisch die Dicke der trockenen Farbschicht messen. Die Werte werden in µm angegeben (mit Mikrometer).

Das Staubbindetuch
Dies ist ein harzgetränktes Tuch, das niemals völlig austrocknet. Wischt man die zu spritzenden Teile mit dem Tuch ab, dann bleiben alle Staubteilchen an diesem kleben.
Drückt man zu hart oder wringt man das Tuch aus, dann besteht die Gefahr, daß man das Harz aus dem Tuch herauspreßt. Das hat nachteilige Folgen für den Lack.

Masken und Hauben
Die einfachste Methode, dem Einatmen des Lacknebels vorzubeugen, ist die, eine Spritzmaske oder Spritzhaube zu tragen. Dabei ist aber zu bedenken, daß die Maske lediglich ein Hilfsmittel ist; sie kann gute Dienste erweisen, wenn die Ventilation und/oder die Absaugung unzureichend ist.
Am häufigsten wird die sogen. *Staubmaske* benutzt. Dabei wird die Atemluft durch einen Schwamm, durch Kunststoffschaum oder Watte angesaugt. Staubmasken sind »Halbmasken«, d. h. nur Mund und Nase werden geschützt.
Aus Unwissenheit benutzten sie viele beim Spritzlackieren; diese Masken schützen zwar vor dem Einatmen fester Bestandteile aus der Luft, aber sie lassen Gase und Nebel durch. Überdies haben sie nur eine begrenzte Lebensdauer.
Eine andere Art ist die sog. *Kohlefiltermaske.* Diese Masken können als Halbmasken, aber auch als »Vollmasken« (für Nase, Mund und Augen) ausgeführt sein. Sie enthalten eine Filterpatrone mit Aktivkohle. Diese Aktivkohle hat eine sehr große Oberfläche, die Nebel und Gase absorbieren kann. Die Nebel werden also absorbiert, so daß der Spritzlackierer reine Luft einatmet. Die Kohlefilterpatronen können ausgewechselt werden.
Ferner sind natürlich auch die *Frischluftmasken* zu nennen. Diese Masken schützen Mund, Nase und Augen, sie erhalten reine Luft. Die gefilterte Luft erreicht über den normalen Öl- und Wasserabscheider ein spezielles Kohlefilter. Über einen Druckminderer gelangt die reine Luft dann zur Maske. Ein leichter Überdruck empfiehlt sich, so daß der Spritznebel niemals bis in die Maske durchdringen kann.

Abb. 10.27: **Staubmaske**

Abb. 10.28: **Kohlefiltermaske mit auswechselbarer Filterpatrone**

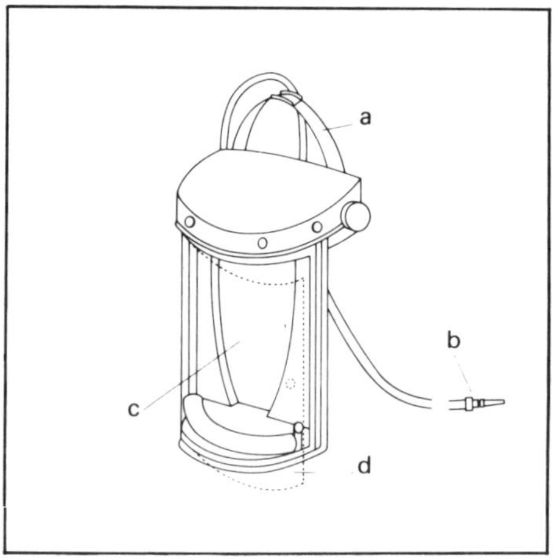

Abb. 10.29a: **Frischluftmaske.**
a) Verstellbarer Rahmen;
b) Luftschlauch mit Kohlefilter-Anschluß;
c) Durchblickscheibe;
d) Aufklebefolie, die auf die Scheibe geklebt wird, wenn diese Lösungsmitteln gegenüber nicht beständig ist.

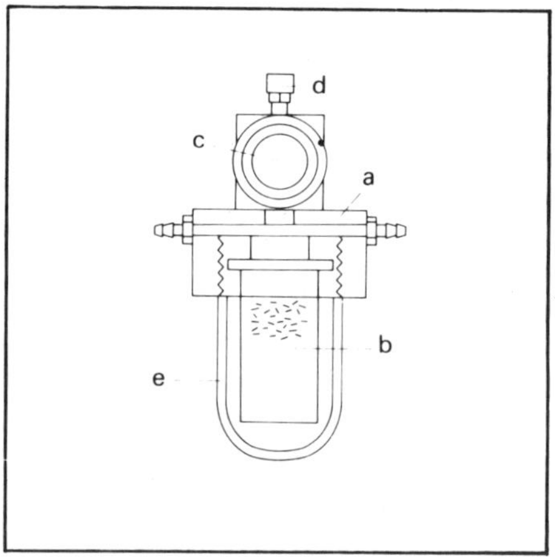

Abb. 10.29b: **Atemluftfilter.**
a) Filtergehäuse mit Ein- und Ausström-öffnung;
b) Kohlefilterpatrone;
c) Druckminderer;
d) Schnellkupplung;
e) Verschlußkappe.

Diese Frischluftmasken gibt es auch in der Ausführung als *Hauben;* sie werden über den ganzen Kopf gezogen. Bei der Verwendung von Masken dieser Art muß der Lackierer unbedingt auf den Luftschlauch achten, den er hinter sich hat. Berührt der die frische Lackschicht auch nur ein einziges Mal, dann muß alles noch einmal von vorn beginnen!

10.12 SPRITZTECHNIK

Zur Technik des Spritzlackierens reicht es nicht aus, daß man nur ein paar Regeln kennt. Erfahrung ist einfach unentbehrlich. Einige Arbeitsmethoden sind zu empfehlen, ja sogar unbedingte Voraussetzung, will man die Gefahr eines Mißlingens nach Möglichkeit ausschließen. Es ist schwierig, die Spritztechnik selbst genau zu beschreiben. Der Spritzlackierer wird oftmals davon abweichen, und dennoch ein gutes Resultat erzielen.
Die wichtigsten Faktoren, ungeachtet der verwendeten Geräte, sind:

A) Die Viskosität des Materials
Diese kam bereits im Abschnitt »Hilfsmittel zum Spritzen« zur Sprache.

B) Temperatur von Material und Umgebung
Wie auch bereits zur Viskosität gesagt, ist die Flüssigkeitstemperatur wichtig für die Dicke. Wenn der Lack eine zu niedrige Temperatur hat, dann ist er dickflüssiger als bei hoher Temperatur. Ehe man mit dem Verdünnen beginnt, muß die Farbe also auf Zimmertemperatur gebracht werden. Macht man das nicht, dann muß dem Lack mehr Verdünner zugesetzt werden. Überdies wird der Lack dann während des Spritzens wärmer und dünnflüssiger werden, so daß Füll- und Dekkungsvermögen nachlassen. Natürlich dürfen die zu spritzenden Flächen keine zu niedrige Temperatur haben, wenn der Lack angewärmt wird, denn die Temperaturunterschiede würden die Vorteile der Lackerwärmung zunichte machen.
Und schließlich muß natürlich auch die Ventilationsluft die richtige (Zimmer-)Temperatur haben.

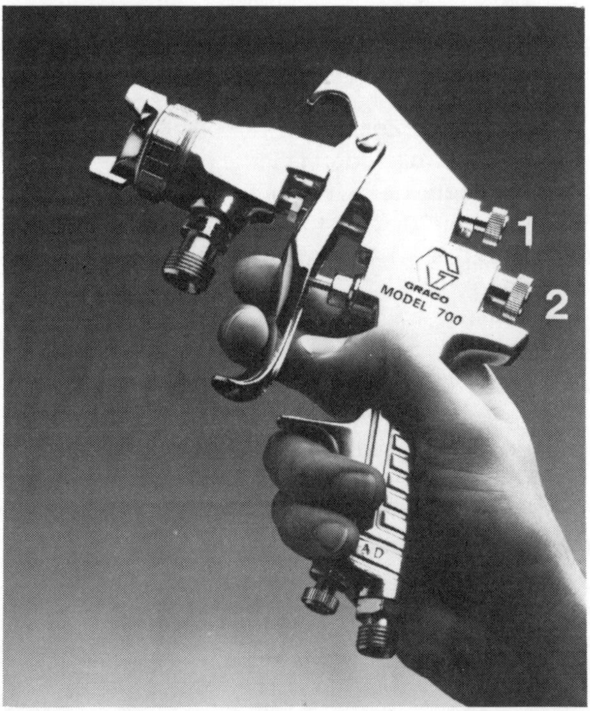

Abb. 10.30: **Spritzpistole.**
1. Einstellschraube für Rund-/Flachstrahl;
2. Feineinstellschraube.

C) Sauberes Material
Sauberes Material und saubere Werkzeuge fördern das Arbeitstempo und verbessern das Resultat.
Deshalb empfiehlt es sich, die Farben zu filtern, wie auch unter »Hilfsmittel zum Spritzen« beschrieben.
Das Filtern beugt der Verunreinigung und Verstopfung des Spritzgerätes vor, und die Lackschicht entsteht auf dem Werkstück ohne Verunreinigung.

Die Lackmenge
Die Lackmenge, die je Zeiteinheit aus der Spritzpistole herauskommt, bestimmt das Arbeitstempo, das Produktionstempo des Spritzlackierens. Die Frage, wieviel Lack aus der Pistole ausströmen sollte, richtet sich nach den zu lackierenden Flächen und nach der verwendeten Lackart.
Ehe man also mit dem Spritzen beginnt, muß zunächst bestimmt werden, wieviel Lack erforderlich ist.
Danach richtet sich auch die Einstellung des Luftdrucks u. ä.
Bei *Saug-* und *Schwerkraftzufuhrpistolen* wird die Flüssigkeitsmenge nicht nur durch die Düsengröße bestimmt, sondern auch durch die Stellung der *Feineinstellschraube* (2 in der Abb. 10.30).
Bei *Druckzufuhrpistolen* (Pistolen mit Druckbecher, Druckgefäß oder Pumpe) wird die Menge nicht durch die Feineinstellschraube geregelt, sondern durch den Druck auf die Flüssigkeit.

Der Luftdruck
Das Ausmaß der Zerstäubung wird bestimmt durch den Luftdruck an der Spritzpistole, die Viskosität des Lacks, die Lackart und die Luftkappe der Spritzpistole. Will man ein befriedigendes Resultat erreichen, dann muß man diese Faktoren aufeinander abstimmen. Dazu gehen wir folgendermaßen vor:

Verhältnis Flüssigkeitsdruck und Luftdruck
Nachdem man bestimmt hat, wieviel Lack je Zeiteinheit verspritzt werden muß, läßt sich diese Menge auf einfache Weise folgendermaßen einstellen:
1. Man wählt die Düsengröße, die zur Gruppe der zu verspritzenden Farbe gehört:
   a) *Sehr dünnflüssig:* DIN-Becher 4 mm/20° C: 8–10 s (u. a. Verdünner, Beize).
   b) *Dünnflüssig:* DIN-Becher 4 mm/20° C: 11–15 s (u. a. phosphorsaure Grundierung, Zinkchrom-Grundierung).
   c) *Normal flüssig:* DIN-Becher 4 mm/20° C: 16–26 s (u. a. normaler und synthetischer Lack, Spritzspachtel).
   d) *Dickflüssig:* DIN-Becher 4 mm/20° C: $>$ 26 s (u. a. Polyester-Spritzspachtel).
2. Ist die Flüssigkeit zähflüssig, dann muß eine Luftkappe mit mehreren Zerstäubungsöffnungen auf die Pistole gesetzt werden.
3. Man beginnt damit, am Druckgefäß oder an der Pumpe einen Flüssigkeitsdruck von z. B. 1 bar einzustellen und spritzt (ohne Druckluft in die Pistole zu

lassen) den Lack in einen Maßbecher. Wird wenig Flüssigkeit durchgelassen, dann kann der Druck erhöht werden. Normalerweise stelle man keinen höheren Druck, als 2 bar, ein, sondern montiere eine größere Düse.

4. Anschließend wird der Luftdruck zur Pistole hin eingestellt. Dabei sind die Druckverluste zu beachten, die im Luftschlauch entstehen. Man beginnt z. B. mit einem Luftdruck von 2 bar und versucht ein paar Spritzschichten. Wenn die Teilchen zu grob und zu naß sind, muß der Luftdruck erhöht werden, z. B. auf 3,5 bar. Vielleicht sind sie jetzt etwas zu klein oder zu trocken. Dann wird der Luftdruck wieder reduziert, bis das Spritzmuster stimmt. Grundsätzlich sollte der Luftdruck nicht höher als 4 bar eingestellt werden. Sollte dies dennoch notwendig erscheinen, so kann man besser eine andere Art von Luftkappe mit mehr Luftöffnungen montieren, so daß das Material leichter auseinandergeschlagen wird. Die Arbeit mit zu hohem Druck führt zur Bildung von sinnlosem Farbnebel (Overspray).

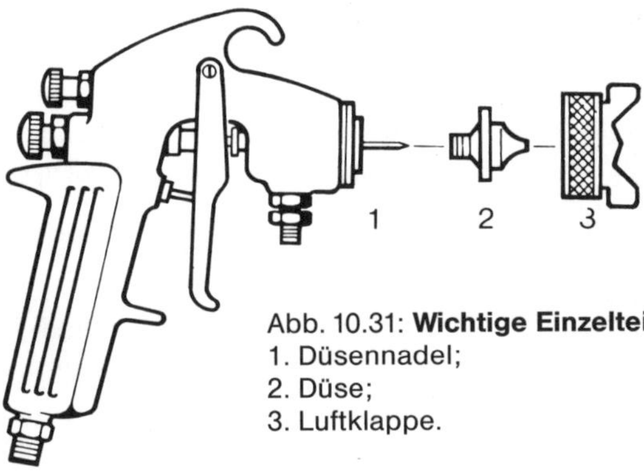

Abb. 10.31: **Wichtige Einzelteile.**
1. Düsennadel;
2. Düse;
3. Luftklappe.

Bei Pistolen mit Saug- und Schwerkraftzuführung wenden wir dasselbe System an, nur kann hier der Flüssigkeitsdruck nicht eingestellt werden. Die zu verspritzende Lackmenge wird lediglich mit der Feineinstellschraube geregelt. Wird mehr Material gebraucht, als die Düse durchlassen kann, dann muß eine größere Düse montiert werden.

Breite des Spritzmusters; Rund- und Flachstrahl

Die Breite des Spritzmusters wird je nach Form und Größe der zu spritzenden Fläche eingestellt. Macht man das nicht, dann entsteht im einen Fall (Flachstrahl auf kleiner Fläche) viel Nebel und ein großer Verlust an Lackmaterial, weil zuviel neben das Werkstück gespritzt wird. Im anderen Fall (Rundstrahl auf großer Fläche) spritzt man stellenweise zuviel Lack auf, so daß eine zu dicke und unregelmäßige Lackschicht entsteht.

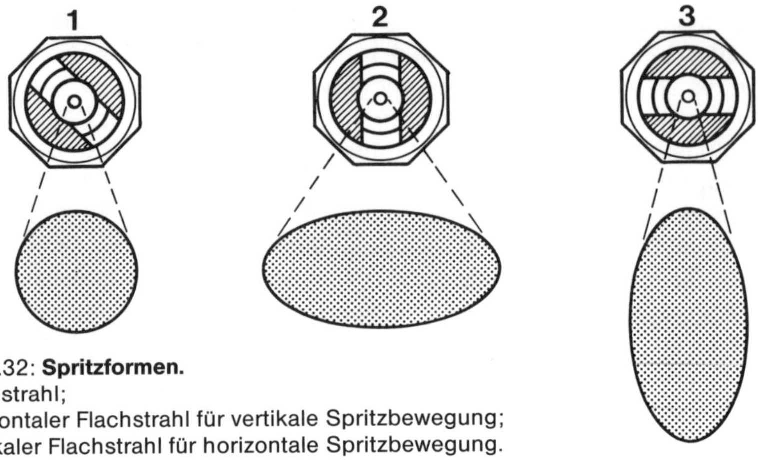

Abb. 10.32: **Spritzformen.**
1. Rundstrahl;
2. horizontaler Flachstrahl für vertikale Spritzbewegung;
3. vertikaler Flachstrahl für horizontale Spritzbewegung.

Bei Pistolen mit äußerer Mischung regelt man die Strahlbreite durch eine Stellschraube für den Rund- und Flachstrahl. Zum Spritzen großer Flächen ist der Rundstrahl ungeeignet. Der Kegel hat einen zu kleinen Umfang, und angesichts der Überlegung wäre eine besonders große Anzahl von Bahnen oder Gegenbewegungen notwendig. Überdies tritt hier schon sehr schnell das zuvor erwähnte Problem einer viel zu dicken Schicht auf. Daher ist es wohl logisch, daß man größere Flächen mit einem Flachstrahl spritzen muß.
Die ellipsenförmige Spritzform muß (natürlicherweise) um 90° verstellbar sein; sie muß stehend oder liegend eingestellt werden können. Dies im Zusammenhang mit der Frage, ob man horizontale oder vertikale Spritzbewegungen machen will.

Der Spritzabstand
Der Abstand zwischen der Düse der Spritzpistole und dem Werkstück ist für das Spritzresultat von ausschlaggebender Bedeutung. Ist der Abstand zu groß, dann entsteht zuviel Farbnebel, weil nicht alle Teilchen die zu spritzende Fläche erreichen. Ferner findet der Verdünner Gelegenheit, während des Transportes zu verdunsten. So entsteht eine trockene, körnige Lackfläche.

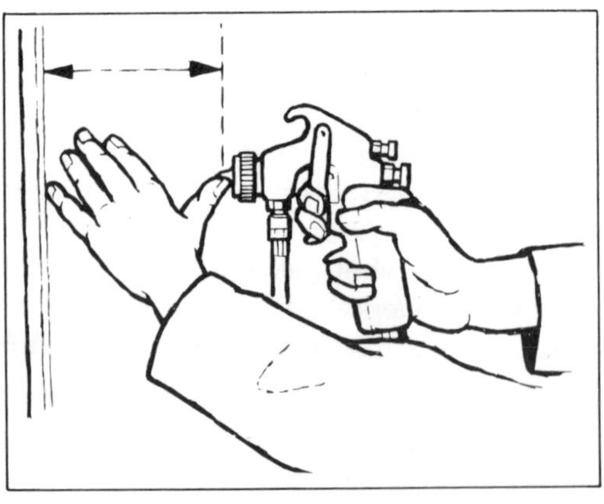

Abb. 10.33: **So läßt sich der richtige Spritzabstand ganz leicht bestimmen.**

Abb. 10.45: **Lackfehler** ■ Ursache □ Abhilfe

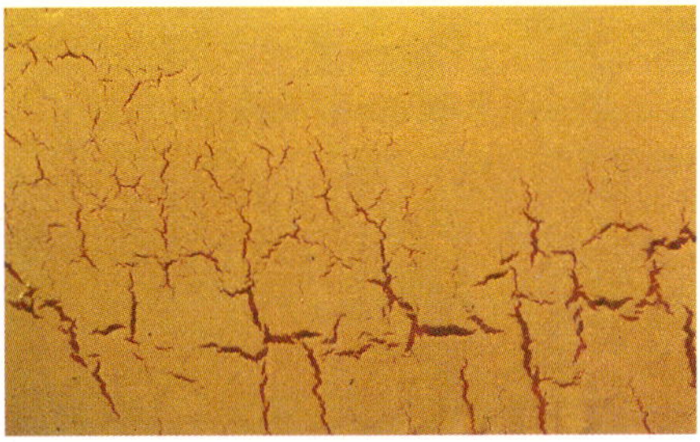

Abb. 10.45.1: **Lack quillt auf; Rißbildung**

- ■ Grundierung und Spritzspachtel vertragen einander nicht
- ■ Spritzspachtel nicht richtig behandelt
- ■ Spritzspachtel in nur einer Schicht zu dick aufgespritzt
- □ Allen abblätternden Spritzspachtel sorgfältig entfernen. Mit aufeinander abgestimmtem Material in dünnen Schichten erneut bearbeiten.

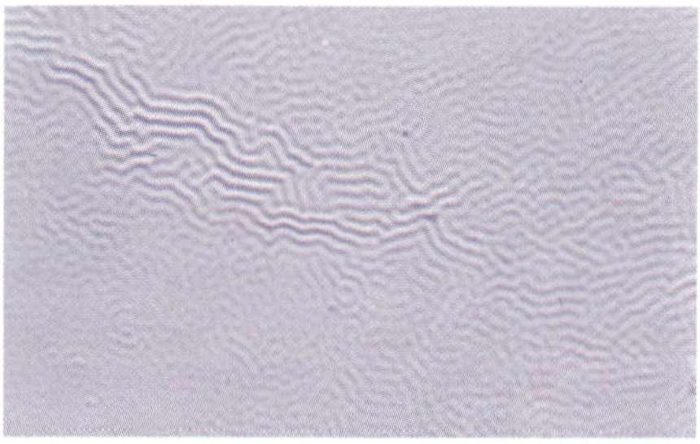

Abb. 10.45.2: **Runzel, Faltenbildung**

- ■ Spannungen zwischen Spritzspachtel und Grundierung
- ■ Falsch getrocknet
- □ Decklack abschleifen und erneut spritzen
- □ Vorschriften hinsichtlich Blech-, Lack- und Umgebungstemperatur genau beachten

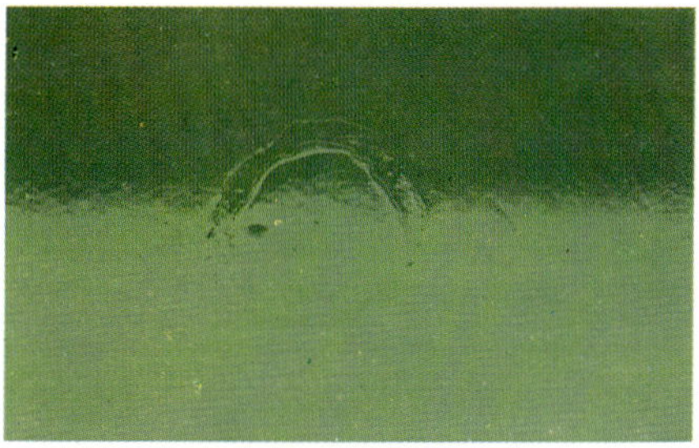

Abb. 10.45.3: **Abzeichnungen**

- ■ Spachtelstellen waren nicht trocken genug
- ■ Temperatur bei forcierter Trocknung oberhalb 80°C
- ■ Falschen Verdünner verwendet
- □ Versuchen, den Fleck durch Putzen zu beseitigen
- □ Andernfalls die Fläche erneut spritzen

Abb. 10.45.4: **Rillen**

- ■ Tiefe Rillen in der Fläche
- ■ Letzter Schleifgang vor dem Auftragen des Spritzspachtels und des Decklacks erfolgte mit zu grobem Schleifpapier
- ■ Zwei Deckschichten mit zwischenzeitlichen Rissen, aber ohne zwischenzeitliches Trocknen
- ■ Falscher Verdünner
- □ Wenn das stellenweise auftritt oder an unauffälligen Stellen, diese Stellen polieren
- □ Sonst Decklack entfernen und erneut spritzen

Abb. 10.45,5: **Nadellöcher, Kochbläschen**

- ■ zuviel Spritzspachtel
- ■ Nicht genug Zeit zum Antrocknen gelassen
- □ Deckschicht entfernen und erneut spritzen

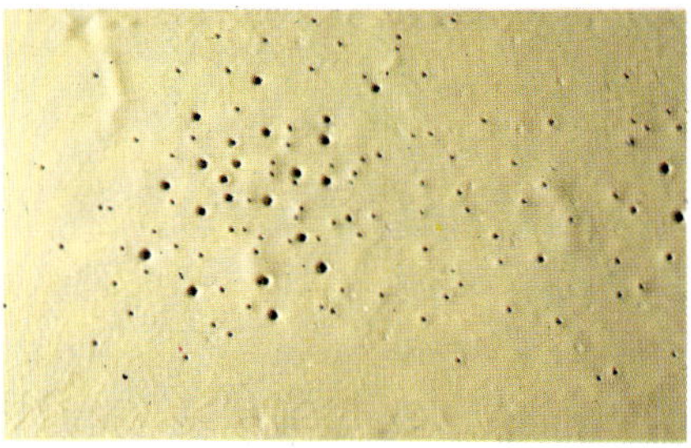

Abb. 10.45,6: **Löcher im Spritzspachtel**

- ■ Poröser Spachtel unter Spritzspachtel
- ■ Spritzspachtel in einem Arbeitsgang viel zu dick gespritzt
- □ Vertiefungen mit Spachtel auffüllen
- □ Vorschriften genau beachten

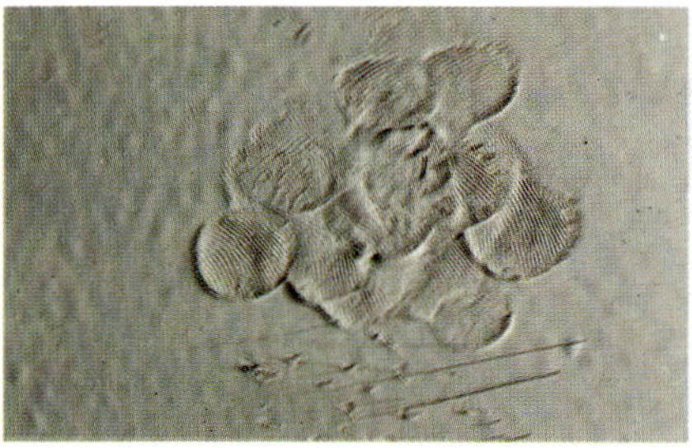

Abb. 10.45,7: **Weiche Oberfläche, Spachtel trocknet stellenweise nicht**

- ■ Mischverhältnis der Bestandteile nicht richtig
- ■ Grundmaterial nicht ausreichend mit Härter gemischt
- □ Nichtausgehärteten Spachtel beseitigen
- □ Oberfläche reinigen, Bearbeitung vorschriftsmäßig erneut wiederholen

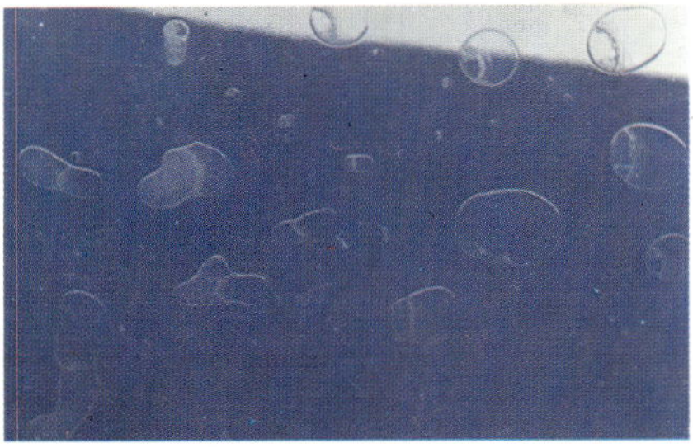

Abb. 10.45,8: **Wasserflecken**

- ■ Abdruck von Wassertropfen auf frisch gespritztem Lack. Meist nur auf horizontalen Flächen
- □ Bei sporadisch auftretenden Flecken werden diese mit Schleifpapier 600 oder 1000 geschliffen und anschließend poliert
- □ Sonst Decklack erneut aufspritzen

Abb. 10.45,9: **Streifen**

■ Zuviel Lack
■ Spritzpistole zu nahe
■ Zu niedrige Lackviskosität
□ Stellenweise schleifen und nachspritzen

Abb. 10.45,10: **Wolkeneffekt; kein homogener Metallik-Effekt**

■ Nicht mit gleichmäßigem Abstand gespritzt
■ Spritzpistole nicht richtig gehandhabt, unregelmäßig
□ Decklack erneut auftragen

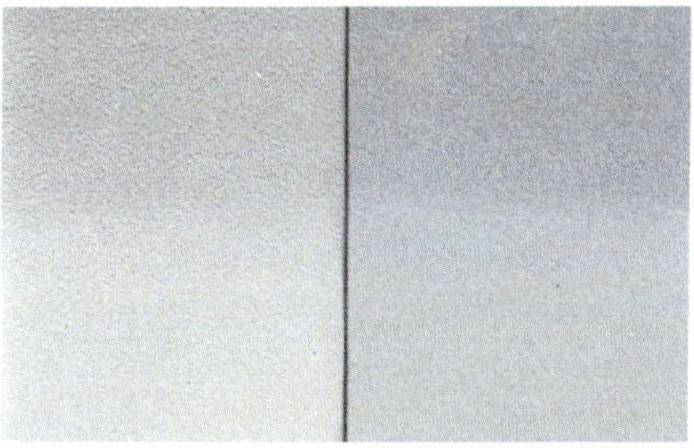

Abb. 10.45,11: **Farbunterschied; nach dem Trocknen deutliche Farbunterschiede**

■ Falsche Farbe
■ Spritzgerät war nicht ganz sauber
□ Zuerst Versuchsblech spritzen
□ Spritzwerkzeuge gründlich reinigen
□ Decklack noch einmal aufspritzen

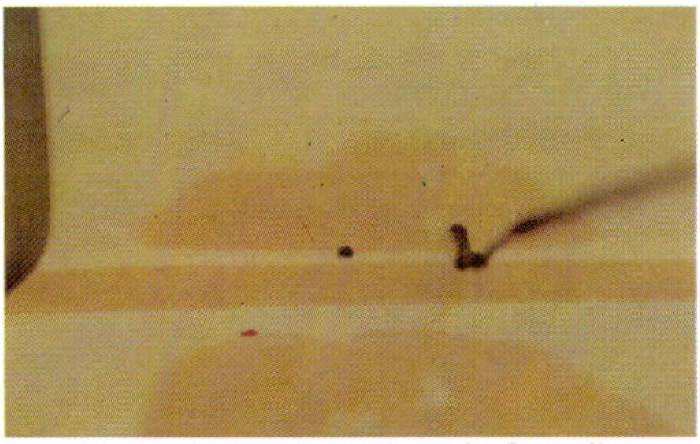

Abb. 10.45,12: **Durchscheinende Grundierung; Fleckenbildung, obwohl die Deckschicht dick genug ist**

■ Die überspritzte Grundierung zeigt »blutige« Pigmente oder löst sich auf
□ Decklack mit Verdünner abwaschen, neutralisierend grundieren und erneut spritzen

Abb. 10.45: **Lackfehler** ■ Ursache □ Abhilfe

Abb. 10.45,13: **Spritznebel; stumpfe Oberfläche nach dem Nachspritzen**

■ Nicht richtig abgeklebt
■ Zu hoher Spritzdruck
■ Zuviele Luftwirbel in der Spritzkabine
■ Zu hoher Überdruck in der Kabine

□ Nebel mit dem richtigen Verdünner vorsichtig abwaschen und anschließend polieren. Vorsicht! Nebel auf frischgespritzter Fläche nur durch Polieren entfernen

Abb. 10.45,14: **Staub**

■ Auto nicht gewaschen
■ Staubfilter in der Kabine verbraucht
■ Luftdruck in der Kabine stimmt nicht
■ Spritzkabine verschmutzt
■ Schmutzige Kleidung
■ Zu spritzende Fläche nicht staubfrei

□ Staub beseitigen; nachbearbeiten
□ Nur staubfreie Autos spritzen
□ Staubfilter erneuern
□ Kabine auf richtigen Überdruck einstellen
□ Spritzkabine regelmäßig reinigen
□ Nichtfusselnde Kleidung tragen und Kleidung vor Betreten der Spritzkabine mit Preßluft abblasen
□ Autos, die einer Ganzlackierung oder nur einer Dachlackierung bedürfen, mit zwei Mann gleichzeitig sauberblasen

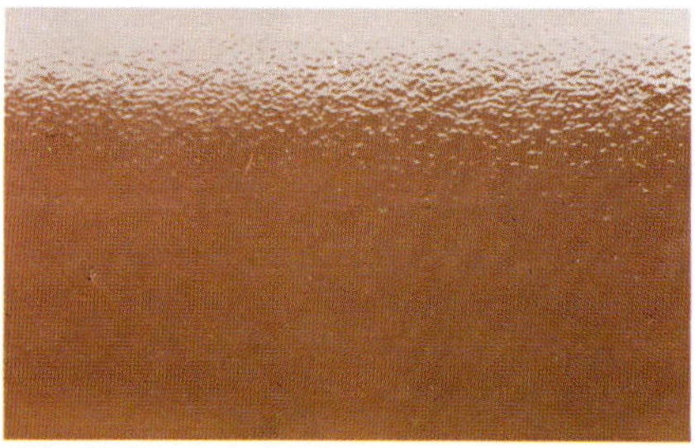

Abb. 10.45,15: **Apfelsinenhaut**

■ Lackviskosität zu hoch
■ Decklack zu dick oder zu dünn gespritzt
■ Zu hohe Temperatur (> 25°C)
■ Nicht lange genug angetrocknet
■ Falschen Verdünner verwendet

Abb. 10.45,16: **Abblättern**

■ Untergrund war beim Spritzen nicht frei von Rost, Fett oder Feuchtigkeit
■ Nicht oder nicht genug geschliffen

□ Testen, an welcher Schicht das unzulängliche Anhaften liegt. Das kann man durch rasterförmiges Einschneiden in den Lack herausbekommen. Dann klebt man starkes Klebeband darauf und zieht dies mit einem Ruck wieder ab

Abb. 10.45: **Lackfehler** ■ Ursache □ Abhilfe

Abb. 10.45,17: **Poren, die wie kleine Nadelstiche im Decklack aussehen**

- ■ Keinen Spritzspachtel aufgetragen
- ■ Zu hohe Lackviskosität
- ■ Decklackschicht abnormal dick (normal: 50μ)
- ■ Temperatur in der Spritzkabine zu hoch (> 25° C)
- ■ Ausdunstzeit bei Warmtrocknen bis 80° C nicht eingehalten
- □ Nach Trocknen schleifen und erneut spritzen oder erforderlichenfalls zuerst spritzspachteln

Abb. 10.45,18: **Kleine, aufgesprungene Bläschen im Decklack**

- ■ Zu große Düse in der Spritzpistole
- ■ Lack in einem Arbeitsgang zu dick gespritzt
- ■ Antrockenzeit beim Warmtrocknen bis 80° C nicht eingehalten
- ■ Falscher Verdünner verwendet
- □ Nach Trocknen schleifen und erneut spritzen oder erforderlichenfalls spritzspachteln

Abb. 10.45,19: **Krater**

- ■ Blech vor dem Spritzen nicht genug gereinigt
- ■ Luftfilter der Spritzanlage funktionierte nicht richtig
- ■ Vorsicht! Niemals Hammerschlag-Effekt in derselben Kabine spritzen. Das kann zur Kraterbildung führen
- □ Nach Trocknen schleifen und erneut spritzen oder erforderlichenfalls zuerst spritzspachteln

Abb. 10.45,20: **Dumpfe Stellen im Decklack**

- ■ Spachtel war nach dem Naßschleifen nicht trocken genug
- ■ Trockentemperatur bei Warmtrocknen oberhalb 80° C
- ■ Falscher Verdünner
- □ Versuchen, dumpfe Stelle durch Polieren wegzubekommen
- □ Schleifen und erneut spritzen

Abb. 10.45: **Lackfehler** ■ Ursache □ Abhilfe

Abb. 10.45,21: **Pickel bei Nichtmetalliklacken**

- ■ Lackpigment bildet Klumpen
- ■ Lack ist zu alt
- ■ Lagertemperatur zu hoch

- □ Lack ersetzen
- □ Neue Deckschicht spritzen

Abb. 10.45,22: **Pickel bei Metallik**

■ Der Metallik-Grundlack wurde zu trocken gespritzt, so daß die Metallteilchen sich nicht richtig »absetzen« konnten. Die zweite Schicht deckt diese stehenden Pigmentteilchen nur teilweise ab.

□ Wenn kein Farbunterschied vorliegt, reicht es aus, die Pickel mit Schleifpapier 600 abzuschleifen und nochmals eine zweite Schicht zu spritzen

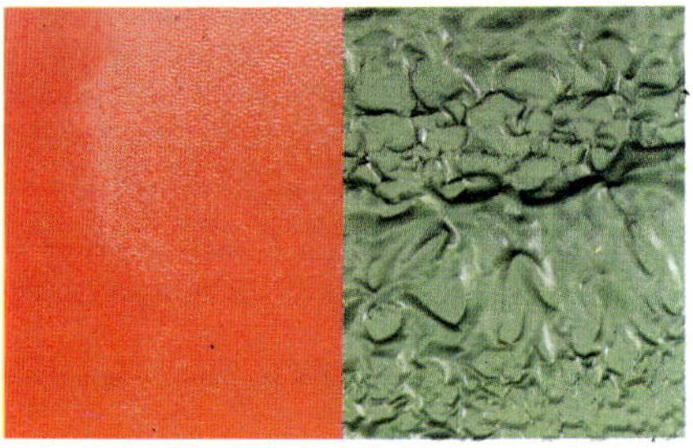

Abb. 10.34,23: **Abbeiz-Effekt. Der Lack sieht aus, als wäre er mit einem Abbeizmittel behandelt**

■ Der überspritzte Lack war nicht durchgehärtet. Falsche Grundierung, falschen Decklack oder Verdünner verwendet

□ Lack nach dem Trocknen zusammen mit Grundierung entfernen und eine neue Lackierung aufbauen

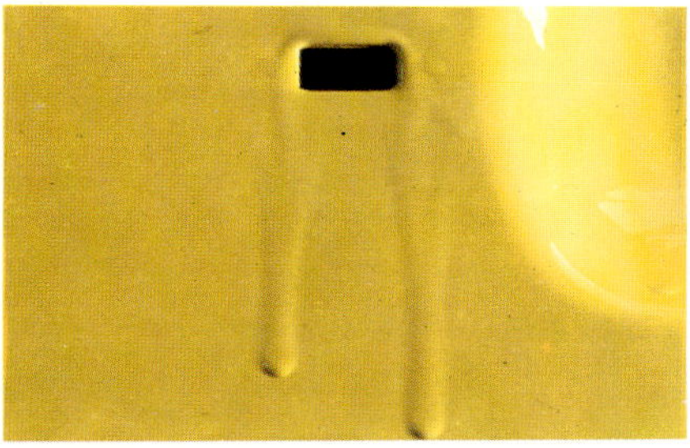

Abb. 10.45.24: **Lackläufer; »Rotznasen«**

- ■ Lackviskosität zu gering
- ■ Spritzpistole zu nahe am Objekt
- ■ Spritzdruck zu niedrig
- ■ Falscher Verdünner

- □ Zuerst aushärten lassen
- □ Verdickung mit Feile entfernen. Anschließend mit Schleifpapier 600 und Seifenlauge schleifen
- □ Forciert trocknen und nach Abkühlung polieren

Abb. 10.45: **Lackfehler** ■ Ursache □ Abhilfe

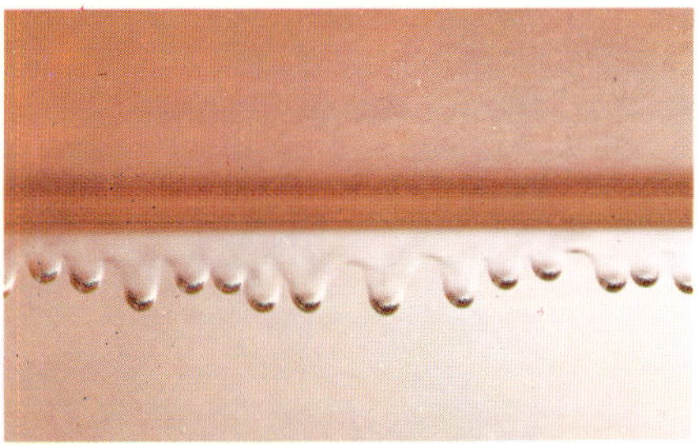

Abb. 10.45,25: **Gardinen-Effekt. Eine Reihe von Lackläufern**

■ Unregelmäßige Spritztechnik
■ Falsche Spritzform
■ Düse oder Luftkappe defekt
■ Falscher Spritzabstand
■ Druckluft-, Lack- oder Raumtemperatur zu niedrig (< 18° C)
■ Lackviskosität zu gering
■ Falscher Verdünner
□ Düse, Luftkappe und Düsennadel reinigen bzw. ersetzen
□ Temperatur und Viskosität in Ordnung bringen
□ Nach dem Aushärten: siehe 10.45,24

Abb. 10.45,26: **Durchbluten; Grundierung leuchtet durch**

■ Deckschicht zu dünn
■ Lackviskosität zu gering
□ Erneut spritzen

Abb. 10.45,27: **Bläschen; nadelkopfähnliche Pickel**

■ Grundierung (insbesondere Polyestermaterial) war nicht trocken genug
■ Zu hohe relative Luftfeuchtigkeit beim Spritzen
■ Beim Warmtrocknen bis 80° C die Antrockenzeit nicht eingehalten
□ Schadensumfang durch stellenweises Schmirgeln feststellen
□ Erneut spritzen. Falls erforderlich zuerst Spritzspachtel auftragen

Abb. 10.45,28: **Bläschenbildung (blasenförmige Lackteile lösen sich ab)**

■ Salze aus dem Schleifwasser
■ Bei den verschiedenen Arbeitsgängen unzulänglich gereinigt
□ Lackschichten bis aufs Metall abschleifen und die Lackierung erneut aufbauen
□ Sollte dies häufiger vorkommen, dann empfiehlt sich die Verwendung demineralisierten Wassers

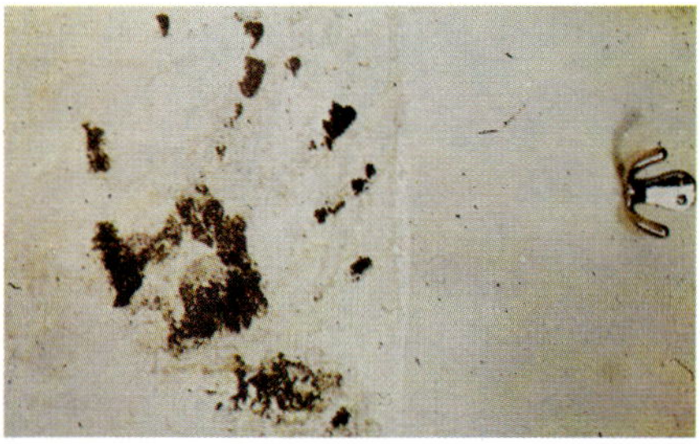

Abb. 10.45,29: **Blasenbildung**
(Durchschlag von Körperschweiß)

- ■ Unzureichendes Haften des Lacks auf dem Untergrund durch Verunreinigung
- □ Je nach »Tiefe«, die Lackschichten abschleifen und erneut beginnen
- □ Aufgepaßt! Bei großen Spachtelflächen auf frischgespritztem Blech Lufttrocknung anwenden

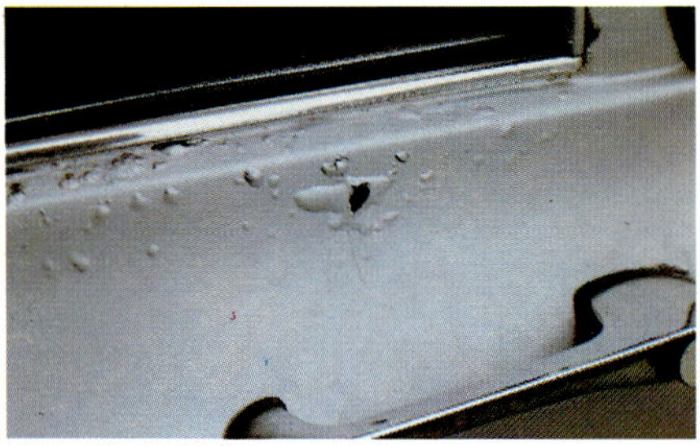

Abb. 10.45,30: **Blasenbildung**
(große Blasen)

- ■ Auswirkung feuchter und aggressiver Niederschläge
- □ Lack über einer größeren Fläche vollständig entfernen

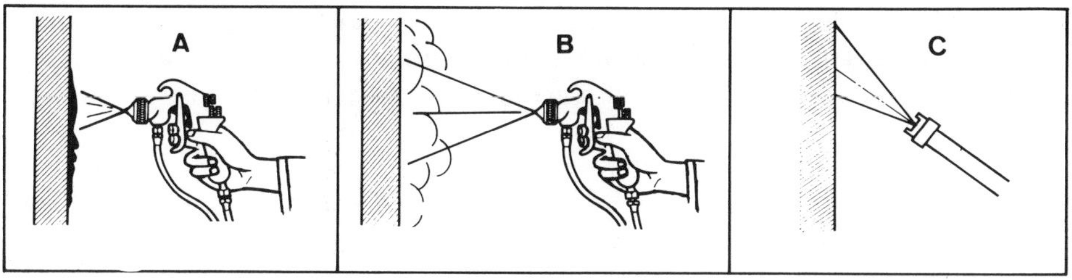

Abb. 10.34: **Drei Beispiele zu Fehlern im Zusammenhang mit dem Spritzabstand.**
A) Spritzabstand zu klein: Lackläufer;
B) Spritzabstand zu groß: Nebel;
C) Pistole schräg: ungleichmäßiges Resultat.

Ist der Spritzabstand zu klein, dann ist das Resultat des Spritzens unregelmäßig, weil stellenweise zuviel Lack aufgetragen wird. Das führt meist zu Lackläufern. Normalerweise beträgt der richtige Spritzabstand zwischen Düse und Werkstück 15 bis 20 cm.

Die Spritzgeschwindigkeit

Auch das Tempo, mit dem die Spritzpistole bewegt wird, spielt eine wesentliche Rolle. Bei einer zu raschen Hin- und Herbewegung wird die Oberfläche rauh, genau wie bei zu großem Abstand. Zu langsame Bewegung führt zu dicken Schichten, aus denen leicht Lackläufer, die sogen. »Rotznasen«, nach unten laufen.

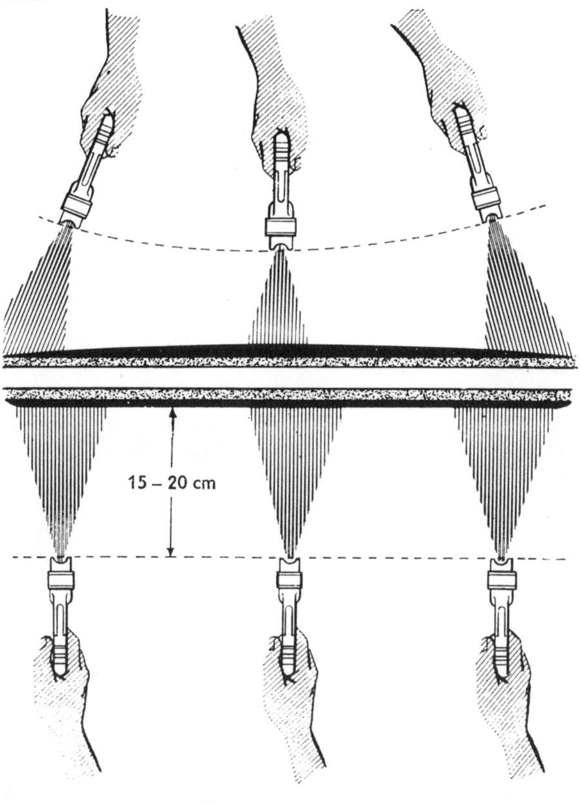

Abb. 10.35: **Haltung der Pistole im Verhältnis zum Werkstück.**
Oben: Schwenken der Pistole erbringt eine unregelmäßige Farbschicht mit viel Nebel.
Unten: richtige Haltung senkrecht zur Fläche.

Ein gutes Hilfsmittel beim Spritzen stehender Flächen ist das »Vornebeln«. Dabei wird die Fläche ganz dünn und gleichmäßig vorgespritzt. Anschließend läßt man den Lack ganz kurz anziehen, um dann mit einer vollen Schicht fertigzuspritzen. Diese Methode eignet sich insbesondere für langsam trocknenden Lack, wobei die Gefahr von Lackläufern gemindert ist.
Für jede Art von Arbeit und Material gibt es eine ideale Spritzgeschwindigkeit. Eine gleichmäßige, beherrschte Bewegung, die zu einer vollen, nassen Farbschicht führt, eignet sich am besten.
Besonders wichtig ist es, die Pistole stets genau rechtwinklig zur Fläche zu halten. Hält man die Pistole schräg, dann entsteht zuviel Nebel und man erhält unregelmäßige Farbschichten.

Spritzen verschiedener Flächen
Um die verschiedenen Flächen erfolgreich und wirksam spritzen zu können, müssen wir uns mit den Grundlagen der Spritztechnik vertraut machen. Dazu reicht es nicht aus, eine einzelne Fläche richtig spritzen zu können, sondern der Lackierer muß auch imstande sein, das ganze Werkstück mit wenigen Blicken übersehen und mit möglichst wenig Arbeitsaufwand spritzen zu können, wobei »Overspray« zu vermeiden ist, um den Lackverlust zu begrenzen.
Die Technik der Spritzlackierung beruht zu einem wesentlichen Teil auf der Erfahrung des Lackierers. Dennoch sollte man die folgenden Punkte berücksichtigen:

1. *Bei schwierigen und verschiedenen Flächen* sollte man nach Möglichkeit zuerst die schwierigeren und entferntesten Teile spritzen. Damit vermeidet man, daß man über die bereits gespritzten Teile hin reichen muß, wodurch es zu Beschädigungen und Lackläufern kommen könnte.
2. *Große Flächen.* Man beginnt oben mit dem Spritzen. Am Ende des Blechs läßt man den Hebel los (sonst verursacht man bei der Gegenbewegung am Wende-

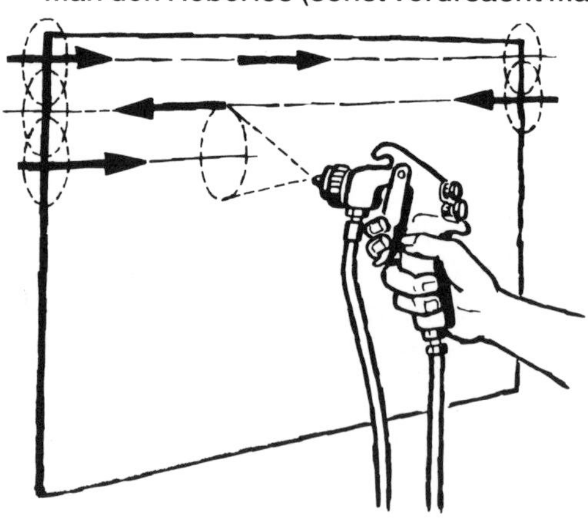

Abb. 10.36: **Spritzen größerer Flächen.**

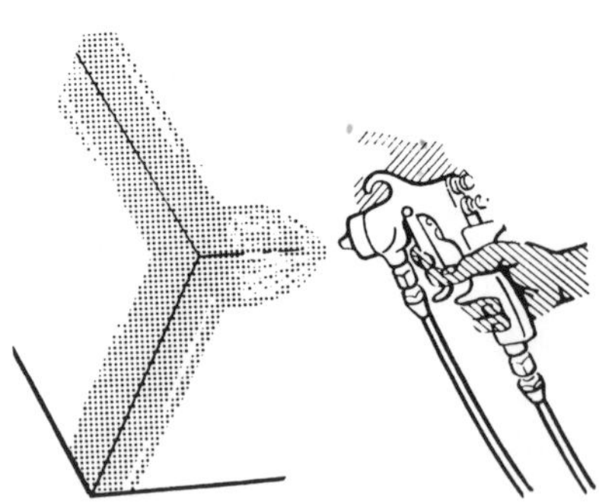

Abb. 10.37: **Spritzen von Außenecken.**

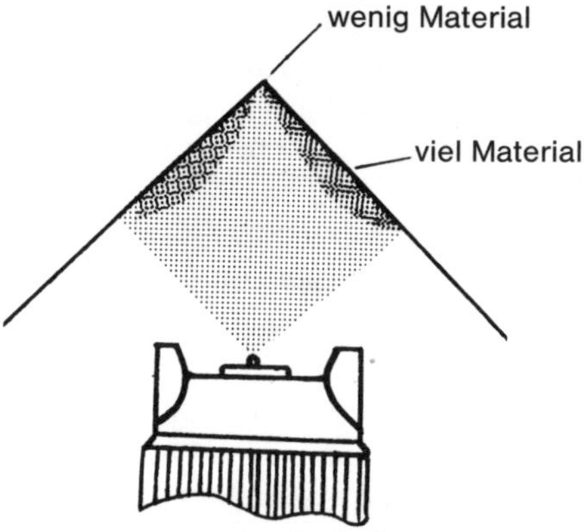

Abb. 10.38: **Spritzen einer Innenecke. Hier ist die Pistole falsch gerichtet!**

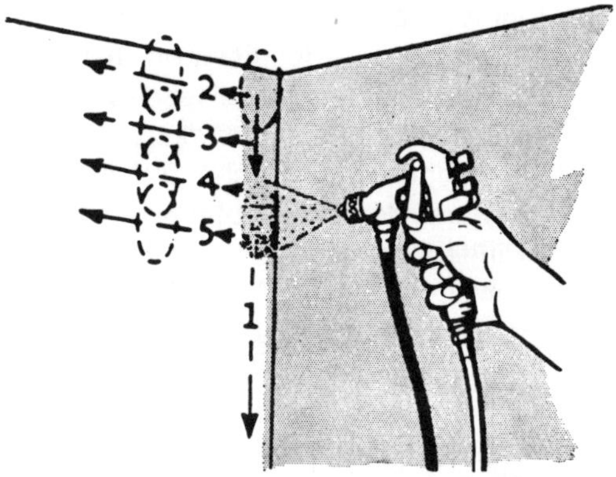

Abb. 10.39: **Die richtige Methode zum Spritzen von Innenecken**

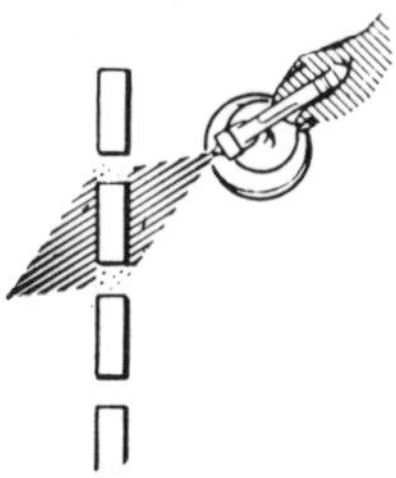

Abb. 10.40: **Spritzen von durchlöcherten Teilen**

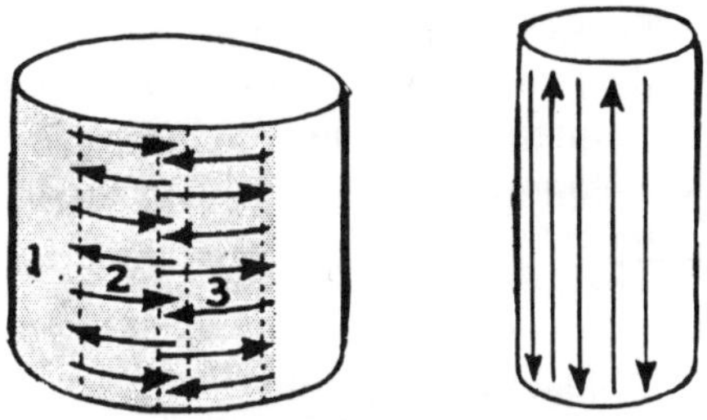

Abb. 10.41: **Runde und gebogene Oberflächen**

punkt eine doppelte Schicht). Die Gegenbewegung sollte die vorherige Schicht um etwa ein Viertel überlappen, und am Ende wird der Hebel wieder losgelassen.

3. *Außenecken* werden so gespritzt, daß beiderseits der Ecke 50% niederschlagen. Danach werden die Flächen in der üblichen Weise fertiggespritzt.
4. *Innenecken.* Wenn man die Pistole direkt auf die Ecke richtet, dann spritzt man die beiden Seiten teilweise mit. Das ist eine schlechte Methode, siehe Abb. 10.38. Der Luftstrom bildet nämlich in der Ecke ein Luftpolster, das den Niederschlag der Lackteilchen im äußersten Punkt der Ecke verhindert. Außerdem entstehen dabei an den Seiten fette Ränder. Die Abb. 10.39 zeigt die richtige Methode. Jede Seite der Ecke wird gesondert behandelt.
5. *Schmale Teile mit Öffnungen,* wie Gitter, führen zu einem verhältnismäßig großen Materialverlust. Der läßt sich aber zum Teil dadurch erheblich vermindern, daß man in einem Winkel spritzt, der so bemessen ist, daß nur wenig Material durch die Öffnungen geblasen wird, siehe Abb. 10.40.

6. *Runde und gebogene Flächen.* Je nach Größe der Fläche kann man runde Gegenstände oder Flächen in horizontalen oder vertikalen überlappenden Streifen spritzen. Dabei ist darauf zu achten, daß immer der richtige Abstand zwischen Pistole und Werkstück gewahrt bleibt und daß die Pistole lotrecht auf die zu spritzende Fläche gerichtet ist. Man folgt dabei also der Rundung und der Form der Oberfläche.
   Zylinderförmige und runde Objekte sollten nach Möglichkeit auf einen Drehtisch gestellt werden, so daß das ganze Werkstück mit einer kaum veränderten Pistolenhaltung gespritzt werden kann.
7. *Liegende Flächen.* Beim Spritzen nicht allzu großer, horizontaler Flächen, vor allem bei der Verarbeitung schnell trocknenden Materials empfiehlt es sich, vorn (also ganz nahe am Lackierer) zu beginnen. Dadurch wird der Lacknebel über den noch zu spritzenden Teil des Werkstücks geblasen, so daß einer Staubbildung in der noch nassen Schicht vorgebeugt wird.
8. *Gerade Spritzbewegungen.* Beim Spritzen großer Flächen werden gerade Spritzbewegungen gemacht. Die neue Bahn wird um etwa 50% über die vorhergehende gespritzt (Überlappung). Oft trägt man dann, nachdem die Fläche so mit einer Farbschicht versehen ist, noch eine zusätzliche Schicht auf, deren Bahnen senkrecht zur vorhergehenden stehen. Man spritzt also noch einmal »überkreuz«.

Häufig auftretende Fehler

1. *Schwenken und Kanten der Pistole.* Die Pistole muß immer in der Richtung des Objekts bewegt und senkrecht zur Fläche gehalten werden. Führt man die Pistole in einem Bogen, dann wird der Abstand zwischen Düse und Werkstück nicht überall gleich sein, so daß eine gescheckte Oberfläche entsteht, wobei überdies zuviel Farbnebel gebildet wird.
2. *Unregelmäßige Bewegung und falsche Überlappung.* Die regelmäßige, hin und her gehende Bewegung der Pistole erbringt das beste Resultat. Die Spritzbahnen müssen etwa zu 50% übereinandergespritzt werden. Berücksichtigt man dies nicht, werden Lackläufer und gescheckte Flächen, ebenso wie Glanzunterschiede und ungleichmäßiger Fluß die Folge sein.
3. *Weiterspritzen.* Damit der Materialverlust in Grenzen bleibt, werden Sie üben müssen, den Hebel der Spritzpistole unmittelbar nach den Enden einer Spritzbahn loszulassen. Wenn die Pistole sich bei der gegenläufigen Bewegung gerade vor dem Rand des Werkstücks befindet, muß der Hebel wieder angezogen werden. Die ständige Hebelbewegung beugt außerdem einer Ermüdung der Hand vor, weil die Pistole dadurch nicht verkrampft festgehalten wird.

Spritzfolge

Beim Spritzen einer ganzen Karosserie ist eine bestimmte Reihenfolge zu berücksichtigen.

Das ist deshalb wichtig, weil verhindert werden muß, daß der Spritznebel auf bereits gespritzte Teile gelangt.

Dabei spielt die Richtung des Luftstromes in der Spritzkabine eine ausschlaggebende Rolle. Im allgemeinen dürfte der Luftstrom vertikal verlaufen, und es versteht sich, daß der Lackierer dann bei den horizontalen Flächen oben beginnt. Zuerst also das Dach, die Motorhaube und den Kofferraumdeckel, und anschließend die senkrechten Flächen.
Aber auch eine horizontale Luftstromrichtung ist möglich. Die Abb. 10.42 zeigt anhand eines Beispiels, welche Reihenfolge dann einzuhalten ist.

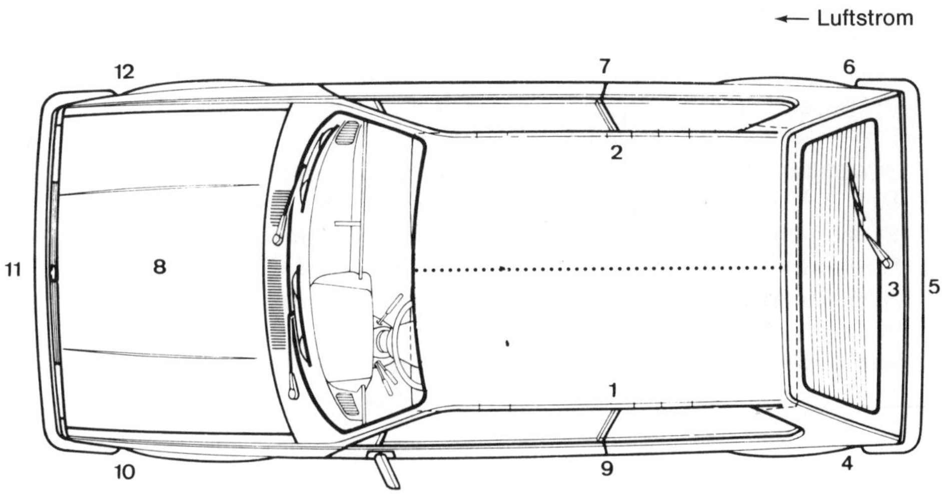

Abb. 10.42: **Spritzfolge**

Reinigen der Spritzpistole

A) Pistolen mit hängendem Becher (Saugsystem)

1. Becher abnehmen, Luftkappe um einige Drehungen lösen und ein Tuch gegen die Luftkappe drücken. Hebel ganz nach hinten bewegen. Die Luft drückt die Farbe durch die Flüssigkeitskanäle in den Becher zurück.
2. Becher entleeren, reinigen und ein wenig Verdünner einfüllen. Auch Saugrohr und Innenseite des Becherdeckels reinigen.
3. Becher erneut befestigen und Verdünner mit kurzen Hebelbewegungen verspritzen. Zwischendurch wird von Zeit zu Zeit ein Lappen gegen die Luftkappe gedrückt, so daß die Farbkanäle der Pistole gründlich durchgespült werden.
4. Luftkappe abnehmen und in Verdünner legen. Luftventil mit Reinigungspinselchen reinigen; eventuell verstopfte Löcher können mit hölzerner Zahnstocherspitze oder Fiberfaser (Besen) aufgestochen werden. Niemals Eisendraht oder Nadeln dazu verwenden, weil dies zu Beschädigungen führen kann!
5. Außenseite der Pistole mit einem in Verdünner getränkten Pinsel reinigen. Mit sauberem Lappen trockenreiben.

Legen Sie die Pistole niemals in ein Gefäß mit Verdünner! Schmutziger Verdünner verunreinigt die Luftkanäle und läßt die Dichtungen austrocknen, was am Luftventil und an der Flüssigkeitsnadel zu Leckstellen führen kann.

B) Pistolen mit aufgesetztem Becher (Fließsystem)

1. Becher entleeren, geringe Menge Verdünner einfüllen.
2. Verdünner mit kurzen Hebelbewegungen verspritzen. Auch hier abwechselnd einen Lappen gegen die Luftkappe drücken, so daß der Verdünner im Becher sprudelt. Dies mit einer geringen Menge neuen Verdünners wiederholen, bis die Pistole innen ganz sauber ist.
3. Die Luftkappe wird abgenommen und mit Verdünner gereinigt.
4. Außenseite der Pistole reinigen, wie vorher beschrieben.

C1) Druckzufuhrpistolen mit Druckbecher an der Pistole

1. Luftzufuhr zur Pistole schließen, Druck vom Becher wegnehmen.
2. Becher entleeren, reinigen und etwas Verdünner einfüllen.
3. Auch Saugrohr und Innenseite des Becherdeckels reinigen.
4. Becher wieder befestigen, Luftzufuhr zur Pistole öffnen und den Verdünner mit kurzen Hebelbewegungen verspritzen.
5. Luftkappe abschrauben und mit Pinsel und Verdünner reinigen. Besondere Aufmerksamkeit verdienen die Luftkanäle zum Becher: diese sind oft durch Farbe verschmutzt.

C2) Druckzufuhrpistolen mit Druckbehälter oder -gefäß

1. Druckminderer am Druckgefäß ganz öffnen und Faß durch Hahn oder Sicherheitsventil ganz entlüften.
2. Deckel lösen. Luftkappe an der Pistole um einige Drehungen lösen und Lappen gegendrücken. Pistolenhebel ziehen, so daß die Farbe aus Pistole und Schläuchen in das Gefäß zurückgedrückt wird. Luftkappe abnehmen und in Verdünner legen.
3. Gefäß, Steigrohr und Innenseite des Deckels gründlich reinigen. Etwas Verdünner einfüllen, Gefäß wieder schließen und wiederum Druck zulassen. Die Luftzufuhr zur Pistole hin kann evtl. geschlossen werden.
4. Gefäß völlig leerspritzen. Vor allem das Luft-Verdünnungsgemisch, das am Ende entsteht, führt zu einer sehr guten Reinigung.
5. Wird die Anlage innerhalb weniger Tage erneut verwendet, dann können die Farbschläuche ohne weiteres mit Verdünner gefüllt bleiben. Bei längeren Zwischenpausen empfiehlt es sich, die Schläuche zu entkuppeln und mit Druckluft trockenzublasen oder so aufzuhängen, daß der restliche Verdünner heraustropft.
6. Zum Reinigen der Schläuche kann man auch spezielle Schlauchreiniger benutzen. Diese blasen ein starkes Luft-/Verdünnungsgemisch durch die Schläuche, so daß die Reinigung nur wenig Zeit kostet.

C3) Druckzufuhrpistolen mit Pumpsystem

1. Luftzufuhr zur Pumpe und Pistole hin abschließen, den Pumpenfuß in eine Dose mit Verdünner stellen.
2. Luftkappe von der Pistole abnehmen und in Verdünner legen. Pistolenhebel ganz spannen. Vorsichtig etwas Luftdruck auf die Pumpe geben, so daß diese zu arbeiten beginnt und die noch im Schlauch vorhandene Farbe in das Gefäß zurückbefördert werden kann.
   Sobald der Verdünner erscheint, diesen in das Gefäß unter der Pumpe zurückspritzen. Eventuell kann der Pistolenhebel in dieser Stellung blockiert werden, so daß der Verdünner weiterhin zirkuliert. Nachdem die ganze Anlage so gründlich gereinigt wurde, wird die Luftzufuhr zur Pumpe abgeschlossen.
3. Hat die Anlage einen Pulsator, Filter o. ä., so werden diese demontiert, gut gereinigt und erneut befestigt.
4. Luftkappe reinigen, Pumpe äußerlich mit Pinsel, Lappen und Verdünner von Farbresten befreien. Besonderer Sorgfalt bedürfen Antriebshebel und Kolbenhebel (Pleuel) zwischen Luftmotor und Farbpumpe. Befindet sich darauf trokkene Farbe, dann können die Dichtungen des Pumpenteils bei erneuter Inbetriebnahme zerstört werden, was Undichtigkeit zur Folge hätte.
5. Bei Zirkulationssystemen muß man beim Durchspritzen mit Verdünner ca. 5 Minuten lang mit geschlossener Pistole weiterspülen. Das Gegendruckventil wird dabei losgedreht. Schließlich ca. 5 Minuten lang mit geöffneter, eventuell blockierter Pistole weiterspülen, während nunmehr das Gegendruckventil auf einen Druck von z. B. 2 bar eingestellt wird.

N.B.: Wenn Sie die Lackart häufig wechseln, dann muß die Pistole auch regelmäßig *innen* gereinigt werden.

10.13 NACHSPRITZEN

Die Farbtöne, die man zum Nachspritzen einer vorhandenen Lackierung mischt, müssen bei hellem Tageslicht zusammengestellt werden. Manche Farben sehen im Kunstlicht nämlich ganz anders aus als bei Tageslicht. Dieser Umstand, »Metamerie« genannt, kann die Suche nach dem richtigen Farbton stark erschweren. Will man dieser Gefahr entgehen, dann besteht die ideale Lösung natürlich darin, die ursprüngliche Farbe zu verwenden. Der Lackierer, der anhand einer Tabelle mit Grundfarbtönen und einer Farbformel selbst die Farben mischt, muß zwei wesentliche Punkte beachten:

1. die Richtigkeit des Farbtons im Augenblick des Mischens, wobei das Altern zu berücksichtigen ist;
2. Wissen um das Produkt, um die richtige Farbe erhalten zu können, wobei Farbveränderungen unter späteren Bedingungen zu berücksichtigen sind.

Unter dem Einfluß atmosphärischer Bedingungen neigen Farben im allgemeinen zum Vergilben. Auch die dunklen Farbtöne entgehen diesem Einfluß nicht, aber das merkt man nicht so leicht.

Man stellt eine Farbe grundsätzlich aufgrund der Originalfarbe an der Innenseite der Türen zusammen, nicht aber nach den Außenfarben; letztere altern nämlich rascher, weil sie ständig dem Sonnenschein ausgesetzt sind. Die Farbe der Motorhaube leidet unter der vom Motor ausgestrahlten Wärme.
Aus alledem ersieht man, daß eine nicht bemerkbare Nachlackierung, die sich im Lauf der Zeit nicht verändern wird, nur schwer zu erreichen ist. Lieber sollte man die ganze Fläche spritzen.

Mischfarben

Weiß	Chromgelb
Schwarz	Lichtgrün
Kastanienbraun	Hellgrün
Permanentrot	Oxydrot
Karmin	Ocker
Orange	Kadmiumrot

Diese Farben können gemischt werden, sie sind im Licht stabil und eignen sich gut zum Suchen und Zusammenstellen von Pastelltönen und metallartigen Farben.
Farbtöne, die nicht gemischt werden dürfen, sind Rubin und Zinnober. Sie dürfen nur beigemischt werden, um intensivere, helle oder dunkelrote Farbtöne hervorzurufen.

Glasurfarben

Gelbgrün	Violett
Dunkelgrün	Hellbraun
Ostralgrün	Dunkelbraun
Hellblau	Goldton
Dunkelblau	

Diese Farben können mit den Opalfarben, Pastellfarben und Metalliktönen gemischt werden, außer bei Rot. Abgesehen von »Goldton« können sie als Untergrund verwendet werden und zugleich als spektroreflektierender Untergrund bei manchen Hochglanzfarben dienen.

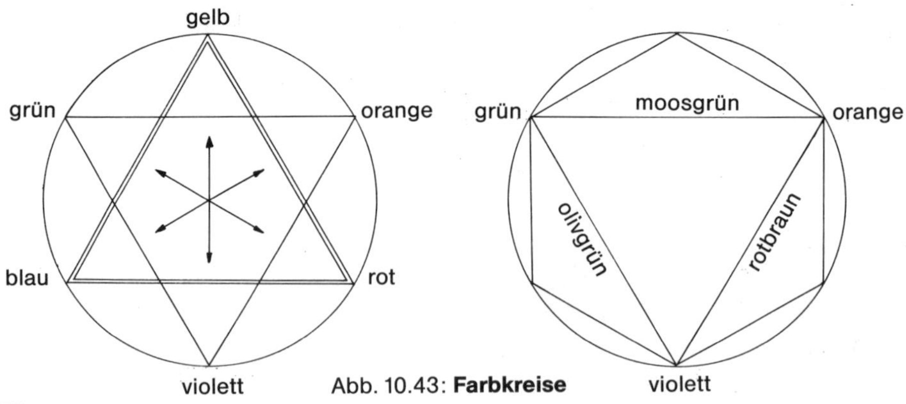

Abb. 10.43: **Farbkreise**

Die Grundtöne sind im allgemeinen aus nur einem Pigment zusammengestellt, und sie werden nur in der Mischformel der herzustellenden Farbe verwendet. Nicht ganz richtig getroffene Farbtöne lassen sich durch die angegebenen Hinzufügungen verbessern:

Farbtöne	**Fehler**	**Zusatz von**
Grau	zu hell	Schwarz
	zu dunkel	Weiß
	zu grün	Weiß und Oxydrot
	zu rot	Mittelgrün
	zu gelb	Weiß und blau
	schmutzfarben	Weiß und Oxydrot
Grün	zu hell	Mittelgrün und blau
	zu dunkel	Weiß und Gelb
	zu rot	Blau und Mittelgelb
	zu gelb	Blau
	schmutzfarben	Gelb und Blau
Blau	zu hell	Blau
	zu dunkel	Weiß und Hellblau
	zu grün	(Kastanien-)Braun
	zu rot	Mittelgrün
	zu gelb	(Kastanien-)Braun
	schmutzfarben	Weiß und (Kastanien-)Braun
Gelb	zu hell	Mittelgelb
	zu dunkel	Weiß
	zu gelb	Weiß
	zu rot	Weiß und Hellgrün
	schmutzfarben	Weiß und Mittelgelb
Orange	zu hell	Kadmiumrot
	zu dunkel	Mittelgelb
	zu grün	Mittelgelb und Kadmiumrot
	zu rot	ein **wenig** Blau
	zu gelb	Kadmiumrot
	schmutzfarben	Mittelrot und Kadmiumrot
Rot	zu hell	Oxydrot
	zu dunkel	Kadmiumrot
	zu gelb	(Kastanien-)Braun hell
	schmutzfarben	(Kastanien-)Braun hell, mit etwas Weiß
Marone (Kastanie)	zu hell	(Kastanien-)Braun dunkel
	zu dunkel	(Kastanien-)Braun hell
	zu gelb	(Kastanien-)Braun dunkel
	schmutzfarben	(Kastanien-)Braun dunkel, mit etwas Weiß

Farbtöne	Fehler	Zusatz von
Braun	zu hell	Schwarz, Orange und Oxydrot
	zu dunkel	Orange und Weiß
	zu grün	Oxydrot
	zu gelb	Oxydrot
	zu rot	Hellgrün
	schmutzfarben	Oxydrot und etwas Weiß
Beige	zu hell	Schwarz und Gelb
	zu dunkel	Weiß
	zu grün	Kadmiumrot
	zu rot	Weiß und etwas Hellgrün
	zu gelb	Weiß und Kadmiumrot
	schmutzfarben	Weiß und Oxydrot
Cremefarbig	zu hell	Mittelgelb
	zu dunkel	Weiß
	zu grün	Kadmiumrot
	zu rot	Mittelgelb
	zu gelb	Weiß
	schmutzfarben	Mittelgelb und Weiß
Elfenbein	zu hell	Mittelgelb
	zu dunkel	Weiß
	zu grün	Orange
	zu rot	Weiß und Hellgrün
	zu gelb	Weiß
	schmutzfarben	Weiß und Mittelgelb

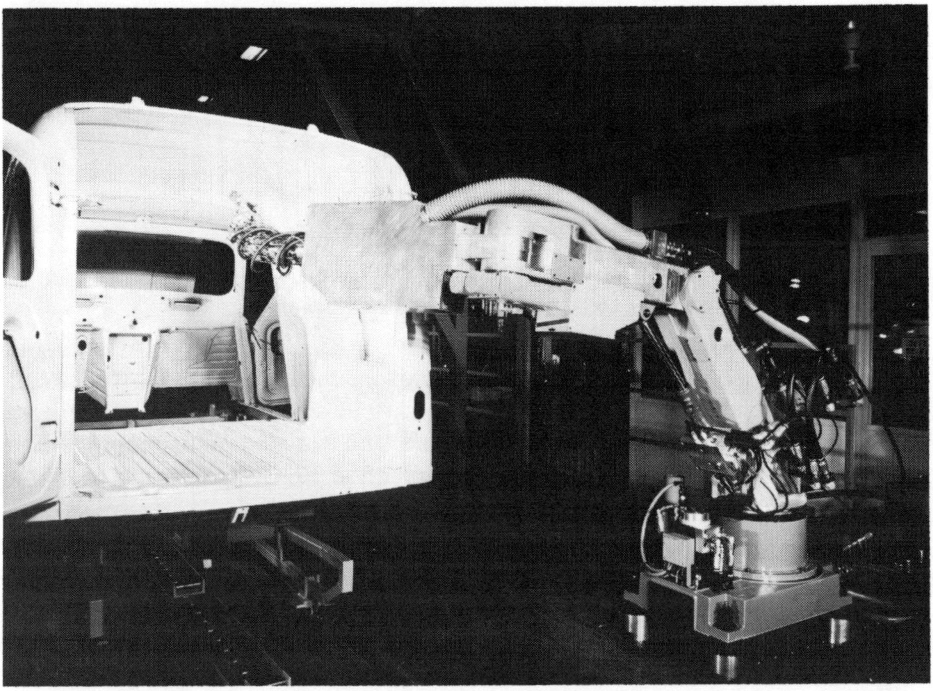

Abb. 10.44: **Hier sehen wir einen Roboter beim Spritzen einer Lieferwagenkarosserie.** Die einmal eingestellten Abläufe werden endlos ohne die geringste Abweichung wiederholt.

11 Kunststoffe im Karosseriebau

11.1 DIE GESCHICHTLICHE ENTWICKLUNG DER KUNSTSTOFFE

Prüfen wir einmal kurz, wieviele Gegenstände aus Kunststoff wir im Alltag benutzen, dann müssen wir wohl schon bald feststellen, daß wir ohne diese Kunststoffe kaum noch auskommen könnten. Nehmen wir nur einmal unsere Kleidung: fast alles, was wir tragen, enthält Kunststoffasern. Und alle die praktischen Artikel im Haushalt mit ihren ansprechenden Farben: ohne Kunststoffe kaum denkbar, zumal viele Kunststoffe gute Isolatoren sind.
Und jetzt stellen wir uns mal ein Automobil ohne Kunststoffe vor. Zündung, Innenverkleidung und Bereifung müßten wir ohne Kunststoffe wohl vergessen! Kurz gesagt: die Kunststoffe sind in unseren Alltag völlig integriert.
Die technische Entwicklung setzte schon vor langer Zeit ein. Die Zufälle, die bei Entdeckungen und Erfindungen eine große Rolle spielen, halfen auch hier. Man suchte einen bestimmten Stoff X und fand zufällig den Stoff Y. Das passierte auch dem deutschen Chemiker Friedrich Wöhler (1800–1882), dem es bei seinen Versuchen gelang, künstlichen Harnstoff darzustellen. Der Harnstoff selbst ist zwar kein Kunststoff, aber er gab dennoch den ersten Anstoß in die Richtung zur Entwicklung der Kunststoffe. Die synthetische Darstellung des Harnstoffs stellte im Grunde die ganze Chemie auf den Kopf, und damit setzte die Entwicklung der organischen, der biologischen Chemie erst richtig ein.
Harnstoff ist nämlich das Produkt eines biologischen Organs, der Niere. Von jenem Augenblick an stand der Entwicklung »künstlicher Stoffe«, die den natürlichen Stoffen gleichwertig sind, nichts mehr im Weg.

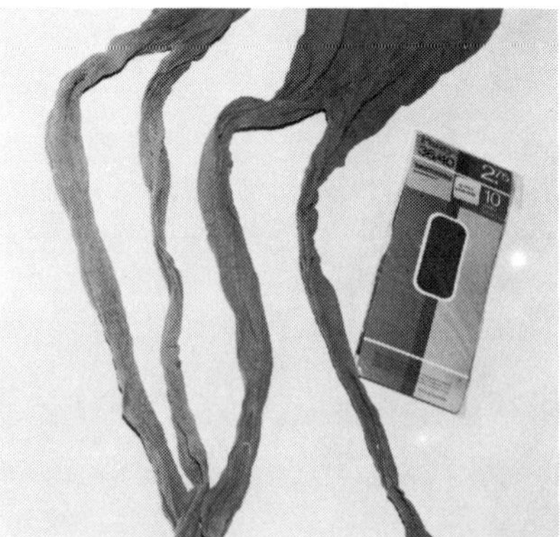

Abb. 11.1: **Dies ist der Kunststoff, der in unserem Alltag wohl den breitesten Raum einnimmt.**

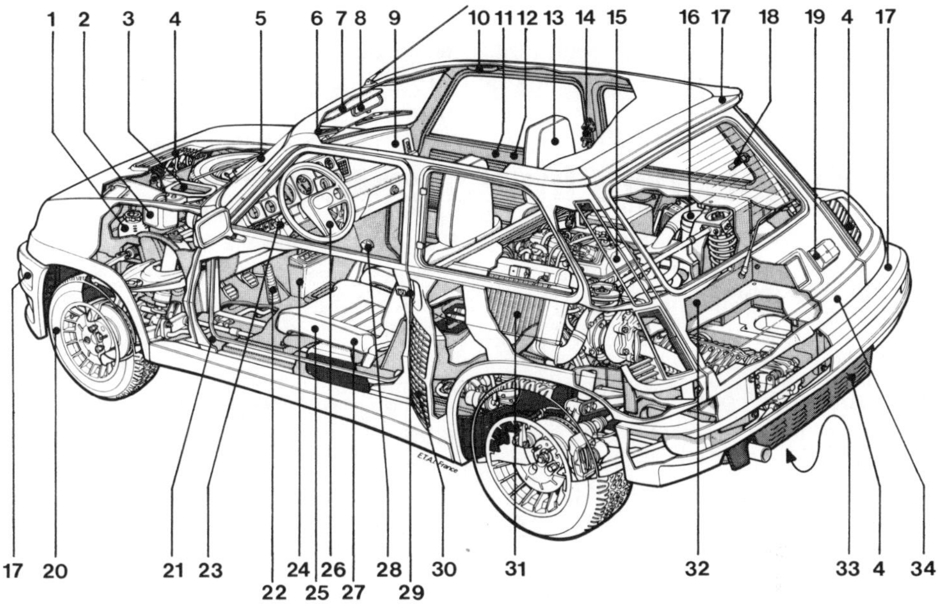

Abb. 11.2: **Eine Reihe von Einzelteilen im modernen Auto, die aus Kunststoff hergestellt sein können.**

1. Ausgleichsbehälter (PE);
2. Flüssigkeitsbehälter für Scheibenwaschanlage, Bremsflüssigkeit, Kupplungsflüssigkeit u. ä. (PE);
3. Gehäuse, Heizung (ABS, POM);
4. Kühlung (PA);
5. Zwischenschichten aus Schichtglas (PVB);
6. Dachhimmelverkleidung (PS, PVC, PUR);
7. Sonnenblenden (PVC, PUR, PA);
8. Innenspiegel (PC) und Spiegelgehäuse (PPO, PA);
9. Instrumententräger, Handschuhfach und Ablagefächer (PPO, PP, ABS, PUR);
10. Handgriffe (PVC, PUR);
11. Türverkleidungen (PS, PUR, PVC, PE);
12. Türhebel und Griffe (PE, PA); Armstützen (PUR, ABS, PVC);
13. Kopfstützen (ABS, PUR, PVC);
14. Sicherheitsgurte (PA);
15. Motor: Verteilerkappen, Zündkerzenstecker, Zündspulengehäuse, Zahnräder (PF), Lager (PA), (PP, PA), Kühlerventilator, Benzinleitungen (PA);
16. Luftfiltergehäuse (PP, PA);
17. Zierstreifen, Stoßstange (PUR, PC, PA);
18. Fensteraussteller (PA, PE);
19. Gehäuse für Leuchten (PA), Kabelisolierung (PVC), Leuchtenglas (PMMA);
20. Reifen (UP, PA, CA);
21. Bodenbelag (PA, PVC, schall- und wärmeisolierendes Material (PUR);
22. Pedale (PP);
23. Schalter (PF, NDPE);
24. Gehäuse für Zubehör (ABS);
25. Knöpfe und Hebel zur Sitzverstellung (PA, PE);
26. Lenkrad (CA);
27. Sitzbezüge (PVC, PUR);
28. Schalthebelknopf (CA);
29. Türverriegelung, Scharniere, Schloßmechanismus (PA);
30. Roste und Leitbleche (PA, ABS);
31. Kühler-Blöcke und -Gehäuse (PA);
32. Schallisolierung (PUR);
33. Benzintank (PA);
34. Motorhauben (UP, PUR) und Kofferraumdeckel (UP, PUR).

Auf dem Weltmarkt bestand in der zweiten Hälfte des vorigen Jahrhunderts eine große Nachfrage nach Elfenbein. Logischerweise bedeutete dies eine enorme Preissteigerung für das Material aus den Stoßzähnen der Elefanten.
Man stellte einen Preis für denjenigen in Aussicht, dem es gelingen würde, einen brauchbaren Ersatzstoff für Elfenbein zu finden. John Wesley Hyatt gelang es schließlich, aus Nitrozellulose das sogen. Zelluloid herzustellen.
Als Folge dieser Entwicklung wurde die Kunstseide als Gegenstück zur Naturseide entwickelt. So wurden im Jahre 1900 auf der Weltausstellung in Paris erstmals Garne und Gewebe aus Viskosekunstseide gezeigt.
Das nächste künstlich erzeugte Produkt war Kunsthorn.
Durch Imitation der Naturprodukte entstanden also die Kunstprodukte oder Kunststoffe.
In wissenschaftlich theoretischer Hinsicht befaßte sich Professor Hermann Staudinger mit den Kunststoffen; er veröffentlichte 1925 die ersten Resultate seiner Forschungen auf dem Gebiet der Kunststoffmoleküle, der sogen. Makromoleküle. Diese Publikationen bildeten den fundamentalen Anfang der Entwicklung von synthetischen Fasern. Und anschließend setzte eine stürmische Entwicklung der Kunststoffe ein:
- 1930 die Entwicklung von Polyester durch Carothers;
- 1935 die Entwicklung von Nylon durch Du Pont;
- 1940 kommen die ersten Nylonstrümpfe in den USA auf den Markt.

Ab etwa 1950 stieg die Weltproduktion von Kunststoffen stark an, und man organisierte Kongresse, auf denen das Wissen ausgetauscht wurde.

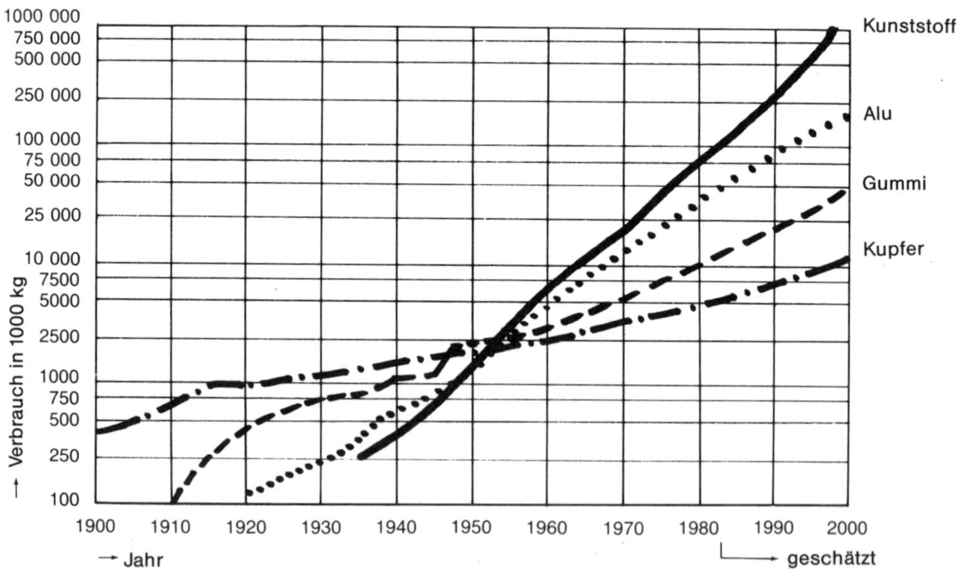

Abb. 11.3: **Statistik der Weltproduktion von verschiedenen Grundstoffen**

Es lag nahe, daß die Forscher zunächst einmal versuchten, Kunststoffe herzustellen, indem sie Naturprodukte, wie Milch, Zellulose und Gummi, als Ausgangsstoffe benutzten.
Das nächste Stadium war der Übergang zur Produktion von Kunststoffen auf synthetischem Wege.
Als Grundstoffe für Kunststoffe fand man:

- Steinkohleprodukte
- Azetylen
- Erdölprodukte
- Erdgas
- Siliziumverbindungen.

Die erstgenannten vier Produkte bauen sich aus Kohlenstoff und Wasserstoffverbindungen auf: denselben Stoffen, die auch die Hauptbestandteile der Kunststoffe bilden. Bei den Silikonkunststoffen bildet Silizium den Grundstoff. Silizium hat viele Eigenschaften, die denen des Kohlenstoffs gleichen, und es steht in Steinen und Sand unbeschränkt zur Verfügung.
Kunststoffe werden auch häufig als »Plastikmaterial« bezeichnet, weil sie in einem bestimmten Stadium der Formung »plastisch« oder flüssig sind.
Die Ursache der rapiden Entwicklung lag auch in den Vorteilen, die Kunststoffe gegenüber den konventionellen Werkstoffen haben:

- sie sind leicht;
- sie sind Belastungen vieler Art gegenüber beständig;
- sie sind vielen Chemikalien gegenüber beständig;
- sie haben einen hohen elektrischen Widerstandswert;
- sie sind gute Wärme-Isolatoren;
- sie sind leicht formbar;
- sie sehen gut aus.

Natürlich gibt es auch Nachteile:

- sie sind hohen Temperaturen gegenüber nicht beständig;
- sie sind nicht so stark, wie bestimmte Metalle;
- ihr Dehnungskoeffizient ist hoch;
- manche sind brennbar;
- sie können unter dem Einfluß von Chemikalien quellen;
- unter Zugbelastung dehnen sie sich.

Natürlich müssen wir Vor- und Nachteile gegeneinander abwägen. Durch bestimmte Zusätze läßt sich zum Beispiel die Feuergefährlichkeit verringern; der betreffende Kunststoff brennt dann nicht mehr. Und das hübsche Aussehen ist schließlich auch eine sehr subjektive Sache; was für den einen »schön« ist, bezeichnet ein anderer als »kitschig«. Je nach Anwendung betrachtet man Kunststoffe im allgemeinen als schlechte Imitationen von Naturprodukten.

11.2 DIE CHEMIE ALS GRUNDWISSENSCHAFT

Organische und anorganische Chemie

Bei allen Wissenschaften kommt es darauf an, die erhaltenen Informationen systematisch zu ordnen. So teilt man die Chemie ein in die organische und die anorganische Chemie. Zur organischen Chemie zählt alles, was mit Kohlenstoffverbindungen zu tun hat, der Rest fällt in den Bereich der anorganischen Chemie. Die »toten« Stoffe, wie Eisen, Stickstoff, Kalk und Steine, zählen also zum anorganischen Bereich.

Ganz früher war die organische Chemie für den Wissenschaftler sogar verboten, denn man fürchtete übernatürliche Strafen, wenn der Mensch versuchte, die Stoffe des Lebens künstlich zu erzeugen.

Den Kohlenstoff erhalten wir aus lebendigen oder abgestorbenen Organismen; dazu gehört das Erdöl und auch Kohle, die man aus den Bergwerken herausholt.

Der Aufbau der Materie

Die kleinsten Teilchen, die Elemente, sind die Atome. Diese können sich wiederum zu Molekülen verbinden. So besteht das Wasserstoffmolekül aus zwei Wasserstoffatomen (H) und einem Sauerstoffatom (O). Zwei Wasserstoffmoleküle verbinden sich mit einem Sauerstoffmolekül zu Wasser (H_2O).

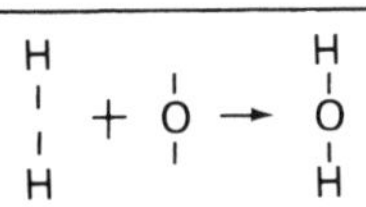

Wasserstoff + Sauerstoff → Wasser)

Die Grundstoffe der Elemente haben chemische Symbole. Sie haben außerdem eine Wertigkeit, die man zeichnerisch als »Ärmchen« darstellt. Wie die Zeichnung hier andeutet, hat Wasserstoff nur einen »Arm« (er ist einwertig), während der Sauerstoff zwei »Arme« hat (also zweiwertig ist). Damit kann das Sauerstoffatom zwei Wasserstoffatome an sich binden. Die nachfolgende Tabelle zeigt die Symbole zusammen mit der Wertigkeit der Elemente, die für Kunststoffe besonders wichtig sind.

Element	Symbol	Strukturformel	Wertigkeit
Wasserstoff	H	H–	1
Sauerstoff	O	–O–	2
Kohlenstoff	C	–C– (mit je einem Arm oben und unten)	4
Chlor	Cl	Cl–	1, 2, 3, 4, 5, 6, 7
Silizium	Si	–Si– (mit je einem Arm oben und unten)	4

Die Bildung großer Moleküle

Durch ihre freien »Arme«, ihre Wertigkeit, können die Atome sich zu Molekülen verbinden.
Hier folgen einige Beispiele zur Molekülbildung:

2 Atome Wasserstoff + 1 Atom Sauerstoff bilden 1 Wassermolekül (H_2O)

Na– + -Cl ⇒ Na-Cl

1 Atom Natrium + 1 Atom Chlor bilden 1 Molekül Kochsalz (NaCl)

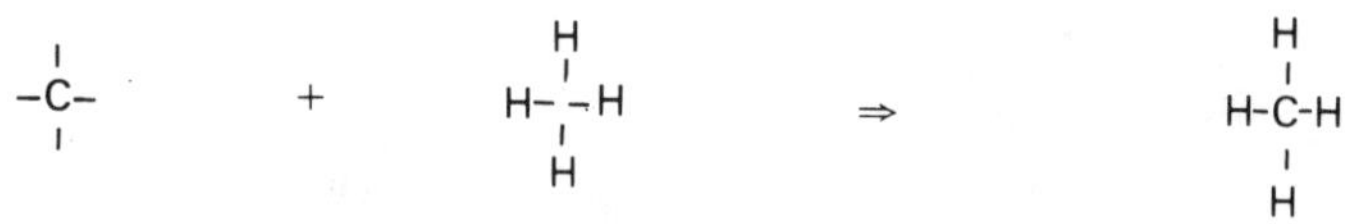

1 Atom Kohlenstoff + 4 Atome Wasserstoff bilden 1 Methanmolekül (CH_4)

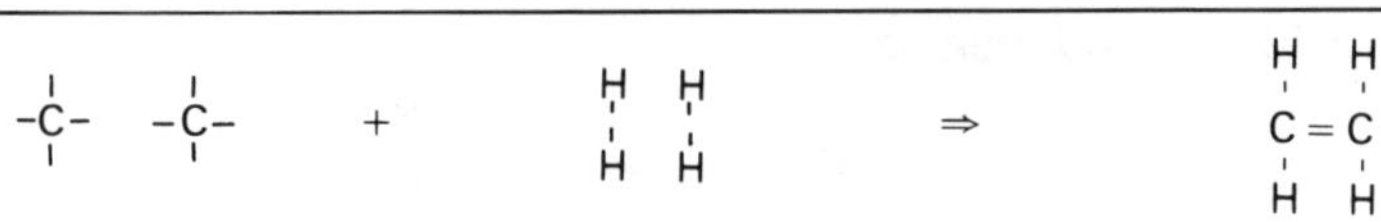

2 Atome Kohlenstoff + 4 Atome Wasserstoff bilden 1 Molekül Äthylen (C_2H_4)

-C≡ ≡C- + H- -H ⇒ H-C≡C-H

2 Atome Kohlenstoff + 2 Atome Wasserstoff bilden 1 Molekül Acetylen (C_2H_2)

So sehen also die folgenden Moleküle als chemische Formeln aus: Wasser = H_2O, Kochsalz = NaCl, Methan oder Erdgas = CH_4, Äthylen = C_2H_4 und Acetylen = C_2H_2.
In den Beispielen können wir sehen, daß:

- der Kohlenstoff im Methan eine *einfache Bindung* eingeht;
- der Kohlenstoff im Äthylen eine *zweifache Bindung* eingeht;
- der Kohlenstoff im Acetylen eine *dreifache Bindung* eingeht.

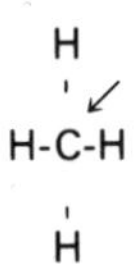

einfache Bindung

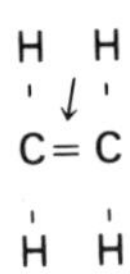

zweifache Bindung

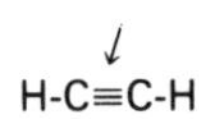

dreifache Bindung

Wir könnten nun zur Annahme neigen, daß die mehrfachen Bindungen stärker sind als die einfachen. Das ist aber nicht der Fall, weil die mehrfache Bindung eine Art »übertriebener« Bindung ist. Man könnte sagen, daß der eine Verbindungsarm glaubt, daß der andere alles festhält.
Jedenfalls sind die mehrfachen Bindungen unstabiler und relativ leicht lösbar. Die Eigenschaft, derzufolge die Doppelbindung aufbricht und dadurch »Arme« freibekommt, um andere Atome oder Atomgruppen zu binden, ist für die Kohlenstoffchemie, also auch für die Kunststoffe, besonders wichtig.
Durch dieses Aufbrechen und Aneinanderreihen von Molekülgruppen entstehen große, langgedehnte Moleküle: die Makromoleküle.

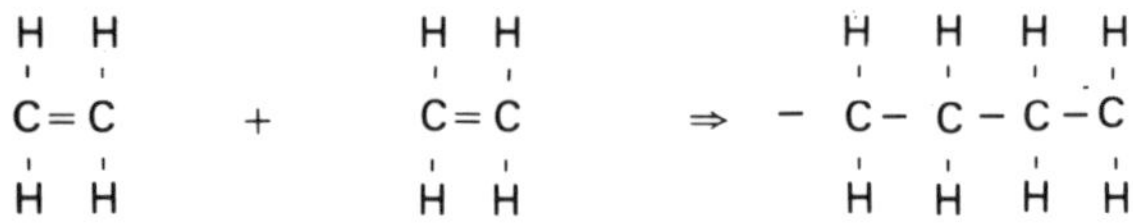

1 Molekül Äthylen + 1 Molekül Äthylen ⇒ 1 Molekül Polyäthylen

(monomer) + (monomer) ⇒ (polymer)

Polymerisation und Polykondensation
Die chemischen Prozesse, bei denen die Kunststoffe gebildet werden, lassen sich unterteilen in Polymerisation und Polykondensation.
Falls die mehrfache Bindung des Grundstoffes (z. B. Polyäthylen) aufgebrochen wird und durch Verbindung mit anderen aufgebrochenen Molekülen lange, sehr große Verbindungen entstehen, dann spricht man von *Polymerisation.* Der Basisstoff ist das Monomer; den so entstandenen Stoff bezeichnet man als Polymer.

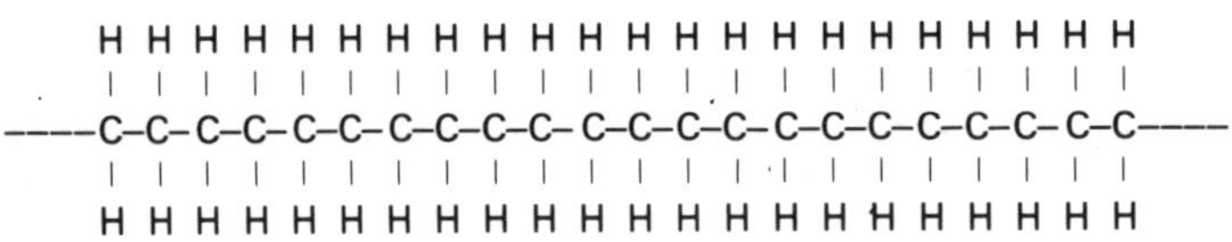

Das aus Äthylen gebildete Polymer heißt Polyäthylen.
In den Strukturformeln werden die H's oftmals weggelassen; an jedem Strich muß man sich ein H-Atom denken.

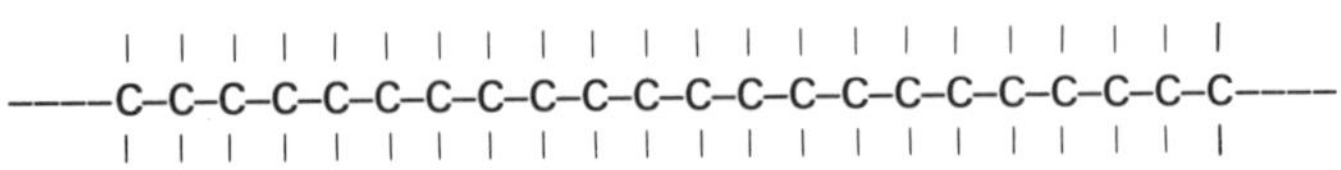

Erhält man bei der Kunststoffherstellung Kondensationsprodukte, wie Wasser, dann spricht man von *Polykondensation.*

Ein bekannter Kunststoff, der durch Polykondensation entsteht, ist Phenolformaldehyd oder Bakelit. Man beachte hier die Bildung von Wasser (H-O-H).

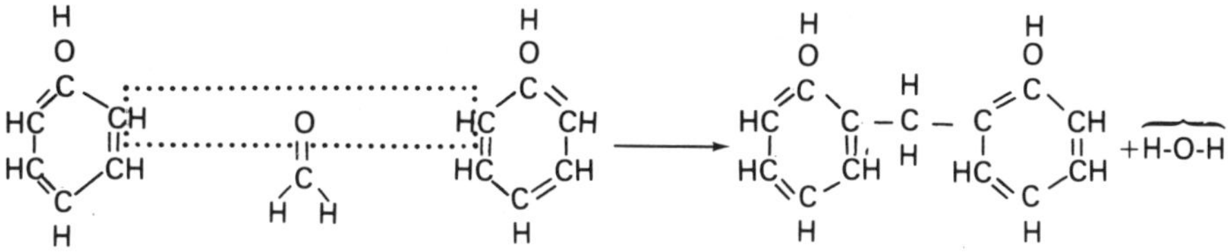

Phenol + Formaldehyd + Phenol → Phenolformaldehyd + Wasser

11.3 ALLGEMEINE EINTEILUNG DER KUNSTSTOFFE

Die Bezeichnung der Kunststoffe

Bei der Bildung der Makromoleküle werden viele spezielle Atome oder Atomgruppen in das Molekül aufgenommen. Um anzudeuten, was in einem solchen Makromolekül nun alles enthalten ist, muß man also diese Atome oder Atomgruppen angeben. Das macht die Namen verhältnismäßig kompliziert.
So kann ein bestimmtes Makromolekül Vinylgruppen und Chlormoleküle enthalten. Die Bezeichnung lautet dann Polyvinylchlorid (PVC).
Neben diesen genormten Abkürzungen gibt es auch Handelsbezeichnungen, von denen einige sehr bekannt sind (Nylon, Rayon, Viscose und Teflon).

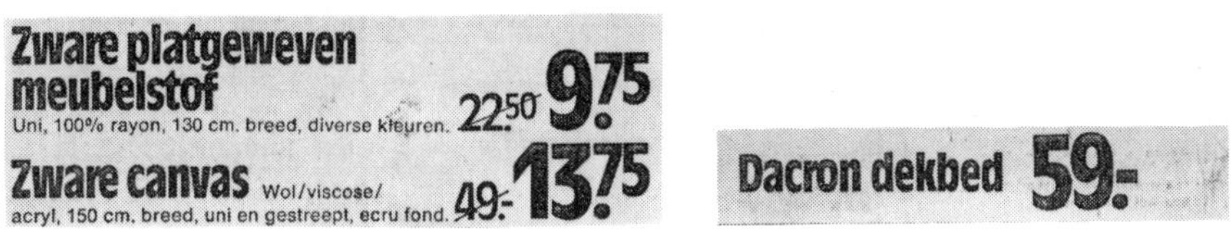

Abb. 11.4: **Beispiele von Kunststoffen aus unserem Alltag**

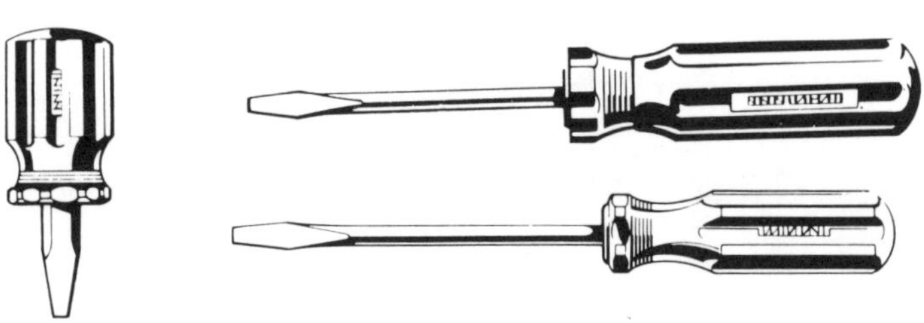

Abb. 11.5: **Ein Kunststoff, den Sie wohl regelmäßig in der Hand halten, ist Äthylcellulose. Daraus fertigt man Handgriffe für vielerlei Werkzeuge. Sie erkennen diesen Kunststoff daran, daß er glänzt und durchsichtig ist.**

Die Duroplaste und die Thermoplaste

Bestimmte Kunststoffe sind gegenüber hohen Temperaturen sehr beständig. Im allgemeinen ist das bei Kunststoffen oberhalb 100° C. Diese Kunststoffe bleiben also bei hohen Temperaturen hart: man nennt sie Duroplaste. Das bereits erwähnte Bakelit ist solch ein Duroplast.

Andere Kunststoffe werden bei hoher Temperatur weich, knetbar oder flüssig. Man bezeichnet sie als Thermoplaste; sie können bis zu 80° C eingesetzt werden. Polyäthylen ist solch ein Thermoplast.

Unterteilung in Hauptgruppen

A) Die halbsynthetischen Thermoplaste

Bei den halbsynthetischen Kunststoffen ist der Ausgangsgrundstoff ein Naturprodukt, z. B. Milch oder Holz.

Norm-Abkürzung	Art	Hauptgruppe
CN	Cellulosenitrat	
CA	Celluloseacetat	
CB	Cellulosebutyrat	Cellulosederivate
CAB	Celluloseacetobutyrat	
EC	Äthylcellulose	

B) Die synthetischen Thermoplaste

Bei Ihnen wird der Stoff völlig künstlich gebildet. Es gibt verschiedene Hauptgruppen.

Norm-Abkürzung	Art	Hauptgruppe
PE	Polyäthelen	
PP	Polypropylen	Polyolefine
PVC	Polyvinylchlorid	
PVDF	Polyvinylidenfluorid	
PTFE	Polytetrafluoräthylen	
PCTFE	Polytrifluormonochloräthylen	Polyvinylderivate
PS	Polystyrol	
PMMA	Polymethylmethakrylat	
PVAC	Polyvinylacetat	
PA 6	Nylon 6	
PA 6.6	Nylon 6.6	Polyamide
PA 6.10	Nylon 6.10	
PA 11	Nylon 11	
PC	Polycarbonat	Polycarbonate
–	gesättigte Polyester	gesättigte Polyester
POM	Polyoxymethylen	
PPO	Polyphenylenoxyd	Polyäther

C) Die halbsynthetischen Duroplaste

	Art	Gruppe
	Kaseinformaldehyd	Kaseinharze

D. Die synthetischen Duroplaste

Norm-Abkürzung	Art	Hauptgruppe
PF	Phenolformaldehyd	Phenoplaste
UF	Ureumformaldehyd	
MF	Melaminformaldehyd	Aminoplaste
PUR	Polyurethan	Polyurethan
	Alkyd	Alkydharze
EP	Epoxid	Epoxidharz
UP	Ungesättigtes Polyester	Ungesättigtes Polyesterharz
Si	Silikone	Silikonharz

Zuweilen ist das Erkennen des Kunststoffs schwierig, weil man sich nicht immer der genormten Bezeichnungen bedient. Oftmals verwendet man statt deren Handelsbezeichnungen. Da aber auch mehrere Hersteller den gleichen Kunststoff produzieren können, gibt es dann mehrere verschiedene Bezeichnungen für den gleichen Kunststoff.

Norm-Abkürzung	Vollständige Bezeichnung	Markennamen
ABS	Akrylnitril-Butadienstyrol	Cycolac, Novodur, Terluran
PMMA	Polymethylmethakrylat	Vedril, Perspex, Plexiglas
PETP	Polyäthylenterephtalat	Arnit, Hostadur, Ultradur
CAB	Cellulose-Aceto-Butyrat	Cabulit, Uvex
PVC	Polyvinylchlorid (verstärkt)	Duraform
HAPA*	Phenol-Formaldehyd m. Papier*	Pertinax, Tufnol, Turbonit
HAWE*	Phenol-Formaldehyd m. Gewebe*	Celeron, Novotext, Tufnol
PC	Polycarbonat	Lexan, Makrolon
PA	Polyamid	Nylon, Zytel, Akulon, Rilsan
POM	Polyoxymethylen	Delrin, Hostform, Ultraform
NDPE	Niederdruck-Polyäthylen	Hostalen, Stamylan, Supralen
HMPE*	Hochmolekulares Polyäthylen	Hostalen GHR, Ladulen, Lupolen 5261Z
HDPE	Hochdruck-Polyäthylen	Lupolen, Stamylan

* Keine Norm

Norm-Abkürzung	Art	Hauptgruppe
PP	Polypropylen	Moplen, Hostalen PP
PS	Polystyrol	Polystyrol, Styren
PVC-C	Polyvinylchlorid nachgechlort	Solvitherm
PVC	Polyvinylchlorid	Dekadur, Hostalit,
PVC	Polyvinylchlorid (mit Mipolan Weichmacher)	Trovidur, Hostalit Z
PTFE	Polytetrafluoräthylen	Fluon, Teflon, Hostaflon
PVDF	Polyvinylidenfluorid	Foraflon, Solef

11.4 FORMGEBUNG VON KUNSTSTOFFEN

Die Formgebung thermoplastischer Kunststoffe

Extrudieren
Der Kunststoff wird dabei in Granulat- oder Kornform in einen Trichter gebracht und anschließend in eine Laufschnecke geführt.
Durch die Bewegung der Schnecke und durch Wärmezufuhr wird der Kunststoff verflüssigt, woraufhin er durch eine Düse gedrückt wird. Je nach Form des Spritzkopfes entsteht das Durchschnittsprofil des Materials. Beispiele sind hier Stangen, Profile, Rohre, Platten und Kabelummantelung.

Spritzguß
Der Kunststoff wird als Granulat in einen Trichter gebracht. Eine Förderschnecke transportiert den Kunststoff und preßt ihn zusammen.
Die Heizelemente sorgen für einen verformbaren Zustand, woraufhin der flüssige Kunststoff durch die Düse in die Matrize gepreßt wird.
In der Matrize bekommt der Kunststoff seine Form, die nach dem Abkühlen endgültig wird. Das Spritzgußverfahren wird sehr häufig angewandt.

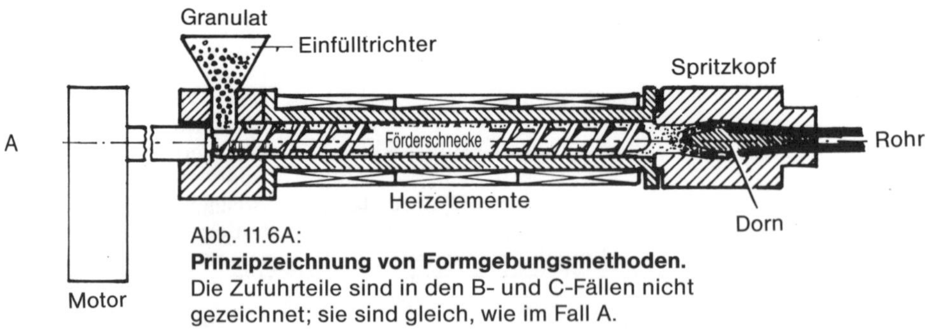

Abb. 11.6A:
Prinzipzeichnung von Formgebungsmethoden.
Die Zufuhrteile sind in den B- und C-Fällen nicht gezeichnet; sie sind gleich, wie im Fall A.

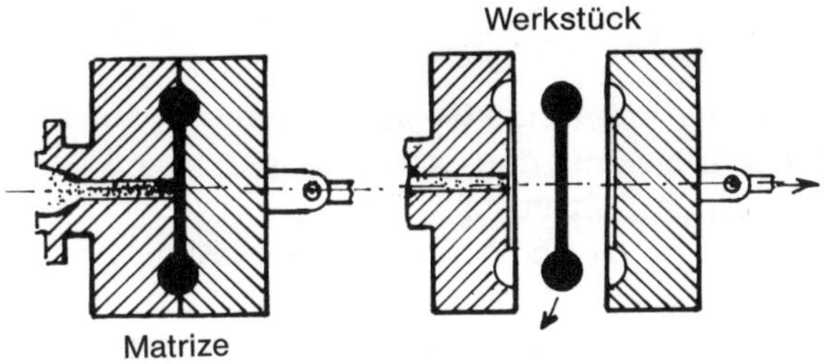

Abb. 11.6B: **Spritzguß**

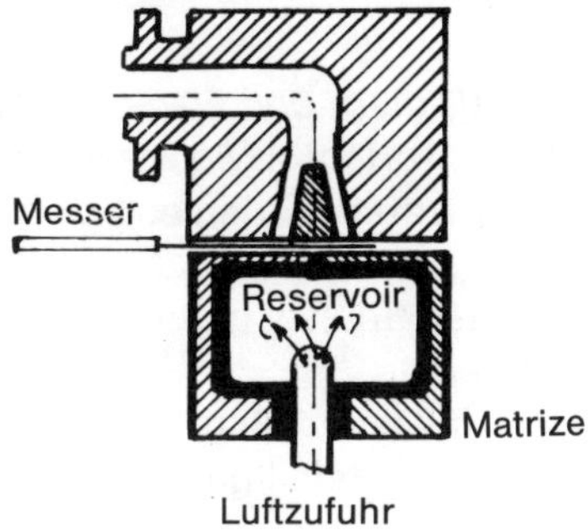

Abb. 11.6C: **Blasformen**

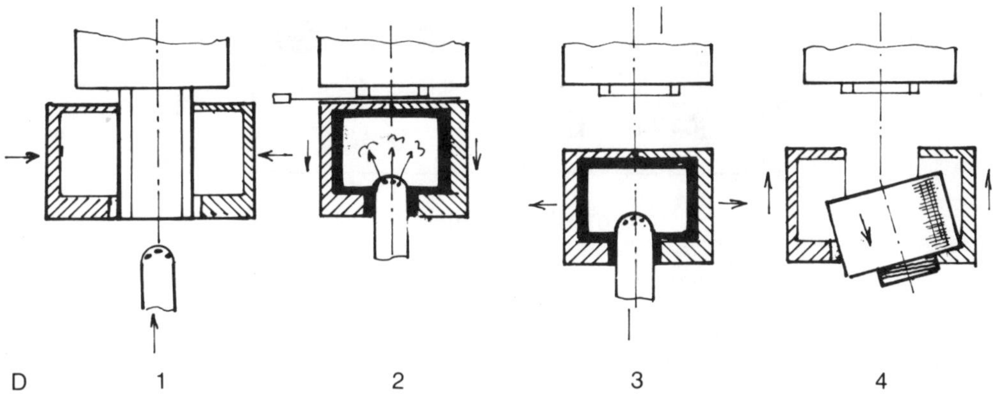

Abb. 11.6D: **Vier Stufen beim Blasformen**
1. hier wird das Rohr gespritzt;
2. die Luftzufuhr erfolgt;
3. die Matrizenhälften gehen auseinander;
4. Gegenstand fertig.

Blasformen

Das Blasformen erfolgt nach dem gleichen Prinzip, wie das Spritzgießen. Der Unterschied zum Spritzgießen besteht darin, daß das Spritzteil so konstruiert ist, daß ein Rohr gebildet wird. Dieses Rohr wird an den Matrizenflächen mit Hilfe eingelassener Luft und des dadurch entstandenen Drucks ausgeblasen. Ein typisches Blasprodukt ist ein Behälter (Flasche).

Schleuderguß

Eine genau bestimmte Kunststoffmenge wird in ein schnell rotierendes Rohr gebracht. Durch Erwärmung dieses Rohres wird das Granulat geschmolzen, wonach der Kunststoff unter ständigem Rotieren abkühlt. Auf diese Weise werden Lagerbuchsen hergestellt.

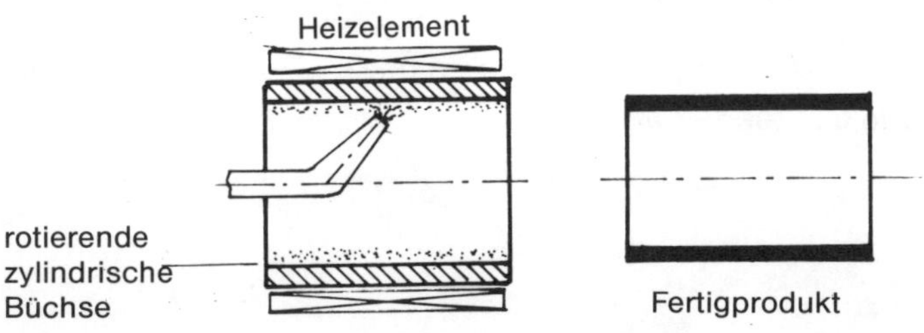

Abb. 11.7: **Schleuderguß**

Wirbelsintern und Flammspritzen

Dieses Verfahren wendet man an, wenn ein metallener Gegenstand mit Kunststoff beschichtet werden soll. Das Metall wird bis über den Schmelzpunkt des Kunststoffs erwärmt und anschließend in einen Behälter mit feinem, schwebendem Kunststoffpulver gehalten. Auf dem Metall setzt sich dann eine dünne Kunststoffschicht ab.

Beim Flammgießen wird das mit Luft gemischte Kunststoffpulver gegen das erwärmte Metall gespritzt.

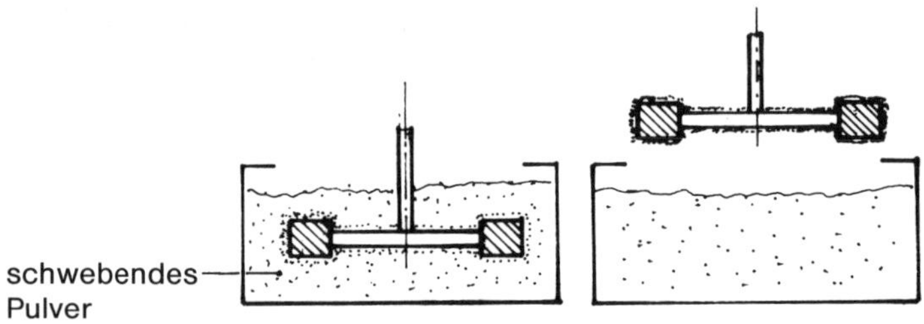

Abb. 11.8: **Wirbelsintern**

Schäumen

Beim Schäumen nutzt man den Umstand, daß bestimmte Stoffe bei Zimmertemperatur flüssig oder fest, aber bei der Schmelztemperatur von Kunststoff gasförmig sind.

Falls so ein Stoff mit Kunststoff vermischt ist und dieser Kunststoff erhitzt wird, dann werden die dabei entstehenden Gasbläschen für das Aufschäumen sorgen. Auch andere Schäumtechniken gibt es, wie das Aufklopfen oder Einführen von Luftinjektionen.

Pastenguß

Wenn man z. B. PVC mit einem Weichmacher mischt, dann entsteht eine zähe Paste. Wird diese Paste erhitzt, dann verflüssigt sie sich verhältnismäßig schnell. Streicht man diese Paste nun z. B. über eine Textilschicht, dann entsteht das bekannte Kunstleder (Skai). Man bezeichnet dieses Verfahren als SMC-Verfahren (Slush Moulding Compound).

Vakuumtiefziehen

Eine Kunststoffplatte wird auf eine Matrize gelegt. Durch Erwärmen wird die Platte weich und sinkt teilweise in die Matrize ein.

Wenn nun unterhalb der Platte in der Matrize ein Unterdruck entsteht, dann wird die Platte die Form der Matrize annehmen. Dieses Verfahren wendet man auch bei der Herstellung von Autokarosserien an.

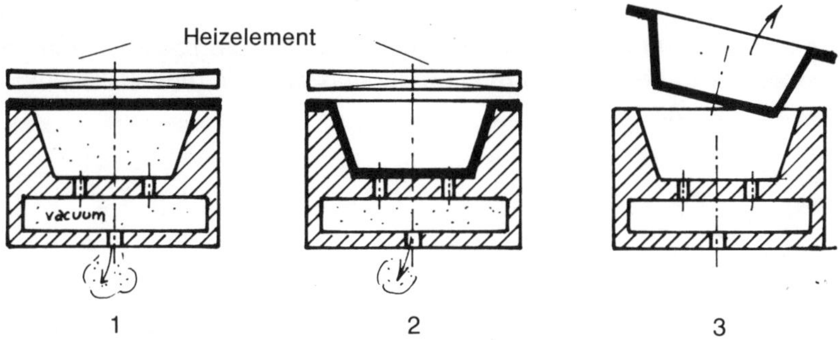

Abb. 11.9: **Vakuum-Tiefziehen.**
1. die Kunststoffplatte wird auf die Form gelegt und erwärmt;
2. durch Saugen schmiegt die Platte sich an die Form an;
3. das Werkstück ist fertig.

Blasen und Drücken

Beim Vakuumtiefziehverfahren entsteht die Formung durch einen Unterdruck unterhalb der Platte. Wirkt dagegen oberhalb der Platte ein Überdruck, dann nennt man dies Blasen. Erhält die Platte ihre Form durch einen Stempel, dann spricht man von Drücken.

Die Formgebung von Duroplasten

Pressen

Eine bestimmte Menge von Preßpulver mit Härter wird in eine erwärmte Matrizenhälfte gebracht und mit der anderen Hälfte zusammengedrückt. Unter dem Einfluß von Temperatur und Druck schmilzt das Pulver und die definitive Form entsteht.

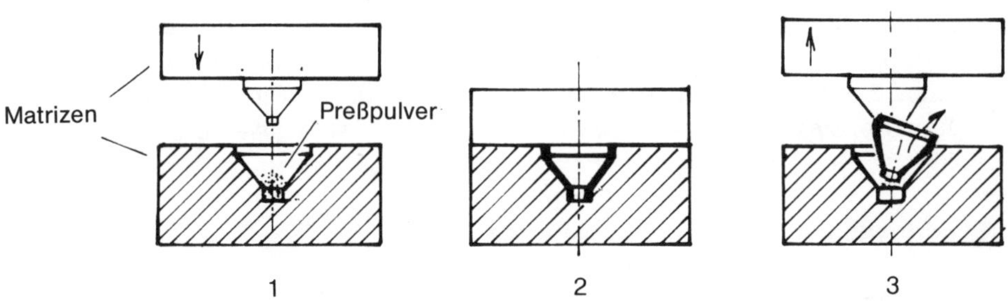

Abb. 11.10: **Pressen**

1. Preßpulver kommt in die Form und wird erwärmt;
2. Matrize zusammendrücken;
3. das Werkstück ist fertig.

Spritzguß

Das Spritzgießen von Duroplasten ist im Grunde dem Spritzgießen von Thermoplasten gleich. Das Verfahren wird in der technischen Literatur als RIM (Reaction Injection Moulding) bezeichnet.

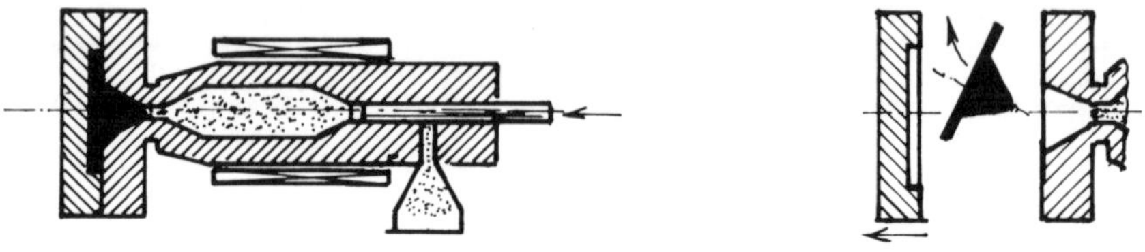

Abb. 11.11: **Spritzguß**

Laminieren

Beim Laminieren werden Platten aus Duroplast mit Papier, Textil oder Glasfasergewebe als Füllstoff zusammengepreßt. Bekannt sind die sogen. Pertinax-Platten, die sich aus Papier und Phenolformaldehyd (PF) zusammensetzen. Auch die Formica-Tischplatte setzt sich so zusammen (Aluminium mit Melaminformaldehyd).

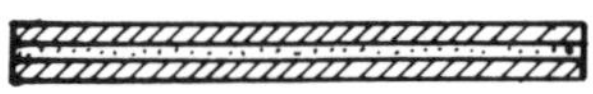

Abb. 11.12: **Laminieren**

Gießen und Schäumen

Wenn man ein flüssiges Polymer mit einem flüssigen Härter mischt, dann kommt es zu einer Reaktion, bei der das Material hart wird. Damit die Reaktion auch bei Zimmertemperatur erfolgt, muß man einen Beschleuniger verwenden. Gießt man die gemischte flüssige Masse in eine Form, so erhält man das gewünschte Produkt. Entstehen während des Härtens Gasblasen (durch eine chemische Reaktion oder durch Siedevorgänge), dann bildet sich ein Schaum. Der bekannte PUR-Schaum wird z. B. so aus den Komponenten Iso-Cyanat und Polyol gebildet.
Falls der Schaum Wasser absorbieren kann, sprechen wir von einer offenen Struktur. Bei eingeschlossenen Bläschen handelt es sich um eine geschlossene Struktur.

Die Formgebung bewehrter Kunststoffe

Die Glasfaserverstärkung

Die Glasfasern haben im Zusammenhang mit Kunststoffen sehr gute Festigkeitseigenschaften. Vor allem das Abkühltempo spielt eine große Rolle. Die gesponnenen Drähte sind wenigstens ebenso stark wie Eisendrähte. Bei scharfem Knicken bricht das Material aber.

Nachdem die Glasfaser gesponnen wurde, können Bewehrungen verschiedener Arten gemacht werden:

- Roving
- Fasermatte
- Oberflächenmatte
- Gewebe.

Als Roving bezeichnet man das Zusammenfügen einer Anzahl von Fäden zu einem dicken Strang (wie eine Schnur). Die Glasfasermatte enthält eine große Anzahl kurzgehackter Fasern von gleicher Länge, die durch ein Bindemittel zusammengehalten werden.
Bei der Oberflächenmatte sind die Fasern nicht kurzgehackt. Sie wird häufig verwendet. Die Glasgewebematte ist stärker, aber durch das Weben ist sie auch teurer. Weitere häufig verwendete Bezeichnungen für glasfaserverstärkte Kunststoffe sind:
GFK (Glasfaserverstärkter Kunststoff);
GRP (Glass Reinforced Plastic).

Die Kohlenstoffaserverstärkung
Entwicklungen in der Raumfahrt haben zur Verwendung von Kohlenstoff- oder Graphitfasern als Bewehrungsmaterial geführt. Stärke und Zähigkeit dieser Fasern sind ungefähr gleich der der Glasfasern. Der große Vorteil besteht aber darin, daß die Kohlenstoffaser viel steifer ist. Da bestimmte, vor allem tragende, Konstruktionen sehr steif sein müssen, wird die Kohlenstoffaser hier noch ein weites Anwendungsfeld finden.
Allerdings ist sie um ein Vielfaches teurer als die Glasfaser. Ford fertigte 1977 ein Auto für sechs Personen mit Kohlenstoffaserverstärkung. Die Gewichtseinsparung im Verhältnis zum konventionellen Auto aus Metall betrug 33%.

Formgebung nach der Handaufbaumethode
Dieses Verfahren läßt sich relativ leicht anwenden. Damit man eine gute Oberflächenschicht erhält, streicht man die negative Form mit einem Trennwachs oder -lack ein. Dann werden die Glasfasermatten zugeschnitten und mit Polyesterharz, dem Härter zugefügt wurde, eingerieben und in die Form gelegt. Das Imprägnieren kann mit einem kurzhaarigen Pinsel oder einem Mohairroller geschehen. Die Glasfasern müssen vollständig mit Harz durchtränkt sein. Luftblasen müssen restlos herausgedrückt werden. Allerdings darf die Glasfasermatte kein Übermaß an Harz bekommen. Werden zwei Glasfasermatten nebeneinander gelegt, dann müssen sie einander um einige cm überlappen.
Nach dem Imprägnieren geliert das Harz innerhalb einer halben Stunde, aber die maximale Stärke erhält es erst nach etwa einer Woche.

Das Spritzen von Harz und Faser
Damit die Wandstärke eines Gegenstandes beeinflußt werden kann, spritzt man Harz und Fasern. Die Spritze besteht aus Hacker und Ventilator. Der Hacker ver-

kleinert das Roving zu Fasern. Durch das Mundstück werden die Fasern mit Harz und Beschleuniger zusammen in die Richtung des Modells gespritzt. Ein zweites Mundstück spritzt den Härter auf.
Da die aufgespritzte Schicht noch viele Luftbläschen enthält, müssen wir diese entfernen, wie zuvor bei der Handaufbaumethode beschrieben.

Weitere Methoden zur Formgebung
Damit das Teil sehr präzise hergestellt wird, verwendet man eine positive und eine negative Matrize. Zwischen diesen Matrizen befindet sich die Glasfaserbewehrung. Durch Druckunterschied wird das Harz in die Glasfasermatte gesaugt.
Es gibt auch Verfahren, bei denen die Schablone im Produkt zurückbleibt.
Schließlich sei noch erwähnt, daß auch das Pressen von Polyester- oder Epoxidharz mit Glasfaser möglich ist. Hier entscheidet die Preßmatrize über die endgültige Form.

11.5 KUNSTSTOFFE IM KAROSSERIEBAU

Die Entwicklung der Kunststoffe in der Kfz-Technik
Die Entwicklung der Kunststoffe für Kfz-Konstruktionen setzte Mitte der sechziger Jahre ein. Im Jahre 1952 wurden pro Automobil durchschnittlich 3 kg Kunststoffe verwendet, 1960 waren es 10 kg und 1980 bereits 110 kg.
Einer optimistischen Schätzung zufolge rechnet man für 1990 schon mit 250 kg Kunststoff pro Auto.
Betrachten wir die Verteilung der Kunststoffe über die Autohauptgruppen, dann zeigt sich, daß mehr als 80% davon in der Karosserie und im Fahrzeuginnern verarbeitet wird. Die Abb. 11.14b zeigt die Aufschlüsselung.

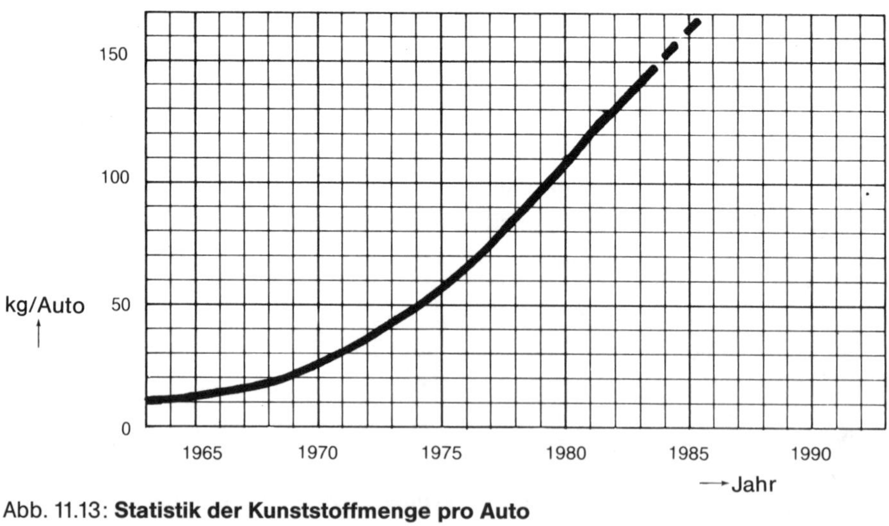

Abb. 11.13: **Statistik der Kunststoffmenge pro Auto**

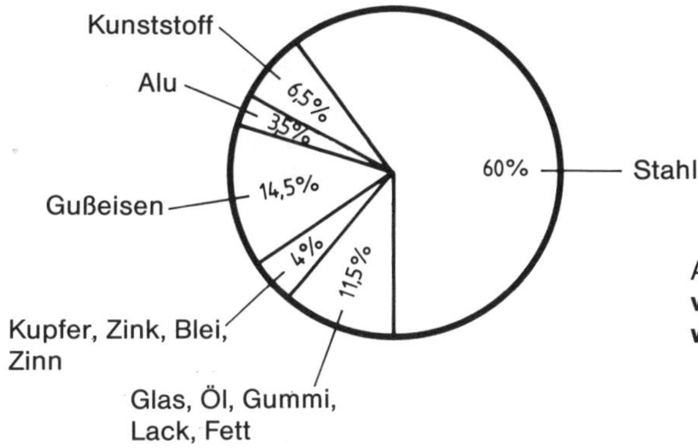

Abb. 11.14a: **Verteilung der verschiedenen Werkstoffe, die wir in einem Auto vorfinden**

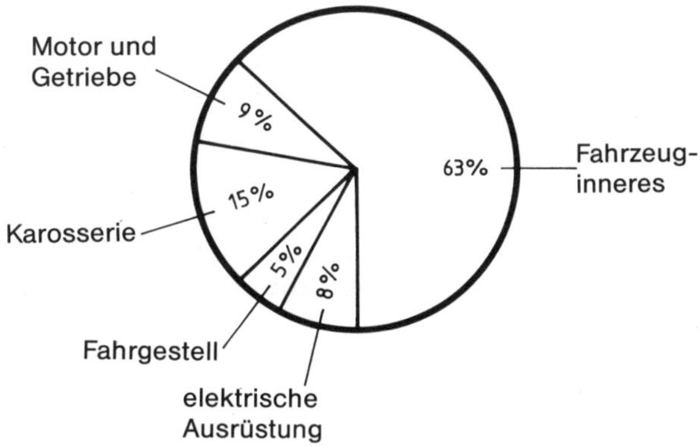

Abb. 11.14b: Verteilung der Kunststoffe in ihrem Anwendungsbereich

Die Anwendungskriterien von Kunststoffen im Automobilbau

Kunststoffe kommen aus folgenden Gründen in der Kfz-Technik stets mehr zur Verwendung:

- Kunststoffe sind meist preisgünstiger;
- die Konstruktionen werden leichter, wodurch das Auto wirtschaftlicher wird;
- sie sind leichter formbar;
- aktive und passive Sicherheit nehmen zu;
- sie brauchen nicht soviel Wartung;
- sie sehen besser aus;
- Kunststoffteile rosten nicht.

Die günstige Zukunftsentwicklung zur Anwendung von Kunststoffen in der Kfz-Technik ist nebenher auch eine Folge dessen, daß man zur Herstellung von Kunststoffteilen viel weniger Energie braucht, als zur Fertigung von Metallteilen.

Kunststoffe im Wageninnern

Schaltknöpfe
Die Bedienungsschalter für die unterschiedlichen Funktionen wurden früher aus massivem thermohärtendem Phenolformaldehyd (PF) gefertigt. Heutzutage macht man sie aus Niederdruck-Polyäthylen (NDPE).
Die meisten Hohlkörper werden dann mit einem Innengewinde aus Alu versehen.

Fensterkurbeln
Fensterkurbeln wurden früher aus Polyacetatharz gefertigt.
Heute bestehen sie aus einer Zinklegierung, die mit einer dünnen Schicht von NDPE überzogen ist.
Der Drehknopf der Fensterkurbel ist wiederum ein NDPE-Spritzgußprodukt. Die Drehachse kann aus Polyoxymethylen sein. Diese Achse hat eine »Schwachstelle«, die bei einem Unfall dafür sorgt, daß der Knopf abbricht, so daß die Insassen sich daran nicht verletzen können.

Aschenbecher
Aschenbecher bestehen aus einer Alu- oder Stahllade in einem Acrylonitril-Butadienstyren-(ABS-)Gehäuse. Die Beleuchtung des Aschenbechers sitzt in vielen Fällen in einer Polyamid-(PA-)Armatur.
Die Verwendung des Kunststoffgehäuses und der Metallade wirkt sich hier günstig aus (keine Korrosion, gutes Gleitvermögen).

Sonnenblenden
Diese müssen sich leicht verstellen lassen, ohne dabei locker zu sein. Das Lager, mit dem die Blenden befestigt sind, ist aus PA. Die zugehörige Achse ist in einem Polypropylen-Lager drehbar. Die Basis der Blende besteht aus einem Rahmen,

Abb. 11.15: **Einige Beispiele von Kunststoffen, die uns in und an der Karosserie begegnen: Instrumententräger, Lenkrad, Sonnenblenden, Schalter, Armstützen, Innenspiegel, Leuchtenteile.**

der mit Polyurethan-(PUR-)Schaum umgeben ist.
Der PUR-Schaum ist schließlich mit einer Polyvinylchlorid-(PVC-)Folie abgedeckt. Diese Konstruktion dient der Sicherheit bei einem Unfall, auch weil die Blenden oftmals in Aussparungen in der Himmelverkleidung sitzen.

Spiegel

Die Glasspiegel werden in der Zukunft durch Polycarbonat-(PC-) oder Metallspiegel ersetzt werden. Beide Arten bieten den großen Vorteil, daß sie bei einem Bruch keine gefährlichen Splitter entstehen lassen. So kann PC um 180° C gebogen werden, ehe ein Bruch auftritt. Auch die optischen Eigenschaften und die Kratzbeständigkeit des PC sind sehr gut.
Das Spiegelgehäuse kann aus modifiziertem Polyphenyloxyd (PPO) bestehen, weil dazu hitzebeständiges Material verwendet werden muß (Beleuchtung und Sonnenstrahlen).

Handgriffe

Die Handgriffe, die meist am Dach befestigt werden, müssen stark und flexibel sein. Überdies müssen sie einen sicheren Halt bieten.
Der Handgriff besteht aus einem Stahlband, das mit PVC umgeben ist. Die Oberfläche muß griffig sein: sie fühlt sich lederartig an (modifiziertes PVC).

Armlehnen

Zur Herstellung von Armlehnen gibt es im Prinzip zwei Möglichkeiten:

a) durch Spritzguß von PP oder ABS. Das Gußteil wird anschließend mit PVC gepolstert;
b) Einlegen eines Eisenkerns oder eines Kerns von PP in PUR-Schaum. Auch hier sorgt die PVC-Haut für die Abdeckung. Die Härte des PUR-Schaums entscheidet weitgehend über das passive Sicherheitsverhalten.

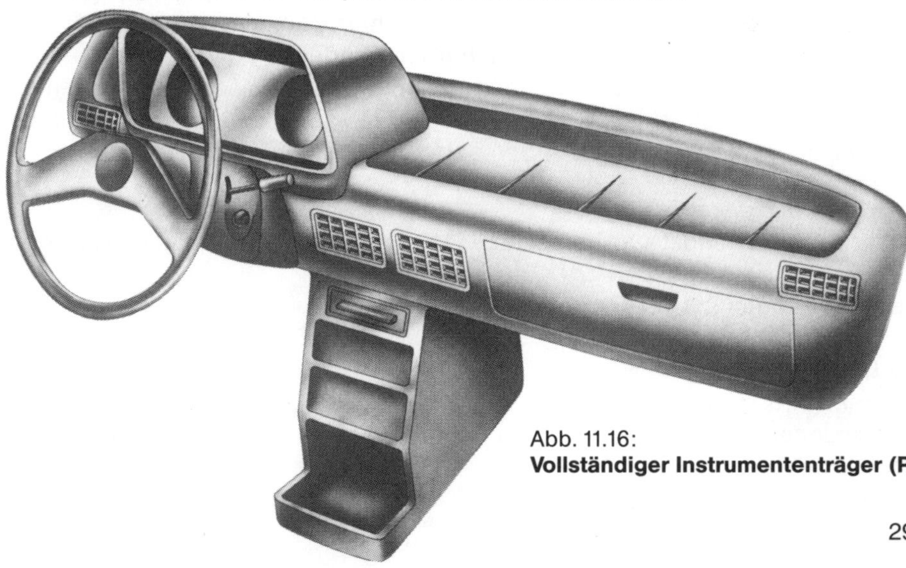

Abb. 11.16:
Vollständiger Instrumententräger (PP)

Der Instrumententräger
Sämtliche Instrumente und Bedienelemente müssen übersichtlich und zweckmäßig angebracht sein.
Vor allem aus Sicherheitsaspekten ist es dringend geboten, daß das Material kinetische Energie (»Aufprall-Energie«) in Verformungsarbeit umsetzen kann.
Es gibt verschiedene Ausführungen: die erste ist ein Instrumententräger, der durch Spritzguß aus PPO oder PP hergestellt wurde.
Bei den komfortableren Ausführungen sehen wir als zweite Möglichkeit einen Instrumententräger aus Stahl, Aluminium, Kunststoff oder Holzfaserkern, der mit PUR-Schaum umgeben und mit ABS-Folie abgedeckt ist.
Eine modernere Ausführung besteht aus einer angegossenen Haut auf PUR-Schaum. Vor allem diese letztgenannte Konstruktion bietet viele Möglichkeiten, um zu einem modernen Autodesign zu kommen. Mit den modernen Techniken kann der Hersteller verschiedene Farbtöne und Imitationen im Instrumententräger anbringen.

Kantenschutz
Zum Schutz scharfer Kanten wird PVC-Band mit einem eingelegten Klemmband verwendet.

Die Stromkabel
Als Isolierung für die Stromleitungen verwendet man PVC. Die Verkabelung war um 1960 etwa 60 m lang; heute verwendet man pro Auto etwa 200 m Kabel.
Durch Anwendungen, wie zentrale Türverriegelung, automatische Fenster, elektrische Spiegel, Sitzheizung und Anti-Blockiereinrichtung, wächst das Kabelnetz ständig weiter.

Teile der Zündanlage
Zündspulengehäuse, Verteilerkappe, Rotor und Zündkerzenkappen werden aus PF hergestellt. Die nichtabbaubaren PF-Thermohärter können durch Polybutylenterephtalat (PBTP) ersetzt werden. Auch thermohärtende Polyester werden jetzt verwendet. Die Vorteile des thermohärtenden Polyesters sind Wärmebeständigkeit, die hohe Durchschlagspannung und die Tatsache, daß in feuchter Umgebung weniger Kriechstromgefahr besteht.

Sitze und Sitzbänke
Für die Sitze verwendet man heutzutage PUR-Schaum, der für einen hervorragenden Sitzkomfort sorgt.
Die Sitze können mit Textil, Leder oder Kunstleder überzogen werden.

Die Dachverkleidung
Der bekannte, gespannte Himmel aus geschnittener PVC-Folie mit eingenähten Drahtspannern wird, vor allem bei den teureren Autos, durch den »Fertighimmel« ersetzt.

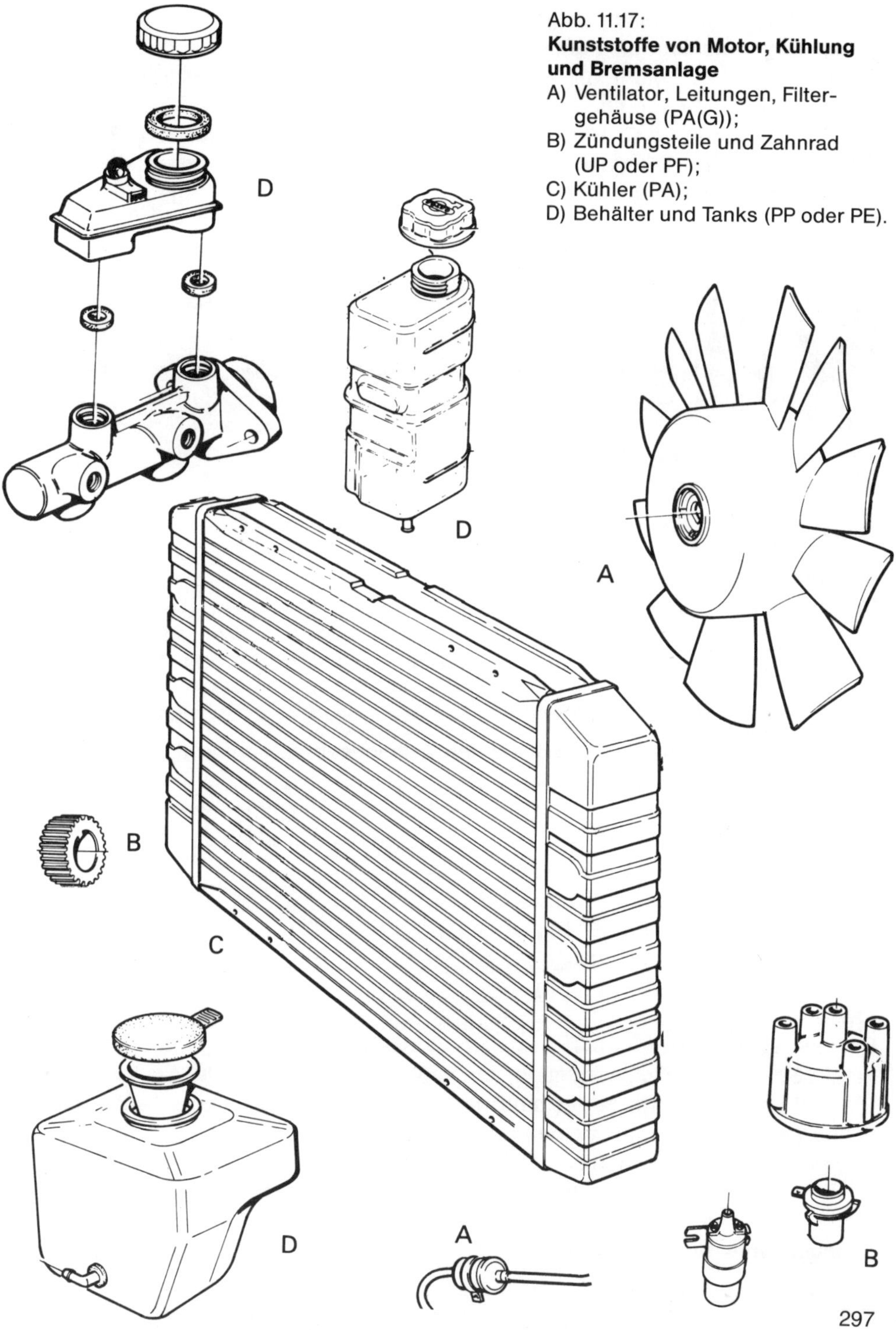

Abb. 11.17:
Kunststoffe von Motor, Kühlung und Bremsanlage
A) Ventilator, Leitungen, Filtergehäuse (PA(G));
B) Zündungsteile und Zahnrad (UP oder PF);
C) Kühler (PA);
D) Behälter und Tanks (PP oder PE).

Dieser ist folgendermaßen aufgebaut:
- ein Träger als Grundmaterial;
- eine Zwischenschicht aus weichem Schaum (aus Sicherheitsgründen);
- ein Bezug (zum Verschönern des Äußeren).

Das Trägermaterial kann Hartfaserplatte mit Harzverleimung sein. Als Einlageschaum dient PUR-, PS- oder weicher PE-Schaum. Zuweilen dienen Metallstreifen oder Glasfasermatten als Verstärkung. Der Bezug besteht im allgemeinen aus PVC-Folie.

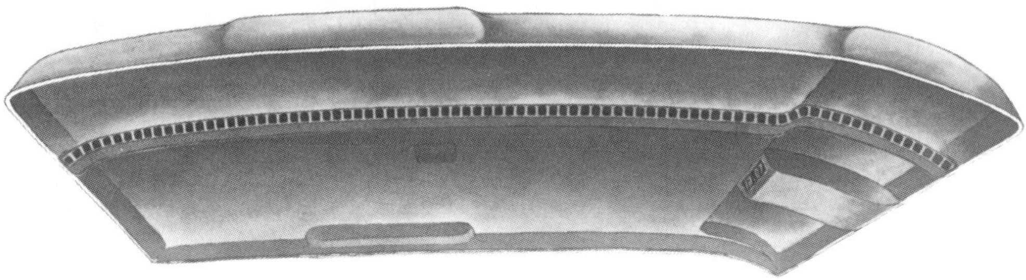

Abb. 11.18: **Eine vorgefertigte Himmelverkleidung (Polycarbonat)**

Die Türverkleidung und die Hutablage

Das traditionelle Material der Türverkleidung und der Hutablage ist eine tragende Hartfaserplatte, an der – mit einer PUR-Zwischenwand – Textil oder PVC-Folie befestigt ist. Als tragende Konstruktion finden wir auch ABS oder PP.

Lenkrad und Schalthebelknopf

Diese können aus dem hochglänzenden Zelluloseacetatbutyrat (CAB) gefertigt sein. Aber in modernen Konstruktionen hat man auch (wegen der größeren passiven Sicherheit) einen Metallkern, der von PUR-Schaum, umgeben ist. Bei einem Unfall muß das Lenkrad verformbar sein; hier gelten dieselben gesetzlichen Normen, wie beim Instrumententräger.

Weitere Materialien, die vorkommen, sind: weiches PVC (USA), PP und Leder. Ein Nachteil des PVC-Lenkrades besteht darin, daß es sich bei extrem hohen Temperaturen recht klebrig anfühlt.

Fensterscheiben

Die Windschutzscheibe muß speziellen Sicherheitsanforderungen genügen. So hat die Scheibe Druckspannungen, durch die bei einem Steinschlag aufgrund der Störung des Spannungsfeldes ein Bruch auftritt. Die aus Schichten aufgebaute Windschutzscheibe enthält eine transparente, klebende Zwischenfolie aus Polyvinylbutyral (PVB), die nach einem Bruch die Scherben festhält. Für Seitenfenster und Heckscheibe kann, außer dem normalen Glas, auch Polymethylmethacrylat (PMMA) oder Plexiglas verwendet werden. Vor allem bei Lkw, Schleppern und Baumaschinen kommt dies vor.

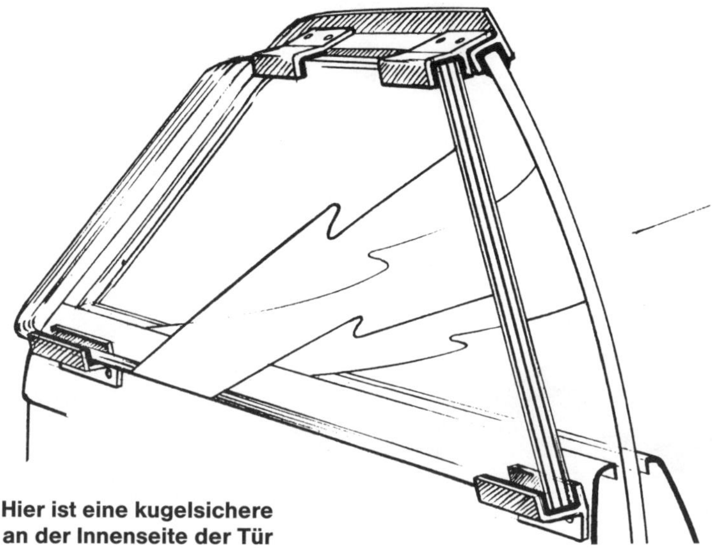

Abb. 11.19: **Hier ist eine kugelsichere Glasplatte an der Innenseite der Tür verschraubt**

Da PMMA nicht sonderlich kratzfest ist und nach einiger Zeit vergilbt, bevorzugt man jetzt Polycarbonat (PC) als Ersatz für das PMMA.
PC und laminiertes Glas werden auch als das sogen. kugelsichere Glas verwendet. Man befestigt dann eine solche Platte hinter der normalen Scheibe.

Pedale
Für die Pedale verwendet man Polypropylen. Der Widerstand gegen Materialermüdung ist groß, so daß auch das integral eingebaute Scharnier eine lange Lebensdauer hat.

Die Kopfstützen
Dafür verwendet man wieder PUR-Schaum mit einem Metallkern und ABS- oder PVC-Bezug.

Heizung und Abdeckplatten
Als Material für die Abdeckplatten und das Heizgehäuse verwendet man ABS.

Kunststoffverwendung für äußere Karosserieteile

Kofferraumdeckel
Ein Kunststoff-Kofferraumdeckel muß sich gut der Karosserie anpassen, hinlänglich steif und zur Massenproduktion geeignet sein. Als Material kann glasfaserverstärktes ungesättigtes Polyesterharz (UP) dienen. Eingelegte Rippen sorgen für

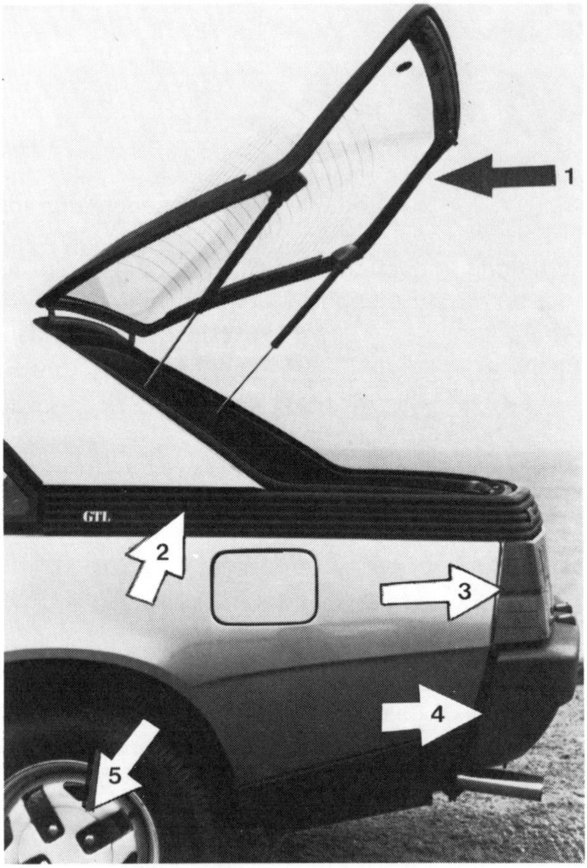

Abb. 11.20:
Einige Kunststoffteile
1. Leisten/Abdichtung;
2. Leisten (PC);
3. Glas der Rückleuchten (PC);
4. Stoßstange (im Beispiel SMC);
5. Zierblende für Felge (hier PC).

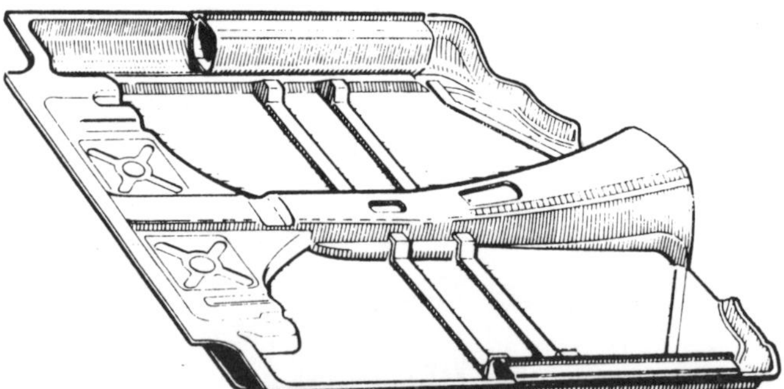

Abb. 11.21: **Hier sehen wir das Bodenelement eines Versuchswagens.**
Es handelt sich um eine »Sandwich-Konstruktion«: zwischen zwei glasfaserverstärkten Kunststoffen finden wir die Kerne aus PUR-Hartschaum. Derselbe Versuchswagen ist übrigens auch mit einer Kunststoff-Dachplatte (in Sandwich-Konstruktion) ausgerüstet, die auf die Karosserie geklebt wurde. Die Motorhaube besteht aus zwei Alu-Blechen mit einem Hartschaumkern. Also ebenfalls »Sandwich«.

ausreichende Steifheit. Auch kann man Duroplaste und/oder glasfaserverstärktes Polyurethanharz (PUR) verwenden.

Die Türen

Kunststofftüren sind die kompliziertesten Bestandteile der Karosserie. Aufgrund der unterschiedlichen Anforderungen genügt ein einziges Material im allgemeinen nicht. Neben dem ausreichenden Widerstand gegen Belastungen gibt es auch noch eine Reihe von Sicherheitsanforderungen. Man hat gute Erfahrungen mit Duroplasten gemacht, deren Außen- und Innenschalen miteinander verklebt sind. Damit man die Tür nach einem Zusammenstoß noch öffnen kann, wurden zwischen den Scharnieren und dem Schloß Metallstreifen angebracht.

Die Motorhaube

Die Motorhaube muß mit ihrer relativ großen Oberfläche genug Widerstand gegen Verbiegen und Verwringen bieten. Als Material kommen glasfaserverstärktes PUR und Duroplaste in Frage.

Die Stoßstangen

Sie sollen die Vorder- und Rückseite des Autos bei kleinen Zusammenstößen schützen. Aber auch eine Verletzung von Fußgängern soll auf das Minimum beschränkt werden, falls sie mit den Stoßstangen in Berührung kommen. Nebenher dient die Stoßstange aber auch noch dem Schmuck des Autos, und sie hat daher auf sein Aussehen einen entscheidenden Einfluß.

Abb. 11.22: **Kunststoff auf dem Vormarsch.**
Dieses Auto hat große, integrierte »Stoß-stangen« (Polypropylen), sowie Motorhaube und Kofferraumdeckel (aus glasfaserver-stärktem Polyester), Seitenteile und Dachränder aus Kunststoff. Man beachte auch die dunkelgefärbten hinteren Seitenfenster.

Abb. 11.23: **Dieses Auto hat Kotflügel, Kofferraumdeckel und Türen aus Kunststoff** (hier PUR-glasfaserverstärkt)

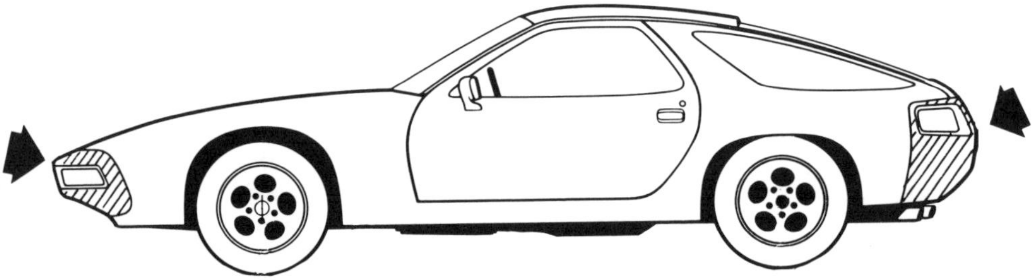

Abb. 11.24: **Ein Sportwagen mit Vorder- und Rückfront aus Kunststoff**

Der Stoßstangenkonstruktion widmete man in den letzten Jahren viel Aufmerksamkeit, wobei auch reichlich Kunststoff zur Verwendung kam:

- Zusammenbau von PP- mit SMC-Trägern (Audi);
- SMC (Porsche, Renault, Lancia);
- PA mit Stahlträger (Fiat);
- PUR mit SMC-Träger (Mercedes);
- PUR selbsttragend (Peugeot).

Vordere und hintere Karosserieteile

Kunststoff wird bei diesen Teilen in der Zukunft noch ein breites Anwendungsgebiet finden. Bei den stählernen Karosserie-Vorderteilen muß der Hersteller oftmals zwanzig und mehr Einzelteile zusammenfügen. Verwendet man Kunststoff, dann könnte man sich auf eine einzige Einheit beschränken. Die Verwendung von Kunststoff führt hier zugleich zu einer erheblichen Gewichtseinsparung. Überdies

rostet Kunststoff nicht, und der Designer hat größeren Spielraum für einen modernen Entwurf. Fachleute sagen voraus, daß die Hälfte aller amerikanischen Autos schon in nächster Zukunft mit flexiblen vorderen und hinteren Karosserieteilen ausgerüstet sein wird.
Als Material wird meist PUR-RIM verwendet. Auch modifiziertes PP und PC kommt in Frage.

Kotflügel
Auch hier gelten dieselben Vorteile: kein Rost und Gewichtseinsparung bis zu 25%. Als einer der ersten Personenwagen-Hersteller hat Porsche Kunststoff-Kotflügel montiert (Carrera 924 GT). Verwendet wurde hier glasfaserverstärktes PUR (RRIM).

Weitere Kunststoffanwendungen in der Kfz-Technik
Viele Einzelteile des modernen Verbrennungsmotors werden aus glasfaserverstärktem PA(G) gefertigt. Anwendungsbereiche sind u. a. der Kühlerventilator, oberer und unterer Heizungskasten, Lagerkäfige, Kettenspanner, Druck-, Unterdruck- oder Benzinschläuche.
Aus Polypropylen (PP) bestehen oft die Entlüftungsleitungen am Kühler, sowie Teile des Ansaugsystems (auch PE).

Abb. 11.25: **Die Rückseite dieses Modells ist wegen der schlechten Sicht nach hinten aus kratzfestem, durchsichtigem Kunststoff (PC).** Auch PMMA kommt vor, aber es eignet sich nicht so gut (nicht kratzfest).

Polyäthylen wird für Bremsflüssigkeitsbehälter und Kraftstofftanks verwendet. Es handelt sich dabei allerdings um ein spezielles Polyäthylen, da es den betreffenden Flüssigkeiten gegenüber beständig sein muß.
Ferner wäre das Polytetrafluoräthylen (PTFE oder Teflon) zu erwähnen. Daraus fertigt man Manschetten für hydraulische Systeme; auch für die hydraulische Servolenkung oder automatische Getriebe.
Das moderne, milchweiße Batteriegehäuse besteht meist aus PP; es hat das schwarze Hartgummigehäuse verdrängt. Natürlich ist das PP beständig gegen Schwefelsäure, außerdem ist es schlagfest.
Schließlich sei noch die Viskosefaser (Reyon) genannt, die – ebenso wie PA und UP – als Gewebe im Autoreifen dient.

11.6 VERARBEITUNG UND REPARATUR VON KUNSTSTOFFEN

Die spanlose Verarbeitung von Thermoplasten

Biegen
Die Thermoplaste lassen sich bei einer bestimmten Temperatur weichmachen. Erwärmen wir das Rohr oder die Platte über diese Temperatur, dann läßt sich das Material biegen.
Das Anwärmen erfolgt mit Hilfe von Heißluft. PVC- und PE-Rohr läßt sich mit Hilfe einer innen angebrachten Feder oder eines mit Sand gefüllten Rohres auch in kaltem Zustand biegen.
Außerdem ist das Biegen mit Hilfe einer Biegezange möglich.

Kunststoffschweißen
Beim Verschweißen muß der Kunststoff durch Erwärmung zunächst knetbar gemacht werden, wonach man die erwärmten Flächen unter Druck zusammenfügt.
Es gibt dazu verschiedene Schweißmethoden:
- Fadenschweißen;
- Stumpfschweißen;
- Muffenschweißen;
- Reibschweißen.

Beim Faden- oder Warmgasschweißen verwendet man heiße Luft oder heißen Stickstoff mit einer Schweißpistole, um das zu verschweißende Material und den Schweißstab bis über die Aufweichtemperatur zu erhitzen.
Auf die Schweißpistole können verschiedene Mundstücke gesetzt werden: ein Heftmundstück, ein Rundschweißmundstück oder ein Schnellschweißmundstück.
Die verschiedenen Schweißnähte sind denen des Autogen- und des Elektroschweißens nahezu gleich.

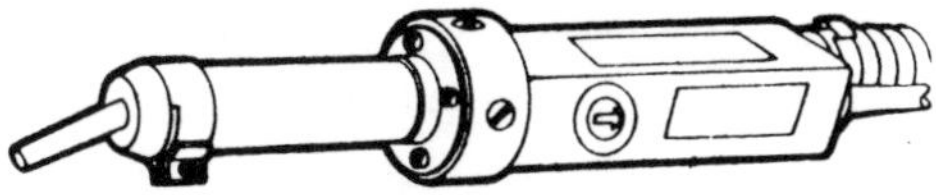

1. Heißluftpistole

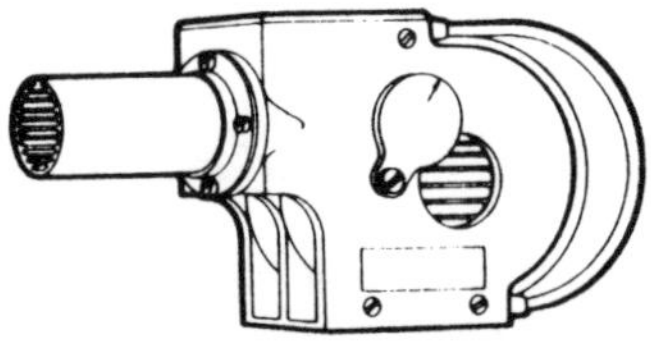

2. Heißluftgebläse

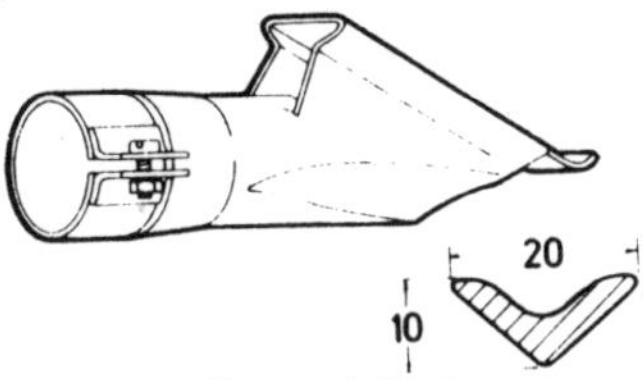

3. Schnellschweißmundstück

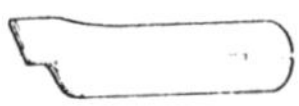

4. Heftmundstück

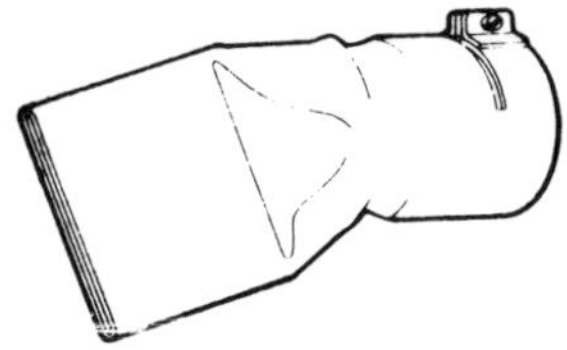

5. Breitmundstück

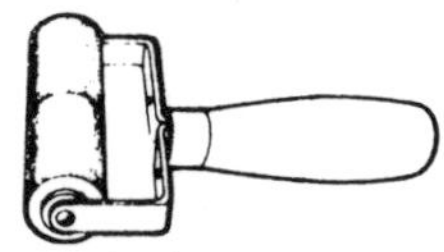

6. Breitbanddruckrolle für Überlappungsschweißen

7. Abstechmesser zum Abstechen von überflüssigem PVC

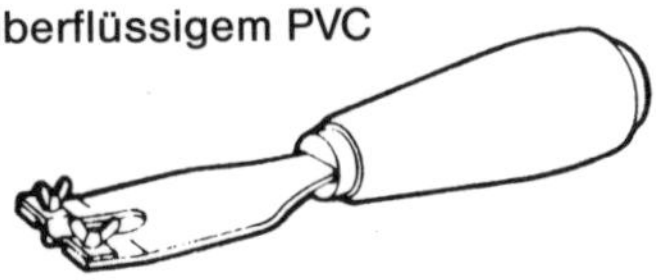

8. Fugenmesser zum Ausschneiden einer V-Naht

Abb. 11.26: **Biege- und Schweißwerkzeuge mit Zubehör**

Stumpfschweißen wendet man bei PE und PP an. Die zu verschweißenden Teile werden gegen ein Heizelement gedrückt, bis das Material an der Schweißseite weich wird. Danach werden die aufgeweichten Seiten gegeneinander angedrückt.

Die spanabhebende Bearbeitung von Thermoplasten

Bei der spanabhebenden Bearbeitung darf nicht zuviel Wärme entstehen. Kunststoffe sind nämlich schlechte Wärmeleiter, und es besteht die Gefahr, daß der Kunststoff schmilzt. Die Folge wäre eine rauhe Oberfläche. Im allgemeinen muß man sorgen für

- kleinen Ansatz;
- hohe Schneidgeschwindigkeit;
- Kühlung durch Luft oder Öl;
- großen Freiwinkel;
- nach Möglichkeit Werkzeuge aus Schnelldrehstahl.

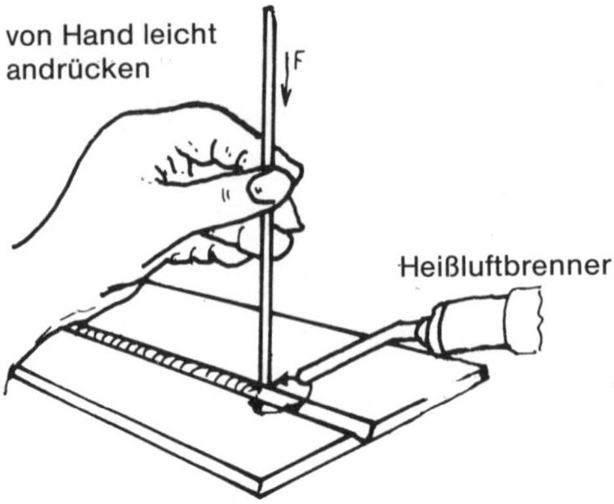

Pendelbewegung beim Schweißen

Das Schweißen einer V-Naht. Durch die Gegenschweißung (↑) beugt man dem Verziehen vor

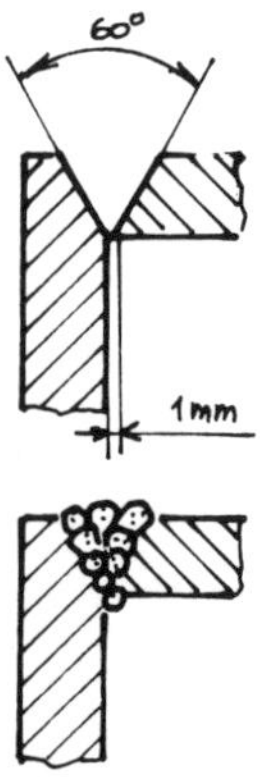

Schweißen eines Winkels mit einer V-Naht

Schweißen einer X-Naht. Durch Schweißen »über Kreuz« beugt man dem Verziehen vor

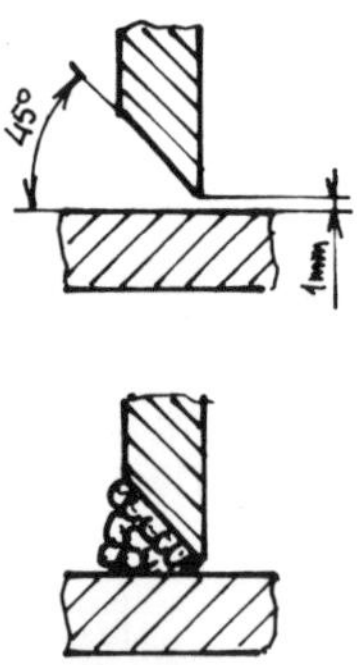

Einseitige Winkelschweißung

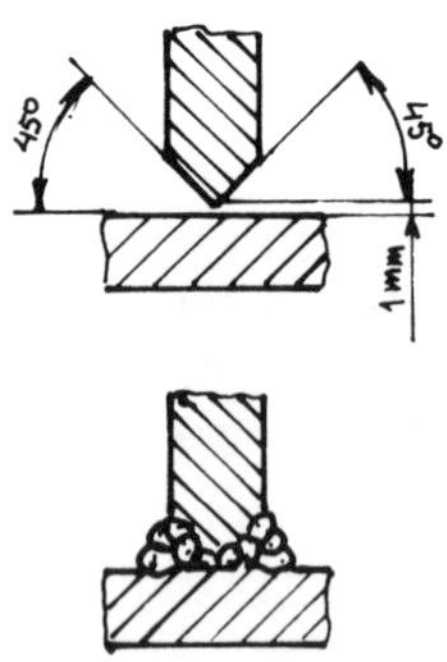

Doppelseitige Winkelschweißung

Doppelseitige Winkelschweißung mit dickerem Draht ergibt eine bessere Verbindung

Abb. 11.27: **Schweißmethoden**

Unter »Spanabhebende Bearbeitungen von Duroplasten« finden Sie eine Tabelle mit einer Reihe von Werten.

Spanabhebende Bearbeitungen von Duroplasten

Duroplaste können im Prinzip spanabhebend bearbeitet werden. Da sie aber doch recht unterschiedliche Eigenschaften haben, lassen sich nur schwerlich allgemeingültige Regeln aufstellen. Bei mineralischen Füllstoffen (also auch Asbest) muß man Werkzeuge aus Hartmetall verwenden. Die Schnittgeschwindigkeit darf nicht zu hoch sein, um einem Abbröckeln vorzubeugen. Die Werkzeuge müssen scharf sein und der Ansatz klein. Auch hier muß der Freiwinkel wegen der schlechten Wärmeableitung groß sein. Einen Nachteil der Verspanung bilden die herumfliegenden Teilchen, die abgesaugt werden müssen. Die nachfolgende Tabelle zeigt einige Spezifikationen.

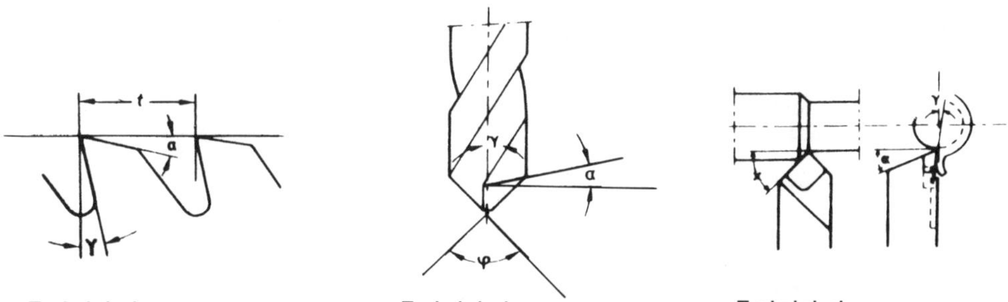

Freiwinkel α	Freiwinkel α	Freiwinkel α
Schneidwinkel λ	Schneidwinkel λ	Schneidwinkel λ
Zahnabstand (mm)	Spitzenwinkel φ	Einstellwinkel χ

Abb. 11.28: **Die diversen Winkel der verspanenden Werkzeuge**

Das Kleben von Kunststoffen

Kunststoffe werden immer mehr durch Kleben miteinander verbunden. Die Klebeverbindung hat die folgenden Vorteile:

- das Material wird nicht geschwächt;
- die Kraft auf die Verbindung wird gleichmäßig verteilt;
- verschiedene Materialien können miteinander verbunden werden;
- die Verbindungen können gas- und wasserdicht sein;
- sehr dünne Platten und Folien können verbunden werden;
- die Verbindung ist einfach und relativ kostengünstig.

Als Nachteile stehen dem entgegen:

- die Stärke läßt sich vorher nur schwer berechnen;
- das Aushärten kann recht lange dauern;
- die Verbindung ist meist endgültig.

	Hart-PVC	Schlagbeständiges PVC	PVC-C (high temp.)	Polypropylen	Hart-Polyäthylen (Niederdruck PE)	Weich-Polyäthylen (Hochdruck PE)	Polyäthylen (hochmolekular)	Polycarbonat	Polymethylmethacrylat (gegossen)	Polymethylmethacrylat (extrudiert)
Kreissäge										
Freiwinkel α	5–10	5–10	5–10	10–15	10–15	10–15	10–15	20–40	5–10	5–10
Schneidwinkel λ	0	0	0	0–15	0–15	0–15	0–15	5–15	0	0
Schneidgeschw.	3000–4000	3000–4000	3000–4000	1000–3000	1000–3000	1000–3000	1000–3000	1000–3000	1500–2000	1500–2000
Zahnabstand	3–5	3–5	3–5	3	3	3	3	5–10	3–5	3–5
Bandsäge										
Freiwinkel α	30–40	30–40	30–40	30–40	30–40	30–40	30–40	20–40	30–40	30–40
Schneidwinkel λ	0–5	0–5	0–5	0–5	0–5	0–5	0–5	0–5	0–5	0–5
Schneidgeschw.	1200	1200	1200	500–1500	500–1500	500–1500	500–1500	600–1000	1200	1200
Zahnabstand	3	3	3	3	3	3	3	2,5–3,5	3	3
Bohren										
Freiwinkel α	5–10	5–10	5–10	10–12	10–12	10–16	10–12	5–8	3–8	3–8
Schneidwinkel λ	3–5	3–5	3–5	3–5	3–5	2,5–3	3–5	3–5	0–4	0–4
Spitzenwinkel φ	60–110	60–110	60–110	60–90	60–90	60–90	60–90	60–90	60–90	60–90
Schneidgeschw.	30–120	30–120	30–120	50–100	50–100	50–100	50–100	50–120	20–60	20–60
Ansatz mm/U	0,1–0,5	0,1–0,5	0,1–0,5	0,2–0,5	0,2–0,5	0,1–0,3	0,2–0,5	0,2–0,5	0,1–0,5	0,1–0,5
Drehen										
Freiwinkel α	5–10	5–10	5–10	5–15	5–15	5–15	5–15	5–10	5–10	5–10
Schneidwinkel λ	0–5	0–5	0–5	0–10	0–10	0–10	0–10	0–5	0–4	0–4
Einstellwinkel χ	45–60	45–60	45–60	45–90	45–90	45–90	45–90	45–60	ca. 15	ca. 15
Schneidgeschw.	200–750	200–750	200–750	140–500	200–500	200–500	140–500	200–300	200–300	200–300
Ansatz mm/U	0,1–0,5	0,1–0,5	0,1–0,5	0,1–0,2	0,1–0,5	0,1–0,2	0,1–0,2	0,1–0,5	0,1–0,2	0,1–0,2
Fräsen										
Freiwinkel α	5–10	5–10	5–10	5–15	5–15	5–15	5–15	5–10	2–10	2–10
Schneidwinkel λ	0–15	0–15	0–15	0–15	0–15	0–15	0–15	0–10	1–5	1–5
Schneidgeschw.	bis 1000	bis 1000	bis 1000	bis 1000	bis 1000	bis 1000	bis 1000	bis 1000	bis 2000	bis 2000
Ansatz mm/U	0,1–0,5	0,1–0,5	0,1–0,5	0,1–0,5	0,1–0,5	0,1–0,5	0,1–0,5	0,1–0,5	0,1–0,5	0,1–0,5

		Polystyren	ABS	Polyamid (Nylon 6)	Polyacetat	Thermoplastisches Polyester	Polyphenyläthylenoxyd	Noryl	Polytetrafluoräthylen (Teflon u. ä.)	Hartpapier	Hartgewebe
Kreissäge											
Freiwinkel α		5–10	5–10	30–40	10–15	5–10	5–10	5–10	5–10	30–45	30–45
Schneidwinkel λ		0	0	5–8	0–15	0–10	0–10	0–10	0–15	5–8	5–8
Schneidgeschw.		1000	1000	tot 2000	1000–3000	2000–2500	600–1000	600–1000	600–1000	3200–5000	3200–5000
Zahnabstand		2,5	2,5	5–10	2–8	3	3	3	5	4–6	4–6
Bandsäge											
Freiwinkel α		20–30	20–30	30–40	30–40	30–40	30–40	30–40	30–40	30–40	30–40
Schneidwinkel λ		0–5	0–5	5–8	0–5	0–5	0–5	0–5	0–5	5–8	5–8
Schneidgeschw.		1200	1200	800–1000	500–1500	1200–2000	1200	1200	500–800	1500–2000	1500–2000
Zahnabstand		3	3	5–10	2–8	2–3	2–3	2–3	4–6	4–6	4–6
Bohren											
Freiwinkel α		3–8	5–10	10–12	5–8	5	5	5	16	6–8	6–8
Schneidwinkel λ		3–5	3–5	3–5	3–5	3–5	3–5	3–5	3–5	10	10
Spitzenwinkel φ		60–90	60–90	60–90	60–90	60–90	118	118	110–130	60–100	60–100
Schneidgeschw.		20–60	30–80	30–80	50–100	12–25	50–75	50–75	50–100	40–120	40–120
Ansatz	mm/U	0,1–0,5	0,1–0,5	0,2–0,5	0,1–0,5	0,2	0,1–0,4	0,1–0,4	0,2–0,4	0,2–0,4	0,2–0,4
Drehen											
Freiwinkel α		5–10	8–10	8–10	5–15	5–15	5–10	5–10	10–15	8–10	8–10
Schneidwinkel λ		0–2	4–5	0–10	0–5	0–5	0–5	0–5	10–15	6–25	12–25
Einstellwinkel χ		ca. 15	50–60	ca. 45	45–60	45–60	45–60	45–60	ca. 90	45	45
Schneidgeschw.		140–250	800–1000	100–200	200–500	400	200	200	300–500	80–150	80–150
Ansatz	mm/U	0,1–0,2	0,3–0,5	0,1–0,3	0,1–0,2	0,1–0,25	0,1–0,25	0,1–0,25	0,05–0,25	0,1–0,5	0,1–0,5
Fräsen											
Freiwinkel α		25–30	25–30	25–30	5–10	2–10	2–10	2–10	10–15	20–30	8–30
Schneidwinkel λ		25	25	25	0–15	15	15	15	10–15	20–25	20–70
Schneidgeschw.		bis 1000	bis 1000	bis 1000	bis 1000	bis 2000	bis 2000	bis 2000	300–500	40–50	40–50
Ansatz	mm/U	0,3–3,0	0,3–3,0	0,3–3,0	0,1–0,5	0,1–0,5	0,1–0,5	0,1–0,5	0,1–0,5	0,5–0,8	0,4–0,6

Die nachfolgende Tabelle zeigt an, welche Kunststoffe geklebt werden können.

ABS	PMMA extrud.	PMMA gegoss.	PETP	CAB	HaPa	HaGew	PA	PC	POM	Hart. PE
++	+	++	+	++	+	+	0	+	+	—

Hochmol. PE	Weich-PE	PP	PS	PVC-C	Hart PVC	Schlag-best. PVC	Weich-PVC	PTFE	PVDF
—	—	—	++	++	++	++	++	—	0/–

++ = sehr gut klebbar
+ = gut klebbar
0 = noch klebbar

– = schlecht klebbar
— = sehr schlecht klebbar

Die Klebeverbindung wird folgendermaßen hergestellt: man sorgt für einen staubfreien Arbeitsplatz mit einer Temperatur zwischen 5 und 30° C sowie einer relativen Luftfeuchtigkeit von ca. 65%. Mit einem Messer oder einer Feile werden die Grate entfernt. Die zu verleimenden Teile werden mit Methylenchlorid oder Methyläthylketon (MEK) entfettet.
Teile, die nicht verklebt werden sollen, können mit Klebestreifen abgedeckt werden. Beim Verkleben müssen die Mengen der benötigten Komponenten exakt bestimmt werden. Die Mischung wird mit einem Pinsel oder einem Holzspachtel aufgetragen; Hautkontakt ist unbedingt zu vermeiden. Die Klebestelle muß während der vorgeschriebenen Zeit unter Druck gehalten werden. Vor allem aber müssen die Vorschriften des Herstellers strikt befolgt werden.

11.7 REPARATUR NICHTTRAGENDER KAROSSERIETEILE MIT POLYESTERHARZ

Die Reparatur von Löchern in der Karosserie mit Hilfe von Polyesterharz und Glasfaserverstärkung darf nur bei solchen Teilen erfolgen, die *keine tragende Funktion für die Karosserie* haben. Wir denken dabei an Kotflügel, Türen, Motorhaube und Kofferraumdeckel.
Ganz allgemein sei gesagt, daß man von solchen Reparaturen keine Wunder erwarten darf, denn beim ersten sichtbaren Rost (und den behandeln wir dann) ist der »unsichtbare« Rost auch schon recht weit fortgeschritten.
Rost, der nach der Beschädigung des Lacks durch Steinschlag entstanden ist, läßt sich im allgemeinen leicht und gründlich beseitigen. Probleme entstehen erst, nachdem Rost infolge von Altern, Salz, Feuchtigkeitsansammlung, porösen Überzugsschichten und mangelnder Ventilation von innen her kommt. Zur Reparatur von Löchern in der Karosserie können wir verwenden:
A) Polyester-Glasfaserharz;
B) Polyesterharz mit Glasfasermatte.

A) Die Reparatur mit Polyester-Glasfaserharz

Wenn Sie auf der Karosserie kleine Roststellen sehen, welche die Lackschicht aufwärts drücken, können Sie daraus folgern, daß das Blech an dieser Stelle nur noch sehr dünn ist. Die unsichtbare Oxydation hat das Eisen in Rost (Eisenoxyd) verwandelt, der Wasser aufnehmen kann. Infolge dieser Wasserabsorbtion wächst das Volumen, so daß die Lackschicht nach oben gedrückt wird.

Deshalb muß die obere Schicht und der Rost solange abgeschmirgelt werden, bis der völlig blanke Stahl zum Vorschein kommt.

Anschließend mischen wir das Glasfaserharz mit dem zugehörigen Härter (zwei bis drei Prozent). Beachten Sie die Vorschriften des Herstellers genau! Mit der erhaltenen Paste spachteln wir die zu reparierende Stelle mit einer Schicht von etwa 3 mm Stärke. Dann muß gewartet werden, bis die Härtezeit verstrichen ist. Bei Zimmertemperatur wird das meist etwa fünfzehn Minuten sein. Die noch verhältnismäßig rauhe Oberfläche kann erforderlichenfalls etwas glatter gemacht werden, indem sie mit einem Polyesterspachtel nochmals nachgespachtelt wird.

Abb. 11.29: **Die Reparatur einer kleinen Beschädigung eines *nichttragenden* Teiles kann mit Polyester und Glasfasermatte erfolgen.**

Foto 1: Vor allem kommt es darauf an, daß der Untergrund rundum die durchgerostete Stelle ausgiebig und gründlich blankgeschliffen wird.

Foto 2: Die Komponenten zur Reparatur: Polyester und Härter, Mischbecher, Pinsel und Glasfasermatte.

B) Instandsetzung größerer Löcher mit Hilfe von Polyesterharz und Glasfasermatte

Dabei gehen wir in folgenden Phasen zu Werke:

Die Vorbehandlung
Die Stelle, die instandgesetzt werden soll, muß mit Hilfe einer Schleifmaschine oder durch Schmirgeln von Hand gründlich blankgeschliffen werden. Dazu nimmt man grobes Schleifpapier mit einer Körnung von etwa 120. Die geschmirgelte Stelle muß um drei bis fünf Zentimeter größer sein als die vorgesehene Glasfasermatte, und diese muß wiederum um zwei bis vier Zentimeter größer sein, als das Loch, das beseitigt werden soll.

Das Vorspachteln
Zur Verbesserung der Haftfähigkeit empfiehlt es sich, zunächst einmal zu spachteln. Dies muß aber in einer sehr dünnen Schicht erfolgen; eine Schichtdicke von 0,3 bis 0,5 mm reicht aus.

Foto 3: Man gießt etwas Polyester (nicht zuviel) in den Mischbecher und fügt den Härter aus der Tube hinzu. Vorschriften zur Härtermenge beachten! Komponenten gründlich vermischen.

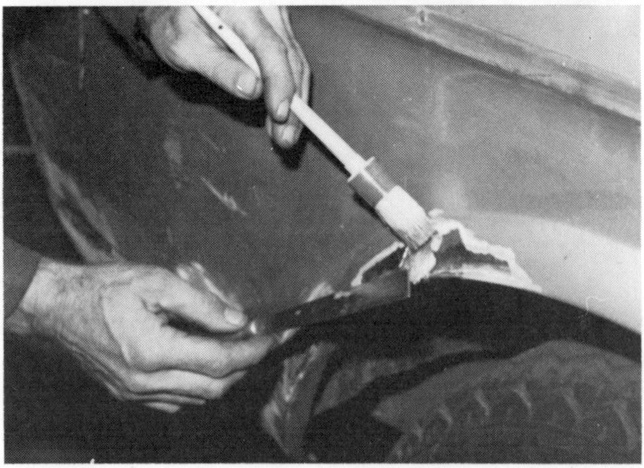

Foto 4: Die maßgerecht zugeschnittene Matte wird aufgelegt, nachdem das Blech mit Polyester bestrichen ist. Danach wird die Matte von außen gründlich mit dem Pinsel betupft.

Präparieren der Glasfasermatte

Die Glasfasermatte wird am zu reparierenden Loch »trocken« gemessen: Sie bestimmen ungefähr die Abmessungen, wobei Sie die erforderliche Überlappung von zwei bis vier Zentimetern berücksichtigen. Die Bearbeitung der Fasermatte ist einfach: sie läßt sich leicht schneiden oder reißen. Bei nicht allzu dicken Matten ist das Reißen vorzuziehen, weil die ausgefransten Ränder einen besseren Übergang zum Blech ermöglichen. Wenn Sie die Matte mit der Schere schneiden, sollten Sie die Ränder anschließend ein wenig ausfransen.

Das Auflegen der Glasfasermatte

Jetzt müssen Sie in etwa die Menge Polyesterharz bestimmen, die Sie voraussichtlich benötigen werden.

Diese Menge wird in den Mischbecher gegossen, und nun wird die Menge des Härters (MEK) bestimmt. Auf der Verpackung oder der Gebrauchsanweisung finden Sie das richtige Mischungsverhältnis. Voraussichtlich wird das zwei bis drei Prozent sein. Falls Sie sich beim Mischen nicht sicher fühlen, sollten Sie eine Waage benutzen. Auf 100 Teile Polyesterharz benötigen Sie also z. B. 2,5 Teile Här-

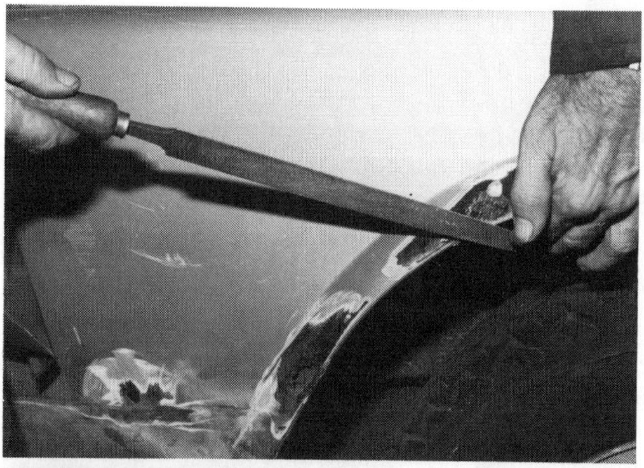

Foto 5: Nach dem Trocknen (± 20 Min; Vorschrift beachten!) wird die Oberfläche zunächst grob nachgefeilt. Danach kann man die Karosseriefeile noch gebrauchen.

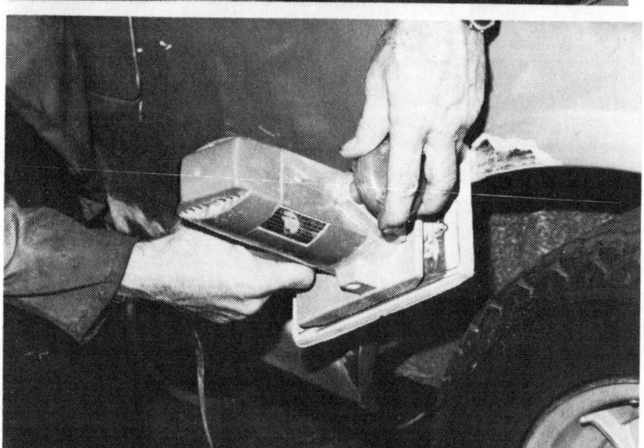

Foto 6: Das Resultat muß natürlich schön straff und glatt sein. Gründliches Schleifen ist daher unbedingt erforderlich.

ter. Vorsicht: zuviel Härter führt schon zum Aushärten während der Bearbeitung, und dadurch wird das Harz bald unbrauchbar. Zuwenig Härter dagegen würde die Härtungszeit unverhältnismäßig verlängern. Wenn das Mischungsverhältnis stimmt, wird die aufgetragene Paste nach etwa fünfzehn Minuten weitere Bearbeitungen zulassen.

Bei *kleinen Löchern* (etwa 1 cm ∅) können Sie die maßgerecht geschnittene Matte im Harz tränken und auf das Blech legen.

Bei *größeren Löchern* müssen Sie anders vorgehen. Als erstes sollten sie den Blechrand des Loches mit dem Hammer ein wenig nach unten klopfen, so daß die Matte gewissermaßen etwas »tiefer« liegt; jedenfalls sollte sie nicht *über* dem Blech liegen. Um dem vorzubeugen, daß die Matte in das Loch hineinrutscht, bringt man zunächst einen Untergrund an. Das läßt sich mit Hilfe von Klebeband sehr leicht bewerkstelligen.

Der nächste Schritt besteht im sogen. Tamponieren, wobei die Matte eingetupft wird. Dazu verwendet man einen flachen Untergrund (z. B. eine Glas- oder Holzplatte), auf dem eine Folie liegt. Diese Kunststoffolie sollte aus Polyäthylen oder, besser noch, aus Hostaphan sein. Polyäthylen verwendet man für Einkaufs- und für Abfallbeutel, Dinge also, die leicht erhältlich sind.

Auf diese Folie legen Sie die Glasfasermatte und betupfen sie mit dem Pinsel, bis sie nicht mehr weiß, sondern glasartig durchsichtig ist. Die Glasfasermatte ist jetzt mit Harz durchtränkt. Zusammen mit der Folie wird die Glasfasermatte nunmehr aufgehoben und auf die Schadenstelle geklebt. An den Rändern wird sie ein wenig angerieben, und dann wird die Folie von der Seite her vorsichtig abgezogen. Anschließend werden die Ränder sorgfältig tamponiert. Der Rand der Glasfasermatte muß jetzt allmählich zum Blech übergehen.

Die Nachbearbeitung

Nachdem die Härtezeit verstrichen ist, wird die Stelle nachgespachtelt. Das kann mit Polyesterspachtel geschehen, der in Schichten aufgetragen wird. Die Stelle wird dann gründlich geschliffen, wonach sie zur Lackierung bereit ist.

Bei eiligen Reparaturen und bei niedriger Temperatur empfiehlt es sich, das geschliffene Metall mit einem Heizlüfter oder einem Fön anzuwärmen. Nur so bewirkt man ein schnelleres Aushärten. Der Zusatz von mehr Härter führt in den meisten Fällen beim Härteprozeß nur zur Blasenbildung.

Foto 7: Polyesterspachtel, Härter, Spachtelmesser und Gummispachtel.

Foto 8: Die benötigte Menge ungefähr bestimmen, nicht zuviel zubereiten. Mischplatte benutzen und Härter hinzufügen (Vorschrift beachten!). Komponenten sehr gründlich mischen.

Foto 11: Um eine schöne, glatte Oberfläche zu erhalten, muß man von Hand naßschleifen. ▷

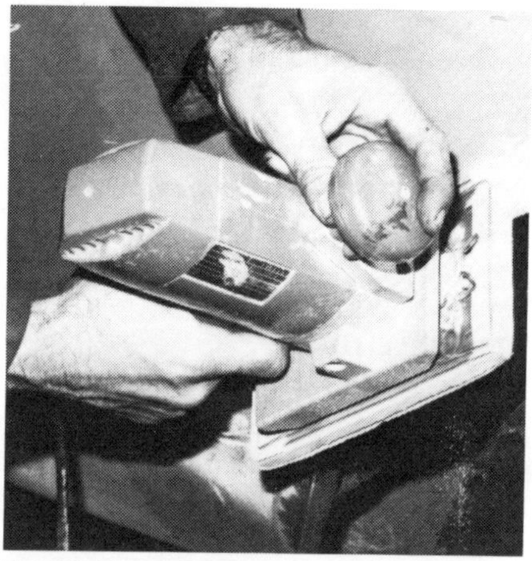

Foto 9: Polyesterspachtel auftragen und mit Gummispachtel möglichst glatt verstreichen. Spachtel laut Vorschrift trocknen lassen.

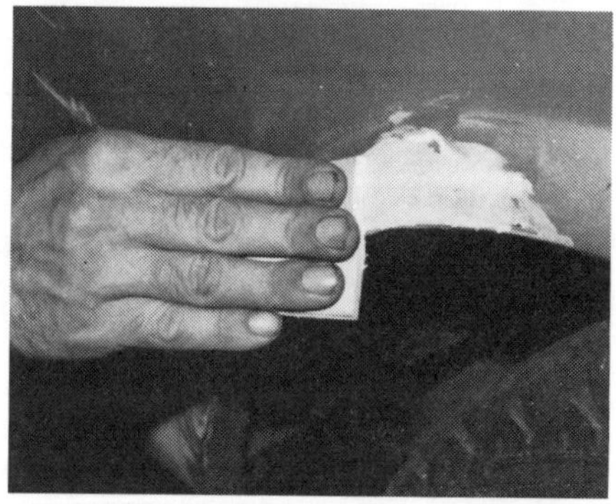

Foto 10: Die Endverarbeitung erfolgt wieder mit dem üblichen Werkzeug. Hier wird die grobe Arbeit mit dem Schwingschleifer gemacht. Sollte die Oberfläche noch Unebenheiten zeigen, dann muß das Spachteln wiederholt werden.

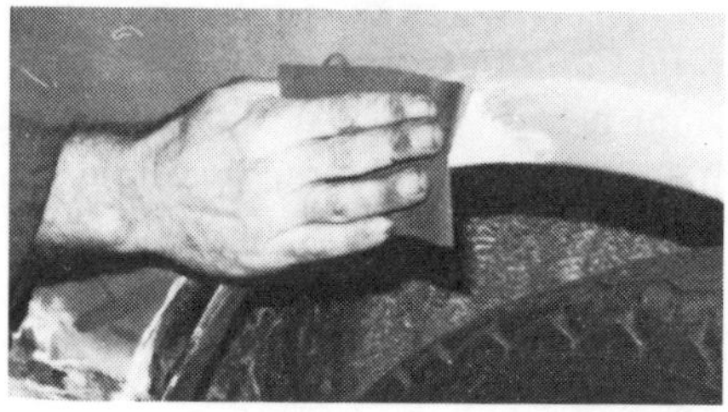

12 Aluminium und leichte Legierungen

12.1 EINLEITUNG

Die Leichtmetalle und deren Legierungen haben in der Technik vielerlei Anwendungsbereiche gefunden. Interessierte sich zunächst nur die Luftfahrtindustrie dafür, so folgten schon bald die Automobilindustrie, das Bauhandwerk und der Schiffsbau.

Tatsächlich haben die Aluminiumlegierungen ein niedriges spezifisches Gewicht, nämlich ±2700 kg/m^3, womit sich ein wesentlicher Unterschied zum Eisen ergibt, dessen spezifisches Gewicht etwa 7850 kg/m^3 beträgt. Unter Berücksichtigung der Festigkeit, der Weichheit und der Verarbeitungsmöglichkeiten müßte es also möglich sein, bei allen Konstruktionen 40 bis 50% Gewicht einzusparen. Je nach Zusammenstellung der Legierung, normal oder Duralumin, wird die gewalzte Alu-Platte eine Elastizitätsgrenze von 800 bis 2800 kg/m^2 haben, eine Bruchfestigkeit von 1200 bis 3500 kg/cm^2, eine Bruchdehnung von 10 bis 18%, einen Brinell-Härtegrad von 50 bis 100 und ein Elastizitätsmodul von ±7000 kg/mm^2.

Ferner müssen wir auch noch den spezifischen Dehnungskoeffizienten des Aluminiums ($22{,}4 \times 10^{-6}$) berücksichtigen, der nahezu doppelt so groß ist, wie der des Eisens (12×10^{-6}).

Durch Anodisierung kann Aluminium korrosionsbeständig und glänzend gemacht werden, wodurch es als Wärmestrahlungsreflektor für Isolationszwecke brauchbar wird. Das Streben nach leichteren Automobilen mit großer Beschleunigung bedingt einen höheren Gestehungspreis, und es setzt voraus, daß man die Vorteile unter Ausschaltung einiger Nachteile zu nutzen versteht. Ferner spielen auch noch die folgenden Faktoren eine wesentliche Rolle: Wartung, Korrosion, die auftretenden elektrolytischen Eigenschaften, Ersatzteile und angewandte Reparaturtechniken.

Bei Karosserien werden Aluminiumverbindungen nicht so häufig miteinander verschweißt, wie es bei Stahlblechen der Fall ist. Man verbindet meist durch Nieten oder Schrauben, wodurch das Erneuern von beschädigten Teilen erleichtert wird. Auch ändern sich die üblichen Reparaturtechniken etwas, wenn man Teile zusammenbaut, die aus verschiedenen Grundstoffen bestehen, denn schließlich müssen wir die spezifischen Eigenschaften dieser Grundstoffe berücksichtigen. Aluminium ist weicher, schwächer und spröder als Stahlblech. Zum Ausbeulen müssen wir also leichtere und weichere Werkzeuge verwenden, die wir auch speziell zur Bearbeitung von Leichtmetallen verwenden werden, wie z. B. Hämmer und

Vorhaltblöcke aus Holz, Gummi und Kunststoff, deren Arbeitsflächen vollkommen eben und glatt poliert sind. Man muß berücksichtigen, daß Aluminiumlegierungen nur einen geringen Widerstand gegen Einkerbungen haben! Die verwendeten Werkzeuge dürfen also keinesfalls Rillen, Abdrücke oder Kerben auf dem Blech hinterlassen. Es kommt also darauf an, glatt zu arbeiten und scharfe Ecken und Ränder zu vermeiden.
Das weichere Aluminiumblech läßt sich besser kaltstauchen, als eine Weicheisenplatte von gleicher Dicke. Die absolute Dehnbarkeit ist aber erheblich geringer, und wir müssen von Zeit zu Zeit ausglühen. Bei thermischer Behandlung werden wir feststellen, daß die Wärmeleitfähigkeit groß ist, wodurch die Wärme leicht abfließt und sich schnell verbreitet. Das heißt also: beim Ansetzen von Schrumpfpunkten und beim Schweißen schneller arbeiten, und dies mit nicht zu kleiner Flamme. Je nach der Zusammenstellung der Legierungen sind die thermischen Eigenschaften sehr unterschiedlich. Deshalb muß man auch genau wissen, welche Art von Leichtmetall man vor sich hat, eine normale oder eine solche für thermische Behandlung. Schweißen und Löten setzt Sachkundigkeit voraus.
Auch die mechanische Bearbeitung setzt größere Sorgfalt voraus: Schneiden, Falzen oder Bohren. Wichtig: Glatt verarbeiten, um Kerben vorzubeugen. Aluminiumlegierungen sind empfindlich gegenüber Korrosion und elektrolytischen Einflüssen. Das ist grundsätzlich zu berücksichtigen, und man muß das Material davor schützen.
Dennoch können wir die beim Stahlblech üblichen Bearbeitungsmethoden anwenden, nur müssen wir sie dem Aluminium anpassen. Die Erfahrung lehrt, daß Aluminiumlegierungen bei fortgesetztem Hämmern und Verformen recht schnell überdehnt werden können. So wird eine tiefe Rundform im Aluminiumblech von außen her nach innen vertieft werden müssen; bei weichem Eisenblech geschieht dies gerade entgegengesetzt! Ebenso, wie das Stahlblech, wird das Alublech durch Hämmern hart. Man glüht es dann aus, um es wieder weich zu machen. Auch hier muß man sorgfältig zu Werke gehen, denn die Art der Abkühlung richtet sich nach der Legierung. Ferner werden wir noch sehen, wie man allerlei Hilfsmittel dazu nutzen kann, die erreichte Temperatur annähernd zu messen, denn weder beim Glühen noch beim Schweißen ist es möglich, den Grad der Erwärmung ohne Hilfsmittel zu überprüfen.
In vielen Werkstätten führt die Lagerung von Aluminium zu Problemen. Es handelt sich dabei ja um ein teures Material, das behutsamer Behandlung bedarf. Deshalb folgen hier einige Tips. Nur in geheizten Räumen lagern, in denen sich Kondensierung von Feuchtigkeit vermeiden läßt. Die Bleche werden mit einem neutralen Öl eingefettet, sofern sie nicht mit einer aufgespritzten Zellulose-Schutzschicht angeliefert wurden. Die Lagerung muß freistehend vom Boden in speziellen Regalen erfolgen. Große Platten stapelt man flach und schützt sie durch Zwischenlagen von starkem Papier oder Karton. Bei der Hantierung der Platten ist besondere Vorsicht angebracht, damit sie nicht beschädigt werden; niemals Platten übereinanderschieben, sondern sie ohne Knicken und Kratzen vollständig anheben.

Die nachfolgende Tabelle zeigt die Kaltverformbarkeit einzelner der wichtigsten Aluminiumlegierungen.

Kaltverformbarkeit

Leicht	*Mittel*	*Schwer*
A9	A-SG geglüht	A-SG weichgeglüht
A4, A5 geglüht	A-G3 geglüht	A-G5 halbhart
A-M, A-Gl geglüht	A-UG geglüht	A-U4G normal
A4, A5 halbhart	A-SG gehärtet	A-M gewalzt
A-M, A-Gl hart	A-G5 geglüht	A-U4G weichgeglüht
	A5 gewalzt	
	A-G3 halbhart	

Beim Entwurf einer Konstruktion spielt die Wahl des zu verwendenden Alu-Blechs natürlich eine große Rolle. Zu berücksichtigen sind die mechanischen Eigenschaften, der Widerstand gegen Korrosion und elektrolytische Einflüsse, die Möglichkeiten zur Formung und Montage. Man muß ferner daran denken, daß Bearbeitungen, wie Dehnen, Stauchen, Senken, Ausbeulen, Richten, Falzen usw., Änderungen der spezifischen Materialeigenschaften bewirken. Während der Arbeit muß man spüren und beobachten, ob die Bearbeitungen normal kalt durchgeführt werden oder ob man anwärmen oder ausglühen soll.
Die normalen Alu-Legierungen können weichergemacht werden; Legierungen für thermische Behandlung können gehärtet und getempert werden.
Beschränken wir uns hier auf die wichtigsten Punkte, die für die Karosserie wichtig sind, und deshalb sei im Nachfolgenden eine Übersicht dessen gegeben, was zum Schutz gegen Korrosion, zur Behebung elektrolytischer Einflüsse, zum Abbeizen, Grundieren, Lackieren, zum anodischen Oxydieren und zum Überzugslack zu sagen ist.

12.2 AUSGLÜHEN

Wie bereits gesagt, muß ein Unterschied zwischen den Aluminiumlegierungen mit normaler Behandlung und jenen mit thermischer Behandlung gemacht werden.

A) *Bei den Legierungen ohne thermische Behandlung* können wir die Einflüsse, die sich aus dem kalten Hämmern und Bearbeiten ergeben, beheben, indem wir das Blech auf ungefähr 400° C erhitzen und es danach abkühlen lassen. Dieses Abkühlen darf rasch vonstatten gehen, sogar mit Wasser. Es kommt nämlich darauf an, das »Metallgitter« möglichst fein zu halten. Gerade diese feine Gitterstruktur läßt sich durch richtig angewandtes Hämmern, zusammen mit der Zeitdauer des Ausglühens, fördern. Je größer die Formänderung, desto feiner ist die Strukturierung der Moleküle nach dem Ausglühen.
Wir weisen darauf hin, daß das Erhitzen und Ausglühen keinesfalls übertrieben

werden darf. Dazu darf man erst dann übergehen, wenn man tatsächlich spürt, daß das Material weiterhin nur noch schwer zu bearbeiten ist. Ebenso wie bei einem Blech aus Weicheisen, muß man wissen, wie weit man mit einer bestimmten Bearbeitung gehen darf, und keinesfalls darf man vom Material Unmögliches erwarten. So wird ein zu hohes und zu langes oder ein zu oft wiederholtes Glühen eine grobere Struktur zur Folge haben.
Auch dürfen wir nicht vergessen, daß sich die spezifischen Eigenschaften des normalen Aluminiumblechs unter dem Einfluß mancher Bearbeitungen einigermaßen ändern werden, so durch das Hämmern mit Nachglühen.
Ein Versuch mit normalem Blech ergab die nachfolgenden Resultate:

	Bruchfestigkeit in kg/mm^2	Elastizitätsgrenze in kg/mm^2	Dehnung in %
Gehämmert	17	14	3
Ausgeglüht	9	3	28

Daraus läßt sich ableiten, daß das Ausglühen eines gehämmerten Blechs die Bruchfestigkeit und die Elastizitätsgrenze zwar abnehmen, aber die absolute Dehnung zunehmen ließ.

B) *Bei den thermisch behandelten Legierungen,* wie A5, A-U4G und dem A-SG, wird das Ausglühen die Bruch- und Elastizitätsgrenze nach einem Hämmern oder einer Formveränderung ebenfalls erheblich senken, aber die absolute Dehnbarkeit wird sich nur wenig ändern. Das zeigt die nachfolgende Tabelle.

	Bruchfestigkeit in kg/mm^2	Elastizitätsgrenze in kg/mm^2	Dehnung in %
Gehämmert	40	27	15
Ausgeglüht	18	10	14

Die Legierungen mit thermischer Behandlung werden nach dem Ausglühen im gleichen Verhältnis weicher werden, in dem die Abkühlung langsamer erfolgte. Für das normale Ausglühen können wir bei 400° C einige Minuten veranschlagen, einige Sekunden bei 500° C und $\pm$10 Minuten bei ca. 280° C. Ein rasches Erwärmen setzt sorgfältigste Temperaturüberwachung voraus, wenn es einmal verbrannt ist, degeneriert das Blech, daran läßt sich nichts mehr ändern.

12.3 DIE DAUER DES ABKÜHLENS NACH DEM GLÜHEN

A) *Die normalen Alu-Legierungen* werden nach dem Ausglühen schnell abgekühlt, sogar mit Wasser.

B) *Bei Alu-Legierungen mit thermischer Behandlung* (A-SG und A-U4G) muß das Abkühlen nach einer Erhitzung bis zu 400° C sehr langsam erfolgen, d. h. um etwa 50° C pro Stunde bzw. innerhalb von etwa acht Stunden, was aber ohne einen regelbaren Ofen nur sehr schwer zu machen ist. Das langsame Absinken der Temperatur während des langanhaltenden Abkühlens muß mit Hilfe von Pyrometern sehr sorgfältig überwacht werden; solche Pyrometer sind im Ofen an mehreren Stellen eingebaut. Meist verwendet man elektrische Temperöfen, weil die Flamme von Gas- oder Benzinöfen keinesfalls mit dem Material in Kontakt kommen darf. So verwendet man in der Flugzeugindustrie Nieten aus Duralumin, die man vor dem Vernieten sorgfältig ausglüht und langsam abkühlen läßt, um sie dann innerhalb von anderthalb bis zwei Stunden zu verarbeiten. Wartet man länger, dann werden sie wieder hart. Darauf werden wir später nochmals zurückkommen.

12.4 TEMPERATURKONTROLLE

Am besten eignet sich dazu ein empfindliches Kontaktpyrometer. Beim Schweißen verwenden Anfänger zuweilen auch Kernseife. Beim Ausglühen der normalen Alu-Legierungen kann man aber auch ebenso Talk oder feine Sägespäne von Tannen- oder Pappelholz verwenden oder im Fachhandel erhältliche Stifte mit thermischer Farbreaktion. Hier seien die Reaktionen bei verschiedenen Temperaturen (annähernd) aufgeführt.

Talk
150° C: leicht rauchend
250° C: gelb
300° C: hellbraun
350° C: braun
400° C: glänzend schwarz
450° C: (zu heiß) das Schwarz verschwindet.

Kernseife
Ändert die Farbe etwas schneller als Talk, aber in gleicher Skala. Eignet sich besser beim Schweißen.

Sägespäne
300° C: leicht rauchend
350° C: mittlerer Rauch
400° C: Rauch mit aufleuchtenden Pünktchen
450° C: (zu heiß) Verbrennung mit Glut.

Farbstifte
Werte und Änderungen gemäß Angaben des Herstellers.

12.5 DIE IDENTIFIZIERUNG

Mehrere Automobilhersteller verwenden Aluminiumlegierungen in mehr oder weniger großem Umfang zur Karosseriemontage, u. a. für Türbleche, Motorhauben und Kofferraumdeckel. Will man an solchen Fahrzeugen Reparaturen durchführen, muß man natürlich genau wissen, welches Material bearbeitet wird.
Legierungen mit mehr als 3% Magnesium eignen sich ganz gewiß nicht zum Schweißen mit dem Schweißbrenner. Schweißbrenner und normales Lichtbogenschweißen sind bei A-U4G, A-Z6G und A-ZAGU nicht zulässig. Bleche dieser Art werden vernietet oder mit einem speziellen Leim geklebt.
Oft steht man vor der Frage, ob man es mit reinem Aluminium oder aber mit einer der zahlreichen Legierungen zu tun hat. Um dieses Problem zu lösen, kann man sich eventuell mit der folgenden, einfachen Untersuchung behelfen. Man stellt eine 20%ige Lösung von Natronlauge (NaOH) her und trägt diese auf einem gereinigten Blech auf. Nach zehn Minuten zeigen sich die folgenden Reaktionen.

1. *Weißer Fleck:* zeigt mehr oder weniger reines Aluminium an. Frei von Kupfer, Zink und Nickel. Die Oberflächenhärte wird einen sehr niedrigen Wert haben.

2. *Schwarzer, feiner Niederschlag* (läßt sich mit einem Lappen leicht abreiben). Deutet eine leichte Legierung von Kupfer, Zink und Nickel an.

3. *Schwarzer, klebriger Niederschlag:* zeigt eine Legierung mit mehr als 1% Silizium an.

Es versteht sich, daß eine solche Prüfung nur als primitive Annäherungsmethode gelten kann. Will man die genaue Zusammenstellung eines Bleches ermitteln, dann ist mehr erforderlich, als eine derartig oberflächliche Untersuchung. Bessere Methoden: eine Zugfestigkeitsprüfung zusammen mit der Messung der Oberflächenhärte, eine chemische Analyse oder eine spektrographische Untersuchung. Danach kann man in den nachfolgenden Tabellen die kennzeichnenden Eigenschaften oder Spuren aufsuchen, die man festgestellt hat.
Zu den Materialien *ohne thermische Behandlung* gehören die Legierungen mit Silizium, Magnesium und Mangan, die meist in ausgeglühtem Zustand (leicht verschweißbar, also wenig Magnesium) geliefert werden. Diese werden im Karosseriebau gerne verwendet, weil sie leicht zu verarbeiten sind, einen guten Widerstand gegen Korrosion bieten und weil ihre Stärke und Steifheit etwas höher liegen, als die von reinem Aluminium.
Zu den wichtigsten Legierungen *mit thermischer Behandlung* gehört das AlMgSi, das zur Herstellung von Behältern für die Nahrungsmittelindustrie und für Chemiebetriebe verwendet wird, ferner in allen Anwendungsbereichen, in denen hohe mechanische Anforderungen mit einer guten Korrosionsbeständigkeit verbunden sind. Karosseriebetriebe und Flugzeugindustrie werden ferner mit thermisch behandeltem AlCu4Mg konfrontiert werden. Die auffälligsten Eigenschaften die-

ser Legierung sind ein äußerst geringes Gewicht und ein Maximum an Widerstand. Sofern diese Bleche geglüht werden, muß dies mit großer Sorgfalt erfolgen, worauf ein langsames Abkühlen notwendig ist. Je nach der Zusammenstellung

Aluminium-Knetlegierung ohne thermische Behandlung

	– = minimal + = maximal	Fe	Si	Cu	Mn	Zn	Fe + Si + Cu + Mn + Zn	Mg	Cr	Ti
A4	+	0,8	0,5	0,1	0,1	0,1	1	0,05	0,05	0,05
A5	+		0,3	0,05	0,05	0,1	0,5	0,03	0,03	0,05
A8	+	0,15	0,15	0,03	0,03	0,06	0,2	0,01	0,02	0,05
A9		reines Al								
A-M1	–	–	–	–	1,–	–		–	–	–
	+	0,7	0,6	0,20	1,5	0,1	–	0,05	–	0,05
A-MG0,5	–	–	–	–	1,–	–		0,2	–	–
	+	0,7	0,3	0,25	1,5	0,25	–	0,6	–	0,10
A-M1G	–	–	–	–	1,–	–		0,8	–	–
	+	0,7	0,3	0,25	1,5	0,25	–	1,3	–	0,05
A-G06	–	–	–	–	–	–		0,5	–	–
	+	0,7	0,4	0,20	0,20	0,25	–	1,1	0,1	0,05
A-G1	–	–	–	–	–	–		1,–	–	–
	+	0,7	0,4	0,20	0,7	0,25	–	1,8		0,05
AG2	–	–	–	–	–	–		1,7	–	–
	+	0,5	0,4	0,10	0,5	0,2	–	2,8	0,4	0,2
AG3	–	–	–	–	0,1	–		2,6	–	–
	+	0,5	0,4	0,1	0,6	0,2	–	3,8	0,4	0,2
A-G4MC	–	–	–	–	0,2	–		3,8	0,05	–
	+	0,5	0,35	0,1	0,6	0,2	–	4,6	0,30	0,2
A-G5	–	–	–	–	0,2	–		4,5	–	–
	+	0,5	0,4	0,1	0,1	0,2	–	5,5	0,4	0,2
A7-G3	–	–	–	–	–	–		2,6	–	–
	+	0,3	0,2	0,05	0,3	0,1	–	3,5	0,05	0,2
A85-GT	–	reines Al						2,6	–	–
								3,5	0,05	–
A9-G1		Al mit 1% Mg						1,–	–	–
A9-G3		Al mit 3% Mg						3,–	–	–

wird die Ausglühtemperatur bei leichten Legierungen mit thermischer Behandlung bei ca. 400° C liegen. Die Härtungstemperatur liegt zwischen 480 und 520° C. Die Entladetemperatur bei ca. 175° C mit einer Entladezeit zwischen drei und sechs Stunden. Das Warmbiegen und -falzen erfolgt bei Temperaturen zwischen 350 und 400° C.

Aluminium-Knetlegierung mit thermischer Behandlung

	– = minimal + = maximal	Fe	Si	Cu	Mn	Zn	Mg	Cr	Ti	Ni
A-Z3G3	–	–	0,8	–	–	–	0,7	–	–	–
	+	0,5	1,5	0,1	0,2	0,25	1,3	–	0,2	–
A-SG	–	–	0,6	–	0,1	–	0,6	–	–	–
	+	0,5	1,6	0,1	1,–	0,25	1,4	0,3	0,2	–
A5-GM	–	–	–	2	–	–	0,2	–	–	–
	+	0,7	0,8	3	0,2	0,25	0,5	0,1	0,2	–
A-U2G	–	–	0,3	3,5	0,3	–	0,4	–	–	–
	+	0,7	0,8	4,7	0,8	0,25	1	0,1	0,2	–
A-U4G	–	–	–	3,8	0,3	–	1,2	–	–	–
	+	0,5	0,5	4,9	0,9	0,25	1,8	0,1	0,2	–
A-U4G1	–	–	0,5	3,9	0,4	–	0,2	–	–	–
	+	0,7	1,2	4,9	1,2	0,25	0,8	0,1	0,2	–
A-U4SG	–	–	–	–	–	3	1,7	0,05	–	–
	+	0,4	0,3	0,1	0,6	4	2,7	0,35	0,2	–
A-Z5GU	–	–	–	1,2	0,1	5	2	–	–	–
	+	0,5	0,4	2	0,9	6,5	3,5	0,35	0,1	–
A-Z8GU	–	–	–	1,2	–	7	1,8	0,1	–	–
	+	0,5	0,4	2,2	0,7	8,5	3,2	0,35	0,2	–
A-U2N	–	0,6	0,55	1,8	–	–	0,65	–	0,05	0,8
	+	1,2	1,25	2,5	–	–	1,20	–	0,15	1,4
A-U2GN	–	0,9	0,1	0,2	–	–	1,2	–	0,06	0,9
	+	1,4	0,25	2,6	–	–	1,8	–	0,15	1,4
A-U4N	–	–	–	3,5	–	–	1,2	–	–	1,8
	+	0,6	0,6	4,5	–	–	1,7	–	–	2,3
A-U6MT	–	–	–	5,5	0,20	–	–	–	0,05	–
	+	0,3	0,2	6,5	0,30	–	–	–	0,15	–
		FeTi								
A-S12UN	–	Mn	10,5	0,7	–	–	0,8	–	–	0,7
	+	0,6	12,5	1,3	–	–	1,5	–	0,15	1,3

12.6 DAS ANZEICHNEN

Angesichts der nachteiligen Widerstandseigenschaften von Aluminium gegen Kerbwirkung dürfen die Bearbeitungen keine Kratzer zurücklassen. Deshalb sollte man auf Aluminium grundsätzlich immer mit einem Bleistift anzeichnen, aber niemals mit einem Metallstift anreißen. Eingekratzte Linien werden kleine Risse verursachen.

12.7 DAS SCHNEIDEN

1. Bei langen Stücken ritzt man das Blech mit einem scharfen Messer entlang einer geraden Stahlleiste. Danach wird das Material in die Abkantmaschine geschoben. Beim Abkanten bricht das Blech gerade ab. Die Bruchlinie wird anschließend mit einer weichen Alu-Feile glattgefeilt.
2. Dünne Bleche können natürlich auch mit einer Hand-Blechschere, einer mechanischen Schere oder der Schneidemaschine geschnitten weden.
3. Beim Schneiden von Winkeln bohrt man immer ein kleines Loch in das Blech, und zwar so, daß die Hälfte des Loches nach dem Ausschneiden übrigbleibt; dies um dem späteren Durchreißen infolge von Kerbwirkung vorzubeugen.

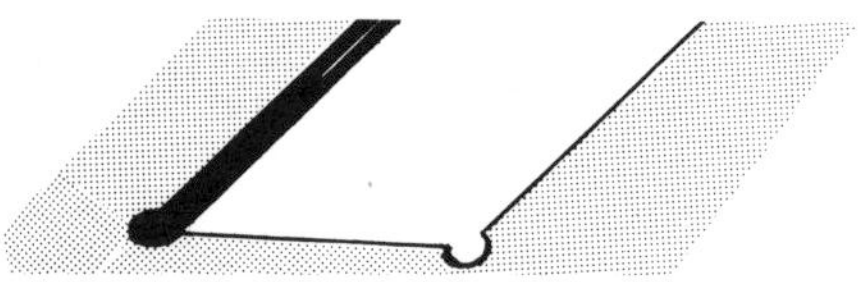

Abb. 12.1: **Beim Ausschneiden von Winkeln bohrt man ein kleines Loch, um einem Durchreißen vorzubeugen**

4. Aus demselben Grund müssen auch scharfe Winkel und Falten vermieden werden.
5. Zum Aussägen von Stücken verwendet man eine feine Metallsäge, wonach die gesägten Kanten mit einer weichen Feile geglättet werden.
6. Die Verarbeitung im Schraubstock bedingt weiche Spannbacken aus Kunststoff, Holz, Hartgummi oder ausgeglühtem, reinem Aluminium. Nach Möglichkeit kein Kupfer oder Blei verwenden.

12.8 BIEGEN UND ABKANTEN

Dünne Bleche dürfen nicht in einem zu scharfen Winkel abgekantet werden. Der Radius des Biegens oder Abkantens eines Alu-Blechs hängt von den folgenden Faktoren ab:

a) der Blechstärke;
b) der angewandten mechanischen und thermischen Behandlung;
c) der Art des Grundstoffs.

Das AG3, AG4, A-SG und A-U4G federn beim Abkanten und Biegen ziemlich weit zurück, so daß man etwas weiterdrücken muß, um dies zu kompensieren.
Beim Biegen von dicken Blechen, z. B. 5 bis 10 mm, empfiehlt es sich, das Material an der Stelle, an der es abgekantet werden soll, auszuglühen und es vor dem Biegen dünner zu machen. Sonst entstehen leicht Sprünge oder Haarrisse, die eine Kerbwirkung verursachen können, sieht Abb. 12.2.

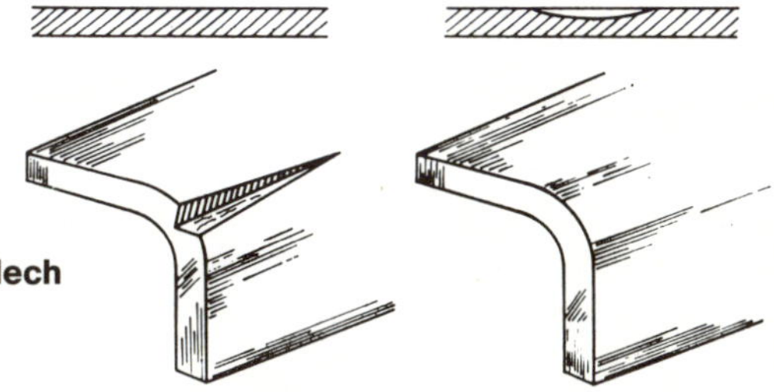

Abb. 12.2: **Biegen von Aluminiumblech**

Die nachfolgende Tabelle gibt den Wert des Radius beim Kaltbiegen von Alu-Blechen wieder; dies im Verhältnis zur Dicke und Zusammenstellung.

Reines	Dicke in mm										
Aluminium	1	2	3	4	5	6	7	8	9	10	> 10
Geglüht	–	–	0,5	1	1	2	2,5	3	4	5	0,5
Kaltgehärtet	1	3	5	7	10	13	16	20	25	30	3
AlMg3	0,5	1	1	1,5	2	2	3	3,5	4	5	0,5
AlMg5	1	2	3	5	7	9	11	13	15	18	2
AlCu4Mg											
geglüht	2	3	5	6	8	10	13	15	18	22	3
normal	2	4	8	12	16	20	25	32	40	45	5

12.9 DAS BIEGEN VON BLECHEN

1. Biegen von Hand

Das einfachste Arbeitsverfahren ist es, mit Hilfe eines Hammers aus Holz, Kunststoff oder Gummi über einem Amboß oder auf der Kante einer stabilen Werkbank zu biegen; siehe Abb. 12.3.
Mit Hilfe eines Schraubstocks gelangen wir leicht zu einem besseren Resultat. Den gewünschten Biegeradius erhält man, indem man entlang der Innenseite des Biegewinkels ein Einspannblech entsprechender Dicke verwendet (Abb. 12.4). Ist das Blech länger als die Backe des Schraubstocks, kann man es zwischen zwei Winkelprofilen biegen, deren Winkel abgerundet und poliert sind (Abb. 12.5). Bei größeren Längen verwendet man einen Falzstab und ein Winkelprofil.

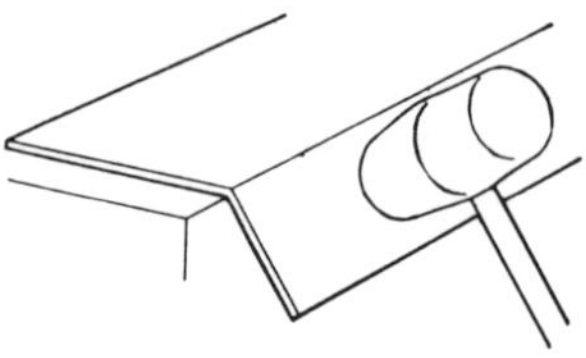

Abb. 12.3: **Biegen von Hand.**
Biegt man entlang dem Rand der Werkbank, kann man das Blech zwischen zwei L-Profilen einklemmen.

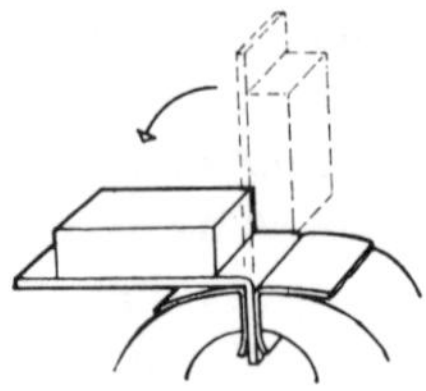

Abb. 12.4: **Biegen im Schraubstock**

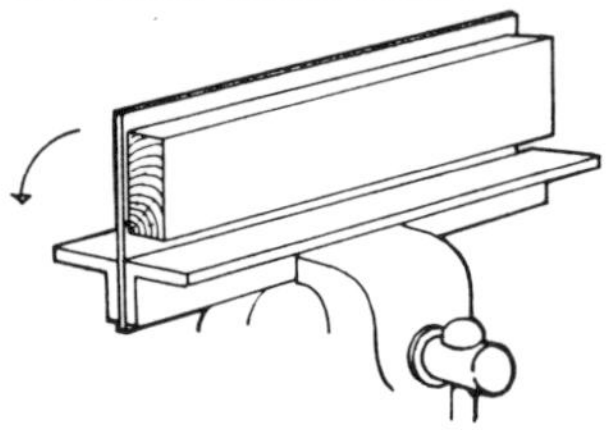

Abb. 12.5: **Verlängern der Schraubstockbacken**

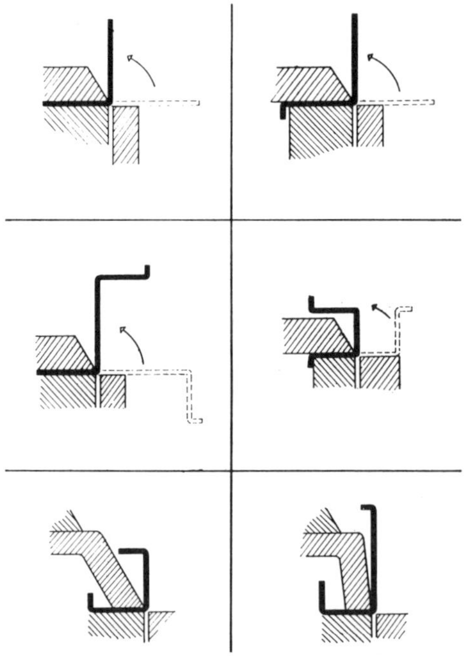

Abb. 12.6: **Das Biegen verschiedener Formen in der Biegemaschine**

Hinweis: Immer sehr vorsichtig arbeiten, um ein Wellen des Randes zu vermeiden oder um einer Wölbung des Blechs durch Dehnen des Metalls vorzubeugen.

2. Maschinelles Biegen

Aluminiumbleche können mit der universellen Blechbiegemaschine gebogen werden. Solche Maschinen gibt es in Ausführungen, die von Hand oder mechanisch bedient werden. Man kann damit Bleche bis zu 5 oder 6 mm Dicke und einer Länge von 3 m biegen. Je nach Biegewerkzeug lassen sich verschiedene Formen herstellen, siehe Abb. 12.6.
Man kann auch mit Hilfe der Biegepresse mit mechanischem oder hydraulischem Antrieb biegen. Damit lassen sich noch weit mehr Formen herstellen, als durch die zuvor beschriebenen Arbeitsmethoden.
Je nach dem Leistungsvermögen der Biegepresse läßt sich diese zum Biegen von Alu-Blechen mit den unterschiedlichsten Abmessungen und Dicken verwenden.

12.10 DAS BIEGEN VON ROHREN

A) Das Schneiden

Aluminiumrohre lassen sich mit Hilfe einer feingezahnten Metallsäge oder eines Rohrschneiders, dessen Schneidrad ein sehr scharfes Profil hat, abschneiden. Der Rohrschneider für Stahlrohre eignet sich nicht zum Trennen von Aluminiumrohren.

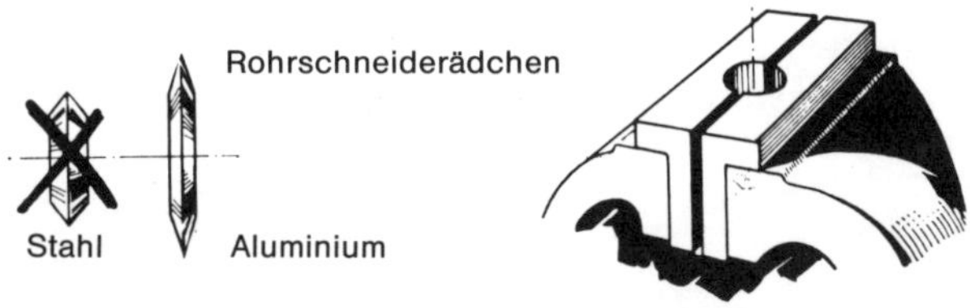

Abb. 12.7: **Rohrschneiderädchen (links) und Backenklemmen für Rohre (rechts)**

B) Das Einspannen von Alu-Rohren in den Schraubstock

Aluminiumrohre dürfen nicht in den für Rohre sonst üblichen Schraubstock eingespannt werden. Dessen Backen würden das Metall schwer beschädigen. Es empfiehlt sich, die Rohre mit Hilfe zweier angepaßter Klemmbacken einzuspannen, die einen Anschluß von wenigen zehntel Millimetern ermöglichen.

C) Biegen

Beim Biegen von Rohren wird die Rohrwand an der Außenseite des Biegewinkels gedehnt, während sie an der Innenseite gestaucht wird. Da die Rohre hohl sind, neigen sie dazu, an der Außenseite abzuflachen und sich an der Innenseite zu stauchen. Der minimale Biegeradius ist abhängig von:

1. der verwendeten Legierung und dem Härtezustand;
2. dem Außendurchmesser des Rohres und der Wandstärke;
3. dem Biegeverfahren (von Hand oder maschinell);
4. dem Maschinentyp.

Beispiel

Ein Rohr mit einem Außendurchmesser von 20 mm in Al99,5 oder AlMg3 kann ohne Füllung mit den folgenden Biegeradien gebogen werden:

Wandstärke	*Biegeradius*
1 mm	90 bis 100 mm
2 mm	40 bis 50 mm
4 mm	20 bis 30 mm

1. Kaltbiegen

Im allgemeinen kann man davon ausgehen, daß Rohre in Al99,5 oder AlMg3 einwandfrei gebogen werden können, wenn ihre Wandstärke nicht kleiner als $^{1}/_{20}$ des Durchmessers ist und unter der Voraussetzung, daß der Biegeradius nicht kleiner ist, als 3 x der Durchmesser des Rohres.

a) Biegen von Rohren ohne Füllung

Dazu verwendet man ein einfaches Rohrbiegegerät, bei dem das Rohr, gründlich eingefettet und nach Möglichkeit in weichem Zustand, über den Umriß eines Biegegrades gezogen wird. Damit es nicht plattgedrückt wird, muß der Biegeradius größer sein, als 4 x der Durchmesser (Abb. 12.8a).

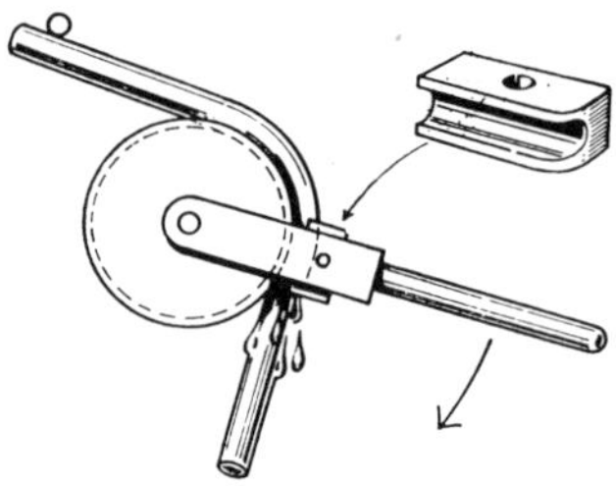

Abb. 12.8a: **Rundbiegen ohne Füllung**

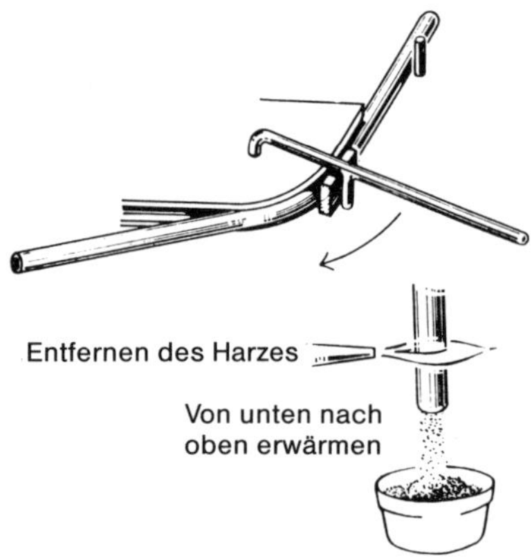

Abb. 12.8b: **Rundbiegen mit Harzfüllung**

b) Biegen von Rohren mit Füllung

Wenn die Wandstärke des Rohres im Verhältnis zum Durchmesser zu klein ist, muß das Rohr vor dem Biegen gefüllt werden. Das dazu verwendete Material muß

- leicht in das Rohr eingefüllt werden können,
- der Rohrwand während des Biegens hinlängliche Stütze bieten und
- nach dem Biegen leicht wieder entfernt werden können.

Meist verwendet man dazu Harz oder Sand, aber es gibt auch leicht schmelzbare und speziell zu diesem Zweck entwickelte Legierungen.

Um das Rohr rund zu bekommen, verwendet man einen speziellen Hebel. Dieser drückt das Rohr gegen die Biegeform (Abb. 12.8b).

c) Biegen mit eingeschobenem Dorn (Abb. 12.8c und d)
Diese Methode verwendet man im allgemeinen bei der Serienfertigung (Metallmöbel, Fahrradlenker usw.). Das Werkzeug mit eingeschobenem Dorn ermöglicht es, relativ kleine Biegeradien zu erhalten (ungefähr um 15% kleiner, als beim Biegen von Rohren ohne Füllung).

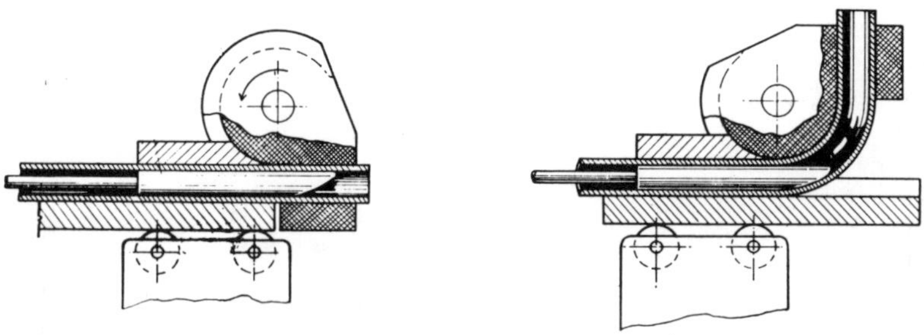

Abb. 12.8c und d: **Rundbiegen mit eingeschobenem Dorn**

2. Warmbiegen
Braucht man sehr kleine Biegeradien, dann muß das Werkstück erwärmt werden. Bei Rohren aus nicht-thermisch-härtbaren Aluminiumlegierungen, wie Al99,5, AlMg, AlMn, reicht ein leichtes Anwärmen auf 100 bis 150° C mit dem Brenner bereits aus.
Dieses Verfahren eignet sich nicht für Rohre aus thermisch härtbaren Aluminiumlegierungen, wie AlMgSi. Bei diesen muß man, ebenso wie bei Rohren aus nicht-thermisch-härtbaren Legierungen, bei denen sehr kleine Biegeradien hervorgerufen werden sollen, folgendermaßen vorgehen:
- das Rohr mit trockenem Sand gründlich füllen;
- mit dem Gasbrenner auf ± 400° C erwärmen.

Das Erreichen dieser Temperatur wird meist mit Hilfe von Stearin kontrolliert. Geht dessen Farbe von Dunkelbraun nach Schwarz über, dann beträgt die Temperatur ± 400° C.
Nach dieser Behandlung haben die Rohre natürlich einen weichen Zustand. Die Rohre aus thermisch härtbaren Alu-Legierungen müssen erneut einer Wärmebehandlung unterzogen werden, sofern die geforderten Charakteristiken dies notwendig erscheinen lassen.

Krümmungsradius S zum Kaltbiegen von Rohren mit Harzfüllung als Funktion des Durchmessers

			D = äußerer Rohrdurchmesser										
Metall	Dicke	weniger als 16 mm	16	20	25	30	35	40	45	50	55	60	mehr als 60
Unbearbeitet angeliefertes Alu 1/4 bis 1/2 hart und AlMg3 ausgeglüht	1	5 × D	150	250	350	450	575	725	925	–	–	–	–
	2	3 × D	75	125	175	–	–	–	–	–	–	–	–
	2,5	–	–	–	–	180	230	290	370	460	560	680	D × 12
	5	–	–	–	70	90	115	145	185	230	280	340	D × 7
Aluminium ausgeglüht	1	3 × D	50	70	100	140	190	250	330	–	–	–	–
	2	2 × D	30	50	75	–	–	–	–	–	–	–	–
	2,5	–	–	–	–	60	80	110	150	200	240	340	D × 7
	5	–	–	–	40	50	60	75	95	120	150	200	D × 4
AlMgSi gehärtet-gereift	1	2 × D	40	60	135	200	280	370	470	580	–	–	–
AlMg5 ausgeglüht	2	–	–	30	65	100	140	185	235	290	350	420	D × 8
AlCu4Mg neu gehärtet oder ausgeglüht	1	2 × D	40	60	125	190	260	335	415	500	–	–	–
	2	–	–	40	65	95	130	165	205	250	300	360	D × 7
AlCu4Mg gehärtet-gereift	1	2,5 × D	60	80	160	245	335	430	525	625	–	–	–
	2	–	–	40	75	115	160	210	270	335	405	485	D × 9

Zur Berechnung von Radius s, den wir der Schablone geben müssen, um ein gebogenes Rohr mit einem gegebenen Radius S, zu erhalten, kann man eine der folgenden Formeln anwenden:

$s = S \times 0{,}95$ bei ausgeglühtem Aluminium

oder $s = S \times 0{,}9$ bei kaltgehämmertem Aluminium oder behandelten Legierungen.

12.11 KALT- UND WARMSTAUCHEN

Das Kaltstauchen des normalen Alu-Blechs ist im allgemeinen problemlos. Schließlich ist das Material ja weich. Die Arbeitsmethode kennen wir bereits, diese wird, abgesehen von der Weicheit und Glätte der verwendeten Werkzeuge, überhaupt keine Schwierigkeiten verursachen.
Das Warmstauchen ist eine andere Sache. Beim Ansetzen der üblichen Schrumpfpunkte mit dem Schweißbrenner muß man beim normalen Alu-Blech vor allem darauf achten, daß die zulässige Temperatur von 400° C nicht überschritten wird. Da die *Wärmeleitfähigkeit des Aluminiums* viel größer ist, als die von Weicheisen, wird die Wärmeausbreitung viel umfangreicher sein, wodurch die Erwärmung viel weniger lokal gebunden ist. Deshalb muß man auch viel schneller arbeiten und das Ganze jeweils nach einzelnen Schrumpfpunkten abkühlen. Da die Temperaturkontrolle hier sehr wichtig ist, muß man Talkpulver verwenden, wie unter »Temperaturkontrolle« beschrieben, denn eine Überhitzung hätte schlimme Folgen.
Die normale Reaktion ist übrigens die gleiche, wie beim üblichen Stahlblech. Die erwärmte, beschränkt gehaltene, Stelle wird verformbarer als ihre Umgebung, deren innere Spannung größer ist. Beim Abkühlen des Schrumpfpunktes wird dieser sich von selbst stauchen lassen, und zwar durch den Impuls der umringenden Spannung, die auf diese Mitte gerichtet ist.
Ein konzentrisches Hämmern mit dem hölzernen, planen Hammer während des Schrumpfens wird das Resultat günstig beeinflussen. Sie werden auch feststellen, daß die Reaktion auf relativ dickeren Blechen besser ist als auf dünnen.

12.12 FORMGEBEN UND WIEDERHERSTELLEN

Unter Berücksichtigung der Eigenschaften des Ausgangsmaterials bleiben alle besprochenen Reparaturtechniken auch für das Alu-Blech gültig. Die normalen Aluminiumlegierungen dürfen, wie bereits gesagt, nach dem Ausglühen rasch abkühlen; die mit thermischer Behandlung werden langsam abgekühlt. Das einzige, was eigentlich anders anzugehen ist, ist das Treiben. Eine tiefe Kugelform im Alu-Blech wird von außen nach innen getrieben. Also genau umgekehrt, wie man bei weichem Stahlblech vorgeht.
Oftmals verwendet man ein neutrales Öl, mit dem die Vorhaltblöcke beim Ausbeulen eingerieben werden. Auf einem entladen Alu-Blech gelingt es, kleine Verformungen zurückzudrängen. In anderen Fällen wird man zur Verlängerung des Blechteils um die Verformung übergehen.

12.13 THERMISCHE BEHANDLUNG VON ALUMINIUMBLECHEN

Obwohl sämtliche Aluminiumlegierungen nach der Bearbeitung durch Ausglühen weichgemacht werden können, trifft dies keinesfalls auch für das Härten zu. Nur die Sorten, die sich unter die Alu-Legierungen mit thermischer Behandlung einordnen lassen, kommen für dieses Härten in Frage. Legierungen mit thermischer Behandlung sind: Al–Cu–Mg (Duralumin), Al–Mg–Si, Al–Zn–Mg und das Al–Zn–Mg–Cu.
Legierungen ohne thermische Behandlung, die normalen Sorten, sind: Al–Mn, Al–Mg, Al–Si und Al–Mg–Mn. Sie können davon ausgehen, daß man für Karosserien Legierungen verwendet, die gute mechanische Eigenschaften haben, die verschweißbar sind, instandgesetzt werden können und überdies starken Widerstand gegen Korrosion und elektrolytische Erscheinungen bieten.
Diesen letzgenannten Erscheinungen muß man bei der Montage vorbeugen, indem man die Berührungsflächen zu anderen Metallen isoliert. Mehr darüber im folgenden Abschnitt.
Das Härten und Tempern ist und bleibt eine Spezialsache, die der zahlreichen Varianten wegen ziemlich kompliziert ist. Wir werden uns hier deshalb nur auf Allgemeines darüber beschränken.
Ganz allgemein kann man davon ausgehen, daß die Anteile von Zusatzelementen bei normalen plastisch verformbaren Legierungen, die relativ große Mengen Fe und Si enthalten, zwischen 0,5 und 5% liegen. Um dies deutlicher zu machen, seien die Elemente hier in der folgenden Weise eingeteilt:

Abb. 12.9: **Schema von Aluminiumlegierungen**

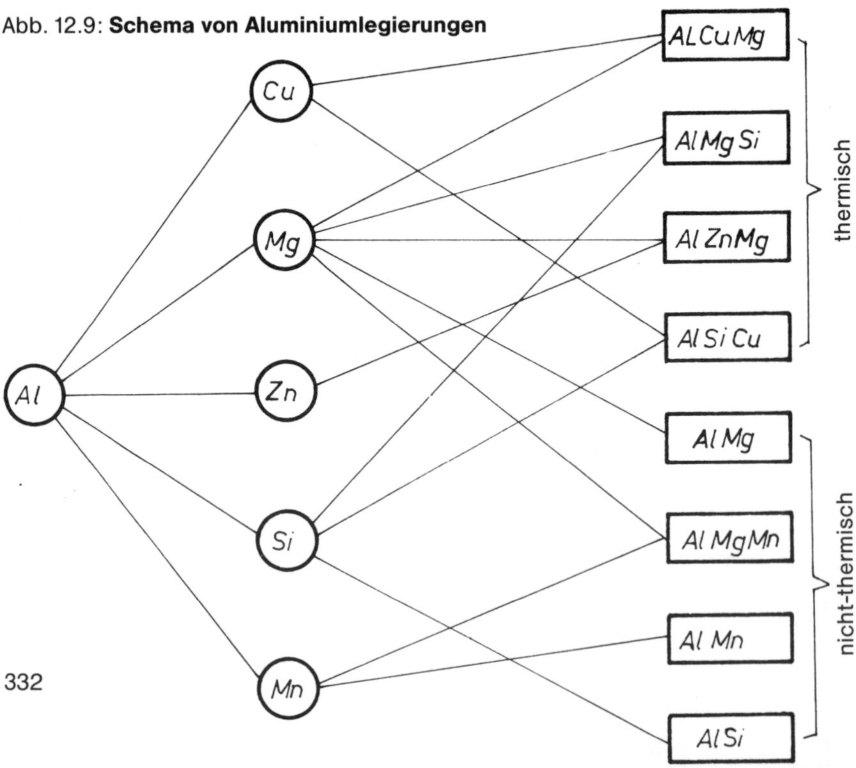

Das Härten thermisch behandelter Aluminiumlegierungen umfaßt drei Stadien, und es ist nur dann möglich, wenn die Legierungen einen Bestandteil enthalten, der bei höherer Temperatur eine bessere Lösbarkeit im Aluminiumkristall bewirkt.

Erstes Stadium. Das Auflösungsglühen bis ± 500° C. Die Zusatzelemente lösen sich im Aluminium-Kristallgitter auf, wodurch das Material weich und gut verformbar wird. Das Erwärmen muß mit Präzision und Temperaturkontrolle erfolgen.

Zweites Stadium. Das Abkühlen bis auf Zimmertemperatur. Je nach Sorte geschieht dies unverzüglich nach dem Auflösungsglühen mit Wasser, Öl oder pulsierender Luft. Die Lösung der Zusatzelemente im Kristallgitter der Legierung bleibt nun während einiger Zeit homogen, aber in einem halbstabilen Zustand. Durch leichte Störungen kann der ursprüngliche Zustand, wie er vor dem Ausglühen herrschte, wieder eintreten. Infolge ernsthafter Störungen (durch Bearbeitung) kann ebensogut ein völlig anderer Gleichgewichtszustand entstehen. Noch immer bleibt das Material, jedenfalls für eine Weile, weich und verformbar.

Drittes Stadium. Das letzte Stadium betrifft das Härten, das von selbst geschehen kann und *natürliches Härten* genannt wird. Das thermische Härten erfolgt schneller, und die Zusatzelemente entwickeln sich aus dem halbstabilen wieder in den stabilen Zustand. Durch Ausstoß aus dem Kristallgitter entstehen im Aluminiumkristall Spannungen, die zum Verhärten führen. Aus diesem Grunde bezeichnet man die Aluminiumlegierungen mit thermischer Behandlung auch als »starke Legierungen«. Ihre mechanischen Eigenschaften können durch Kaltverformung (Störungserzeuger) oder durch thermische Behandlung verbessert werden.

Die thermische Behandlung kann wie folgt zusammengefaßt werden:
1. Auflösungsglühen: Bildung des Mischkristalls;
2. Abkühlen: Bildung des ungesättigten Mischkristalls;
3. Natürliches Härten: Entwicklung zum endgültigen, ausgehärteten Zustand;
4. Thermisches Härten: schnellere Entwicklung zum thermisch ausgehärteten Zustand.

12.14 DIE MONTAGE

Bei heterogenem Aufbau, bei dem verschiedene Metalle mit dem Aluminium in Berührung kommen, muß man Vorsorgemaßnahmen gegen Korrosion und elektrolytische Erscheinungen treffen.
Daß man sich durch diese Nachteile keinesfalls davon abschrecken lassen sollte, Aluminium zu verwenden, beweisen die folgenden Beispiele:
Der Rolls-Royce aus der Abb. 10.7 z. B. hat einen Motorblock, Türen, Motorhaube und Kofferraumdeckel sowie Innenausrüstungsteile aus Aluminium. Auch und vor

allem bei Lieferwagen, bei Anhängern und Aufliegern verwendet man besonders häufig Aluminium. Dies beschränkt sich nicht auf den Aufbau, auch Teile der Achsaufhängung u. ä. finden sich vielfach in Alu-Ausführung.
Es war vornehmlich auf den Schiffswerften und im Karosseriebau, wo man es mit elektrolytischen Erscheinungen zu tun hatte, wenn Materialien mit verschiedenen elektrischen Potentialen zusammengesetzt wurden. Die elektrolytische Einwirkung ist größer, wenn diese Erscheinung in feuchter Umgebung auftritt.

Die Tabelle unten zeigt den Potentialunterschied zwischen verschiedenen Metallen und einem Aluminiumstab (99% rein) in einer 3%igen Kochsalzlösung (NaCl) bei 20°C. Aus dieser Tabelle geht hervor, daß Silber, Kupfer, Nickel, Zinn, Blei und Chrom in Kombination mit Aluminium gefährlich sind.
Kadmium und Zink sind stärker elektronegativ als Aluminium, daher werden sie auch als Kontaktmaterial verwendet. Im Karosseriebau verwendet man aber mehr und mehr Kunststoff für elektrolytische Isolation.
Andererseits hat sich erwiesen, daß verschiedenartig zusammengesetzte Teile, die wechselnden Witterungsbedingungen ausgesetzt sind, weniger leiden, als solche Teile, die in nichtventilierten, kleineren oder größeren Räumen innerhalb des Karosserieaufbaus eingeschlossen sind. So müssen Karosserietüren mit Aluminium-Außenblech auf einem eisernen Rahmen immer mit größeren Löchern versehen sein, nicht nur zur Entwässerung, sondern auch zwecks gründlicher Ventilierung.
Nicht immer lassen sich heterogener Zusammenbau vermeiden, aber dann muß man Isolationsstoffe verwenden. Aus der Tabelle ist ersichtlich, daß auch Kontakte zwischen Aluminiumlegierungen, je nach der Zusammenstellung, gegeneinander isoliert werden müssen. Die Verwendung von Zinkchromatfarben kann hier weiterhelfen.

Metall	Millivolt
Magnesium	− 850
Zink	− 300
A-Sg und Kadmium	0 bis − 20
A-G2, A-G3, A-G4MC, A-G5	0 bis − 10
Al (99%)	0
A-U8 (8% Cu)	+ 100
A-SI13, A-S7G	20 − 50
A-U4G	+ 150
SM-Stahl	+ 50 bis + 150
Chrom	± 190
Blei	+ 250
Zinn	+ 300
Gelbkupfer (50% Zn)	+ 400
Nickel	+ 480
Gelbkupfer (30% Zn)	+ 480
Rotkupfer	+ 500 bis 520
Silber	± 750
Nirosta 18/8	+ 850

Eigenschaften der Metalle

Metall	Symbol	Schmelzpunkt °C	Brinell-Oberflächenhärte	Zugfestigkeit kg/mm^2
Eisen	Fe	1535	45-80	20
Kupfer	Cu	1080	60-80	16-20
Aluminium	Al	660	25-40	9-18
Magnesium	Mg	650	30-40	15-20
Blei	Pb	327	4-7	1,5-2
Zink	Zn	420	40-50	20-25
Zinn	Sn	232	10-15	2-4
Kadmium	Cd	320	20-30	5
Nickel	Ni	1450	150-220	40-80
Chrom	Cr	1800	800-1100	–
Wolfram	W	3400	650-800	380
Vanadium	V	1700	–	–
Molybdän	Mo	2600	150-250	280
Mangan	Mn	1240	3-5	50
Kobalt	Co	1490	130-180	50
Titan	Ti	1800	–	60-80
Silber	Ag	960	25-35	15-20
Gold	Au	1060	25-30	12-15
Platin	Pt	1770	35-40	10-15
Stahl	Fe + C	± 1450	120-250	40-80
Nirosta 18/8	Fe + 18% Cr + 8% Ni			
25/20	Fe + 25% Cr + 20% Ni	1350-1400	140-170	60
18/8 + Mo	Fe + 18% Cr + 2,5% Mo			
Gußeisen	Fe + C	1200-1400	120-180	40-80
Grauguß	Fe + C	1200	170-220	15-30
Schmiedbares Gußeisen	Fe + C	1300	110-220	35-45
Gelbkupfer	Cu + Zn	900	70-140	30-50
Tombak	Cu 8% + Zn 20%	900	60-120	25-40
Bronze	Cu + Sn	900	100-200	15-20
Monelmetall	Cu + Ni	1350	100-150	50-60
Neusilber	Cu + Zn + Ni	1000	150-180	40-70

Die Isolierstoffe können eine Doppelfunktion erfüllen: isolieren und abdichten. Es versteht sich, daß dabei alle hygroskopischen (wasseranziehenden) Stoffe absolut zu vermeiden sind, um Wasser- und Feuchtigkeitsabsorption zu verhindern. Ehe die Zwischenlagen angebracht werden, müssen die Aluminiumbleche an den Berührungsstellen gründlich gereinigt werden, sei es mit einem Reinigungsmittel oder mit Scheuersand.

In anderen Fällen verwendet man dicke Zinkchromatfarbe oder Bitumen, mit einem speziellen Aluminiumpulver angemacht. Diese dürfen später, beim Trock-

nen, nicht schrumpfen. Auch die Verwendung von Epoxyd-Spachtel ist bekannt. Nach dem Härten bleibt hier eine gewisse Elastizität erhalten.
Nieten sollten nach Möglichkeit aus dem gleichen Material, wie das Blech, oder aus reinem Alu bestehen. Schrauben, Bolzen und Muttern werden mit Zink oder Kadmium überdeckt. Sollen sie später bei eventuellen Reparaturen wieder leicht lösbar sein, dann werden sie mit Vaseline eingerieben.
Damit Schrauben oder Gewindebolzen die Ränder des Loches, durch das sie geschoben werden, nicht berühren können, isoliert man sie durch eine Tülle aus Polyvinyl, Butyl, Hartgummi oder Neopren. Ebenso verfährt man mit Nieten. Überdies verwendet man isolierende Unterlegscheiben.

12.15 DAS KLEBEN VON ALUMINIUM

Klebstoffe für Holz, Gummi und sonstige Werkstoffe gibt es seit langem. Durch die rasche Entwicklung synthetischer Stoffe hat es in den letzten Jahren aber große Fortschritte gegeben. Die modernen Klebstoffe verfügen nicht nur über eine enorme Klebekraft, sondern sie bieten gleichzeitig einen außergewöhnlichen Widerstand gegenüber Vibrationen, Wärme, Kälte, Feuchtigkeit und chemischen Einflüssen. Manche kleben gut, ohne daß man einen großen Druck auf sie ausüben muß, andere sind sehr kältebeständig, wieder andere vertragen sehr hohe Temperaturen. Die Klebekraft eines Kontaktklebers hängt hauptsächlich vom interatomaren und interionischen Zusammenhang zwischen dem Klebstoff und dem zu klebenden Material ab. Bei Metallen kann der Klebstoff nur geringfügig eindringen, und daher spielt die Vorbereitung der zu verklebenden Flächen für die Klebefähigkeit eine besonders große Rolle.
Aluminiumoxyd kann sowohl amorph* als auch in kristallisierter Form vorkommen. Die letzgenannte dürfte ein besseres Zusammenhaften garantieren. Gründliches und absolut vollständiges Reinigen der Metallflächen ist unbedingt erforderlich. Aluminiumblech kann vorbereitet werden durch Sandstrahlen, Schleifen oder Abbeizen.

Kurzgefaßt kann man sagen, daß sich die Klebstoffe für Aluminium folgendermaßen einteilen lassen:
1. Kleber, der warm und unter Druck aushärten muß:
2. Kleber, der kalt aufgetragen wird;
3. Kleber, der Temperaturen von 150 bis 200° C widerstehen kann.

Es versteht sich, daß man sich beim Gebrauch dieser Kleber genau nach den Vorschriften des Herstellers richten muß, wenn das Resultat befriedigen soll.
Bei der Karosserie können die Vor- und Nachteile des Klebens einander aufwiegen.

---

* Amorph: phys. Bez. f. Körper mit unregelmäßiger Molekülstruktur

Vorteile

1. Sämtliche Eigenschaften der zu verklebenden Stoffe bleiben erhalten.
2. Neutralisierung von Vibrationen.
3. Neutralisierung elektrolytischer Einflüsse.
4. Sehr gut anwendbar auf eloxierten und anodisierten Aluminiumblechen, deren Glanz erhalten bleiben soll.
5. Zur Serienfertigung wirtschaftlich interessant.
6. Vor allem bei der Verarbeitung dünner Bleche interessant.

Nachteile

1. Relativ schlechte Beständigkeit gegen hohe und niedrige Temperaturen.
2. Kostenfrage beim Pressen und Aushärten.
3. Manche Klebstoffe verlieren beim Aushärten auf bestimmten Aluminiumlegierungen viel von ihrer Korrosionsbeständigkeit.
4. Die Stoß- und Schlagbeständigkeit ist bei manchen Arten gering.

12.16 LACKIERUNG VON ALUMINIUM

Eines der nächstliegenden Mittel gegen Korrosion, sowohl bei Stahlblech als auch bei Aluminium, ist das Lackieren. Beim Aluminium gibt es aber auch noch den chemischen Schutz, wie Phosphatieren, Chromatisieren und Anodisieren. Ein Schutz ist jedenfalls erforderlich, denn auch die am wenigsten korrodierenden Aluminiumlegierungen dürften unter der Einwirkung von Wind und Wetter matt werden, wenn man nicht rechtzeitig Schutzmaßnahmen dagegen ergreift. Es reicht keinesfalls aus, wenn man die Oberfläche regelmäßig von Staub, Schlamm und Fett säubert, um die Oxydbildung dann durch Polieren zu verhindern. Bei der Vorbereitung zum Lackieren und Auftragen einer Schutzschicht hat man die Wahl unter den folgenden Varianten:

1. Entfetten mit einem Lösungsmittel;
2. Entfetten durch Abbeizen mit schwachen Säuren oder Basen;
3. Abbeizen mit schwachen Säuren, worauf Neutralisierung mit schwachen Basen folgt;
4. Die verschiedenen mechanischen Oberflächenbehandlungen;
5. Behandlung mit Sulfochromaten in speziellen Bädern;
6. Chromatieren und Phosphatieren durch chemische Umsetzung in speziellen Bädern;
7. Anodisierung mit oder ohne Porenabdichtung, gefärbt oder nicht, in speziellen Bädern.

Als Entfetter verwendet man warme Dämpfe von Tri- und Perchloräthylen; auch warme Spülungen mit Phosphatkarbonaten, Boraten und Silikaten. Nach der Anwendung von Entfettungsmitteln muß ein gründliches Nachspülen, also eine Neutralisierung, erfolgen.

Gußstücke werden gesandstrahlt, oder sie werden geschmirgelt oder gebürstet, um die Haftfähigkeit dann durch eine Grundierung zu verbessern. Sulfochromat ist zu teuer, deshalb sollte man mit preisgünstigeren Produkten vorbeizen. Die chemische Umsetzung ist zu bevorzugen, wenn man einen Klarlack (Firnis) auftragen will. Letzteres kann auch auf einfach polierten Flächen geschehen. Die Grundschicht muß gründlich haften, geschmeidig bleiben und, ebenso wie die Oberschicht, wasserdicht sein. Ein Schutzöl mit Sikkativen würde zwar hinlänglichen Schutz bieten, aber fette Farben auf der Basis natürlicher Harze oder Phenol, Alkyd und Epoxyd ergeben noch bessere Resultate. Man kann sie normal oder beschleunigt oxydieren.
Muffeln beeinträchtigt die Geschmeidigkeit und das Dehnungsvermögen, aber es erhöht die Wasserdichtheit.
Bei der Wahl der Oberschicht richtet sich unsere Aufmerksamkeit vor allem auf die Verwendung von Zinkchromat, das sich für die Grundierung gut mit Zinkoxydfarben kombinieren läßt. So konnte man eine besondere Tetra-Oxydzinkchromat-Farbe zusammenstellen, die großartige Resultate liefert.
Brauchbare Pigmente sind: Zinkoxyd und Titanoxyd. Pigmente, die Anlaß zu galvanischen Verbindungen und elektrolytischen Erscheinungen geben könnten, wie die Derivate von Bleioxyd, Quecksilberoxyd, Kupfer- und Bronzeoxyd, Graphit- und Chromoxyd, dürfen nicht verwendet werden.
Als man mit der Lackierung von Aluminium begann, hat man zuweilen zu Unrecht behauptet, daß der Dehnungskoeffizient zu groß sei, um gute Resultate zu erzielen. Diese Ansicht ist aber längst überholt, obwohl eine übertriebene Pigmentierung in der Farbe das Dehnen und Schrumpfen einigermaßen beeinträchtigen kann.
Auch kennen wir einen »Wash-Primer« als Grundierung auf der Basis von Butyl-Vinyl sowie eine Zweikomponentenfarbe, deren Bestandteile kurz vor Gebrauch zusammengebracht werden. Es handelt sich dabei um eine Basislösung mit Zinkchromat als Pigment, Typ WP1, und einen Härter auf der Basis von Phosphorsäure, WP2. Die Verarbeitungszeit beträgt meist zwischen sechs und zwölf Stunden. Dünne Schichten von 10 bis 20 Mikron auftragen. Nach gründlichem Trocknen kann man fast alle Endschichten darauf auftragen.
Manche Spachtel zur Verwendung auf Aluminium haften auch ohne Grundierung. Allerdings müssen sie auf die Farbe abgestimmt sein, die man darauf anbringen will. Zum Spritzen von Caravans und Lkw kann man diese polieren mit einander überlappenden Kreisen und anschließend einen stabilen, guten Klarlack aufspritzen. Die erste Schicht dient lediglich dazu, die Poren zu füllen, die zweite, um das Ganze wasserdicht zu machen. Der verwendete Klarlack darf nicht zum Vergilben neigen. Man versucht auf diese Weise, den wärmereflektierenden Effekt des glänzenden Aluminiums zu erhalten. Dasselbe gilt für anodisierte Oberflächen.

Stichwortverzeichnis